国家出版基金项目
NATIONAL PUBLICATION FOUNDATION

生态气象系列丛书

丛书主编：丁一汇

丛书副主编：周广胜　钱　拴

江西生态文明建设气象保障技术研究

王怀清　等　著

气象出版社
China Meteorological Press

内 容 简 介

本书在介绍江西省自然生态概况和气候背景的基础上，提出了江西省生态文明建设气象服务需求、发展思路及观测系统设计，总结了江西省近年来自然生态与环境、绿色低碳发展、生态文明气象支撑保障关键技术方法及典型服务实践案例，并介绍了基层生态文明建设气象保障服务建设思路、现状，为省、市、县三级生态气象业务服务提供科技支撑及样板。

本书可供从事气象、生态环境、农业、林业、水文水资源、旅游、社会经济等行业领域的科研业务人员、高等院校相关专业学生以及管理人员参考使用。

图书在版编目（CIP）数据

江西生态文明建设气象保障技术研究 / 王怀清等著. 北京 : 气象出版社, 2024. 6. -- (生态气象系列丛书 / 丁一汇主编). -- ISBN 978-7-5029-8388-8

Ⅰ. P451

中国国家版本馆 CIP 数据核字第 20248PY930 号

江西生态文明建设气象保障技术研究

Jiangxi Shengtai Wenming Jianshe Qixiang Baozhang Jishu Yanjiu

---

出版发行：气象出版社

地　　址：北京市海淀区中关村南大街 46 号　　**邮政编码**：100081

电　　话：010-68407112(总编室)　010-68408042(发行部)

网　　址：http://www.qxcbs.com　　**E-mail**：qxcbs@cma.gov.cn

责任编辑：王　迪　　**终　　审**：张　斌

责任校对：张硕杰　　**责任技编**：赵相宁

封面设计：博雅锦

印　　刷：北京地大彩印有限公司

开　　本：787 mm×1092 mm　1/16　　**印　　张**：15.5

字　　数：394 千字

版　　次：2024 年 6 月第 1 版　　**印　　次**：2024 年 6 月第 1 次印刷

定　　价：155.00 元

著者名单

王怀清　李柏贞　邓力琛　夏玲君　胡菊芳

陈兴鹃　孔　萍　钱　悦　杜筱玲　占明锦

赵冠男　吴珊珊　聂志强　戴志健　王　欢

戴芳筠　秦晓晨　陈燕玲

前言

面对资源约束趋紧、生态系统退化的严峻形势，必须树立尊重自然、顺应自然、保护自然的生态文明理念，走可持续发展道路。党的十八大从新的历史起点出发，做出“大力推进生态文明建设”的战略决策。习近平总书记在党的十九大报告中指出，加快生态文明体制改革，建设美丽中国，党中央带领全国人民通过不断的理论探索和实践形成了习近平生态文明思想，是习近平新时代中国特色社会主义思想的重要组成部分。

江西作为我国中部欠发达省份，生态环境良好，具有优良的“绿水青山”，省委省政府领导全省积极践行习近平生态文明思想，在探索发展与生态保护相协调的路子上大胆试点示范，取得一系列成就。2014年，江西被国家发展和改革委员会等六部委正式批复为“全国生态文明先行示范区”，是全国首批且唯一全境列入“生态文明先行示范区”的省份。2016年8月，中共中央办公厅、国务院办公厅印发了《关于设立统一规范的国家生态文明试验区的意见》，将江西列为三大国家生态文明试验区之一，省委十五届四次、五次全会提出的打造“三大高地”中明确要“打造国家生态文明建设高地”，希望通过试验探索，率先建成较为完善的生态文明制度体系，形成一批可在全国复制推广的重大制度成果，实现经济社会发展和生态环境保护双赢，为加快生态文明建设、实现绿色发展、建设美丽中国提供有力制度保障。经过几年的努力，全省生态文明建设取得显著成效，绿色发展理念深入人心，生态环境质量得到巩固提升，绿色发展动能日益强劲，生态文明制度建设硕果累累。

江西省气象部门紧紧围绕省委省政府和中国气象局的决策部署，积极探索，努力实践，在保障全省生态文明建设中发挥了积极作用。坚持改革推动，实施省、市、县生态与农业气象服务业务体系建设：促进生态文明建设气象服务集约、协同、特色、高效发展，省、市、县三级生态与农业气象服务业务体系建设取得较大进展，明确了生态气候、生态遥感、生态人工影响天气、环境气象、农业气象五项核心业务与省、市、县三级业务布局，设计差异化的3大类、48项业务产品清单及省、市、县三级分工，其中市级24项、县级5项；与市、县气象业务服务布局和岗位设置优化调整改革、省及省以下气象系统事业单位改革统筹推进，建立“2＋11＋85”的业务组织架构；研发并推广江西省省、市、县一体化生态与农业气象服务业务系统，系统包含环境气象、生态气候、生态遥感、农业气象、特色服务5大核心模块，系统账号分省、市、县三级管理，平台集约四项核心业务模块及40余项功能，在“云＋端”架构下实现浏览器/服务器(B/S)、客户端/服务器(C/S)和订单三种模式并行，市、县级可按需调用生态类数据，自动生成本地业务产品；形成制度性成果54项，其中省级出台1项法规、2项政策制度、1项部门规范性文件、2项建设方案、24项标准和业务规范，市级24项。生态保护气象服务取得实效：关注江西生态安全，采用气象模型结合卫星遥感等技术，开展极端天气气候事件对植被、水体等生态系统质量影响动态监测评估；制作发布《江西省生态遥感年度报告》，为江西省生态环境保护工作提供了技术支撑，部分内容被《全国生态气象公报》采用。服务“蓝天保卫战”贡献突出：与省生态环境部门联合开展全省污染天气预报预警，发挥大气污染防治“指挥棒”作用；开展全省大气污染物源解析和气象条件贡献率评估，为江西顺利完成大气质量国家考核提供关键技术支撑；制定全省县、区“霾日数”考核细则，参与完成考评，完善了江西省大气污染治理制度体系。发挥生态文明建设政府智库作用，决策服务成绩斐然：2017 年以来，撰写 19 份生态文明建设气象呈阅件获省委书记、省长等省领导重要批示 27 次，2 份被省生态环境、林业等部门批转；2020 年汛期、2023 年 10 月长江水倒灌期等卫星遥感监测评估材料被 CCTV-13、中国新闻网、人民网、环球网等 20 余家主流媒体报道和转载，微博话题讨论达千万人。

生态文明建设气象保障业务属于典型的研究型业务，需要针对跨学科领域的技术问题开展大量基础性研究，急需根据生态文明建设需求发掘业务服务领域，研发创新性技术体系以形成业务技术支撑。近些年来，江西省气象部门各级技术人员加强了生态文明建设气象保障技术研究，在基础理论、应用技术、服务模式、标准规范建设等领域进行了积极探索，取得了较好的成绩。本书详细梳理了江西省生态文明建设气象保障服务有关技术，总结经验和教训，列出典型服务案例，拟为提高江西省及外省生态气象服务水平，构建、完善省、市、县一体化生态与农业气象业务服务体系提供参考。

本书对 2017 年以来江西省气象部门在生态气象、应对气候变化等领域的业务体系建设、服务实践和科研工作进行了全面总结，主要内容包括区域概况、气候与气候变化、生态气象背景、生态气象观测系统设计、自然生态与环境气象保障服务技术研究、绿色低碳发展气象保障服务技术研究、生态文明气象支撑保障技术研究、市县生态文明建设气象保障服务建设等方面，共 8 个章节 1 个附录。本书成果是集体智慧的结晶，各章作者分工如下。

前　言，王怀清、李柏贞。

第 1 章，钱悦、王怀清。

第 2 章，孔萍、赵冠男、邓力琛。

第 3 章，王怀清、钱悦、杜筱玲。

第 4 章，李柏贞、聂志强。

第 5 章，李柏贞、陈兴鹃、胡菊芳、吴珊珊、戴志健、秦晓晨。

第 6 章，邓力琛、夏玲君、陈兴鹃、李柏贞、陈燕玲。

第 7 章，胡菊芳、孔萍、占明锦、邓力琛、王欢。

第 8 章，李柏贞、邓力琛、戴芳筠。

附　录，聂志强、陈兴鹃。

在本书初稿完成后，由李柏贞负责统稿、校核和章节总结，王怀清负责复核。成书过程中引进了周广胜团队研发的生态文明建设绩效考核气象条件贡献率评估系统并本地化业务应用，本书参考了该系统算法，形成了小节 5.7.1 内容；小节 6.5 农业气象服务编写参考了蔡哲团队编制的《江西省乡村振兴气象保障工程可行性研究报告》；吴瑶为小节 7.1 江西省生态型人工影响天气作业服务提供了技术指导。成书过程中参与典型案例分析的其他人员有：余焰文、毕晨等，参与图表修改的其他人员有：罗少华等。除上述人员外，还有很多人在资料收集、数据分析、文献整理、决策服务等方面作出了重要贡献，在此一并表示感谢。

本书的出版得到了国家出版基金项目“生态气象系列丛书”、国家自然科学基金青年科学基金项目“基于碳示踪在线观测技术研究低碳试点城市大气 CO_2 源汇特征”(42105159)、2018年山洪项目“易灾地区生态文明气象保障服务系统建设(江西)”、中国气象局气候变化专项“气候变化背景下鄱阳湖南矶湿地植被群落对水位变化的响应”(CCSF201852)和“气候变化背景下鄱阳湖南矶湿地子湖泊水位变动对越冬候鸟的影响”(CCSF201729)、江西省气象局重点科研项目“气候和人类活动对江西省植被生态系统的影响”(JX2022Z03)等资助。

本书主要面向气象、生态环境、应急管理、自然资源、农业农村、水利、林业、文旅、电力等部门,有助于理解生态气象监测评估技术方法及服务,也可为各级气象部门保障生态文明建设提供思路、借鉴和参考,可供从事相关领域科研业务人员参考。需要特别指出的是,生态气象涉及面广,跨领域多,我们的研究成果和经验有限,生态气象关键技术及服务一直在探索的路上,编书时间跨度较长,本书成果也未能全面新,尚有许多不足之处,恳请广大读者多提宝贵意见,以便我们不断丰富和完善江西省生态气象研究技术和内容。

作者

2024 年 5 月

目录

第 1 章 区域概况

1.1 自然地理

1.1.1 面积与区位

江西省土地面积 16.69 万 km^2，占全国土地总面积的 1.74%，居华东各省(市)之首。江西地处中纬度地区的长江中下游，位于长江以南，南岭以北，东邻浙江、福建，南连广东，西靠湖南，北与湖北、安徽交界。南北跨越 5 个多纬度，东西相隔 4 个多经度。江西自古就被称为“吴头楚尾，粤户闽庭”，乃“形胜之区”。江西为长江三角洲、珠江三角洲和闽南三角洲的腹地，与上海、广州、厦门、南京、武汉、长沙、合肥等各重镇、港口的直线距离在六七百千米之内，为沿海经济发达地区的连接部。

1.1.2 气候

江西属亚热带湿润季风气候，四季较分明，春季温暖，夏季暑热，秋季凉爽，冬季湿冷。冬季经常受冷气团控制，盛行偏北风，气温较低，全省平均气温为 7.8 ℃，历史上极端最低气温 −18.9 ℃，常伴有雨雪或冰冻；春季多短时强降雨、雷雨大风和冰雹等强对流天气；4—6 月是江西的雨季，即主汛期，多区域性暴雨，易发生洪涝灾害；夏季经常受副热带高压控制，盛行偏南风，天气炎热，平均气温为 27.7 ℃，极端最高气温全省大都在 40 ℃以上，历史上极端最高气温达 44.9 ℃。夏季以晴热高温为主，常有干旱发生，但此时易受台风影响，有时会引发严重暴雨洪涝，但经常带来及时雨，因而台风对江西的影响总体利大于弊。秋季是江西省一年中气候最宜人的季节，晴天多、阳光足、温湿度适中、秋高气爽。主要气候特点如下。

(1)气候温和、四季分明

江西省的气候，就平均气温来说，温和适中。1991—2020 年全省年平均气温 18.3 ℃，自北向南递增，平原高于山区。赣东北、赣西北边缘山区和长江南岸一带年平均气温较低，为 16.8～17.5 ℃；赣南盆地年平均气温较高，为 19.5～20.2 ℃；其余地区多为 17.5～19.5 ℃。以 7 月最热，平均气温 27.3～30.1 ℃；1 月最冷，平均气温 4.6～9.5 ℃。冬季气温较低，有时伴有雨雪或冰冻。夏季天气炎热，平均气温大多在 27.0～29.0 ℃，极端最高气温大多在 40 ℃以上。春、秋两季是冷、暖空气过渡季节，温度较适中。

(2)热量充足、雨水集中

江西热量条件十分优越，四季都适宜农作物的生长发育，全省大部地区大于 10 ℃的积温为 5500～6000 ℃·d，作物适宜生长期 250～280 d。1991—2020 年全省平均年降水量 1718.9 mm，各地为 1457.1～2101.4 mm，雨日 138.9～206.9 d，冬、春、夏和秋季的平均降水量分别为 240.2、629.5、625.5 和 220.6 mm。全年四分之三的降水集中在春、夏季，尤其在 4—6 月，暴雨过程多，雨量大，雨日多，湿度大，形成江西的雨季，也就是主汛期，全省平均降水量为 743.7 mm，占全年降水量的 43.3%，有的年份达到 60%，极易引发洪涝灾害。1991—2020 年全省平均年日照时数 1600 h，各地为 1249～1900 h。以 7 月最多，平均日照时数 159～253 h；2 月最少，平均日照时数 61～102 h。冬、春、夏和秋季的平均日照时数分别为 281、328、549 和 47 h。

(3)地形差异大、小气候特征明显

江西山地、丘陵约占全省国土面积的 78%。东、西、南三面群山环绕，山脉海拔多在 1000～1500 m，构成了省境屏障，对气候、物候都有明显影响，且境内江河湖泊众多，北面有我国最大的淡水湖泊鄱阳湖。特殊的地形条件，孕育了多种多样的局地小气候，有典型山地气候、南方丘陵山地气候、平原和湖泊气候等类型。

(4)江西的生态环境质量优良，空气清新水质优良

江西生态环境质量长期保持全国前列，森林覆盖率居全国第二，是全国“最绿”省份之一。江西空气质量清新，2023 年 $PM_{2.5}$ 平均浓度 29 $\mu g/m^3$，空气优良天数比率达 96.5%。水质优良，国家地表水考核断面水质优良比例 97%，长江干流、赣江干流断面保持Ⅱ类水质。

1.1.3 地形地貌与土壤

境内地形复杂，除北部较为平坦外，东、西、南部三面群山环绕，武夷山居东，武功、罗霄诸山居西，南岭、九连山居南，幕阜山和怀玉山分居西北和东北。中部丘陵起伏，鄱阳湖处赣北中心，形成一个东、南、西三面环山，五大河流汇向鄱阳湖的向心水系，注入长江，全省地形以山地、丘陵为主，山地占全省总面积的 36%，丘陵占 42%，岗地、平原、水面占 22%。全省境内有大小河流 2400 余条，总长约 18400 km，赣江、抚河、信江、修河和饶河为江西五大河流。鄱阳湖为中国最大的淡水湖，同时也是世界上最大的越冬候鸟栖息地。全省森林覆盖率超过 63%，居全国前列；境内河流、湖泊众多，地表水监测断面水质达标率 80.9%，全省集中式饮用水源水质达标率为 100%。

江西是中国江南丘陵的主要分布地区。其明显特征是：边缘群山环绕，内侧丘陵广亘，中北部平原平坦。岗峦起伏的丘陵在赣鄱平原东、西、南三面的外缘绵延不断，面积达 7 万余平方千米。在一些红色砂砾岩分布区，因岩层胶结致密，形状平缓，在流水溶蚀切割作用下，形成奇特的丹霞风貌。

赣鄱平原又称赣北平原或鄱阳湖盆地，是江西最大的平原。其范围北起长江、南达新干、临川，东抵乐平、万年，西至新余、上高，地跨 25 个县、市，面积约为 3.85 万 km^2，犹如一只巨大的宝盆镶嵌于丘陵之中。其中赣抚平原面积最大，土地肥沃，气候温和水源充足，是著名的“鱼米之乡”。

位于江西边缘山地内侧的广大地区，地形复杂，低山、丘陵、岗阜与盆地交错分布，尤其是在中南部丘陵之中分布着许多断陷的红色盆地，比较著名的有吉泰盆地、赣州盆地、信丰盆地、兴国盆地、瑞金盆地、南丰盆地和弋阳盆地。这些盆地虽然面积不大，但气候宜人，水泊交错，土壤肥沃，人口密集，是经济文化繁荣之区。

江西土壤类型多样，主要有红壤、黄壤、山地黄棕壤、山地草甸土、紫色土、潮土、石灰土和水稻土8个种类，其中红壤(由红砂岩和黄冈岩风化物发育形成)为江西分布最广、面积最大的地带性土壤，面积达931万 hm^2，约占全省总面积的56%。

1.1.4 河流与湖泊

江西境内河流、湖泊众多，水系完整。全境有大小河流2400余条，其中流域面积在100 km^2 以上的河流有451条。赣江、抚河、信江、饶河、修河为江西五大河流，均汇入鄱阳湖。江西有98%的国土面积属于长河水系，其中有94%属于长江水系的鄱阳湖水系。此外北部有直接汇入长江的长河、沙河等；西部有汇入洞庭湖水系的渌水、栗水、渎水等；南部有汇入珠江水系的寻乌水、定南水、浈水等河流。

江西多湖泊，大小湖泊400多个，其中面积1 km^2 以上的有200多个，主要分布于赣北(鄱阳湖、军山湖、青岚湖、瑶湖、赛湖、甘棠湖等)，此外还有大量的人工湖(水库)。鄱阳湖为江西乃至中国最大的淡水湖。

1.2 历史沿革

江西省，简称赣。因公元733年唐玄宗设江南西道而得省名，宋置江南西路，简称江西路；元设江西行省及江西湖东道；明置江西省，后改江西布政使司；清改江西省，省名沿用至今。又因为江西最大河流为赣江而得简称“赣”。

江西开发的历史，从出土文物考证，可以上溯到距今一万年以前的旧石器时代。江西境内有邗越(干越)、百濮，《荀子·劝学篇》注：“邗越古国名”。商周时期，江西进入青铜器时代，与中原地区的经济文化发展水平相当。春秋战国时期，吴、越、楚三国分争江西。秦设三十六郡，江西属九江郡，置庐陵县、新淦县、南壄县。而江西作为明确的行政区域建制，则始于汉高帝初年(约公元前202年)。时设豫章郡(赣江原称豫章江)，郡治南昌，下辖18县，分别为南昌、庐陵、彭泽、鄱阳、馀汗、柴桑、赣、新淦、南城、宜春、雩都、艾、安平、海昏、历陵和建成等，分布地域为赣江、盱江、信江、修水、袁水沿岸，即与后来的江西省大致相当。汉武帝时划全国为13个监察区，称13部州，此时的江西属扬州刺史部。汉献帝建安五年(公元200年)时，孙策分庐陵、雩都等县置庐陵郡。建安十五年(公元210年)，孙权厘置彭泽郡(旋废)、鄱阳郡。嘉禾五年(公元236年)，孙权析庐陵郡置庐陵南部都尉，隶扬州，治雩都(江西于都县东北贡江镇古田村)。

公元291年，即西晋元康元年，改设江州，其主体为江西地区原有郡县。隋时曾做行政区划调整，州的级别降与郡同，因而隋代的江西地区设有7郡24县。至唐时增加到8州37县，分别为洪州、饶州、虔州、吉州、江州、袁州、抚州和信州。贞观元年(公元627年)唐太宗划全国为10道监察区，江西属于江南道。唐玄宗开元二十一年(公元733年)时增为15道，洪、饶、虔、吉、江、袁、抚、信8州隶属于江南西道监察区，治洪州(南昌市)。

五代时期，江西地区先辖于吴后辖于南唐。在这个时期出现了相当于下等州的新的行政区划6州、4军、55县。交泰元年(公元958年)，南唐中主决定建南都于洪州，并因此升洪州为南昌府。宋代在州之上改道为路，初设江南路，天禧四年(公元1020年)分江南路为江南东路和江南西路，江西地区被置9州、4军、68县，其大部分隶属于江南西路，仍治洪州，另有一部分隶属于江南东路。

元朝开始确立行中书省制度(简称行省或省)。江西行省辖区远远大于今天的江西省区。除包括了今江西绝大部分地区外(原江西东北地区隶属于江浙行省),还包括了今天广东省的大部分区域。元行省下设路、直隶州、州(同县级行政机构)和县。江西行省下辖龙兴、吉安、南康、赣州、建昌、江州、南安、瑞州、袁州、临江、抚州、饶州、信州13路和南丰、铅山2直隶州以及48个县、16个县级州。

明朝虽然基本上保留了元朝的省区建制,但改行中书省为布政使司(习惯上仍然称省),改路为府和改州为县。江西布政使司辖南昌、瑞州、饶州、南康、九江、广信、抚州、建昌、吉安、袁州、临江、赣州、南安13府,下辖78县,地域基本等同今天的江西省。其时承宣布政使司、提刑按察使司、都指挥使司为江西布政使司的最高行政机关,三司分别由中央直接节制,分权而治,互不统属。

清代改江西布政使司为江西省,行政区域基本承袭明建制。另在吉安府增设莲花、南昌府增设铜鼓、赣州府增设虔南3个县级厅,同时升宁都县为省辖直隶州。巡抚成为全省最高行政长官,下设承宣布政使司和提刑按察使司,分管民政、财政与司法监察。

中华民国时期,清朝的府、州、厅一律改为县。江西省共辖81县。至1926年北伐军进驻南昌时正式设南昌市。1934年从安徽划婺源县入江西,1947年划回安徽,1949年再次划归江西。

第二次国内革命战争时期(1927—1937年),中国共产党领导人民群众先后在江西建立了大片革命根据地。其中著名的有赣西井冈山革命根据地(包括宁冈、永新、莲花3县和吉安、安福、遂川与湖南酃县的一部分)、湘赣革命根据地、赣东北革命根据地(包括弋阳、横峰、贵溪、德兴、余江、万年、上饶、铅山等县,后发展为闽浙赣革命根据地)以及包括铜鼓、修水、万载、宜丰等县的湘鄂赣革命根据地。当时的中央革命根据地包括赣南和闽西地区的21县(包括江西的瑞金、安远、信丰、广昌、石城、黎川、宁都、兴国、于都、会昌、寻乌11县),中华苏维埃共和国临时中央政府设在瑞金,故瑞金有红都之称。

1.3 文化和人文景观

1.3.1 红色文化

江西有着光荣的革命历史,从安源工人运动到秋收起义,从八一南昌起义到井冈山斗争,从开创瑞金中央革命根据地到红军长征,从赣南三年游击战争到上饶集中营茅家岭,一系列重大革命活动都发生在江西。特别是在第二次国内革命战争时期,江西成为全国最为重要的革命中心。中国共产党领导人民群众先后在江西建立了大片革命根据地,其中著名的有赣西井冈山革命根据地、湘赣革命根据地、赣东北革命根据地、湘鄂赣革命根据地等。1931年11月,中华苏维埃共和国在此成立,临时中央政府设在瑞金,故瑞金有红都之称。红色的江西,犹如一个没有围墙的革命历史博物馆,赣鄱大地,革命旧址、故居及纪念建筑物数量多、分布广,其中,井冈山革命旧址群、瑞金革命旧址群为全国规模最大的两处革命旧址。江西人民前赴后继,为了新中国的诞生,做出了永不磨灭的贡献和极其光荣、伟大的牺牲。井冈山精神、长征精神均发源于江西。

1.3.2 陶瓷文化

景德镇作为久负盛名的瓷都，千年窑火经久不衰，历久弥新。瓷器在中华民族优秀传统文化中占有极为重要的位置，是中国古代劳动人民的一项伟大发明。瓷器的故乡在中国，英语“china”的C大写就是“中国”，小写就是“瓷器”。然而，中国的陶瓷艺术荟萃在景德镇。

景德镇的制陶业“始于汉世”，东汉（约公元25—220年）时的陶器“质甚粗，体甚厚，釉色淡而糙”“只供迩俗粗用”，并不远销。因此，影响所及，极为有限。景德镇冶陶始于汉世，南北朝时的陈朝就生产了宫廷用的陶础。自唐代开始生产瓷器，当时就有“假玉器”之称。宋景德元年（1004年），宫廷诏令此地烧制御瓷，景德镇因此而得名。景德镇的陶瓷生产，至今已经走过了1700多年的发展历程。其瓷器以“白如玉，明如镜，薄如纸，声如磬”的独特风格蜚声海内外。从元代开始，景德镇成为中国制瓷中心，被称为“瓷都”，专为皇家烧制瓷器。万古长流的昌江，千年不断的窑火，瓷都先辈们生于斯，长于斯，活动于斯，创造于斯，为景德镇留下了丰富的陶瓷历史遗迹、珍贵的陶瓷艺术、精湛的制瓷技艺和瓷味十足的地方风土民情，构成了独具特色的陶瓷文化，为世人所称羡和景仰。

1.3.3 茶文化

江西茶文化渊源流长，白居易的诗句“商人重利轻别离，前月浮梁买茶去”其实有个背景，那就是当年全国三分之一的茶叶在浮梁县集散。”根据文献记载，从唐宋到明清，很多茶叶从江西流出，浮梁因而成为重要的茶叶之乡。

在唐代，我国就已大兴“茶道”，只是由于历史原因，近现代整个中国都少有人从事老祖宗传承下来的“茶道”和“茶艺”的研究。20世纪80年代初，伴着改革开放的东风，江西茶人开始了复活和弘扬中国茶道的工作。

1.3.4 稻作文化

江西稻作文化被列入全球重要农业文化遗产保护。江西省素有“鱼米之乡”的美誉，万年县作为鄱阳湖东南岸的一颗璀璨的明珠，更是成为现今世界上年代最早的栽培稻遗址之一。江西稻作文化延续至今已有12000余年历史，悠久的历史和传统使江西万年成为全球重要的农业文化遗产地。

20世纪90年代，中外考古学家联合对万年县仙人洞和吊桶环遗址进行了多次考古发掘，在该遗址的旧石器晚期的G层（15000～20000年前）发现了大量野生稻植硅石，特别是在该遗址新石器时代早期的E层（约12000年前）发现存有栽培稻植硅石，把世界栽培水稻的历史推前了5000年，仙人洞、吊桶环遗址成为当今所知世界上最早的栽培稻遗址之一，把世界稻作起源由7000年前推移到12000年前。这次考古发现有力地证实了赣鄱地区是中国乃至世界的稻作起源中心区，万年县也因此被考古界公认为世界稻作起源地之一。

1.3.5 人文景观

江西历史悠久，早在一万多年以前的新石器时代早期，万年仙人洞的江西先民就将野生谷物训化为人工水稻栽培，开启了人类的农耕文明。商周时期，新干大洋洲大量使用青铜礼器、兵器，当时就有了不逊于中原的青铜文明。从六朝开朝，江西逐渐成为国家粮食基地。相应的文化教育也不断扩展开来，江西名人辈出、文化璀璨。在中华文明的历史长河中，江西人才辈出，文学家、政治家、科学家若群星灿烂，光耀史册，出现了一代又一代的文学大家和豪华文学阵容，频呈人文鼎盛、人才辈出之势。晋代大诗人陶渊明一改玄学清谈文风，寄情田园景物，被尊为“古今隐逸诗人之宗”、田园诗之祖。北宋王安石品高学博，坚持政治改革，被列宁称为“中国11世纪的改革家”。唐宋八大家有三家在江西，其中欧阳修列宋代六家之首，被尊为文坛领袖。黄庭坚开创“江西诗派”。杨万里创造诚斋诗体。“宋词四大开祖”，晏殊、晏几道父子居其二。“元诗四大家”中，江西有虞集、范梈、揭傒斯三家。明代汤显祖提出“情至说”，创作出“临川四梦”，特别是“牡丹亭”，被评价为描写爱情的千古绝唱，代表了中国古典戏剧的最高成就，被誉为“东方的莎士比亚”。此外还有千古忠臣文天祥、中国首部百科全书《永乐大典》总编纂解缙等均是贤才大德。一些文学巨匠，如王勃、李白、苏轼也在江西留下了千古流芳的诗篇。德安义门陈累世义聚三百余年不分家，是中国空想社会主义的实践先驱者，比英国思想家莫尔提出的“乌托邦”设想还早600多年。

滕王阁作为“江南三大名楼”之一，在历史上的兴废更迭达29次之多，现在的滕王阁主阁落成于1989年10月8日，共九层，净高57.5 m，南北配有回廊连接的两个辅亭，建筑面积13000 m^2 以上，滨邻南浦，面对西山，视野开阔，距唐代阁址仅百余米，主体建筑为宋式仿木结构，碧瓦丹柱，雕梁飞檐，宫灯高悬，书画满堂，不失王勃《滕王阁序》中的美妙意境，且能纵览现代城市的风采；重建后的滕王阁，其高度和面积均居于三大名楼之首，是江西省的重要旅游景点。重修后的滕王阁，高耸于南昌城西，赣江之滨。步入新阁，仿佛置身于一座以滕王阁为主题的艺术殿堂。

庐山，面积302 km^2，外围保护地带面积500 km^2。北濒一泻千里的长江，南邻烟波浩渺的鄱阳湖。大江、大湖、大山浑然一体，险峻与秀丽刚柔相济，素以“雄、奇、险、秀”闻名于世。早在一千二百多年前，唐代著名诗人李白便这样赞美庐山：“予行天下，所游山水甚富，俊伟诡特，鲜有能过之者，真天下之壮观也。”庐山地处中国亚热带东部季风区域，面江临湖，山高谷深，具有鲜明的山地气候特征。年平均降水1917 mm，年平均雾日191 d，年平均相对湿度78%，每年7—9月平均温度16.9 ℃，夏季极端最高温度32 ℃。良好的气候和优美的自然环境，使庐山成为世界著名的避暑胜地。

1.4 经济社会发展

在以习近平总书记为核心的党中央坚强领导下，江西省委、省政府团结带领全省人民，艰苦奋斗、锐意进取，经济社会得到长足发展。根据《江西省国民经济和社会发展第十四个五年规划和二〇三五年远景目标纲要》，江西完成了“十三五”规划确定的主要总体目标任务，如期与全国同步全面建成小康社会，江西已站在新的历史起点上。经济社会发展领域取得重大进展，“十三五”江西省主要经济指标增速位居全国“第一方阵”。2020年地区生产总值跨越2万亿元大关，达2.57万亿元，提前两年实现比2010年翻一番的目标，全国排名上升至第15位，比“十二五”末提升3位。人均地区生产总值超过8000美元，达到中等偏上收入国家（地区）水平（世界银行标准）。

1.5 生态文明建设气象服务概况

中国经过数十年的高速发展，经济社会发生了翻天覆地的变化，与此同时自然和社会生态系统也面临重大压力，面对资源约束趋紧、环境污染严重、生态系统退化的严峻形势，必须树立尊重自然、顺应自然、保护自然的生态文明理念，走可持续发展道路。党的十八大把生态文明建设纳入中国特色社会主义事业“五位一体”的总体布局，以习近平总书记为核心的党中央站在中华民族永续发展的战略高度，做出了加强生态文明建设的重大决策部署。习近平总书记在十九大报告中提出，加快生态文明体制改革，建设美丽中国。党的二十大报告指出：“中国式现代化是人与自然和谐共生的现代化”，明确了我国新时代生态文明建设的战略任务，总基调是推动绿色发展，促进人与自然和谐共生。习近平总书记关于提高国家自主贡献力度，力争 2030 年前实现碳达峰，2060 年前实现碳中和的宣示，为我国应对气候变化、绿色低碳发展指明了方向。新中国气象事业 70 周年之际，习近平总书记对气象工作做出重要指示，指明了气象服务国家、服务人民的根本方向，确定了气象工作关系生命安全、生产发展、生活富裕、生态良好的战略定位。气象作为自然和社会生态系统基础性的因子，气象条件是影响生态系统最活跃的因素，直接关系到美丽中国建设、生态保护修复和气候变化科学应对，气象部门应该在生态文明建设主战场上发挥重要作用。《中共中央国务院关于加快推进生态文明建设的意见》中明确提出，要提高适应气候变化特别是应对极端天气和气候事件能力，加强气象灾害监测、预警和预防，提高农业、林业、水资源等重点领域和生态脆弱地区适应气候变化的能力。提升生态文明建设气象保障服务能力是气象部门全面贯彻落实党的十九大和十九届二中、三中、四中全会精神，深入贯彻习近平生态文明思想的重要工作。

江西是全国首批全境纳入生态文明先行示范区的省份，是党中央、国务院确定的三大国家生态文明试验区之一，是中国气象局批复的唯一国家生态文明试验区气象保障服务试点省。“十三五”以来，以习近平总书记为核心的党中央提出了“坚决打赢蓝天保卫战”“共谋全球生态文明建设，引导应对气候变化国际合作”等一系列工作发展新要求，赋予了气象保障服务的新职能，明确了气象改革发展的新任务。2015 年全国“两会”期间，习近平总书记参加江西代表团审议时指出：要把江西生态环境保护好，走出一条经济发展和生态文明相辅相成、相得益彰的路子。2016 年春节前夕，习近平总书记视察江西时再次强调：江西生态秀美、名胜甚多，绿色生态是最大财富、最大优势、最大品牌，一定要保护好，做好治山理水、显山露水的文章，走出一条经济发展和生态文明水平提高相辅相成、相得益彰的路子，打造美丽中国“江西样板”。2016 年 8 月，中共中央办公厅、国务院办公厅印发了《关于设立统一规范的国家生态文明试验区的意见》，将江西列为三大国家生态文明试验区之一，希望通过试验探索，率先建成较为完善的生态文明制度体系，形成一批可在全国复制推广的重大制度成果，实现经济社会发展和生态环境保护双赢，为加快生态文明建设、实现绿色发展、建设美丽中国提供有力制度保障。2019 年 5 月，对江西生态文明建设，习近平总书记提出新要求：要加快构建生态文明体系，做好治山理水、显山露水的文章，打造美丽中国“江西样板”；2023 年 10 月 10 日，习近平总书记到江西省九江市长江国家文化公园九江城区段视察工作，指出要从人与自然和谐共生的生命共同体出发，着眼中华民族永续发展，把长江保护好。

近年来，江西气象部门抓住先发优势，全面融入地方生态文明战略，积极作为，大胆探索，生态文明建设气象保障工作取得明显成效，主要为：省级生态气象业务机构改革已调整到位，2017 年根据江西省机构编制委员会办公室批复成立了省生态气象中心，实现与省气候中心合署办公，2023 年省生态气象中心独立运行；生态气象观测网建设取得初步成效，按照“基地＋站网”“自建＋共建共享”模式，初步建成 3 类生态气象外场试验基地，建立高山草甸生态气象观测站、高山断面气象观测站、森林防火气象观测站、大气温室气体本底浓度高精度观测网和通风廊道梯度观测网；生态气象科技支撑体系初具雏形，搭建了“一组”“两站”“一中心”科技平台并启动了相关工作；生态文明建设气象保障服务产品体系初步建立，省级形成生态功能价值评估、生态文明绩效考核气象条件贡献率评价等核心业务服务产品，各市县因地制宜探索了生态型气象服务；生态文明建设气象保障法规体系取得新进展，《江西省气候资源保护和利用条例》正式出台，截至 2018 年共发布地方标准 2 项、立项 10 项，联合省农业农村厅等部门印发《关于加快推进由绿水青山向金山银山迈进的实施意见》，指导九江市在全省率先出台《关于开展特色农产品气候品质评价的通知》《关于开展九江市首届特色“气候小镇”评选活动通知》。2017 年中国气象局局长刘雅鸣出席省部合作联席会议时指出，“要探索一条可借鉴、可复制、可推广的气象服务生态文明建设新路子！”，同年 8 月，中国气象局批准江西成为首个生态文明试验区气象保障服务试点省。2018 年 11 月，江西省气象局在靖安县承办了首次全国生态文明建设气象保障服务工作推进会，会议全面总结了江西在生态气象保障领域的经验做法，受到省委省政府和中国气象局领导、与会代表们的一致好评。

通过改革促生态气象发展。2020 年 1 月，中国气象局印发了《生态气象业务服务能力建设实施方案（2020—2022 年）》，文件指出各级气象部门应通过重点业务体制改革，大力提升生态文明建设气象保障服务能力。江西按照边探索、边服务、边试点、边总结、边规范的思路，积极构建了“核心业务确定、市县布局合理、技术支撑有力、服务按需供给”的省、市、县三级生态与农业气象服务业务体系，在助力美丽中国“江西样板”建设中迈好了气象高质量发展开局“第一步”。2021 年印发《省市县生态气候与农业气象服务业务体系建设方案》，明确“高新技术研发与产品制作等业务向省级集约，个性化、特色化与应用型服务向市、县转移，保障型服务向县级下沉”的省、市、县三级生态业务布局，明确市、县生态气象业务机构与岗位设置意见，启动省、市、县一体化生态与农业气象三级业务体系建设。经过近 2 年的建设，三级业务体系取得重大进展，一是正式构建了“2（省级）＋11（市级）＋85（县级）”的业务单位组织架构，全省落实专（兼）职人员 292 人。近几年培养市、县技术交流人员 16 名，并接受短期交流人员开展专题研究，初步形成了全省三级生态气象骨干人才库；二是升级形成省、市、县一体化生态与农业气象服务业务系统 2.0 版，系统包含环境气象、生态气候、生态遥感、农业气象、特色服务 5 大核心模块，省市县三级均可按需调用平台后台数据，自动生成本地业务产品，其中省、市级可生成气象服务产品 16 种，县级 12 种；三是形成制度性成果 54 项，其中省级出台 1 项法规、2 项政策制度、1 项部门规范性文件、26 项服务方案、24 项标准和业务规范；四是形成差异化的 3 类业务产品清单及三级分工，其中省级 48 项，市级 24 项，县级 5 项；五是形成生态气候、生态遥感、环境气象、农业气象、生态人工影响天气五大气象服务业务。指导全省 11 个设区市气象局熟练掌握污染评估、污染气象指数等以及基于 EC（欧洲中期天气预报中心）模式预报生成的产品，包括气象要素预报、臭氧污染指数、环境气象评估（EMI）指数等业务产品，省、市、县三级业务单位已能较好掌握森林热点、植被生态质量、水域面积与洪涝、城市热岛、水稻和油菜等大宗作物卫星遥感监测业务产品，指导已经建成温室气体观测站的设区市气象局南昌、九江、赣州、景德镇、抚州、新余等研发了本地温室气体月、年报业务产品，指导市、县掌握了气候变化监测评估服务产品制作技术；六是指导市气象局构建特色生态气象服务品牌取得初步成效。指导新余市气象局建设仙女湖生态气象中心，初步创建水生态观测＋卫星遥感的仙女湖生态气象服务品牌。指导九江市气象局打造长江岸线和柘林湖生态气象服务品牌取得初步成效，聚焦系列通江湖泊和柘林湖，形成地方特色服务品牌。指导上饶市气象局围绕植被生态和自然旅游景观资源开展气象服务。指导赣州市气象局打造典型南方丘陵地带生态气象服务，发展高效温室气体氟化物、卤代物监测评估能力。

1.5.1 完善全省生态状况气象监测网

建成山地、湿地、森林、农田、湖泊、草地、城市等主要生态类型全覆盖的生态、环境和气候关键要素监测网络。在鄱阳湖主湖区建成水文气象浮标观测站、水汽监测站、微波辐射仪和湍流通量观测站观测系统等。加强南昌国家气候观象台建设，新建鄱阳湖野外观测试验基地和典型地表卫星遥感真实性校验场，打造成以鄱阳湖湖泊湿地生态气象研究为特色的科研平台。建成由11个设区市本底站＋1个碳同位素站为骨架的覆盖全省的大气温室气体观测站网。强化气象卫星遥感能力建设，形成全省“天地空”一体化生态气象遥感观测网，建成高精度、长序列关键生态气象卫星遥感监测数据集，在线多源卫星遥感监测时空分辨率达到最高空间分辨率百米级、最高时间分辨率小时级。建成较为完整、丰富的生态文明建设气象保障服务基础气候数据集、多源融合同化产品集；加强了部门间数据共享，通过大数据云平台实现数据产品实时共享。

1.5.2 建设江西生态安全风险预警服务能力

突破基于数值模式的气象要素、高影响天气气候过程、极端气候事件、生态系统、环境气象多尺度预报预测以及气候变化对生态安全的风险预估关键技术。建立高温干旱、暴雨洪涝、低温雨雪、大风雷电、雾霾等气象灾害引发自然生态系统森林、农田、河流湖泊、湿地、城市运行等生态安全气象风险评估预警系统。围绕打赢蓝天、碧水、净土等攻坚战，开展0～30 d无缝隙的环境气象预报预测业务，延长重污染天气预见期，提升准确率；实现森林火险、江河湖泊蓝藻水华发生发展趋势等的精准气象预报预警和中长期气象服务，建立森林、农田等的病虫害发生发展气象指标与预报模型；开展网格化的环境气象经济效益和健康风险评估。

1.5.3 建设生态治理气象保障能力

针对江西亚热带丘陵山区、鄱阳湖流域重点生态区，加强不同时空尺度气象灾害和气候变化对生态安全影响监测评估和预报预警能力建设，聚焦山水林田湖草生命共同体，结合地方生态保护和修复服务需求，开发气象灾害生态影响定量评估模型，强化生态保护修复气象保障服务能力。建设旬、月、季、年不同频次的常态化生态质量气象监测评估业务，特别是突破气候变化对生态文明建设的影响评估预评估关键技术，开展生态系统质量变化的归因分析（自然变化与人类影响），为生态保护与责任考核提供客观依据。开展主要生态系统的功能价值气象评估，实现生态产品价值从定性到定量的转变。建立生态环境的气候承载力监测、评估、预警与预估业务，开展地方生态文明建设考核指标动态监测，提供精细、准确的生态保护红线气象保障服务。建立应对气候变化的气候可行性论证综合业务体系，实现重点领域气候可行性论证功能全覆盖。完善人工影响天气的科学、安全、精准靶向作业能力，实现重点生态功能区生态保护与修复的人工影响天气作业常态化。

1.5.4 建设绿色发展气象支撑能力

基本建成以城市通风、热岛缓解和人居气候环境改善为目标的城市生态气候评估服务业务，保障城市安全、科学、高效、绿色运行管理。完成气候资源精细化普查与定量化评估，为科学调整农业种植业区划、发展美丽乡村气候养生产业、兑现绿水青山的金山银山生态价值提供基础支撑。发展“气候＋”全域旅游业态，建立省、市、县一体化的生态气候旅游品质评价服务平台；积极申报创建“国家气象公园”“中国天然氧吧”“避暑旅游目的地”“国家气候标志”等康养旅游宜居生态品牌。建立全省风能太阳能资源实时监测和评估业务，实现全省重点地区十米分辨率风能资源评估；全省太阳能资源评估达到百米分辨率；风能太阳能发电功率预测技术的准确率超过87％，有效降低弃风、弃电率；建立大型风光电场建设的气候影响评估业务。

1.5.5 建设生态气象服务基础保障能力

建设完善南昌国家气候观象台科研平台和团队，启动建设“鄱阳湖流域生态气象”省级重点实验室，组建江西省生态气象创新团队。建设完善省、市、县三级生态气象技术标准、业务规范、业务制度系列。建设生态修复型人工影响天气作业标准化、格点化炮点系统，开展鄱阳湖流域生态涵养人工影响天气作业服务与研究试验。建设完善省、市、县一体化生态气象综合业务平台。研发生态气象智慧业务核心技术。提升应对气候变化研究水平，提高气候变化生态系统影响和适应性监测、预测、评估能力。发展赣鄱特色生态气象文化。

1.6 生态文明建设气象保障服务需求分析

江西省生态文明建设气象保障业务经过几年的建设，已初见成效，但是随着全省生态文明建设不断向纵深推进，各级政府对气象服务的需求也在不断提高，特别是市、县政府对生态文明建设气象保障服务的需求日益迫切，因此需要开展深入的需求分析，为完善省、市、县三级生态文明建设气象保障业务技术体制把准方向。

1.6.1 国家战略决策需求

党的十八大提出“大力推进生态文明建设”战略决策，江西省作为国家生态文明试验区，肩负着生态文明建设先行先试重任，将率先建成较为完善的生态文明体系，打造美丽中国“江西样板”。中国气象局围绕党中央、国务院关于生态文明建设方面的需求，先后出台了《“十三五”生态文明建设气象保障规划》和《关于加强生态文明建设气象保障服务工作的意见》等一系列文件，2020年1月印发《生态气象业务服务能力建设实施方案（2020—2022年）》，文件指出各级气象部门应通过重点业务体制改革，大力提升生态文明建设气象保障服务能力。2022年4月，国务院发布《气象高质量发展纲要（2022—2035年》，提出要强化生态文明建设气象支撑，从强化应对气候变化科技支撑、强化气候资源合理开发利用、强化生态系统保护和修复气象保障3个方面提升生态气象保障服务能力。江西气象部门充分对接国家发展战略需求，按照中国气象局的部署，基于部门职责和优势，构建全省生态文明建设气象保障业务体系，并通过深化改革形成生态文明建设气象保障业务“四个样板”，圆满完成中国气象局试点任务，为国家发展战略目标的实现做出应有贡献。

1.6.2 地方生态文明制度体系建设需求

根据《国家生态文明试验区（江西）实施方案》，江西开展生态文明建设的目标是要构建六大体系、38 个方面制度，迫切需要气象部门在气象防灾减灾、生态环境保护、污染防治、气候资源保护与利用、应对气候变化等方面为全省生态文明制度体系建设发挥关键性作用。在省级层面，气象部门牵头了《江西省气候资源保护和利用条例》地方法规的制定与出台，牵头了《江西省应对气候变化办法》《江西省适应气候变化方案》等地方法规、文件的研究，参与划定和保护生态红线、绿色产品价值化实现等地方制度体系建设。下一步还须加强《江西省气候资源保护和利用条例》配套政策和实施细则的研究与实施，加强应对气候变化立法研究，做好全省分县区“霾日数”考核指标的完善和应用。积极跟进参与《江西省关于在国土空间规划中统筹划定落实三条控制线的实施意见》《江西省生态保护红线管理办法实施细则》《江西省自然生态空间用途管制细则》等法规与方案的制定及有关服务工作。

1.6.3 生态文明建设重大行动需求

江西省开展了蓝天保卫、碧水保卫、净土保卫、自然生态保护、工业污染防治、农业农村污染防治、长江经济带“共抓大保护”、鄱阳湖生态环境专项整治等“八大攻坚战役 30 个专项行动”，有关考核指标和行动成效对各级党委政府具有刚性约束力。气象部门在其中大有可为，须逐条开展气象业务需求分析（表 1.1），构建适应需求的研究型生态文明建设气象保障业务体系，按职责牵头做好推进特色农产品气候品质评价规范化建设、气候康养旅游、生态保护和修复型人工增雨作业体系建设；提升鄱阳湖流域生态安全气象监测评价能力，强化气候承载力和气候变化、气象灾害生态影响监测评估；建设完善生态气象观测网，研发生态敏感气象要素预报预测、气象灾害生态影响监测评估、大气污染源解析、气候变化生态影响评估预估、区域气候承载力评估等核心技术，支撑全省生态文明建设气象保障业务；在生态修复、气水土污染防治、生态产品价值实现等关键生态领域发挥科技型、基础性部门优势；开发市、县指导产品，为各级政府提供客观、科学、中立的生态文明建设气象监测、预警、评价等服务。

表 1.1　江西省八大攻坚战役 30 个专项行动生态文明建设气象保障业务需求分析

<table>
<tr><th>攻坚任务</th><th>专项行动</th><th>涉及区域</th><th>气象业务需求</th></tr>
<tr><td rowspan="6">（一）蓝天保卫战</td><td>（1）城市扬尘治理专项行动</td><td>全省</td><td rowspan="6">重污染天气预报、预警，大气污染物源解析与评估，区域大气扩散条件气候论证（区域大气气候承载力评估），大气治理绩效气象条件贡献率评估，秸秆燃烧气象卫星遥感监测，生态修复型人工影响天气作业</td></tr>
<tr><td>（2）城市餐饮油烟治理专项行动</td><td>全省</td></tr>
<tr><td>（3）工业废气治理专项行动</td><td>全省</td></tr>
<tr><td>（4）柴油货车污染治理专项行动</td><td>全省</td></tr>
<tr><td>（5）农作物秸秆综合利用与禁烧专项行动</td><td>高安市、丰城市、渝水区、瑞昌市、铅山县、余江区、东乡区、南城县、峡江县、鄱阳县、弋阳县</td></tr>
<tr><td>（6）城市烟花鞭炮禁放专项行动</td><td>全省</td></tr>
</table>

续表

攻坚任务	专项行动	涉及区域	气象业务需求
(二)碧水保卫攻坚战	(7)县级以下地表水和地下水型饮用水水源地环境保护专项行动	全省	旱涝等气象灾害对鄱阳湖流域水质影响评估,水体叶绿素、水色、悬浮泥沙、蓝藻指数等卫星遥感监测评估,流域、湿地生态功能价值评估,生态修复型人工影响天气作业
	(8)消灭Ⅴ类及劣Ⅴ类水专项行动	全省	
	(9)城市黑臭水体整治专项行动	九江、上饶、新余等	
	(10)城市生活污水处理专项行动	全省	
	(11)入河排污口整治专项行动	全省	
(三)净土保卫攻坚战	(12)城镇生活垃圾处理专项行动	全省	土壤墒情监测,农田生态系统功能价值评估,生态修复型人工影响天气作业
	(13)农用地污染防治专项行动	全省	
	(14)建设用地污染防治专项行动	全省	
	(15)危险废物处置专项行动	全省	
(四)自然生态保护攻坚战	(16)自然保护区整治专项行动	全省	全省植被生态质量监测评估和保护效果气象条件贡献率评估,森林、流域、湿地、碳汇等重点生态领域功能价值评估,生态修复型人工影响天气作业
	(17)矿山开发整治专项行动	全省	
	(18)湿地保护专项行动	全省	
	(19)野生动物保护专项行动	全省	
(五)工业污染防治攻坚战	(20)开发区环保基础设施建设专项行动	全省	工业园区大气污染物扩散天气形势预报,区域大气扩散条件气候论证(区域大气气候承载力评估)
	(21)化工园区整治专项行动	全省	
	(22)工业企业达标排放专项行动	全省	
	(23)淘汰落后产能专项行动	全省	
	(24)散乱污企业整治专项行动	全省	
(六)农业农村污染防治攻坚战	(25)畜禽养殖污染治理专项行动	全省	土壤墒情监测,农田生态系统功能价值评估,水体叶绿素、水色、悬浮泥沙、蓝藻指数等卫星遥感监测评估,生态修复型人工影响天气作业
	(26)水产养殖污染治理专项行动	全省	
	(27)农药化肥污染治理专项行动	全省	
	(28)农村生活垃圾和污水处理专项行动	65个县(市、区)	
(七)长江经济带“共抓大保护”攻坚战	(29)长江经济带“共抓大保护”专项行动	长江经济带	长江、鄱阳湖岸线植被生态监测评估,还包含上述一至六项污染防治攻坚战气象业务需求
(八)鄱阳湖生态环境专项整治攻坚战	(30)鄱阳湖生态环境专项整治专项行动	全省	包含上述一至六项污染防治攻坚战气象业务需求

1.6.4 地方生态文明示范试点需求

按照江西省委省政府的统一部署,江西省开展了一系列有关生态文明的试点示范行动,以期通过试点示范,以点带面,将生态文明建设朝全省各领域纵深推进。先后有国家和省级生态文明示范区、国省山水林田湖草生态保护修复试点、国家生态补偿试点、全国生态产品价值实现机制试点城市、国家“绿水青山就是金山银山”实践创新基地、国家低碳城市试点、国家气候适应型城市建设试点、江西省美丽宜居试点县建设、江西省绿色低碳试点县区等。各级气象部门应对接地方试点示范和生态建设任务,开展充分的需求分析,立足气象部门优势,满足地方生态文明建设气象保障服务需求（表1.2），并通过生态文明建设气象保障业务体系建设，形成满足需求的研究型业务服务能力。

表1.2 江西省生态文明建设试点示范气象业务需求分析

试点名称	相关文件	涉及区域	期限	主要气象业务需求分析
生态文明示范	《国家生态文明试验区（江西）实施方案》《江西省关于划定并严守生态保护红线的若干意见》《关于加强鄱阳湖流域生态系统保护与修复的决定》《江西省"生态云"大数据平台建设方案》《江西省绿色有机农产品示范基地建设实施方案》《江西加快农产品标准化及可追溯体系建设实施方案》《江西省气候保护与开发利用条例》《江西省生态文明建设目标评价考核办法（试行）》《国家生态文明试验区（江西）气象保障服务试点方案》《江西省生态文明先行示范区建设气象保障行动方案（2016—2020年）》	全省	2020年	参与生态环境保护、污染防治攻坚战等工作，开展重污染天气预报预警、空气质量预报等工作，开展气象条件对大气、水污染影响评估，生态修复型人工影响天气作业；参与生态保护红线保护区气象灾害监及生态影响质量监测评估，植被质量动态变化卫星遥感监测，区域生态质量气象评估；建立气候资源保护与合理开发利用制度。开展气候旅游资源开发利用服务，推进气候可行性论证工作。开展流域、湿地、森林、碳汇等领域生态功能价值评估。服务农业气候资源开发利用，助力绿色生态农林产品开发，构建、完善农林产品气候品质论证体系；参与全省"生态云"大数据平台构建；开展气象灾害、气候变化对江西森林、湖泊湿地、农田、城市等主要生态系统影响的评估预估；开展生态文明绩效考核气象条件贡献率评估；参与地方应对气候变化工作，牵头江西省适应气候变化有关方案编写，参与起草江西省应对气候变化办法，参加地方碳排放管理和低碳创建示范试点等工作
	国家生态文明示范市县	靖安县、资溪县、婺源县、井冈山市、崇义县、浮梁县、景德镇市、湾里区、奉新县、宜丰县、莲花县		
	江西省生态文明示范县区	武宁县、婺源县、崇义县、芦溪县、湾里区、浮梁县、资溪县、新建区、安福县、共青城市、安远县、余江县、靖安县、铜鼓县、宜丰县、奉新县、石城县、井冈山市、瑞金市、玉山县、德兴市、莲花县、万载县、渝水区、安义县、修水县、广昌县、宜黄县、上犹县、都昌县、永新县、乐安县、青原区、大余县、寻乌县、永丰县、进贤县、贵溪市、遂川县、全南县、上高县、铅山县、上栗县、东乡区、黎川县、南丰县、金溪县、泰和县、定南县、德安县、万年县、会昌县、昌江区、万安县		

续表

试点名称	相关文件	涉及区域	期限	主要气象业务需求分析
国省山水林田湖草生态保护修复试点	《江西省山水林田湖草生命共同体建设行动计划(2018—2020 年)》《国家首批山水林田湖草生态保护修复试点》(财政部、原国土资源部、原环境保护部)	全省、赣州市	2020 年	开展气象灾害对鄱阳湖流域生态系统影响监测、预警、评估,生态修复效果气象评估,生态修复型人工影响天气作业
生态综合补偿试点	《生态综合补偿试点方案》(国家发展改革委)	全省,石城、资溪、铜鼓、婺源、井冈山市	2022 年	开展气象灾害对鄱阳湖流域生态系统影响监测、预警、评估,森林、流域、湿地、碳汇等领域功能价值评估,生态修复型人工影响天气作业
	横向生态补偿试点《东江流域上下游横向生态补偿协议》(2019—2021 年)(财政部、生态环境部、江西、广东)	寻乌、安远、定南、龙南、会昌	2021 年	开展气象灾害对东江源头区域生态系统影响监测、预警、评估,生态修复型人工影响天气作业
生态产品价值实现机制试点城市	国家级试点,《抚州市生态产品价值实现机制试点方案》(国家发展改革委)	抚州市	2020 年	服务农业气候资源开发利用,助力绿色生态农林产品开发,构建、完善农林产品气候品质论证体系;开展气候旅游资源开发利用服务,推进气候可行性论证工作;开展森林、流域、湿地、碳汇等领域功能价值评估
	省级试点	武宁、崇义、靖安、井冈山市、浮梁县、湾里区	2020 年	
“绿水青山就是金山银山”实践创新基地	国家级试点,《“绿水青山就是金山银山”实践创新基地建设管理规程(试行)》(生态环境部)	靖安县、婺源县、井冈山市、崇义县		开展气象灾害对鄱阳湖流域生态系统影响监测、预警、评估;开展森林、流域、湿地、碳汇等领域功能价值评估;服务农业气候资源开发利用,助力绿色生态农林产品开发,构建、完善农林产品气候品质论证体系;开展气候旅游资源开发利用服务,推进气候可行性论证工作
国家全域旅游示范	《文化和旅游部关于公示首批国家全域旅游示范区名单的公告》(文化和旅游部)	井冈山市、婺源县、资溪县	2021 年	开展气候旅游资源开发利用服务,“气候+”旅游工程开发,天然氧吧、避暑旅游目的地等气候康养旅游和气候景观预报、旅游安全服务
自然生态空间用途管制试点	《自然生态空间用途管制办法(试行)》(自然资源部)	新建区、贵溪市、高安市	2019 年	开展气象灾害对区域生态系统影响监测、预警、评估,植被质量动态变化卫星遥感监测,区域生态质量气象评估
国家低碳城市试点	《国家发展改革委关于开展低碳省区和低碳城市试点工作的通知》	南昌		参与低碳试点城市方案编制、评审,低碳试点效果评估。开展城市降水、气温、风、相对湿度等气象要素智能化网格预报,建立城市高温、积涝、重污染天气等监测、预报、风险预警和评估服务
	《国家发展改革委关于开展第二批国家低碳省区和城市试点工作的通知》	赣州、景德镇		
	《国家发展改革委关于开展第三批国家低碳城市试点工作的通知》	吉安市、抚州市、共青城市	2022 年	

续表

试点名称	相关文件	涉及区域	期限	主要气象业务需求分析
国家气候适应型城市建设试点	《关于印发气候适应型城市建设试点工作的通知》(住建部、国家发展改革委)	九江市	2020年	开展适应气候变化工作,科学分析气候变化主要问题及影响,加强城乡建设气候变化风险评估,将适应气候变化纳入城市发展目标体系,并出台城市适应气候变化行动方案等
国家海绵城市试点	《国家第一批海绵城市建设试点》(财政部、住建部、水利部)	萍乡市	2018年	城市暴雨强度公式修订、城市内涝预报预警等
江西省美丽宜居试点县建设	《2019年全省新农村建设工作实施方案》	安义县、湾里区、进贤县、武宁县、修水县、共青城市、浮梁县、乐平市、芦溪县、湘东区、渝水区、贵溪市、崇义县、石城县、上犹县、大余县、龙南县、全南县、寻乌县、靖安县、铜鼓县、宜丰县、横峰县、婺源县、万年县、弋阳县、余干县、铅山县、吉水县、井冈山市、安福县、万安县、资溪县、南丰县、东乡区、金溪县		开展气象为农服务工作,城镇建设规划气候可行性论证,中小流域山洪预警,推进重大农业气象灾害影响预报,开展关键农事农时农用天气预报
江西省绿色低碳试点县区	《江西省发展改革委关于确定绿色低碳示范县(市、区)的通知》	分宜县、婺源县、资溪县、袁州区、芦溪县、共青城市		参与低碳试点城市方案编制、评审,低碳试点效果评估。开展城市降水、气温、风、相对湿度等气象要素智能化网格预报,建立城市高温、积涝、重污染天气等监测、预报、风险预警和评估服务
	《江西省发展改革委关于开展第二批绿色低碳试点县(市、区)工作的通知》	宜黄县、南城县、东乡区、吉州区、吉安县、峡江县、渝水区、上栗县、安源区、崇义县、寻乌县、全南县、于都县、广丰区、德兴市、铅山县、万年县、武宁县、靖安县、宜丰县、高安市	2021年	
	《江西省生态环境厅关于开展第三批绿色低碳试点县(市、区)工作的通知》		2022年	

1.6.5 生态文明建设气象保障业务与服务发展需求

气象是生态系统关键因子，气象事业作为科技型、基础性、先导性社会公益事业，气象部门负有为生态文明建设提供气象保障服务的职责，对于提高自身生态文明建设业务与服务能力有迫切需求。近年来，随着生态文明建设等国家战略往纵深推进，社会对气象服务提出了更高要求，江西省气象现代化建设不断推进、防雷业务体制改革完成和气象观测自动化、预报智能化等新业态出现，使气象部门具有提高生态文明建设气象保障业务服务能力的内生需求，迫切需要将气象服务由防灾减灾型为主拓展到生态服务等领域，构建省、市、县气象服务新模式，以更好地服务于国家重大战略。

1.7 本章小结

江西地处我国中东部地区，属于亚热带季风气候，水热同季，自然条件优越。江西省生态环境质量长期保持全国前列，森林覆盖率保持 63.35%，居全国第二，是全国“最绿”省份之一；江西空气质量清新，2023 年 $PM_{2.5}$ 平均浓度 29 $\mu g/m^3$，空气优良天数比率达 96.5%；境内鄱阳湖为我国最大的淡水湖，全省水质优良，长江干流、赣江干流断面保持Ⅱ类以上水质。江西省具有深厚的历史文化传承，绿色、古色、红色文化绚烂多彩、相得益彰。江西作为国家生态文明试验区，近年来在生态文明制度体系建设和生态保护、污染防治、应对气候变化等领域开展了一系列积极探索，取得了举世瞩目的成绩。江西省气象部门积极融入地方生态文明大局，充分挖掘地方生态文明建设需求，开展核心技术研究，创新服务模式，构建省、市、县一体化生态文明气象保障服务业务体系，各级气象部门服务主动及时，为江西生态文明建设做出了突出贡献。

第 2 章
气候与气候变化

2.1 气候

1991—2020 年江西年平均气温为 18.3 ℃，自北向南递增，平原高于山区，全省各地为 16.8～20.2 ℃，省会城市南昌为 18.5 ℃。一年之中 1 月平均气温最低，为 6.3 ℃，各地为 4.6～9.5 ℃；江西年极端最低气温南部高北部低，江西极端最低气温为－18.9 ℃（彭泽，1969 年 2 月 6 日）。7 月最热，全省平均气温为 28.9 ℃，各地为 27.2～30.1 ℃；极端最高气温为 42.6 ℃（修水，2022 年 8 月 23 日）。

江西年平均降水量 1719 mm，降水的分布呈马鞍形，九岭山、怀玉山和武夷山一带是多雨的地区，年降水量多达 1700～1900 mm，局部山区 1900～2000 mm；长江南岸的九江附近、吉泰盆地的泰和附近和赣南盆地的赣州附近是少雨地区，但年降水量亦达 1400～1500 mm，其余大部分地区为 1500～1700 mm；降水季节分配不均，全年有近四分之三的降水集中在春夏季节，尤其在 4—6 月，降水量占全年降水量的 45%，有的年份达到 60%，暴雨过程多，雨量大，雨日多，湿度大，形成江西的雨季，也就是主汛期，这段时期易发生洪涝灾害。

2.1.1 四季气候

2.1.1.1 季节划分

（1）划分标准

春季为日平均气温或滑动平均气温≥10 ℃，且＜22 ℃。夏季为日平均气温或滑动平均气温≥22 ℃。秋季为日平均气温或滑动平均气温＜22 ℃，且≥10 ℃。冬季为日平均气温或滑动平均气温＜10 ℃。

（2）各季始日

全省各地春季始日为 2 月 9 日—3 月 14 日，南部早北部晚，最早出现在寻乌、定南、龙南和全南，最晚出现在德安，相差 33 d。夏季始日为 4 月 29 日—5 月 25 日，南部早北部晚，最早出现在于都，最晚出现在铜鼓，相差 26 d。秋季始日为 9 月 23 日—10 月 19 日，北部早南部晚，最早出现在铜鼓，最晚出现在于都，相差 26 d。冬季始日为 11 月 29 日—12 月 23 日，北部早南部晚，最早出现在瑞昌、湖口、德安、修水和铜鼓，最晚出现在寻乌，相差 24 d。

（3）各季日数

全省各地四季的持续日数不尽相同，其中：春季为 59～85 d，最长出现在大余，最短出现在九江，相差 26 d；夏季为 119～169 d，最长出现在于都，最短出现在铜鼓，相差 50 d；秋季为

45～63 d,最长出现在寻乌和定南,最短出现在东乡,相差 18 d;冬季为 43～101 d,最长出现在修水,最短出现在寻乌和定南,相差 58 d。全省大部分地区四季持续日数以夏季为最长、冬季次之、春季第三、秋季最短。赣南则是夏季最长、春季次之、秋季第三、冬季最短。

2.1.1.2 气候特点

(1)四季分明

1991—2020 年,全省年平均气温为 18.3 ℃,各地的年平均气温为 16.8(铜鼓)～20.2 ℃(于都)(庐山、井冈山除外),自北向南递增,平原高于山区。其中赣北北部和西部、赣中局部 17～18 ℃,局部低于 17 ℃,赣北南部、赣中大部 18～19 ℃,赣南大部 19～20 ℃。全省季风气候特点比较明显,冬季经常在变性大陆冷高压控制之下,盛吹偏北风,气温较低。夏季经常受副热带高压控制,盛吹偏南风,气温很高。春、秋两季是冷、暖空气过渡季节,温度较适中。因此,本省气候四季分明,春季温暖,夏季暑热,秋季凉爽,冬季湿冷。

(2)热量充足

1991—2020 年,全省无霜期较长,平均为 280 d,各地在 254(宜丰)～314 d(崇义),相差 60 d。赣东北和赣西北 254～270 d,赣州的西南部 300～314 d,其余地区 270～300 d。各地日平均气温稳定在 5 ℃以上的天数有 296～339 d。各地从 3 月中旬或下旬至 11 月下旬或 12 月上旬,期间约有 8～9 个月(240～275 d)的气温都稳定在 10 ℃以上。大部分地区大于 10 ℃的积温都在 5500～6000 ℃·d,赣南积温最多,达 6000～6200 ℃·d。各地气温稳定在 15 ℃以上的天数有 200～225 d。各地日平均气温稳定高于 20 ℃的天数有 131～175 d。

(3)雨水集中

省内雨水丰沛,全省年平均降水量为 1719 mm。雨水集中于春、夏两季,且春季大于夏季。从 1—6 月降水量逐月增多,7—12 月降水量逐月减少。4—6 月,雨水比其他季节更多,这三个月是本省的雨季,也是主汛期,期间全省平均降水量占全年降水量的 45%左右,有的年份甚至达到 60%。

(4)春季寒冷

省内地处长江之南,南岭之北,是南方的暖湿气流与北方的干冷气流交替往返的地带。由于冷暖空气活动频繁,因此,造成本省春季天气变化剧烈,冷暖无常。

春寒,是指 3 月中旬—4 月上旬出现的气温连续 5 d 以上低于 10 ℃或伴有雨雪且寡照的低温阴雨天气,对春播十分不利,常出现烂种烂秧、死苗现象。春寒又分为“春分寒”和“清明寒”(也称倒春寒)两种。春寒大部分年份出现在春分前后,少数年份出现在清明前后。但也有个别年份出现春分寒连清明寒。

(5)夏季炎热

受稳定的副热带高压控制,省内夏季炎热。全省 7 月平均气温除局部山区外,南北各地相差甚小,都在 32.0～35.0 ℃,极端最高气温大都在 39 ℃以上。全年日最高气温≥35 ℃的天数,除鄱阳湖受湖水调节和赣州南部的三南(龙南、全南、定南)及安远、寻乌一带因植被条件较好的山区为 10～20 d 外,其他地方都在 20 d 以上。赣东北和赣江中游一带多达 30～40 d,部分地方 40 d 以上,广信甚至有 52 d 的记录。

(6)秋天干燥

省内的秋季受大陆高压控制,全省多晴好天气,且湿度较小,雨水不多,空气干燥,森林火险气象等级较高。但气温适中，是一年中最宜人的季节。

(7)冬季湿冷

省内冬季受大陆季风影响，冷空气活动频繁。特别是鄱阳湖区域为向北开口的盆地，冷空气长驱直入，使北部平原气温显著下降，有时伴有雨雪或冰冻。这里 1 月平均气温为 4.5～7.4 ℃，最低气温常到 0 ℃以下。赣南盆地因受山脉阻挡，加之位置偏南，冷空气的影响较小，这里 1 月平均气温为 7.5～9.0 ℃，有的地区在 9.0 ℃以上，但极端最低气温仍可下降至−5 ℃左右。加上空气湿度相对较大，省内的冬天常常是又湿又冷，体感温度低。

(8)夏秋多旱

省内每年汛期结束，副热带高压稳定控制全省，开始进入炎热、少雨季节，常常出现干旱。省内的干旱主要发生在夏、秋季，春旱和冬旱很少发生，其中秋旱重于伏旱且范围大。伏旱以中部为重，其次为北部。伏旱中心区域在樟树、玉山、鄱阳一带，以樟树发生频率最高。秋旱以北部为重，其次为中部。秋旱多发生在鄱阳湖平原，以鄱阳县发生频率最高。从干旱的地理区域分布看，河谷平原较重，丘陵山地较轻。北部、中部较重，南部较轻。从时间分布频率看，基本上是中等以上的伏旱或秋旱两年一遇。严重的伏旱六年一遇，严重的秋旱四年一遇。全省性特大干旱年份有 1978 年、1986 年、2003 年、2007 年、2009 年、2011 年、2013 年、2019 年。

2.1.2 山地气候

全省山地、丘陵约占国土面积的 78%，是全国江南丘陵的重要组成部分。中南部的丘陵海拔一般在 200～600 m。东、西、南三面高山环绕，西部赣湘边境为幕阜山、九岭山和罗霄山，东部有怀玉山、武夷山，南部赣粤边境为大庾岭和九连山。这些山脉海拔多在 1000～1500 m。这样的地形，构成了省境屏障，对气候、物候都有明显影响，省内的高山地区气候，主要有以下特点。

(1)夏天短

以庐山的牯岭(海拔高度 1215 m)为例，这里一般 7 月上旬开始进入初夏，8 月下旬结束，整个夏季不到两个月，同山下的九江、星子相比，短了两个月。

(2)冬天长

庐山牯岭冬季提前一个月来临，又延后一个月结束，比山下长了两个月。庐山一般在 10 月下旬，日平均气温开始降到 10 ℃以下，一直维持到次年 4 月中、下旬，时间长达 5～6 个月，其中还有 4 个多月的月平均气温低于 5 ℃。4 月下旬才真正进入春季，相比山下迟了一个月，这里是三月桃花四月开，正如唐代白居易《大林寺桃花》所述“人间四月芳菲尽，山寺桃花始盛开”场景。

(3)气温低

空气温度一般随地面海拔的增高而降低，但因季节、天气、时间、地形等条件不同，温度递降的多少也不一样。总的趋势是：高温时期递降的数值大，低温时期递降的数值小。开阔的地形递降的数值稍大，陡峭的地形递降的数值略小。根据庐山和井冈山的气候观测资料分析表明，地势高度每增高 100 m，年平均气温降低 0.4～0.6 ℃，夏季降低 0.5～0.7 ℃，冬季降低 0.4 ℃左右。晴天正午前后递降的数值大，夜间至清晨以及阴雨天递降的数值小。

庐山年平均气温 12.1 ℃，比同纬度平原地区低 5～6 ℃。最热月 7 月平均气温 22.6 ℃，比山下九江、星子低 6～7 ℃。7 月极端最高气温仅 32 ℃，故而有“清凉世界”的美誉。最冷月 1 月平均气温 0.5 ℃，比同纬度平原地区低 4～5 ℃。极端最低气温在－10 ℃以下。

井冈山年平均气温 14.7 ℃，比同纬度平原地区低 4 ℃左右。最热月 7 月平均气温 24.1 ℃，比同纬度平原地区低 5～6 ℃。盛夏时节，吉泰盆地极端最高气温一般都在 41 ℃以上，而井冈山一般仅为 32～34 ℃。井冈山站也曾出现过一次 36.7 ℃高温，出现在 2003 年 7 月 15 日，但这是十分罕见的。最冷月 1 月平均气温 3.7 ℃，比同纬度平原地区低 3～4 ℃。

省内的高山上，一般夏季不到 2 个月，冬天却有 4 个多月，庐山则有 5 个多月，日平均气温 10 ℃以上的积温也较少。海拔 1215 m 的庐山牯岭，20 a 内的日平均气温稳定通过 10 ℃的初日大多在 4 月中、下旬，终日大多在 10 月下旬前后，平均积温为 3578 ℃·d。海拔 843 m 的井冈山茨坪，20 a 内的日平均气温稳定通过 10 ℃的初日大多在 3 月下旬前后，终日大多在 11 月中旬前后，平均积温为 4417.7 ℃·d。

(4)降雪期长

随着地势的增高，初霜、初雪期提早，终霜、终雪期推迟，无霜期缩短，降雪日数增多，积雪时间增长。

庐山常年 11 月中、下旬开始降雪，20 a 中最早的初雪日是 11 月 3 日。终雪日常年在 3 月下旬—4 月上旬，最晚的终雪日是 4 月 11 日。20 a 内平均降雪日数为 27.9 d，平均积雪日数为 25.6 d。积雪深度常达 10 cm 以上，最大积雪深度达 66 cm(1998 年 1 月 23 日)。平均无霜期为 225 d。

井冈山常年 12 月中下旬开始降雪，20 a 中最早的初雪日是 11 月 17 日。终雪常年在 3 月上旬，最晚的终雪日是 4 月 2 日。20 a 内平均降雪日数为 10.4 d，比同纬度平原地区多 5 d 左右。平均积雪日数为 6 d，比同纬度地区多 4～5 d。

(5)云雾多

山高温度低，水汽容易凝结，故云雾多。高山上的云和雾，难分多变，扑来是雾，吹走即云，有时人在云海走，雾在脚下飞。一般的高山上，年平均雾日有 100～200 d，比一般丘陵、平原多几倍、十几倍，甚至更多。庐山的雾日比井冈山更多，年平均雾日 192.2 d(最多年份达 209 d)。庐山顶端因处高空地带，加上江环湖绕，湿润气流在前进中受到山地阻挡，容易形成云雾，一年中的 3—6 月，难有几个晴天，甚至连续云雾蔽山一个月以上，浓雾期间几米外看不清物体。由于温度较低，云雾和降水较多，空气湿度较大。

(6)降水多

高山地区的降水量比一般丘陵、平原要多。1991—2010 年，庐山年平均雨量 2047.3 mm，最多达 2956.6 mm；井冈山年平均雨量 1920.9 mm，最多达 2878.8 mm；相比同纬度平原地带多 400～500 mm。井冈山一年有一半以上的日子是雨天，年均雨日 202.9 d，最多达 254 d，相比山下多 50 d 左右。庐山雨日相对要少一些，年平均雨日 164.6 d，最多有 195 d，相比山下多 30 d 左右。此外，降水强度比平原、丘陵要大，暴雨次数要多，尤其在台风来临时，由于受高山阻挡作用影响，容易产生暴雨天气，如：2005 年 9 月的“泰利”台风影响，庐山 9 月 2—4 日的降水量达到 940 mm，降水强度之大为历史罕见。

(7)大风多

高山地区风速较大，大风天气较多。1991—2010 年，庐山年平均风速为 3.8 m/s，年平均大风日数为 68.4 d。

(8)天气多变

高山地区的天气变化剧烈而突然，尤其是春、夏季变化更大，常常在一天之中，时而云雾蔽山、细雨蒙蒙，转瞬阳光灿烂、彩云飘荡，突又雷鸣电闪、大雨倾盆。有时山底下大雨、山上大晴天，山顶阳光烈、山腰云雾遮。

2.2 气候变化

江西省处北回归线附近，属亚热带季风气候区，四季分明，光照充足，雨量丰沛。春季阴冷多雨，偶有“桃花汛”；夏季高温多雨，间有台风影响；秋季风和日丽，秋高气爽；冬季湿冷，多偏北大风。

2.2.1 气温历史变化

1961—2020 年，江西省地表年平均气温呈显著的上升趋势(图 2.1)，平均每 10 a 增加 0.20℃。全省年平均气温变化范围为 17.1(1984 年)～19.1℃(2007 年)，1997 年之前年平均气温大多低于气候平均值(18.1 ℃)，之后总体偏高。排名第一位的高值年为 2007 年，2013 年、2016 年、2017 年、2018 年、2019 年和 2020 年排名并列第二(数据分析未使用江西境内高山气象观测站资料，下同)。

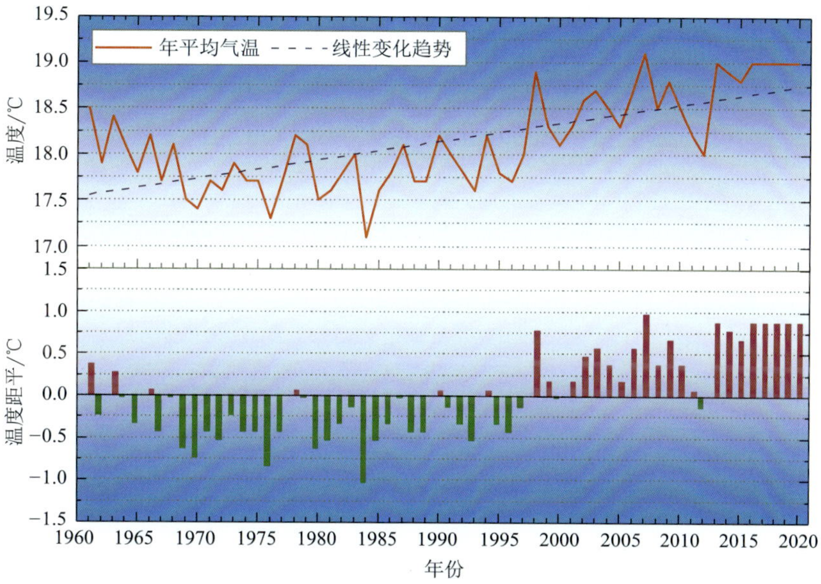

图 2.1 1961—2020 年江西省地表年平均气温及其距平变化

2.2.2 降水历史变化

1961—2020 年，江西省平均降水量无显著的线性变化趋势，但年际和年代际变化明显。2012 年、1975 年和 1998 年是排名前三位的降水高值年，分别为 2163.7 mm、2146.4 mm、2120.6 mm。1963 年、1966 年和 1976 年是排名前三位低值年，分别为 1105.6 mm、1166.6 mm、

1235.7 mm。1961—1970年和2001—2010年平均降水量总体偏少，1991—2000年和2011—2019年平均降水量总体偏多(图2.2)。

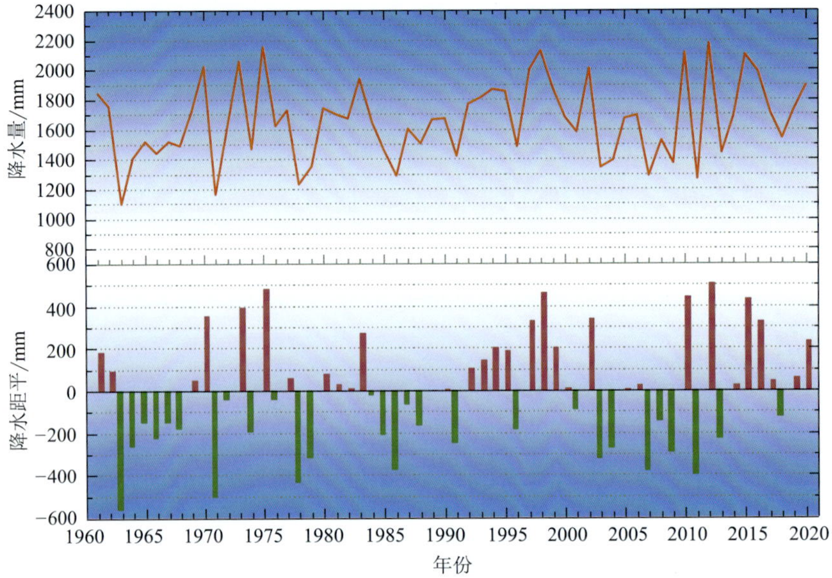

图2.2 1961—2020年江西省年平均降水量及距平变化

2.2.3 相对湿度历史变化

1961—2020年，江西省平均相对湿度呈减小趋势(图2.3)，平均每10 a减少0.5%。全省年平均相对湿度变化范围为73.1%(2009年)～82.4%(1975年)，2003年以后年平均相对湿

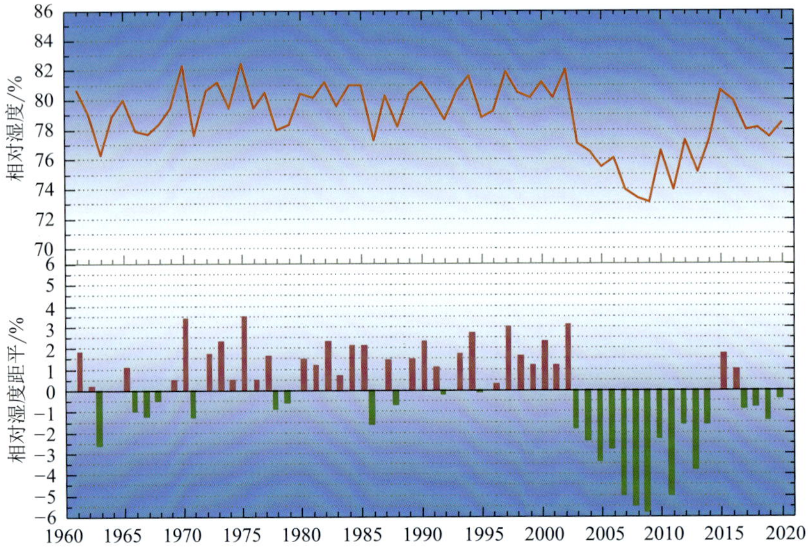

图2.3 1961—2020年江西省年平均相对湿度及其距平变化

度明显减少，大多低于气候平均值(78.9%)。排名前三位的高值年分别为 1975 年、1970 年和 2002 年，排名前三位的低值年分别为 2009 年、2008 年和 2007 年。

2.2.4 年日照时数历史变化

1961—2020 年，江西省平均年日照时数呈现明显的减少趋势，平均每 10 a 减少 54 h。20 世纪 60—80 年代较常年总体偏多，90 年代总体偏少，21 世纪以来年代以常年值为中心的年际振荡变化为主。2020 年平均日照时数为 1479 h，较常年偏少 156 h(图 2.4)。

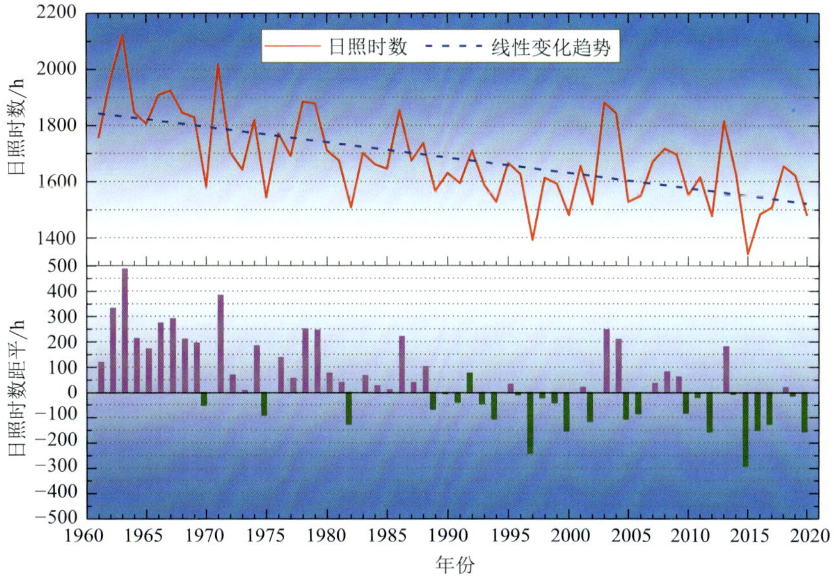

图 2.4 1961—2020 年江西省平均年日照时数及距平变化

2.3 极端天气气候

2.3.1 极端强降水

2.3.1.1 暴雨日数

1961—2020 年，江西省平均年暴雨(日降水量≥50 mm)日数为 5.2 d，无显著的线性变化趋势，主要表现为年际波动特征。其中暴雨日数排名前三位的是 2010 年(8.6 d)、1998 年(8.4 d)和 1999 年(8.0 d)，排名后三位的是 1963 年(2.2 d)、1978 年(2.8 d)和 2007 年(3.0 d)(图 2.5)(数据分析未使用江西境内高山气象观测站资料，下同)。

2.3.1.2 暴雨强度

1961—2020 年，江西省平均年暴雨强度为 73.2 mm/d，无显著的线性变化趋势，主要表现为年际波动特征。其中暴雨强度排名前三位的是 2019 年(80.9 mm/d)、2020 年(79.7 mm/d)和 1969 年(79.4 mm/d)，排名后三位的是 1978 年(63.2 mm/d)、1963 年(63.4 mm/d)和 2007 年(65.9 mm/d)(图 2.6)。

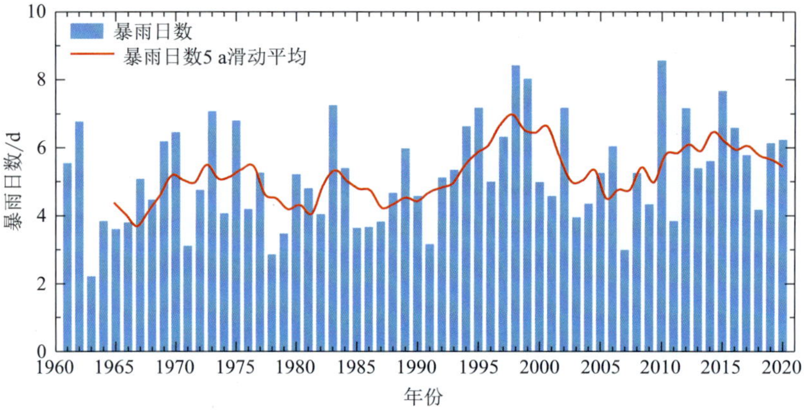

图 2.5　1961—2020 年江西省平均年暴雨日数变化

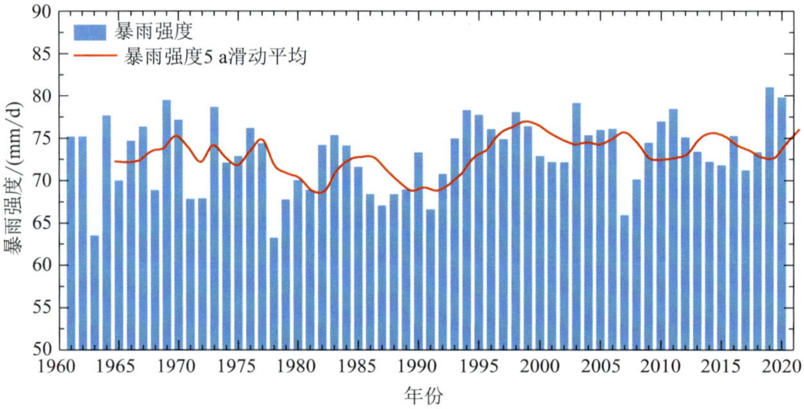

图 2.6　1961—2020 年江西省平均年暴雨强度变化

2.3.1.3　连续阴雨(雪)日数

1961—2020 年，江西省年平均连阴雨(雪)日数 17.6 d，无明显的线性变化趋势，但年际变化明显(图 2.7)。连阴雨(雪)日数最多的 3 a 分别是 2019 年(25.0 d)、2008 年(24.1 d)、1965

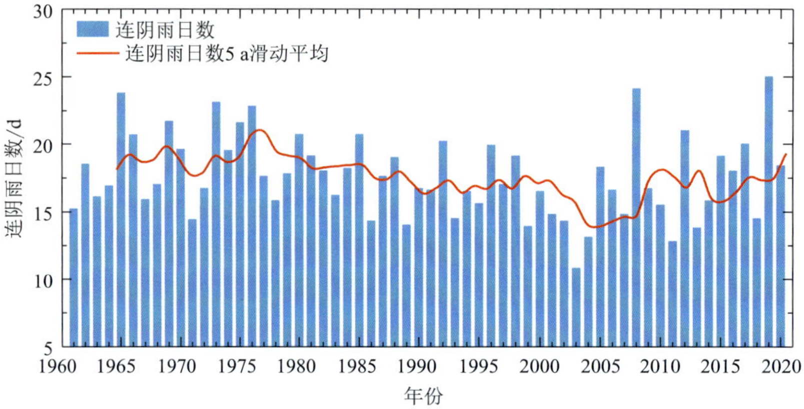

图 2.7　1961—2020 年平均连阴雨(雪)日数变化

年(23.8 d),最少的 3 a 分别为 2003 年(10.8 d)、2011 年(12.8 d)、2004 年(13.1 d)。

2.3.2 极端热事件

2.3.2.1 高温日数和强度

1961—2020 年江西省年平均高温日数(日最高气温≥35.0 ℃)31.5 d,最少为 1997 年的 4.7 d,最多为 2013 年 50.1 d。年际变化总体呈现上升趋势,上升率为 1.3 d /(10 a)(图 2.8)。十大高温日数最多的年份,有 6 a 位于 2000 年以后,分别是 2013 年(第一)50.1 d,2003 年(第三)49.7 d,2018 年(第四)48.9 d,2019 年(第五)48.4 d,2009 年(第八)44.8 d,2010 年(第十)43.9 d。

1961—2020 年江西省年平均高温强度 36.3 ℃(最小为 1997 年 35.4 ℃,最大为 2003 年 37.3 ℃),总体呈现上升趋势,上升率为 0.03 ℃/(10 a)(图 2.8)。十大高温强度最大的年份,有 5 a 位于 2000 年以后,分别是 2003 年(第一)37.3 ℃,2013 年(第六)36.8 ℃,2007 年(第七)36.8 ℃,2016 年(第九)36.6 ℃和 2010 年(第十)36.6 ℃。

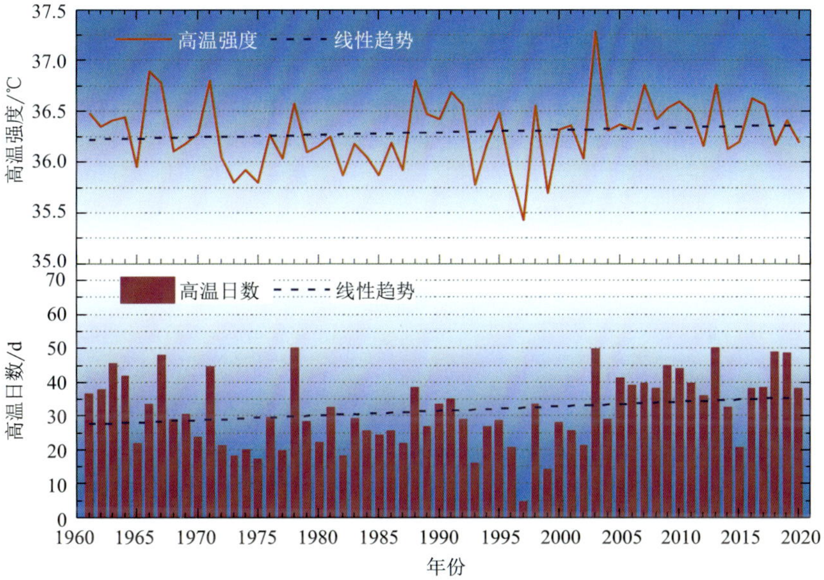

图 2.8 1961—2020 年江西省平均高温日数和高温强度的变化

2.3.2.2 酷暑日数和强度

1961—2020 年江西省年平均酷暑日数(日最高气温≥38.0 ℃)3.0 d(最少为 1997 年 0 d,最多为 2003 年 15.7 d),总体呈现上升趋势,上升率为 0.2 d/(10 a)(图 2.9)。十大酷暑日数最多的年份,有 4 a 位于 2000 年以后,分别是 2003 年(第一)15.7 d,2013 年(第二)9.8 d,2007 年(第五)7.8 d 和 2016 年(第十)6.2 d。1961—2020 年江西省年平均酷暑强度 38.5 ℃(仅 1997 年无酷暑,最大 2003 年 39.2 ℃)。

2.3.3 极端低温

1961—2020 年,江西省地表年极端低温呈现明显上升趋势,平均每 10 a 上升 0.8 ℃

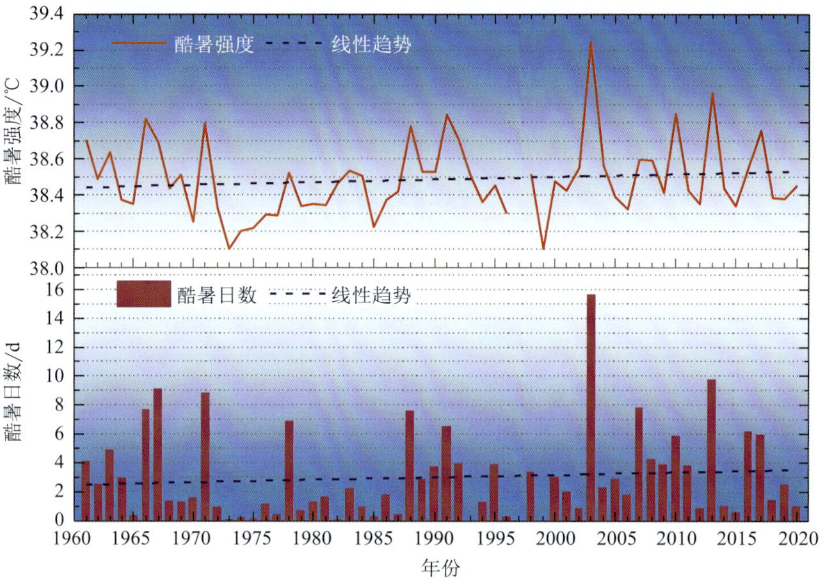

图 2.9　1961—2020 年江西省平均酷暑强度和酷暑日数的变化

(图 2.10)。全省地表年极端低温变化范围为−15.8 ℃(1991 年)~−3 ℃(2019 年),1991 年之前年平极端低温大多低于气候平均值,之后总体偏高。排名前三位的低值年分别为 1969 年、1991 年和 1972 年,排名前三位的高值年分别为 2019 年、2017 年和 2002 年,其中 2019 年年极端低温创历史新高,较常年偏高 5.0 ℃。

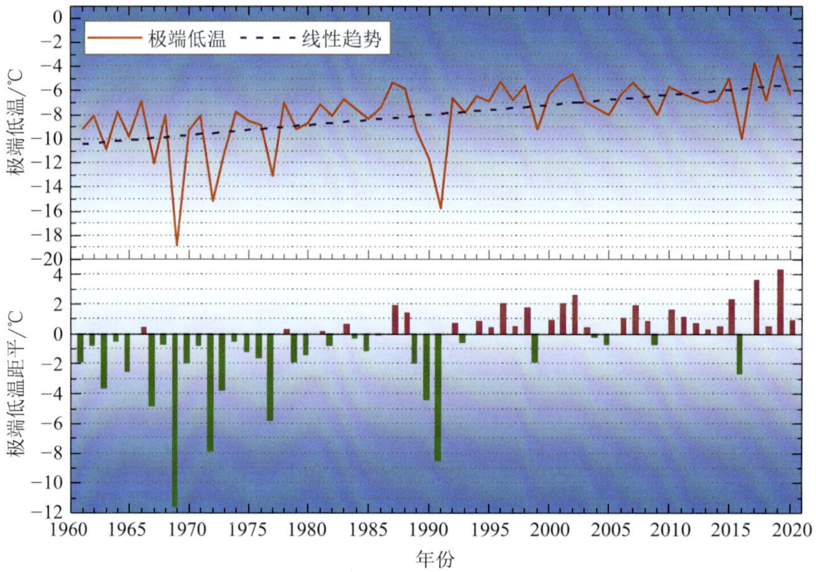

图 2.10　1961—2020 年江西省年极端低温及其距平变化

2.3.4　干旱日数

采用气象干旱综合监测指数(Meteorological Drought Composite Index,MCI)计算全省

干旱日数，1961—2020 年，江西省平均年干旱日数无显著的线性变化趋势，但年际变化明显。排名前三位的高值年分别是 1971 年、2007 年和 1978 年。2020 年平均干旱日数为 84 d，较常年偏少 15 d（图 2.11）。

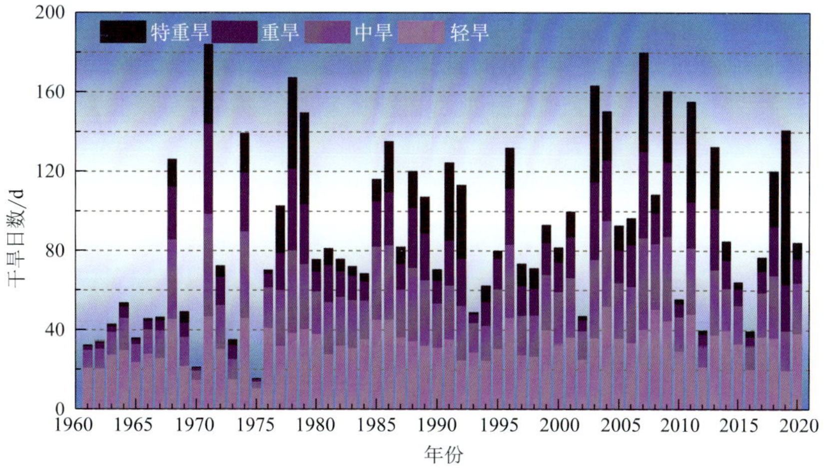

图 2.11　1961—2020 年江西省平均年干旱日数年际变化

2.4　大气环境

2.4.1　大气环境概述

大气环境是指生物赖以生存的空气的大气物理、化学和生物学特性，与人类生存密切相关，主要包括空气的温度、湿度、风速、气压、降水及大气中氮、氧、氢、二氧化碳、水汽、二氧化硫、一氧化碳、氮化物与氟化物等成分。大气颗粒物、反应性气体的长期变化可以反映大气环境背景变化趋势，能见度、霾、酸雨作为大气环境变化的结果，也受到极大关注。通过对江西省近年来能见度、霾、大气颗粒物浓度、近地面臭氧浓度、酸雨等变化情况的分析，来综合阐述江西省大气环境状况。

2.4.2　能见度和霾

2.4.2.1　能见度

地面水平能见度受气溶胶和相对湿度影响大。2019 年，赣北赣中平均能见度多在 7～17 km，赣南平均能见度多在 17～23 km（图 2.12）。2019 年全省平均能见度为 14511 m，年均能见度呈现南高北低的特征，冬、春季能见度明显低于夏季，年平均能见度较 2018 年（14564 m）微降 0.4%（图 2.13）。

全省 08 时、14 时、20 时（北京时，下同）三个时次平均能见度时序变化图显示（图 2.14），2013 年以前，全省能见度年际变化不大。2013 年后，全省能见度呈现先降后升的趋势。在能见度较低的 2016 年和 2017 年秋、冬季都出现了持续性大范围雾、霾过程。

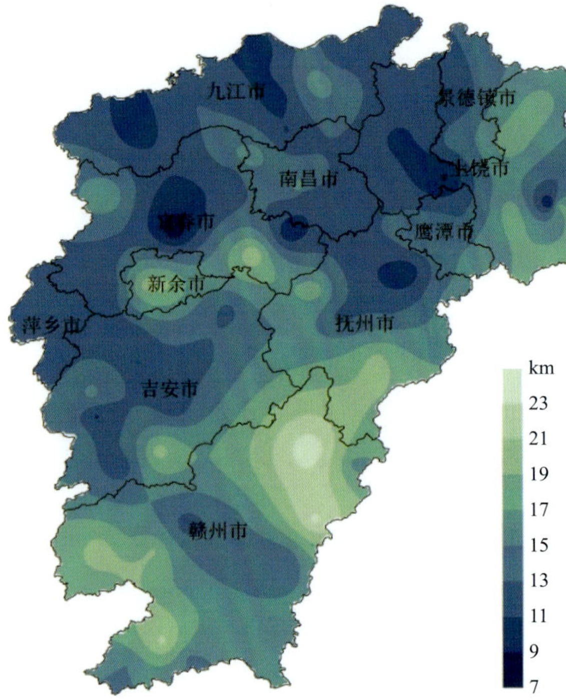

图 2.12　2019 年江西省能见度分布

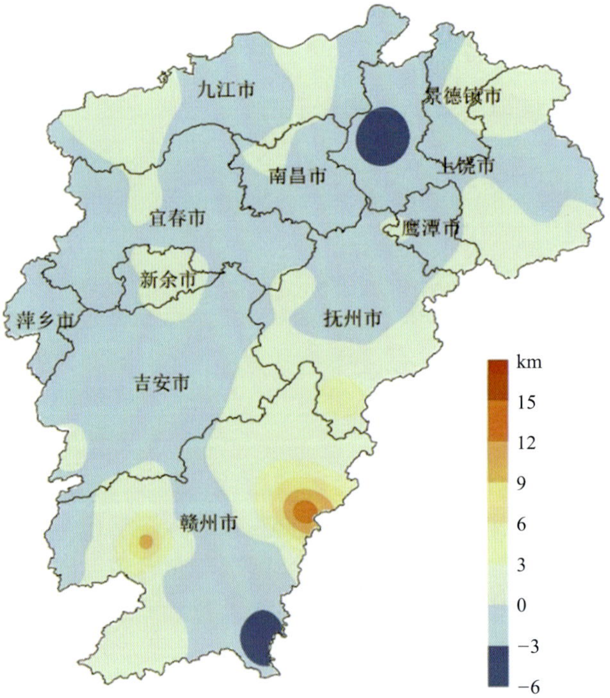

图 2.13　2019 年与 2018 年江西省能见度差值分布

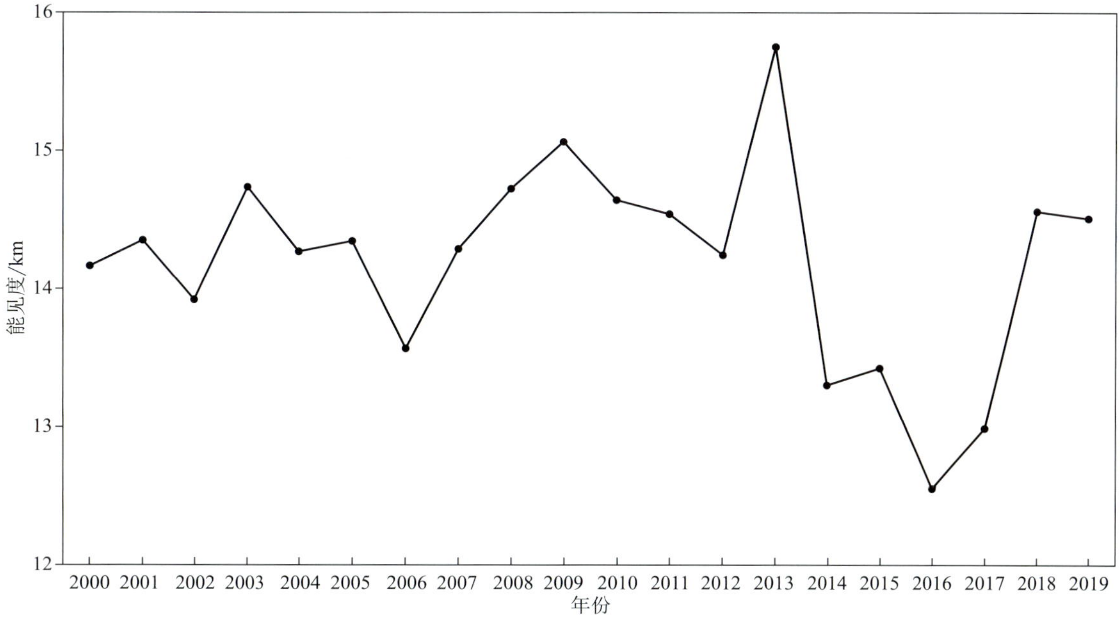

图 2.14　2000 年以来第 60 百分位能见度时序变化

2.4.2.2　霾

2000 年以来，全省霾天气呈现先上升后下降的趋势，至 2013 年达到峰值后全省霾天气过程开始大幅减少(图 2.15a)。从全省平均霾日数逐年变化趋势看(图 2.15b)，2000—2007 年呈现上升趋势，2008 年至 2012 年呈下降趋势，但在 2013 年霾日数达到峰值(34 d)后，霾日数开始出现大幅下降，到 2019 年全省霾日数下降至 2000 年以来最低值(5.6 d)。

2019 年全省共出现 3 次大范围霾天气过程(表 2.1)，较 2018 年(4 次)略少，较 2014—2018 年平均(8.4 次)大幅减少，发生时间分别在 1 月、3 月和 12 月，其中，2019 年 1 月 21—30 日霾天气过程影响范围最广、持续时间最长、影响强度最大。

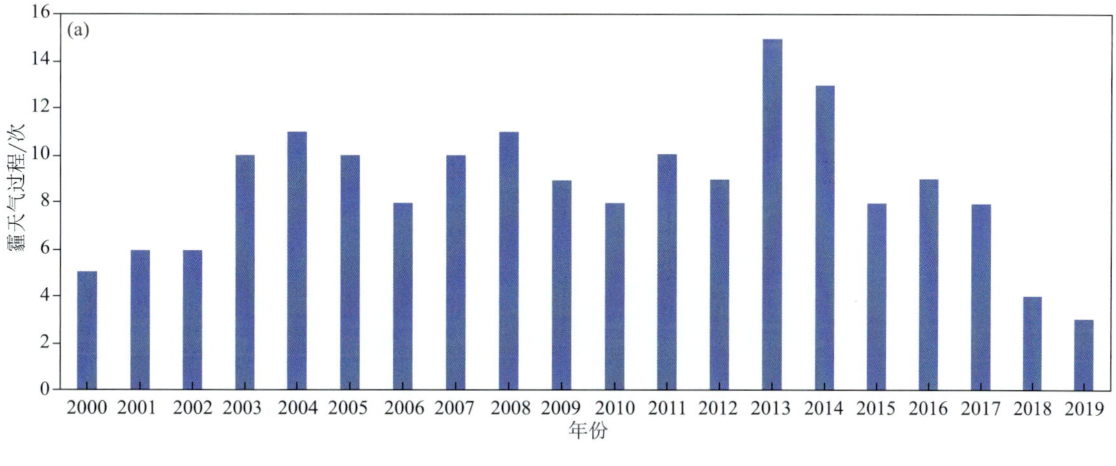

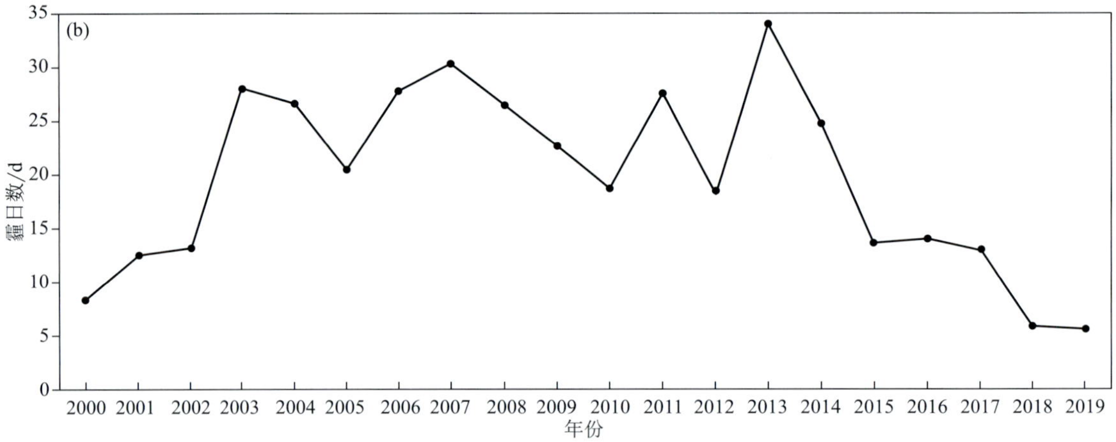

图 2.15　2000 年以来全省霾天气过程(a)和年平均霾日数(b)时间序列

表 2.1　2019 年霾天气过程纪要表

编号	起止时间	主要影响区域
201901	1 月 21—30 日	全省大部分地区，其中 21 日、29 日和 30 日赣北部分地区出现中到重度霾
201902	3 月 7—8 日	赣北地区，影响程度较轻，以轻度霾为主
201903	12 月 17—18 日	赣北、赣中地区，影响程度较轻，以轻度霾为主

注：相邻 3 个地市大部分地区持续 2 d 出现霾天气记为一次霾天气过程。

2019 年全省平均霾日数为 5.6 d，赣北大部分地区(新余、景德镇和鹰潭 3 市除外)霾日数为 6～11 d，其他地市普遍为 2～4 d(图 2.16)。2019 年全省平均霾日数比 2018 年(5.7 d)减

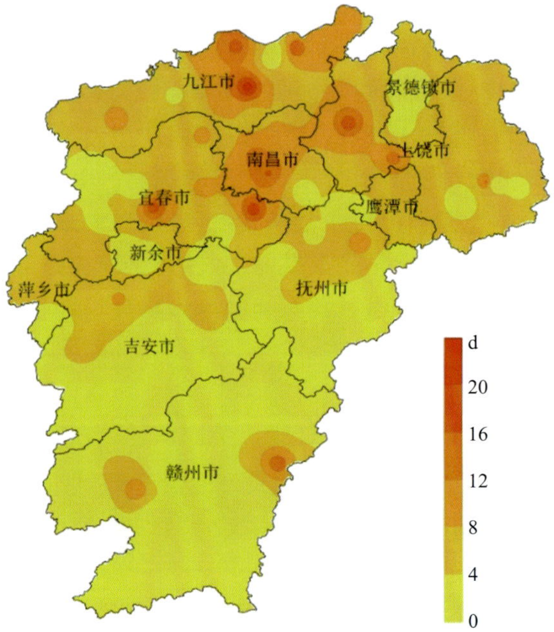

图 2.16　2019 年全省平均霾日数分布

少 0.1 d，比 2014 年（24.9 d，2014—2018 年平均霾日数最高）减少 19.3 d，较 2014—2018 年平均（14.3 d）减少 8.6 d，其中，赣北地区霾日数减少幅度最大（图 2.16）。

2.4.3 大气颗粒物浓度

根据江西省环境监测中心站资料显示，2019 年全省 $PM_{2.5}$ 年平均浓度为 35 μg/m³，与 2018 年持平。2019 年，南昌、九江、鹰潭的 $PM_{2.5}$ 年平均浓度分别为 35 μg/m³、46 μg/m³、37 μg/m³，相比 2018 年（$PM_{2.5}$ 年平均浓度分别为 29 μg/m³、41 μg/m³、34 μg/m³）同比增加 20.7%、12.2%、8.8%。其他设区市均下降，其中赣州市同比下降最为明显，下降 19.4%，萍乡、新余、宜春、抚州 $PM_{2.5}$ 浓度基本与 2018 年持平（图 2.17a）。

从 $PM_{2.5}$ 月平均浓度（图 2.17b）来看，2019 年 1—4 月 $PM_{2.5}$ 平均浓度比 2018 年同期下降，分别下降 7.0%、45.2%、7.7%、22.1%，其中 2 月 $PM_{2.5}$ 平均浓度下降最为明显；5 月、8—12 月同比上升，比 2018 年同期分别上升 11.7%、23.9%、25.7%、15.8%、18.4%、15.7%；其他月份与 2018 年同期基本持平。

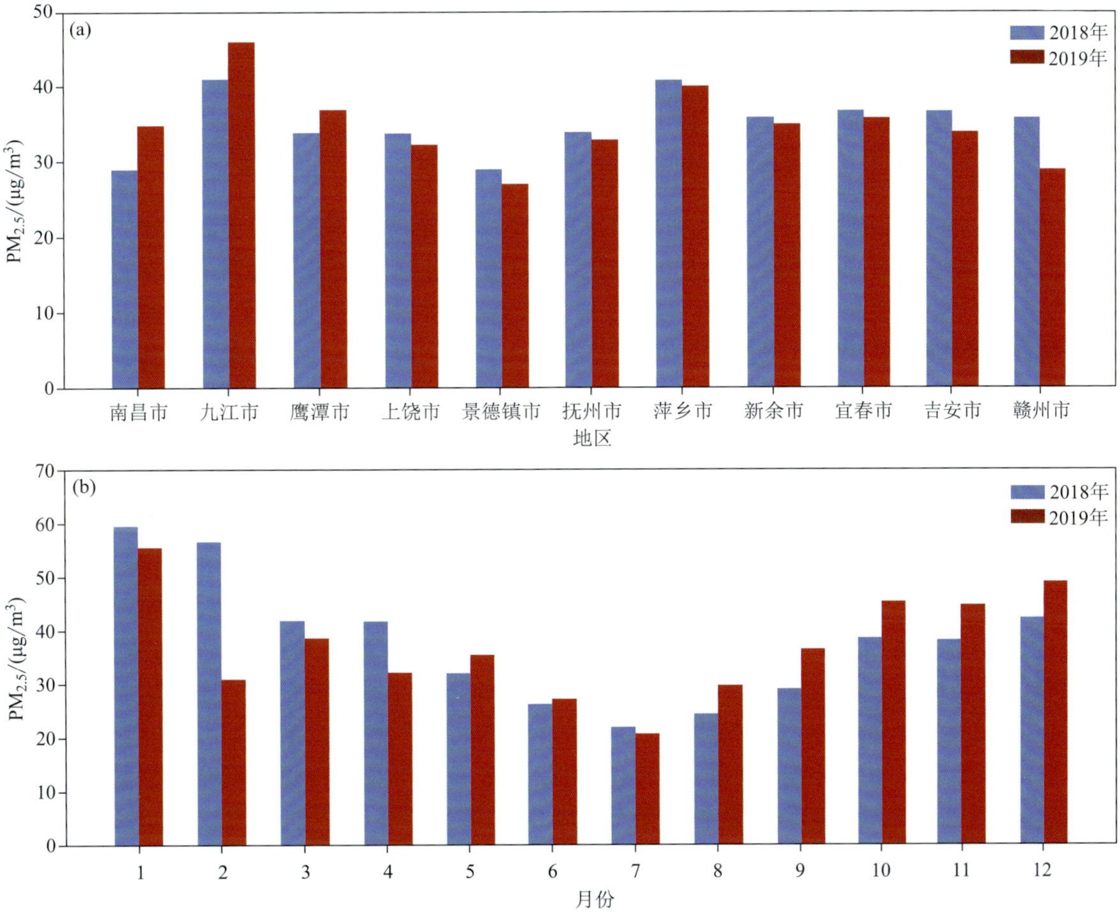

图 2.17 2018 年和 2019 年江西省 $PM_{2.5}$ 平均浓度对比
(a)11 个设区城市年 $PM_{2.5}$ 平均浓度对比，(b)全省 $PM_{2.5}$ 月平均浓度对比
（空气质量数据来源于江西省环境监测中心站，均为实况数据）

2019 年全省 PM_{10} 年平均浓度为 59 μg/m³，与 2018 年持平。2019 年，南昌、吉安、抚州的 PM_{10} 年均浓度分别为 68 μg/m³、64 μg/m³、55 μg/m³，与 2018 年（PM_{10} 浓度分别为 60 μg/m³、62 μg/m³、55 μg/m³）同比增加 13.3%、3.2%、1.8%。其他设区市均下降，其中赣州同比下降幅度最大，下降 12.1%，萍乡、鹰潭、上饶与 2018 年持平（图 2.18a）。

从 PM_{10} 月平均浓度（图 2.18b）来看，2019 年 1—4 月以及 7 月比 2018 年同期下降，分别下降 6.7%、51.3%、10.3%、34.4%、12.4%，其中 2 月下降幅度最大；5 月、8—12 月比 2018 年同期增加，分别增加 17.9%、20.4%、20.7%、16.0%、42.4%、27.0%，其中 11 月增加幅度最大；6 月与 2018 年同期基本持平。

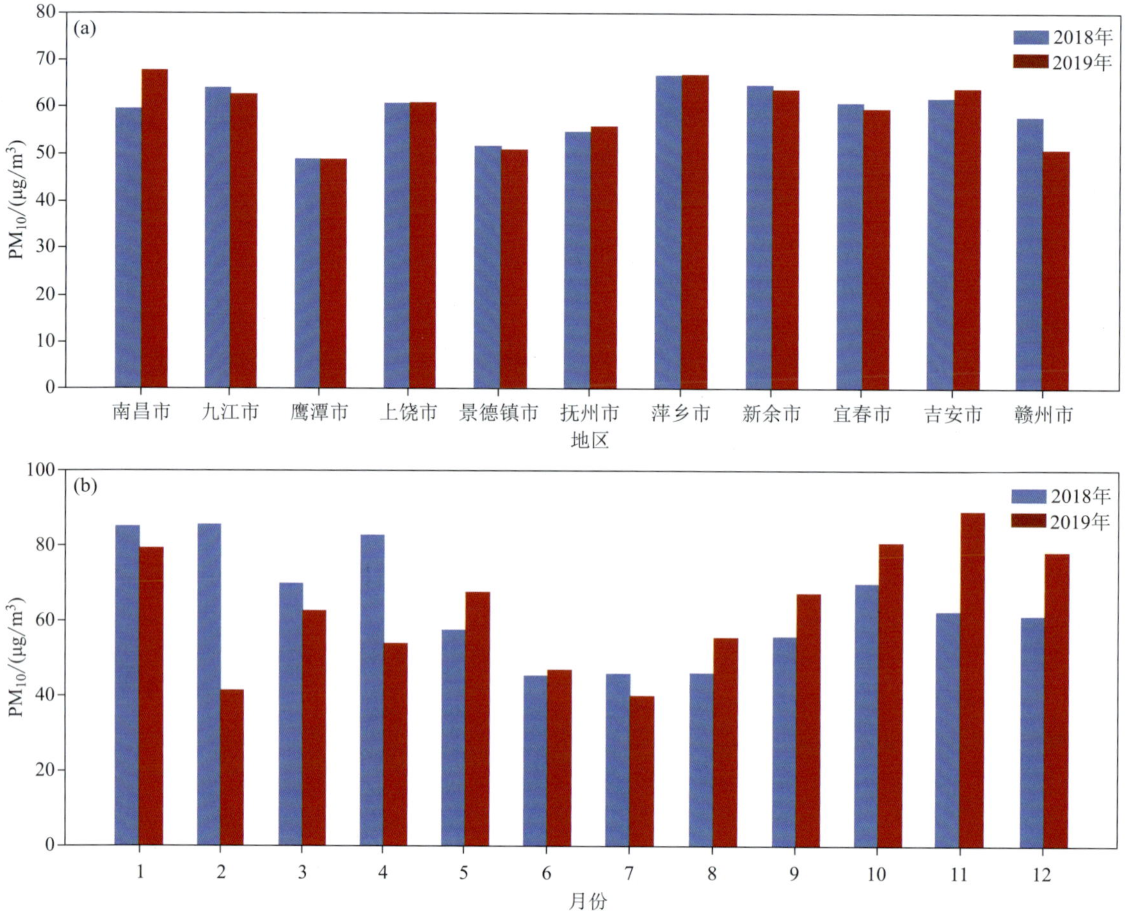

图 2.18　2018 年和 2019 年江西省 PM_{10} 平均浓度对比

（a）11 个设区城市年 PM_{10} 平均浓度对比，（b）全省 PM_{10} 月平均浓度对比

2.4.4　地面臭氧浓度

对江西省环境监测中心站提供的资料分析，2019 年全省 O_3 日最大 8 小时值 90%位数值为 165 μg/m³，较 2018 年升高 20 μg/m³，上升幅度为 13.7%。11 个设区城市中景德镇、上饶、新余 O_3 日最大 8 小时值 90%位数值分别为 145 μg/m³、158 μg/m³、159 μg/m³，达二级标准；其余 8 个设区城市 O_3 日最大 8 小时值 90%位数值在 164～172 μg/m³，为超二级标准。

2019 年 11 个设区城市 O_3 日最大 8 小时值 90%位数值较 2018 年均上升，其中萍乡市 O_3 日最大 8 小时值 90%位数值为 171 μg/m^3，上升幅度最大，达 21.9%(图 2.19a)。2019 年 11 个设区城市 O_3 平均超标天数为 43 d，较 2018 年(19.6 d)升高 120.4%。2019 年 11 个设区城市 O_3 的超标天数较 2018 年均上升，其中萍乡市和宜春市上升幅度最大，均为 264.3%(图 2.19b)。2019 年鹰潭市超标天数全省最高，达到了 56 d；景德镇市超标天数全省最低，仅 13 d；其余设区城市超标天数在 35～52 d。

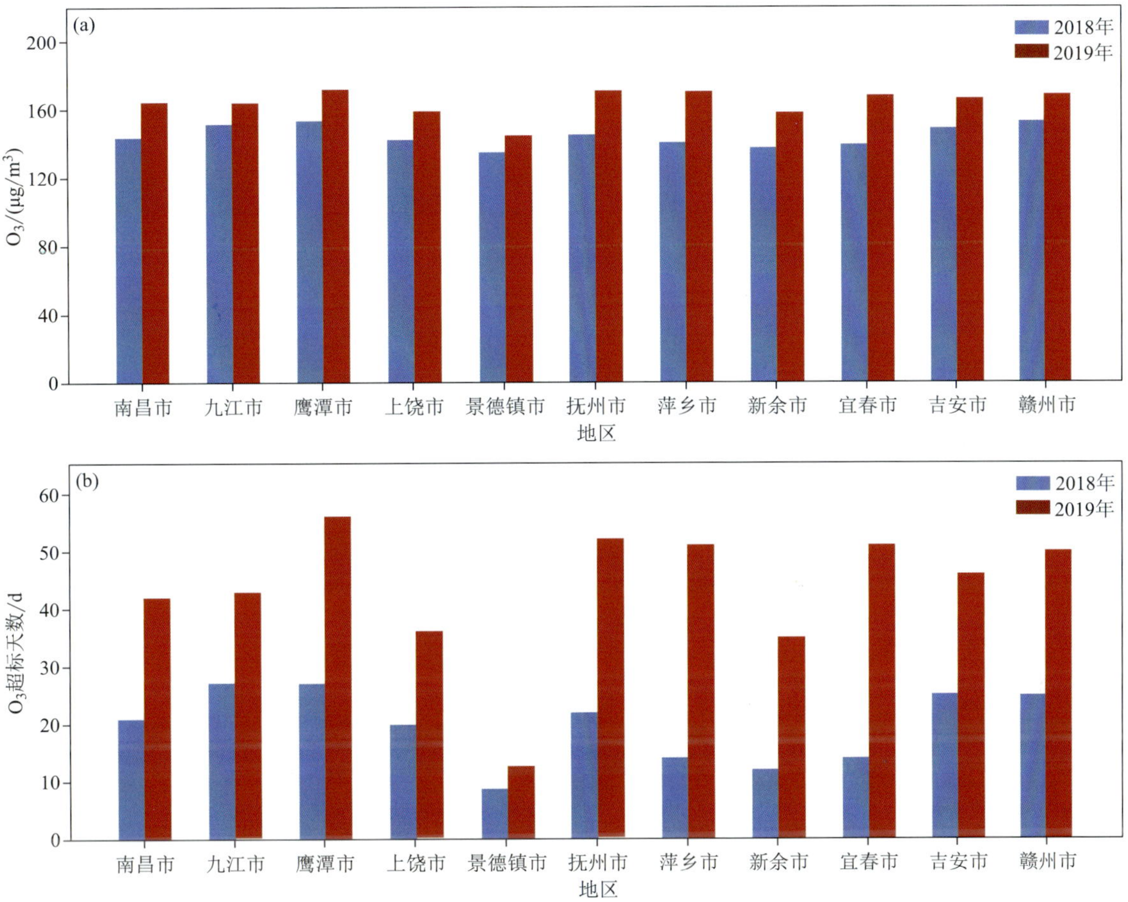

图 2.19　2018 年和 2019 年江西省 11 个设区城市 O_3 对比
(a)O_3 日最大 8 小时值 90%位数值，(b)O_3 超标天数对比

2018 年与 2019 年 1—12 月份 O_3 日最大 8 小时月均值变化如图所示(图 2.20)，从 2018、2019 年的 O_3 逐月平均浓度来看，5—10 月(臭氧污染最重的月份)O_3 日最大 8 小时月均值均大于 2018 年同期；其中 2018 年、2019 年 9 月 O_3 日最大 8 小时月均值浓度分别达到了 119 μg/m^3、161 μg/m^3。2019 年 11—12 月 O_3 日最大 8 小时月均值均上升明显，与 2018 年同期相比分别上升 67.2%、52.3%(图 2.20a)。从各设区城市 O_3 月超标累计总天数来看，2019 年 5 月、8 月、9 月、11 月超标总天数明显大于其他月份，2019 年 8 月、9 月超标总天数分别为 93 d、190 d，较 2018 年分别升高 67 d、151 d。2019 年 5 月、11 月超标总天数分别为 45 d、33 d，较 2018 年分别升高 33 d、32 d(图 2.20b)。

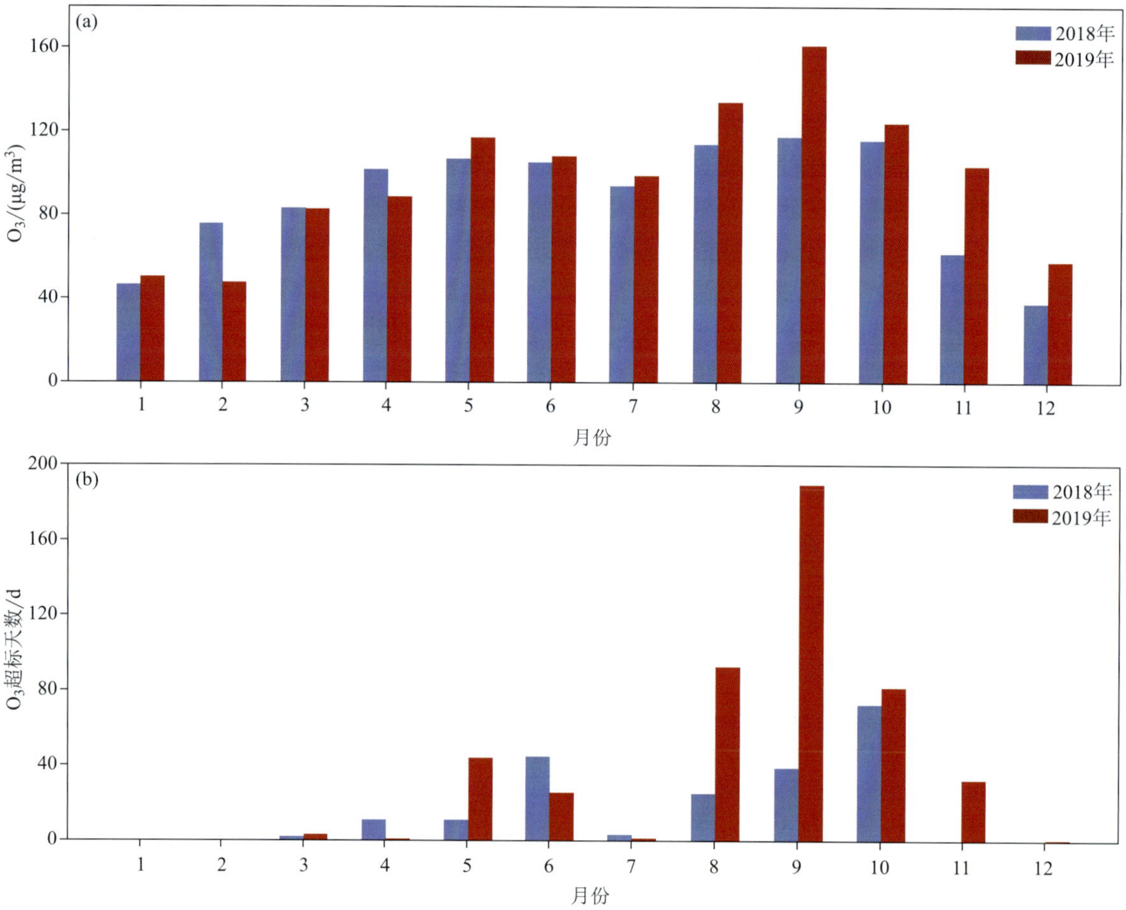

图 2.20　2018 年和 2019 年江西省 O_3 浓度对比

(a)全省 O_3 月平均浓度,(b)全省 O_3 超标总天数对比

2.4.5　酸雨

酸雨是指 pH 值小于 5.6 的雨雪或其他形式的降水,主要是由于降水吸收了大气中的大量酸性物质后降落到地面造成的。

通过对江西省气象部门 12 个酸雨观测站的长期观测资料进行分析表明,自 2009 年以来,全省酸雨污染状况得到了明显的改善。2009—2019 年酸雨频率逐年递减,下降趋势明显。

从酸雨的 pH 值变化曲线(图 2.21)来看,2009—2019 年江西省酸雨平均 pH 值呈逐步上升趋势,表明酸雨酸度在减弱,其中 2019 年酸雨的 pH 最大,为 5.5;酸雨频率逐年降低,2019 年酸雨频率最小,为 57.8%。

2019 年,全省酸雨区(图 2.22)主要位于萍乡、井冈山、景德镇、上饶、宜春、寻乌、南昌县,其中萍乡、井冈山降水 pH 值低于 5.1。酸雨频发区(酸雨频率高于 50%)主要位于井冈山、萍乡、景德镇、上饶、南昌县、寻乌、宜春等地,其中井冈山、萍乡酸雨频率高于 80%。全省强酸雨(降水 pH 值低于 4.5)频发区主要位于萍乡、井冈山。从空间分布来看(图 2.23、图 2.24),降水 pH 值以萍乡、井冈山一带及景德镇、上饶地区较低;从酸雨频率分布图来看,除南昌县酸雨

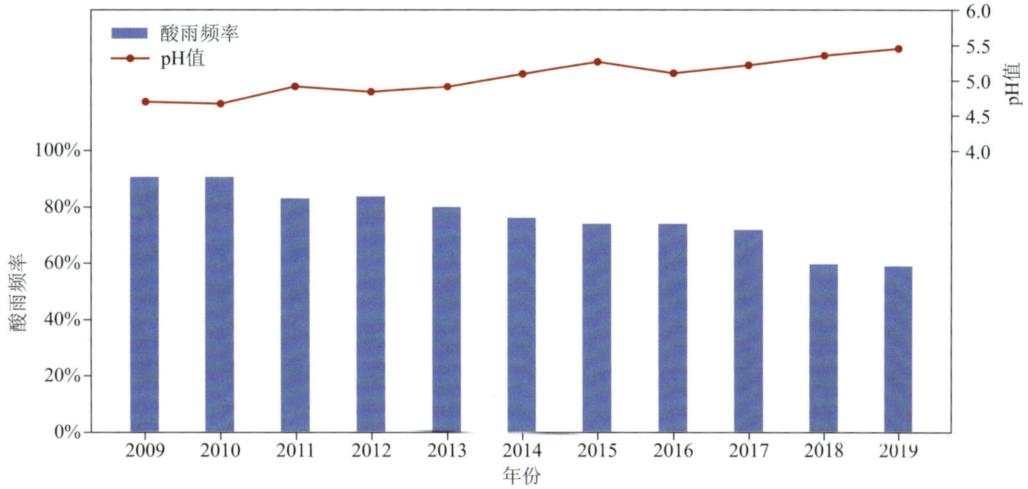

图 2.21　2009—2019 年江西省降水 pH 值和酸雨频率时间序列

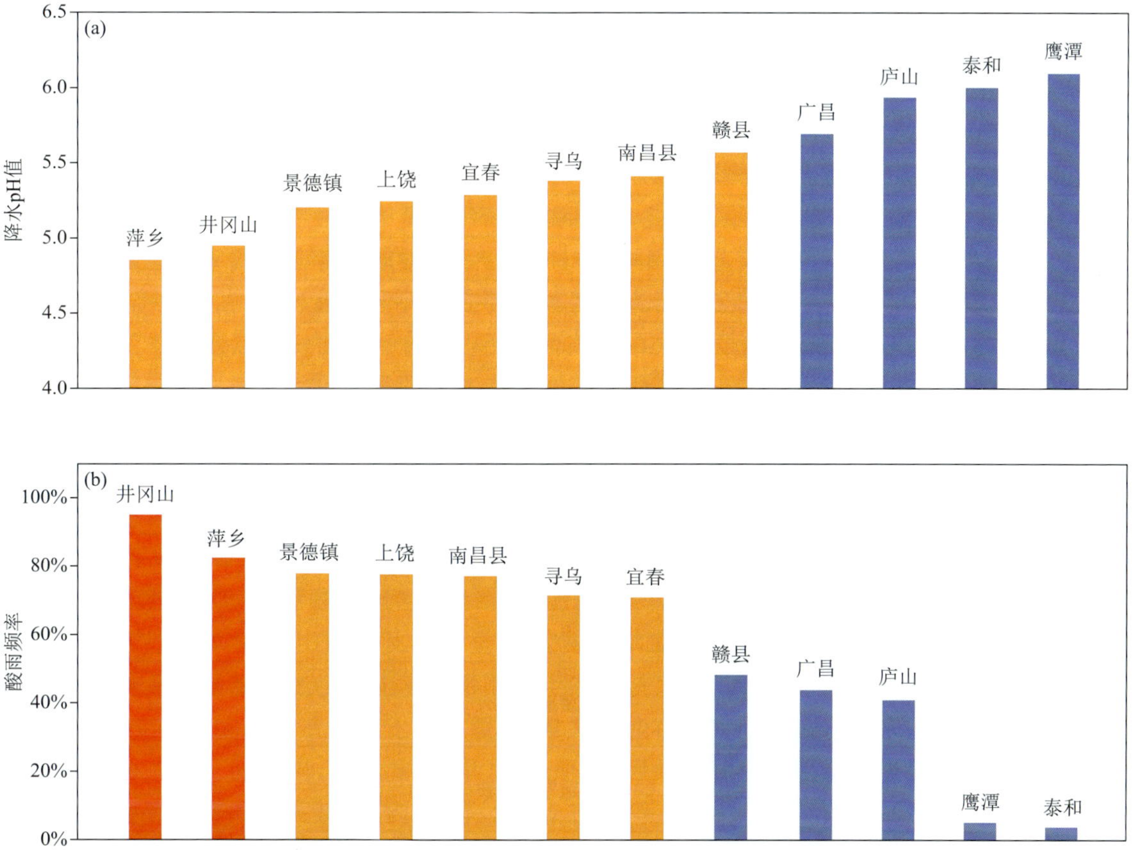

图 2.22　2019 年各设区城市降水 pH 值(a)及酸雨频率(b)

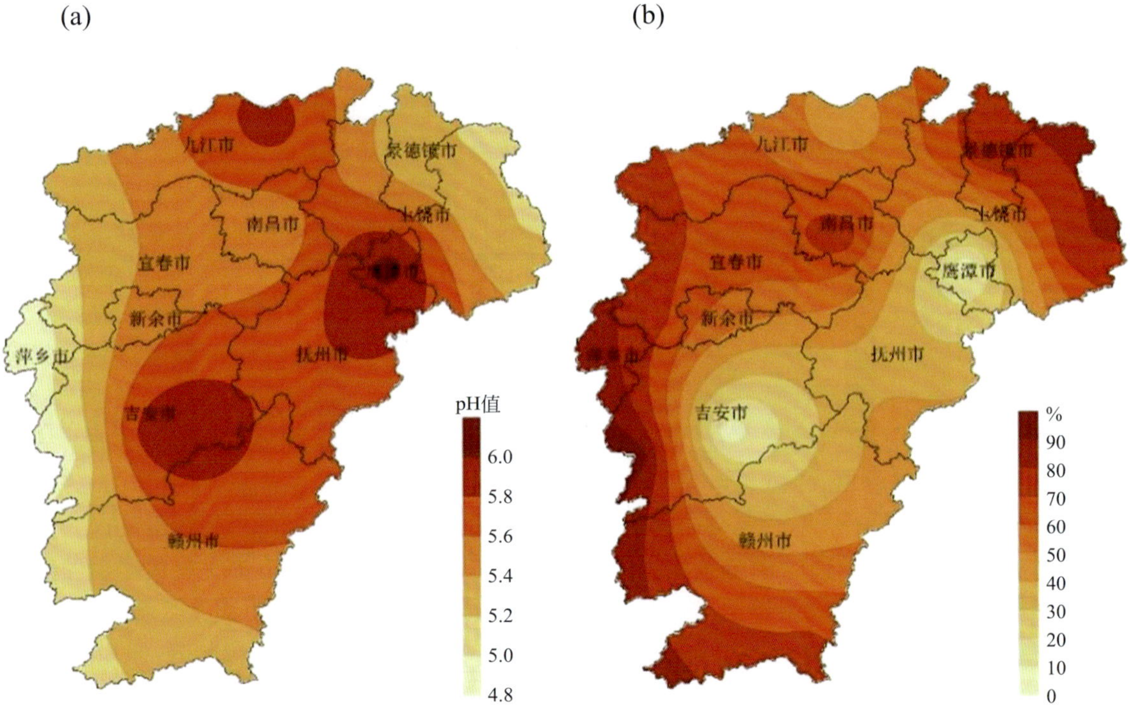

图 2.23　2019 年全省降水 pH 值(a)及酸雨频率(b)

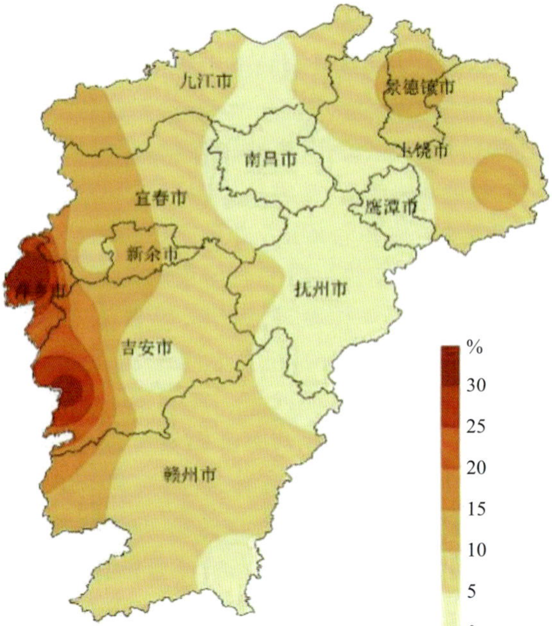

图 2.24　2019 年江西省强酸雨频率分布

频率发生较高以外，酸雨频率与 pH 值的空间分布较为一致，强酸雨频率表现为西高东低的趋势。

2.5 本章小结

本章分析了江西省气候、气候变化、极端天气气候、大气环境等时、空分布特征，主要结论如下。

(1)1991—2020 年江西省年平均气温为 18.3 ℃，自北向南递增，平原高于山区，全省各地为 16.8～20.2 ℃。全省平均年降水量 1719 mm，降水的分布呈马鞍形，九岭山、怀玉山和武夷山一带是多雨地区。降水季节分配不均，全年有近四分之三的降水集中在春、夏季，尤其在4—6 月，降水量占全年降水量的 45%，有的年份达到 60%，暴雨过程多、雨量大，雨日多，湿度大，形成江西的雨季，也就是主汛期，这段时期易发生洪涝灾害。

(2)1961—2020 年，江西省地表年平均气温呈显著的上升趋势，平均每 10 a 增加 0.20 ℃。平均降水量无显著的线性变化趋势，但年际和年代际变化明显。平均相对湿度呈减小趋势，平均每 10 a 减少 0.5%。年暴雨日数(日降水量≥50 mm)和暴雨强度主要表现为年际波动特征。高温日数(日最高气温≥35.0 ℃)31.5 d，总体呈现上升趋势。年极端低温呈现明显上升趋势。干旱日数无显著的线性变化趋势，但年际变化明显。

(3)江西省年均能见度呈现南高北低的特征，冬、春季能见度明显低于夏季。2000 年以来，全省霾天气过程呈现先上升后下降的趋势，2013 年达到峰值后迅速下降，2019 年全省平均霾日数下降至 2000 年以来最低(5.6 d)。全省酸雨平均 pH 值呈逐步上升趋势，酸雨酸度呈减弱趋势，其中 2019 年酸雨的 pH 最大，为 5.5。2019 年全省平均酸雨频率为 57.8%，是 2009 年以来酸雨发生频率最低的年份。

第3章 生态气象背景

3.1 生态格局

3.1.1 生态文明思想与制度体系

生态兴则文明兴，生态衰则文明衰。2018年全国生态环境保护大会上习近平总书记强调："生态环境是关系中国共产党的使命宗旨的重大政治问题，也是关系民生的重大社会问题"。1998年以来，我国实施了一系列生态环境保护政策与工程(例如退耕还林还草工程和"三北"防护林工程)，对治理水土流失、保护森林与生物多样性、增加农林产量以及缓解乡村贫困等产生了积极影响。这一系列生态修复工程和空间管控措施使得生态状况发生了巨大变化。党的十八大以来，出台了一系列改革相关制度，"四梁八柱"的生态文明制度体系已经基本形成。习近平总书记在2018年全国生态环境保护大会上的讲话中指出："用最严格制度最严密法治保护生态环境，加快制度创新，强化制度执行，让制度成为刚性的约束和不可触碰的高压线。"2019年党的十九届四中全会提出，生态文明建设是关系中华民族永续发展的千年大计，必须践行"绿水青山就是金山银山"的理念，坚持和完善生态文明制度体系，促进人与自然和谐共生。以制度体系坚持与完善中国生态文明建设的思想格局，标志着生态文明建设已经从理论和制度上的顶层设计进入全面实施阶段。用制度体系建设生态文明最大的优势是目标明确清晰，原则精准明确，内容全面协调，能产生效益溢出、政策叠加的正外部性效应。从生态保护角度，坚持和完善生态文明制度体系是一项里程碑式的重大飞跃，后续将深刻推动中国生态文明建设，其影响是具有历史性的(曹玉昆，2019)。

坚持和完善生态文明制度体系的目的是在中华大地上实现人与自然和谐共生。人类社会实现持续发展要处理好人与自然这个最基本的关系，人的生存发展离不开自然环境，在与自然的物质交换等互动中生存、生活和发展(刘毅 等，2021)。生态环境为人类的生存和发展提供了环境，生态环境变化直接关乎国家文明兴衰存亡。生态文明制度体系本质上是中国"五位一体"总体布局中对生态保护、环境建设科学的高层次的制度设计与创新的成果，是中国根据自身环境特点、发展道路不断完善与改进各种生态保护制度形成的制度体系，是中国相关法律、法规、政策、方针等全面协调人与自然关系、人与社会关系、人与人关系所进行的一系列重要的制度设计和制度创新的成果(方世南，2020)。

把中国生态环境优势转化成社会经济发展的优势有五大潜力：林地、湿地和草原开发利用的潜力；物种丰富资源的潜力；生物质能、材料与制药的潜力；生物炭基肥与生物农药的潜力；

生态旅游与康养的潜力(戴圣鹏,2021)。从经济学角度分析,自然生态资源与环境既能提供生态效能的公共品,开发利用后又能提供具有商品经济价值的私有产品,是人类赖以生存和不断发展的重要生产要素。“绿水青山就是金山银山”重要理念开启了挖掘时空促进经济发展的新视角。未来中国社会进步更加需要依托生态环境资源等发展非物质服务产业,绿水青山等生态资源构成了非物质服务产业的消费品,而这些消费品的生产在未来社会财富分配中将占有越来越大的比例,就是说绿水青山自然生态体系和非物质服务型产业经济体系经过物质循环、能量流动和信息交换,不仅改革了传统经济学经济度量方法,更逐渐形成生态经济复合系统。实现时间要素(冬季观赏冰雪、夏季避暑等)、空间要素(特有地理纬度、森林氧吧等)的经济价值,从经济学角度诠释生态环境优势转变成经济优势的途径。

在继承“鱼逐水草而居,鸟择良木而栖”“天育物有时,地生财有限”等中国传统生态价值观的基础上,提出的“绿水青山就是金山银山”“良好生态环境是最普惠的民生福祉”等一系列生态文明治国理念,将生态保护问题与经济发展、民生福祉有机融合,深刻地回答了人与自然和谐共生的辩证哲学关系(邓喜道,2019)。中国共产党长期致力于开展富有战略性且与生态保护相关的规划和工作,助推中国的生态环境保护,从思想认识到实践探索都发生了根本性的改变,思想认识高度上升到更高层面,环境质量检测进入全新领域,多维度出台治理政策,确保污染治理力度的提升与优化。国际层面上,在全球生态治理体系中,通过构建人类命运共同体实现人与自然的和谐共生。习近平总书记指出:“这个世界,各国相互联系、相互依存的程度空前加深,人类生活在同一个地球村里,生活在历史和现实交汇的同一个时空里,越来越成为你中有我、我中有你的命运共同体。”2015 年 11 月,在巴黎气候大会开幕式上,构建人类命运共同体的思想再次成为国际热点。在全球生态环境治理方面,中国发挥大国担当与使命,实现从生态保护参与者向引领者的身份转换,向世界贡献中国生态文明建设的智慧和能力(李德超,2017)。

3.1.2 全国生态质量格局

生态状况是指在某一具体的时间和空间范围内,生态系统的总体或部分生态因子的组合体对人类的生存及社会经济持续发展的适宜程度(叶亚平 等,2000)。前期学者多采用层次分析法、压力—状态—响应(PSR)模型相关分析法、综合评价法和绝对指标法(或相对指标法)等研究方法进行生态评价。如傅伯杰(1992)建立了区城生态状况综合评价的指标体系,并应用这一指标体系通过层次分析和综合评价方法对全国各省(区、市)的生态状况做了定量评价与分析;厉彦玲等(2005)通过指数评价法对区域生态实现了环境质量的评价。2006 年国家环境保护部以行业标准的形式颁发了《生态环境状况评价技术规范》,提出了生态指数(Ecological Index,EI)的生态评价指标,随后被广泛应用于各省份和地区的生态状况评价工作中。卫星遥感以其宏观、快速、实时的优点在生态环境领域得到越来越广泛的应用。生态环境部采用以遥感为主的技术体系系统开展了 2000—2015 年 5 a 一期的全国生态状况变化遥感调查评估。

何盈利等(2021)研究发现,中国生态状况整体呈现“东南好、西北差”的空间格局。在区域分布上,生态状况优良的地区集中在秦岭山脉、东南沿海、长江中下游平原、东北平原以及大兴安岭等地势平坦、海拔较低、水热条件优越与降雨丰沛的平原及山区;生态状况较差的区域主要位于内蒙古高原、青藏高原、塔里木盆地和准格尔盆地等干旱及海拔较高的内陆地区。这种东西差异主要由自然禀赋的差异造成。2000—2019 年,中国不同生态状况级别面积发生了不同程度的变化。结果表明:①生态状况为“良”和“优”的面积占比稳定在 40.5%左右,其中生态状况为"优"的面积变化最大,由 2000 年占比 16.7%增加至 2019 年的 23.3%,而生态状况为"较差及以下"的面积均小于 50%且持续减少,其中 2013 年达到最小比例(44.5%),相比 2000 年减少了 5%;②生态状况"优"的面积占比在 2016 年发生明显转折,在此之前呈现增长趋势,之后呈现下降趋势。

通过逐年计算中国各省(区、市)生态指数的均值发现(何盈利 等,2021):①20 a 间各省(区、市)生态状况均未出现"差"的级别,每年均为"较差"级别的省(区)有 6 个,6 个省(区)中的 5 个省(区)遥感生态指数(Remote Sensing based Ecological Index,RSEI)均呈现增加趋势,表明生态状况均在改善,其中宁夏和青海实现了 RSEI 由负转正。②生态状况为"良及以上"的省(区、市)从 2000 年的 21 个增长到 2019 年的 26 个,然而生态状况级别为"中"的省(区、市)个数在不断减少,这说明生态状况一般的省(区、市)生态状况得到改善,跻身到"良及以上"的级别。③2000 年生态状况级别为"优"的省(区、市)有 7 个,而 RSEI 大于 1 的只有台湾省;2019 年生态状况级别为"优"的省(区、市)有 12 个,其中福建、台湾、广西等 8 个省(区)RSEI 指数均大于 1。④20 a 间,除了上海、西藏和澳门 RSEI 数值减小之外,其他省(区、市)RSEI 均呈现增长趋势;其中增长最大的 3 个省份分别为山西、陕西和河北,分别增长 0.29、0.25 和 0.19,减少最多的 3 个省(区、市)分别为上海、澳门和西藏。

中国生态状况总体呈现出先稳步增长后波动维稳的趋势。分析 4 个阶段不同变化类型的面积发现(何盈利 等,2021):①生态状况"不变"的面积占比最大,均在 70%之上;②"明显变差"和"变差"的面积占比较小,分别小于 0.13%和 7.38%;③由生态状况相对较差级别转到相对较好级别的面积要多于逆向转移趋势,因此生态状况变好面积增加。进一步逐像元分析 RSEI 多年变化趋势,发现 RSEI 变化在空间上东西分异明显,中部和东北部呈现生态明显变好的趋势,而西南和西北地区受制于自然环境呈现了不明显的生态状况改善。具体来看,20 年间生态状况变好区域分布在东北平原、黄土高原、华北平原南部和北部以及长江中下游平原的北部地区。生态状况变差区域分布在天山山脉、青藏高原中部、华北平原中部以及长江三角洲等地区。

3.1.3 江西分区域生态格局

江西省地处我国中东部内陆,属于亚热带季风气候区,地貌上属江南丘陵的主要组成部分。江西省东、西、南三面环山地,中部丘陵和河谷平原交错分布,中南部丘陵山区广布并间杂大小不一的山间盆地,北部则为鄱阳湖平原。北部鄱阳湖平原素有"鱼米之乡"称号,人口密度大;中南部丘陵山区和省界附近山区山多地少,人口密度小,经济相对落后,将江西分为鄱阳湖生态经济区和赣中、赣南丘陵地区及边缘山区特殊类型地区(以下简称特殊类型地区)两部分研究区域生态格局。

3.1.3.1 鄱阳湖生态经济区

鄱阳湖生态经济区位于江西省北部,长江中下游南岸,处于 27°30′—30°05′ N、114°28′—117°28′ E,包括南昌市、景德镇市、鹰潭市、抚州市等 6 市主城区和 25 个县(市、区),共 38 个县(市、区),总面积为 51166.51 km^2,占江西省国土面积的 30%,地形为一个大型盆地,东、南、西三面高,北部低,自南向北、由外及里缓缓倾斜,地貌以平原、岗地、丘陵为主。该区属中亚热带湿润季风区,气候温和、雨量充沛、光照充足,年降水量 1341~1940 mm,年平均气温在 16 ℃

以上。该区以独特的地理环境和气候条件，为生物的繁衍提供了良好的生态环境，孕育了大量的野生动、植物和水生生物，是长江中下游地区重要的生态屏障(吕桦，2002)。是以我国第一大淡水湖鄱阳湖为核心，以鄱阳湖城市圈为依托，以保护生态、发展经济为重要战略构想的经济特区。鄱阳湖生态经济区域内有大量的湿地、森林资源和丰富的生物资源，但也存在污染排放远超治理、水土流失严重、生态可持续发展能力不断下降等生态环境问题(彭柳林 等，2014)。

鄱阳湖生态经济区生态源地共14个，面积为13679.43 km^2，占区域总面积的26.74%，整体分布较为均匀，北部和中部较为集中连片，主要分布在鄱阳湖、瑶里自然保护区、庐山自然保护区及庐山西海等地区；从行政区来看，主要分布在武宁县和浮梁县，分别占18.02%和11.63%，其次是鄱阳县、贵溪市和都昌县，分别占7.76%、7.63%和6.54%；从土地利用类型看，生态源地以林地、水域和湿地为主，三者占比达95.38%，耕地、园地和草地次之。高生态需求地共13个，面积为3336.91 km^2，主要分布在各县级行政辖区政府驻地的集中建成区，集中分布于南昌市、九江市市区等地。生态廊道总长度为3879.8 km，覆盖范围广阔，是生态流在源地间、源地和高需求区域之间的高效通道。源廊道长度为1631.4 km，其中关键廊道为874.1 km，主要分布在生境质量良好的山地丘陵地区，形成了以鄱阳湖为中心、以区域周边为走廊的环鄱阳湖生态屏障，是源地间生物流通的关键通道；从生态保护的角度出发，提出“两带、一核心、一轴、五分区”为核心的生态安全格局优化模式，形成鄱阳湖生态经济区功能化和网络化的生态安全结构体系。“两带”指北部和南部生态廊道带，两条生态廊道带连接了鄱阳湖生态经济区90%以上的生态源地和大部分关键生态廊道，是研究区物种迁徙和能量传递的两条主要通道，应制定限制性政策进行重点保护。“一核心”即以鄱阳湖水体和湿地为中心的生态核心保护区，为区域提供洪水调蓄、生境维持、近水休憩等生态系统服务，是保障区域生态安全的核心区域，应划入禁止建设区进行重点保护。“一轴”指贯穿研究区的赣江—鄱阳湖水域生态廊道轴，该生态轴不仅连接着“两带”与鄱阳湖生态保护核心区，而且沟通了高生态供给区和需求区，需要采取沿水植树造林等措施进行重点生态建设。“五分区”指中部都市发展区、东部水土保持区、东南生态农业区、西北生态重点保护区和西南生态重点建设区。其中，中部以江西省会南昌市为核心，可依靠省会的辐射带动作用，推动永修县、共青城市、高安市、丰城市等打造以南昌市为核心的都市发展圈；东北部以浮梁县、鄱阳县东北部为主，地形主要为丘陵山地，处于土壤保持重要区域，应采取生物措施和工程措施相结合的方式，防治水土流失；东南部有丰富的耕地资源和高植物生产能力，可发展生态、有机农业，为区域提供农副产品；西北部以武宁县、德安县、庐山市为主，地形主要为山地，有着广茂的林地资源，是生态源地的核心分布地区，宜重点进行生态保护，同时结合庐山西海、庐山等风景名胜区发展生态旅游产业；西南部以渝水区、丰城市为主体，区域生态资源较匮乏，生态需求程度却高，应重点进行生态建设和生态恢复(梁珍宝 等，2021)。

3.1.3.2 赣中赣南丘陵地区及边缘山区等特殊类型地区

赣中赣南丘陵地区及边缘山区等特殊类型地区包括以脱贫地区为重点的欠发达地区和革命老区、生态退化地区、资源型地区、老工业地区等，共涉及全省11个设区市86个县(市、区)。江西特殊类型地区大多处于丘陵和山地地形，主要集中在江西省中南部及东、西、南省界附近。江西特殊类型地区是我国水热条件最为优越的地区之一，也是我国南方重要的生态安全屏障和野生动、植物种质基因库，在维护国家生态安全、推动南方高质量发展上具有不可替代的地位。

区域以丘陵为主，多由红色砂页岩及部分千枚岩等较松软岩石构成，经风化侵蚀，呈低缓浑圆状，海拔一般200 m，接近边缘山地部分的高丘，海拔300～500 m；其相对高度除南部在百米以上外，一般仅50～80 m。丘陵之中，间夹有盆地，多沿河作带状延伸，较大的有吉泰盆地、赣州盆地。山地大多分布于省境边缘，主要有：东北部的怀玉山，东部沿赣闽省界延伸的武夷山脉，南部的大庾岭和九连山，西北与西部的幕阜山脉、九岭山和罗霄山脉（包括武功山、万洋山、诸广山）等，成为江西与邻省的界山和分水岭。山脉走向以东北—西南向为主体，控制着省内主要水系和盆地的发育。多数山地由古老的变质岩系和花岗岩组成，山峰陡峭，堆积物较厚。黄岗山（2157 m）为省内最高点，同时也是华东地区第一高峰。

江西特殊类型地区是生态退化治理与修复重点区域，区域森林质量不高，乔木林每公顷蓄积量较低，蓄积量低的人工林占一半以上，乔木林中以中幼林为主。水源涵养和土壤保持功能不强，部分地区生态功能退化，特别是人工纯林林相单一，以杉、松为主的人工针叶林纯林占人工林面积超过7成，而生态功能较强的混交林、异龄复层林比例不高。区域水土流失面积大，丘岗地区崩岗发育，区域水土流失严重。近年来经过持续不断的治理取得了明显成效，山水林田湖草综合治理与修复、矿山环境恢复治理等生态保护和整治修复工作扎实推进，水土流失面积持续减少，林草覆盖情况明显改观，沟坡丘壑土地得到有效整治，农田土壤污染得到较好控制，区域人居和生态环境显著改善。

江西特殊类型地区雨量丰沛，年降雨量在1600～1900 mm，是中国降雨量最多的地区之一。区域雨热同季，降水十分丰富，但雨量时、空分配不均。是江西省气象灾害发生最频繁的地区之一，在全球气候变化背景下，气象灾害发生的频率和强度均有增加趋势，气象灾害具有种类多、范围广、频次高、次生衍生灾害多且危害重等特点。影响区域的气象灾害多达10余种，其中，危害较大的主要有：暴雨洪涝、干旱、低温冻害、高温热害以及大风、冰雹等，农、林、牧、渔、道路、交通、工业等均受其害。

区域山地沟壑纵横，水系发达，森林覆盖率高，红壤和黄壤是江西最有代表性的地带性土壤，丹霞、花岗岩、喀斯特等地貌类型丰富，孕育了丰富多彩的自然景观资源。井冈山、庐山、三清山、武功山、龙虎山及圭峰等自然景观资源驰名天下，素有“庐山天下悠、三清天下秀、龙虎天下绝”美称。

3.2 生态气象灾害

江西的气象灾害会对自然和社会生态系统产生不同程度影响，均可以归为生态气象灾害。受气候及地理条件影响，江西省气象灾害发生的种类多、分布广、频率高，是全国气象灾害最严重的省份之一。全省气象灾害占整个自然灾害的90%以上，加上次生灾害，如泥石流、山体滑坡、森林火灾、农林病虫害、传染病等，占自然灾害的比例高达95%。1978—2020年，全省每年因气象灾害造成的直接经济损失平均占区域生产总值（Gross Domestic Product，GDP）的5.68%；2000年以来气象灾害损失平均占GDP的1.8%，灾损重的年份主要有：1998年、2008年、2010年、2019年和2020年，全年气象灾害损失均超过300亿元。

江西主要的气象灾害有：暴雨洪涝、干旱、风雹、雷电、高温、台风、低温冷冻害和雪灾，以及大雾等。

3.2.1 暴雨洪涝

暴雨往往带来水灾和涝灾，暴雨洪涝是江西省最主要的气象灾害之一。暴雨洪涝灾害多出现在4月—7月上旬（主汛期），有些气候异常的年份也会出现春汛、秋汛和冬汛。从时间分布上看，一般4月开始出现，5月稍有增加，6月中旬—7月上旬洪涝次数最多，占全年的61.3%。

1961年以来，全省区域性洪涝指数排前10位的年份有1998年、2010年、1973年、2020年、1994年、1999年、1995年、1962年、1967年和2019年。以上10 a中，全省有60%以上的县（市）发生了洪涝，其中1998年、2010年、1973年、2020年、1994年和1999年6 a出现了全省性的严重洪涝。由于江西特有的地理环境，武夷山、九岭山、罗霄山、南岭、九连山、幕阜山、怀玉山从西、南、东三面包围着江西。鄱阳湖处赣北中心，形成了一个三面环山，赣、信、抚、饶、修五大水系流向鄱阳湖的向心水系。故历年来，全省暴雨洪涝灾害影响最严重的都是环鄱阳湖地区。

2000年以来，2010年、2016年、2017年、2019年和2020年洪涝灾害比较重，其中2010年，全省遭遇特大洪涝灾害，6月21日抚州市临川区唱凯堤决口，全省共1752万余人受灾，因洪灾死亡46人，直接经济损失达520亿元。2020年7月上旬出现罕见连续大暴雨，导致鄱阳湖流域发生超历史大洪水；造成全省99个县共673.2万人受灾，紧急转移安置73.1万人，需紧急生活救助32.6万人；农作物受灾面积78.82万hm^2，直接经济损失319.5亿元。

3.2.2 干旱

江西省干旱是仅次于暴雨洪涝的主要气象灾害。干旱灾害主要发生于夏、秋季，汛期结束后，全省进入盛夏高温少雨季节，此时若没有台风影响，干旱则会快速发展，一直延续到秋季，出现伏秋连旱。从MCI来看，各地基本上是中等以上的伏秋旱2～3 a出现一次；中度以上伏旱5 a左右出现一次，秋旱4 a左右出现一次。

干旱灾害全省年直接经济损失超过20亿元的年份主要出现在：2003年、2019年、2009年、2013年、2007年和2011年，其中2003年出现全省性严重伏旱，2019年全省出现伏、秋、冬连旱，这两年干旱灾害的直接经济损失均超过50亿元。

3.2.3 风雹

春、夏季是江西省风雹灾害的多发季节，通常是大风、冰雹、雷电和短时强降水几种灾害性天气相伴出现，对农业生产和人民生命财产危害极大。

2000年以来，风雹灾害导致全省直接经济损失超过10亿元的年份有2002年、2006年、2007年、2010年、2016年和2019年，其中2006年风雹灾损超过20亿元。

3.2.4 雷电

江西在全国属于多雷区、强雷区，年平均雷暴日34～70 d。主要分布在3—9月，其中6—8月最强；落雷主要发生在午后到傍晚（即13—19时），占总数的62.1%，峰值出现在16时。雷灾致死事件主要发生在农村，占总数90%以上。

2000 年以来，全省每年因雷击死亡人数大多在 20～40 人，其中 2006 年、2007 年雷击灾害最为严重，雷击死亡人数分别为 79 人、145 人。2016 年以来全省雷击伤亡人数下降较明显，其中 2017 年和 2020 年雷击伤亡人数降为个位数。

3.2.5 台风

江西省受台风(热带气旋)影响的时段一般在 5—11 月，7—9 月份为台风(热带气旋)影响的高峰期，约 80.3%出现在这一时段，以 8 月份为最多，7 月次之。登陆台风带来的灾害性天气对江西省的经济建设和社会发展、国防建设和人民生活及安全构成重要威胁。

2000 年以来，台风致灾较严重的年份有 2008 年、2012 年、2014 年和 2018 年，以上年份全省灾损均在 10 亿元以上，其中 2012 年"海葵"台风导致全省灾损超过 35 亿元，是 2000 年以来在江西省致灾最严重的台风，强降雨致使赣东北部分地方发生洪涝、内涝和地质灾害。

3.2.6 低温冻害

江西省的冻害主要发生在冬季，由于冻害的袭击，常常给越冬作物和经济林木带来很大损失。如 1991 年 12 月下旬后期普降大雪，大部分地区出现积雪，部分地区积雪深度超过 20 cm，赣北、赣中极端最低气温达－15.8～－8 ℃，赣南极端最低气温为－7～－3 ℃，全省有 47 个县(市)极端最低气温出现历史最低值，全省出现严重的低温冻害，柑桔遭受严重冻害；27—30 日，全省大部分地区的交通、通信、输电、人民生活等受到严重影响。2008 年 1 月 12 日至 2 月 2 日的低温雨雪冰冻天气过程对全省交通运输、能源、电力、通信、农林业及居民生活等造成了严重影响和重大损失，因灾死亡 7 人，直接经济损失 329.7 亿元。

3.2.7 大雾

秋、冬季是江西省大雾的多发季节，一般有锋面雾和平流辐射雾。全省年平均雾日数为 6.1～197.5 d。雾的季节分布特点是：秋、冬季多，春、夏季少。地理分布特点是：南部多于北部，山地多于平原。

大雾天气对交通运输中的航空、航海、公路等有着直接的影响，导致的交通事故也是气象灾害中最为严重的。历年来，江西的大雾日数较多，其危害也较严重，特别是随着现代化交通的发展，雾的影响越来越大，如 2005 年、2007 年出现的大雾天气导致了比较严重的伤亡事故，对全省交通运输造成了较大影响。

3.2.8 霾

冬季逆温、静风等不利气象条件易造成霾天气，本地排放叠加境外输送大气悬浮细颗粒物促使霾天气形成和加重。从历年资料来看，霾呈现明显增多趋势，尤其是进入 2003 年后，霾站次数迅速增多。霾天气使得污染物难以扩散，空气质量下降，对人体健康造成不利影响，导致各种呼吸系统疾病人数增加。

3.3 生态系统气象服务

坚持生态文明建设气象保障研究型业务定位，着眼于地方生态文明建设重点领域的监测评估和科学评价，开发特色生态文明建设气象保障服务产品系列，打造鄱阳湖生态文明建设气象保障服务品牌，提升鄱阳湖流域生态安全气象监测服务能力，形成省、市、县生态文明建设领域的核心气象服务产品系列。

3.3.1 生态环境气象动态监测功能

在现有生态气象站网基础上，完善地基生态气候观测网，在鄱阳湖重点生态功能区新建10个植被生态气象自动观测站，补充和完善植被高度、覆盖度、生物量、物候观测、植被指数等生态环境关键要素的自动化观测，布设区域土壤水分观测设备30套，提升重点生态功能区植被和土壤水分自动连续观测能力。在南昌艾溪湖湿地公园新建1个湿地生态气象观测场，实现城市湿地小气候、土壤、植被、负氧离子等常规气象要素的自动观测，实现水质、水温、水深等水环境要素的观测和水热通量、CO_2、CH_4 通量的自动观测。在全省每个“中国天然氧吧”称号所在地建设2个标准负氧离子观测站，实现负氧离子浓度的实时监测；在每个设区市布设蓝天指数仪1套，实现城市区域空气质量的实时监测，为市民出行和生态旅游提供更为科学的依据。在鄱阳湖重点水环境治理区，开展陆表生态产品星-地检验和关键地表生态状况的空基遥感反演，实现地面反射率、双向反射率、辐射、地表温度、地表湿度、叶面积指数、植被指数等陆表生态参数的星地同步观测；借助无人机及其载荷设备，建立空基生态气象观测站网，实现地表生态参数的模型构建及验证。建立覆盖江西的Landsat、高分、“哨兵”、环境(HJ)系列卫星历史资料数据集，以及较稳定的高光谱、高分辨率及雷达卫星实时资料源，建设农田、水体、湿地、草地等遥感真值检验场，开展卫星遥感地面真实性观测校验。

3.3.2 生态安全气象保障功能

突破基于数值模式的气象要素、高影响天气气候过程、极端气候事件、生态系统、环境气象多尺度预报预测以及气候变化对生态安全的风险预估关键技术。建立高温干旱、暴雨洪涝、低温雨雪、大风雷电、雾/霾等气象灾害引发自然生态系统森林、农田、河流湖泊、湿地、城市运行等生态安全气象风险评估预警系统。围绕打赢蓝天、碧水、净土等攻坚战，开展0～30 d无缝隙的环境气象预报预测业务，延长重污染天气预见期，提升准确率；实现森林火险、湖泊蓝藻水华发生发展趋势等的精准气象预报预警和中长期气象服务，建立森林、农田等的病虫害发生发展气象指标与预报模型；开展网格化的环境气象经济效益和健康风险评估。

3.3.3 生态治理气象服务功能

针对江西亚热带丘陵山区、鄱阳湖流域重点生态区，加强不同时空尺度气象灾害和气候变化对生态安全影响监测评估和预报预警能力建设，聚焦山水林田湖草生命共同体，结合地方生态保护和修复服务需求，开发气象灾害生态影响定量评估模型，强化生态保护修复气象保障服务能力。建设旬、月、季、年不同频次的常态化生态质量气象监测评估业务，特别是突破气候变化对生态文明建设的影响评估预评估关键技术，开展生态系统质量变化的归因分析(自然变化与人类影响)，为生态保护与问责提供客观保障。开展主要生态系统服务价值功能的气象评估，实现气象生态产品价值核算从定性到定量的转变。建立生态环境的气候承载力监测、评估、预警与预估业务，开展地方生态文明建设考核指标动态监测，提供精细、准确的生态保护红线气象保障服务。

3.3.4 绿色发展气象保障功能

发展生态保护和修复工程气候可行性评估功能。构建生态保护与修复气候可行性评估体系，实现对生态保护与修复气候效应的实时动态监测评估以及对生态保护和修复工程目标场景气候效应情景预估，建立国土空间规划、通风廊道、电力交通等重大规划和重点工程对生态影响的气候可行性评估能力。提升江西绿色发展气象保障功能，重点实现光伏电站、丘陵地区低风速风电、水电等清洁能源的动态监测预报。开展天气保险、气象金融等绿色产业气象保障工作。强化气候品质评价服务功能。面向生态绿色发展气象保障服务需求，充分挖掘宜居、宜业、宜游气候品质价值，提升气候品质评价服务能力，打造“国家气象公园”“中国天然氧吧”“避暑旅游目的地”“国家气候宜居城市”等康养旅游宜居生态品牌，提升“赣鄱农优品”品牌价值。

3.4 本章小结

本章梳理了我国生态文明思想与制度体系形成历程，阐述了习近平生态文明思想内涵，总结了党的十八大以来我国生态文明制度体系和治理体系的形成和完善过程。根据国内权威研究成果，对全国和江西省的生态系统格局和自然环境禀赋进行系统阐述。分析了暴雨洪涝、干旱、风雹、雷电、高温、台风、低温冷冻害和雪灾、大雾等气象灾害对江西生态的影响。根据江西生态文明建设需求，坚持生态文明建设气象保障研究型业务定位，着眼于地方生态文明建设重点领域的监测评估和科学评价，提出了生态环境气象动态监测功能、生态安全气象保障功能、生态治理气象服务功能、绿色发展气象保障四个方面的功能定位，形成开发特色生态文明建设气象保障服务产品系列、打造鄱阳湖生态文明建设气象保障服务品牌、提升鄱阳湖流域生态安全气象监测服务能力、形成省市县生态文明建设领域的核心气象服务产品系列的生态气象业务发展思路。

第 4 章
生态气象观测系统设计

4.1 生态气象观测系统需求分析

加强生态文明建设气象保障是贯彻落实党和国家战略部署的必然要求。党的十九大将“坚持人与自然和谐共生”作为新时代坚持和发展中国特色社会主义的基本方略，提出加大生态系统保护力度，实施重要生态系统保护和修复重大工程。党的十九届五中全会从战略和全局上擘画生态文明建设的蓝图，明确到 2035 年基本实现美丽中国建设目标，为新时代生态文明建设明确了方向。2017 年，中共中央办公厅、国务院办公厅印发的《国家生态文明试验区(江西)实施方案》聚焦“山水林田湖草”生命共同体，提出构建六大体系、38 个方面制度，迫切需要江西省气象部门在气象防灾减灾、生态环境保护、污染防治、气候资源保护与利用、应对气候变化等方面发挥关键性作用。2020 年 6 月，国家发展改革委、自然资源部联合印发了《全国重要生态系统保护和修复重大工程总体规划(2021—2035 年)》，明确提出要完善生态气象综合观测体系，对生态气象监测提出了更高要求。2022 年 11 月，江西省人民政府印发了《江西省气象高质量发展纲要(2023—2035 年)》，明确指出要“加强先进气象观测能力建设，共同建设天气、气候及气候变化、专业气象和空间气象观测网，形成地空天一体化、协同高效的精密气象监测系统”，对江西省气象观测体系建设提出了具体要求。

目前，江西省生态系统气象综合监测能力不足。针对“三区四带”中鄱阳湖区、亚热带丘陵山区等重点区域的生态气象观测体系规划不足，观测项目针对性不强，仍以常规气象要素为主，关键区域观测空白较多，面向地球系统的多圈层观测等功能设计不完善，对重点生态区的生态、气象要素垂直观测和遥感监测能力不足。

“碳达峰、碳中和”国家战略对温室气体观测提出新要求。2020 年，习近平总书记在第七十五届联合国大会一般性辩论上宣布我国自主贡献新目标，二氧化碳排放力争于 2030 年前达到峰值，努力争取 2060 年实现碳中和。随后中央经济工作会议和十三届全国人大四次会议进一步明确提出，扎实做好碳达峰、碳中和各项工作，为江西省应对气候变化、绿色低碳发展指明了方向。2021 年 3 月中央财经委员会第九次会议指出：确定碳中和目标是党中央经过深思熟虑做出的重大战略决策，事关中华民族永续发展和构建人类命运共同体。党的十九届五中全会公报提出，要加快推动绿色低碳发展，这既体现了生态文明的基本理念——“绿色”，也指明了实现美丽中国的主要路径——“低碳”，意味着绿色低碳发展道路是我国生态文明建设的必然选择，碳排放总量控制目标必将成为地方经济社会发展的约束性指标。目前江西省温室气体监测站网尚不完备，地面监测、遥感等温室气体排放监测技术手段不足，不能满足碳核算的软硬件需求，助力“碳达峰、碳中和”战略目标实现的气象支撑能力不强。因此，面对国内外应对气候变化的新形势与要求，围绕《巴黎协定》落实碳达峰目标与碳中和愿景，加强全球气候变暖对江西省敏感区、脆弱区影响的观测评估，进一步提升温室气体、风能、太阳能观测能力，为国、省应对气候变化决策提供更丰富的基础数据，是当前形势下的必然要求。

党的十九届五中全会提出了“十四五”时期生态环境持续改善，到2035年美丽中国建设目标基本实现的宏伟目标，对大气监测工作提出了急迫需求。大气环境质量受天气气候条件变化影响较大，虽然江西省生态环境质量总体处于全国前列，但与人民群众期待、与美丽中国建设目标要求还有较大差距，尤其是“好中趋优”难度更大。江西省陆续开展了蓝天保卫、碧水保卫、净土保卫、自然生态保护、工业污染防治、农业农村污染防治、长江经济带“共抓大保护”、鄱阳湖生态环境专项整治“八大攻坚战役30个专项行动”，并且持续不断迭代更新专项行动目标和任务，气象服务作为基础性、支撑性工作必不可少，气象部门在其中大有可为。为深入打好污染防治攻坚战，推动绿色低碳发展，亟需发挥和完善气象监测优势，合理布局大气成分监测站网，加强资料应用，为实现精准治污、科学治污提供气象保障。

4.2 地基生态气象观测网

地基生态气象观测系统是以地面常规仪器对地面和近地面生态气象要素进行观测的系统。到2035年，江西省地基生态气象观测站网布局应从以下方面着手。

4.2.1 实现生态要素和重点生态领域监测全覆盖

采用“基地＋站网”“自建＋共建共享”模式，完善重点生态功能区、生态环境脆弱区和敏感区等的地基生态与气候观测网，建立健全涵盖生态气象灾害监测、山区立体气候生态监测、高山草甸生态气象监测、温室气体浓度监测、生态农业气象监测、生态旅游气象监测、大气成分观测等内容的生态与气候观测“一张网”。在丘陵山区，选取具有垂直气候带的山脉布设梯度气候监测系统，监测不同海拔高度、不同植被带的气候要素。在生物多样性保护功能区重点开展气温、降水、植被覆盖度、生产力、物候等要素监测。在水源涵养功能区重点开展植被、降水、地表径流、蒸发量等要素监测。加强湿地、森林、农田、城市等典型生态系统气象观测网络建设。完善南昌等主要城市通风廊道梯度风观测网。

4.2.2 拓展生态气候系统观测领域

大力推进国家气候观象台、生态气候观测基地和生态气象观测站建设。建设南昌国家气候观象台，开展鄱阳湖湿地梯度气象观测，强化水碳通量、植被、物候等生态观测要素，重点开展大气等基本生态气象要素的监测，以及对气象条件影响密切的生物、环境等其他生态气象要素监测，优化基于卫星和无人机的鄱阳湖区生态遥感监测能力。满足洞庭、鄱阳两湖平原湖河综合观测区建设需求，为长江重点生态区开展鄱阳湖湿地修复气象影响监测评估提供高精度的数据支撑。

4.2.3 建设覆盖全省的大气温室气体高精度观测站网

以南昌、赣州、景德镇、九江等温室气体本底站为基础，推进全省11个设区市及重点区域温室气体高精度观测站建设，开展省内大气二氧化碳、甲烷、一氧化碳等浓度监测，形成区域大气温室气体浓度高精度地面监测网。在北部和南部建设温室气体中心站，开展大气 CO_2、CH_4、N_2O、氟化物、CO 以及碳同位素等要素的监测，按需建设省内主要城市大气温室气体加密观测站。切实提高应对气候变化和“双碳”工作数据基础保障能力。

4.2.4 完善大气成分观测站网

完善全省负氧离子监测网、蓝天指数仪监测网，新增太阳能辐射观测站和风能资源观测塔。在每个“中国天然氧吧”称号所在地建设标准负氧离子观测站；新增蓝天指数仪，实现全省 11 个设区市和 90 个县(市、区)全覆盖。滚动升级更新使用 8 a 以上的大气成分观测设备。在重点地区开展城市和城市群的生态气候环境观测，开展臭氧等大气组分物理和化学特性的垂直廓线观测。在重点工业园区增设地面气象观测站。建设布局具体可参见图 4.1。

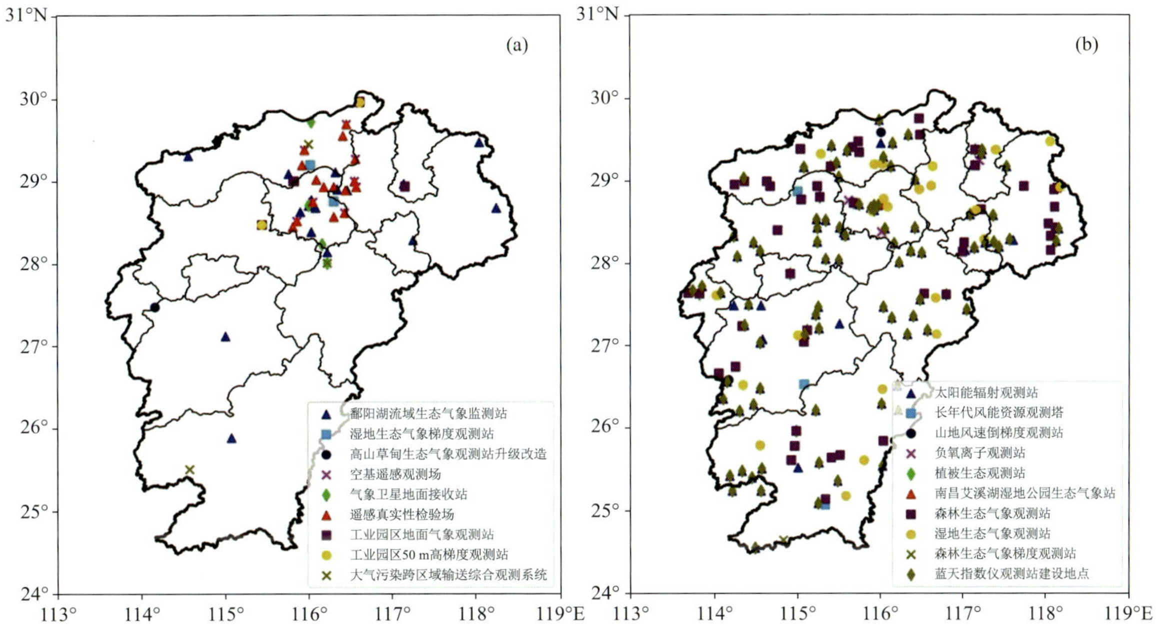

图 4.1 地基生态气象观测站网布局

4.3 空基生态气象观测网

空基系统是指由高空用的气象探测仪器组成的观测系统。为了获得高空的气象资料，需要将探测仪器利用载具携带到高空中去，主要有探空气球、飞机(含无人机)、火箭等载具。江西省常规空基观测系统主要是利用高空气象站来测定大气各高度气象要素，气象火箭、气象飞机、微型无人机探测目前尚处于探索阶段。截至 2022 年底，全省现有高空气象观测站 2 个，位于南昌和赣州，实现了高空温度、相对湿度、气压、风向、风速等要素的自动探测。空基气象观测业务的总体发展趋势是：从人工观测到自动化遥感遥测，从定性观测到定量观测；从单一的大气圈观测到地球各大圈层及其相互作用的综合观测；综合利用多种手段、多种技术，实现高准确度、高时空分辨率，连续、自动、一体化定量观测。各种观测数据的融合和处理技术受到高度重视，部门间和国际间的合作日益加强，观测资料的共享成为必然。

4.3.1 气象火箭探测

气象火箭由箭头、设备舱和箭尾组成。气象火箭携带的仪器用来对中高层大气进行探测，探测高度主要在 30～80 km。探测项目包括温度、湿度、气压、风向和风速等常规气象要素，以及大气成分和太阳紫外辐射等。此外，还有用取样火箭测定大气成分和臭氧含量，以及用火箭研究电离层、太阳紫外线辐射等方式。

4.3.2 气象飞机探测

气象飞机除携带一般的气象观测仪器外，还安装有气象雷达、大气物理和大气化学数据采样仪器、红外和微波辐射仪等遥感仪器。观测项目有大气成分、气温、湿度、气压、风向风速、大气湍流、大气化学成分、云和降水的宏观和微观参数、强对流天气系统、大气污染物的扩散等。采用中、大型飞机的探测多应用于重大试验项目，小型飞机和直升机使用较多，适用于中小尺度系统和云雾物理探测。

4.3.3 微型无人驾驶飞机

气象专用的微型无人飞机携带的数字化探空仪，采集上空的温度、气压、湿度资料，并用 GPS 数据进行测风，获得风向风速数据。如遇强对流天气系统可以进入其内部进行非常规的观测；在灾害和污染事故发生的地方，微型无人飞机可充分发挥其机动性强的特点，为灾害和污染事故的现场指挥救助和事后损失评估、责任追究等提供可靠的第一手资料。

4.4 天基生态气象观测网

天基观测主要利用人造卫星在太空中对地球大气进行遥感探测，也就是利用卫星遥感技术手段辅助监测生态气象各要素。目前江西省有风云三号（FY-3）卫星省级接收站（位于九江）1 个；风云四号（FY-4）卫星省级接收站（位于抚州）1 个。根据有关规划，2035 年前，江西省天基生态气象观测重点加强生态气象遥感观测网建设。

对极轨和静止气象卫星地面接收站进行升级改造，增加 FY-3E/3F/3G、FY-4B 等气象卫星数据接收处理设备，提高多源卫星数据获取能力。建设典型农田、水体、湿地、草地等遥感地面真值性检验点，开展卫星遥感地面真实性观测校验。在鄱阳湖重点水环境治理区，进行地面反射率、双向反射率、辐射、地表温度、地表湿度、叶面积指数、植被指数等陆表生态参数的星地同步观测，开展湿地陆表生态产品星-地检验和关键地表生态状况的空基遥感反演。

4.5 江西气象大数据生态气象模块

以全国综合气象信息共享平台（China Integrated Meteorological Information Service System，CIMISS）为数据共享交互平台，基于气象信息综合分析处理系统（Meteorological Information Comprehensive Analysis and Processing System Version 4.0，MICAPS4）、智慧农

业气象业务系统(China Agriculture Meteorological Service System,CAgMSS)和江西气象业务内网,研发江西省生态气象大数据平台,汇集各类生态气象数据,进行可视化展现,并将基于 CIMISS 的数据环境逐步转移到"天擎"气象大数据环境。江西省生态气象大数据平台包括数据汇聚加工子系统、数据存储管理子系统、数据共享服务子系统。

(1)数据汇聚加工子系统

对现有及准备纳入大数据平台的数据及产品(包括气象数据、行业数据、互联网数据、社会数据等)进行梳理,根据数据种类、结构、频次、数据量等元素进行分析评估,按类别制定存储管理方案。确定数据汇交业务流程并按规范进行加工处理。

(2)数据存储管理子系统

按存储管理方案,对各类数据进行规范化处理,合理有序地存储并管理。

(3)数据共享服务子系统

结合生态数据的特点及应用模式,依据现有气象数据统一服务接口(Meteorological Unified Service Interface Community,MUSIC)标准,制定生态气象数据的共享规范、标准统一、访问高效的服务接口;利用服务接口对数据进行多种形式、多种方式的可视化展现,如 GIS 和图表等。

平台纳入了 5 大类 22 小类生态气象数据(表 4.1),数据来源有气象部门、水利部门、林业部门、高校和研究机构。

表 4.1 江西省气象大数据生态气象数据清单

类别	序号	资料名称	要素
湿地	1	环鄱阳湖气象站数据	温度、湿度、气压、降水量、风向、风速
	2	湿地站(林业部门)	电导率、颗粒物、溶解氧、气温、湿度、pH 值、水温
	3	水利部门数据	水位、流量
	4	水利部门数据	电导率、溶解氧、浊度、pH 值等
	5	南矶山生态数据	电导率、溶解氧、气温、湿度、pH 值、水温
	6	鄱阳湖水域面积动态监测(卫星遥感监测)	面积
高山草甸	7	武功山高山草甸数据	气温、草温、地温、湿度、气压、降水量、风向、风速
森林	8	千烟洲森林生态站数据	CO_2 通量、潜热通量、显热通量、气压、风向、风速等
	9	三爪仑森林生态站数据	总辐射、净辐射、紫外辐射、日照辐射、日照累计值、六层土壤温度和湿度、热通量、蒸发、X 轴风速、Y 轴风速、Z 轴风速、CO_2 浓度、H_2O 浓度、气温、湿度、水气压、$PM_{2.5}$ 等
	10	森林火灾遥感监测(卫星遥感监测)	火点信息监测图
	11	植被指数遥感监测(卫星遥感监测)	植被指数监测图

续表

类别	序号	资料名称	要素
城市	12	城市内涝监测数据	水位、降水量
	13	霾	霾日数
	14	上饶茶叶	气温、湿度、叶面温度、CO_2 浓度、光辐射强度、土壤温度和湿度等
	15	高温干旱遥感监测（卫星遥感监测）	高温干旱监测图
大气成分	16	地表水环境数据	水温、pH 值、溶解氧、电导率、浊度、CODMn、氨氮、环境温度、环境湿度
	17	气溶胶	$PM_{2.5}$ 质量浓度
	18	酸雨	样品温度、平均 pH 值、平均 K 值
	19	紫外线	辐射强度
	20	温室气体观测数据	CO、CO_2、CH_4 浓度
	21	负离子观测数据	负离子浓度
	22	环保数据	$PM_{2.5}$、CO 浓度、CO_2 浓度等

4.6 本章小结

本章从国、省战略部署出发，剖析了对江西省生态文明建设气象保障的要求，重点分析了“双碳”目标实现及生态保护修复工程等对生态气象观测系统的需求，从“地、空、天”一体化分别提出了至 2035 年江西省生态气象观测站网布局设计或发展趋势，并介绍了现有的江西气象大数据生态气象模块设计现状，为江西省生态气象观测系统进一步完善提供思路。

第 5 章 自然生态与环境气象保障技术研究

5.1 鄱阳湖生态系统高影响极端天气气候预测

近几年江西省气象部门已经基于现有的生态文明建设相关资料开展了森林、水体等生态系统保护的气象研究和业务服务。针对辖区内的生态脆弱区、敏感区和重大生态保护问题，建立了生态文明建设相关的气象地面监测站网。随着国民经济的快速发展，人们迫切希望延长天气预报的时效，从而能对较长时间范围内的天气气候变化进行整体把握；另外，在全球气候变暖背景下，极端天气气候事件频发，高影响天气气候事件导致的气象灾害越来越重。从防灾减灾的角度出发，对灾害性天气过程的预报时效越长，则抗灾部署的准备越充分，对气象灾害防御的指挥调度效果越好。因此，需要充分利用数值模式产品资料，加强鄱阳湖湖泊湿地、丘陵山地等生态系统敏感要素的预测工作，提高预报预测的准确率、时效性、针对性和本地特色。通过预测业务技术的进一步提高、业务能力建设的进一步完善，丰富预测服务产品内容，提升生态文明建设气象保障服务能力。

季节—次季节(S2S)多模式预测产品是由中国、美国、欧洲中期天气预报中心、英国等 9 个主要参与单位提供的气候模式预测数据，是对延伸期气候预测的重要补充，有利于相关业务的深入发展，因此基于 S2S 多模式预测产品，江西省气候中心建设了一个集数据自动下载、处理显示、要素预测、预测质量检验评估和产品制作于一体的“S2S 多模式产品气候预测子系统”。系统主要包括 S2S 数据库建设、要素展示、数据检验、S2S 数据应用等功能，可按模式的更新频率，自动下载业务中常用的 500 hPa 高度场、气温场、湿度场、降水场、风场、海温场等滚动预测产品，并进行集中显示(图 5.1)。系统中设有气候事件模块，根据 S2S 各气候中心的预测资料，实现多模式对全省重要生态区域内生态系统敏感要素如暴雨洪涝、干旱的气候预测计算(图 5.2)。系统中设置了 S2S 多模式预测产品结果检验模块，实现趋势异常综合检验(PS)、距平相关系数(ACC)两种检验评分方法对 S2S 模式在江西省的气候预测效果检验评估，对 S2S 气候模式预测数据开展实时预报效果检验，增强产品的实用性(图 5.3)。

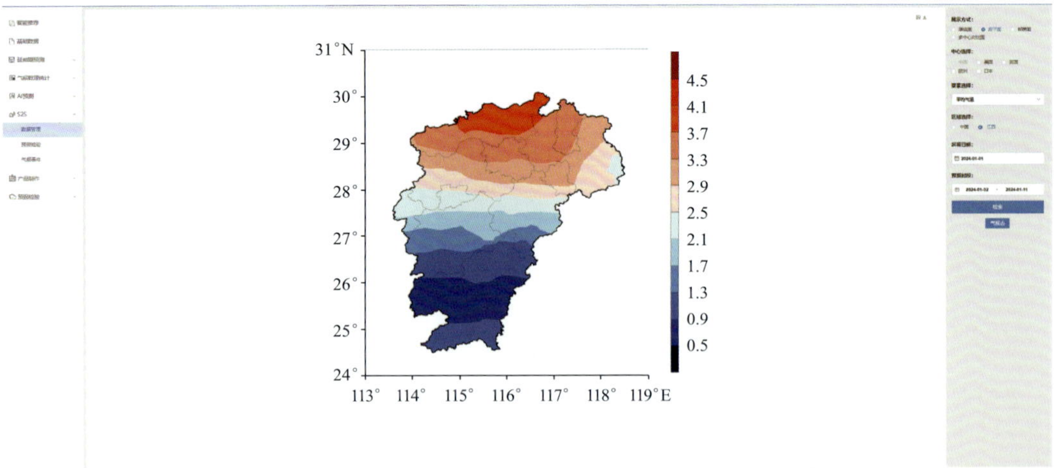

图 5.1　S2S 多模式产品气候预测子系统的要素趋势分布预报

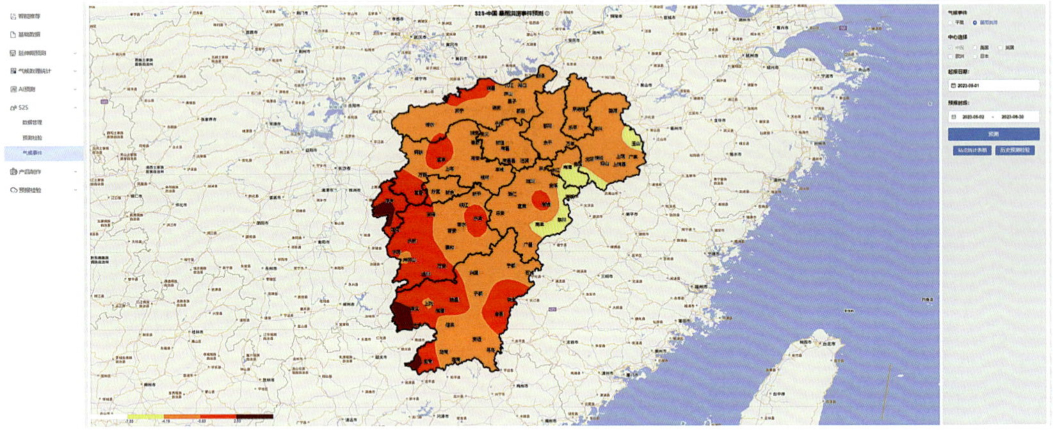

图 5.2　S2S 多模式产品气候预测子系统的气候事件预测界面

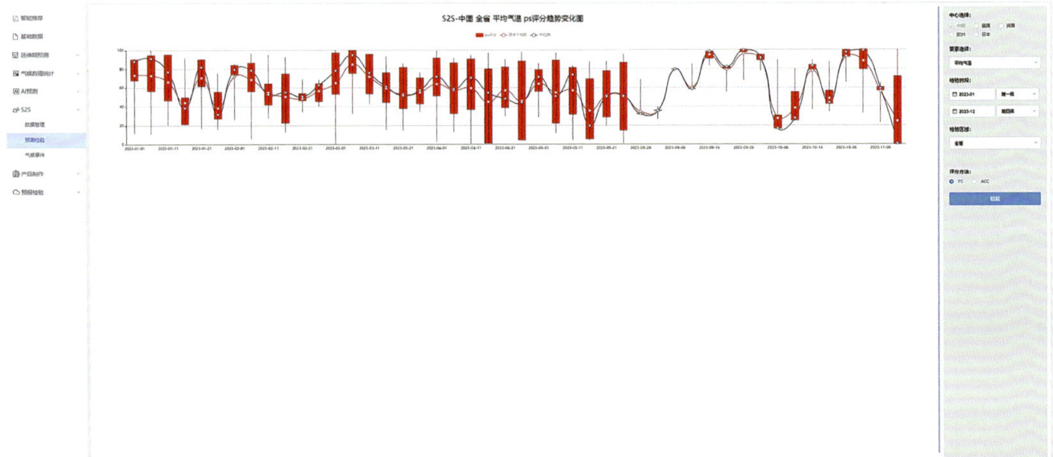

图 5.3　S2S 多模式产品气候预测子系统的预测质量检验界面

5.2 气象灾害对鄱阳湖流域生态系统影响监测评估

受气候及地理条件影响，鄱阳湖流域气象灾害发生的种类多、分布广、频率高，是全国气象灾害最严重的区域之一。主要的气象灾害有：暴雨洪涝、干旱、风雹、雷电、高温、台风、低温冻害、大雾和霾等。气象灾害还会导致一系列次生和衍生灾害，如泥石流、山体滑坡、森林火灾、农林病虫害、传染病等。气象及相关灾害严重破坏了生态环境，严重制约了江西的经济社会发展，严重威胁人民群众的生命财产安全。开展气象灾害对鄱阳湖流域湖泊湿地、森林等主要生态系统影响风险和预警评估，提升风险预见期和定量化评估能力，对全省生态保护与修复工作意义重大。

5.2.1 洪涝事件监测技术

5.2.1.1 洪涝监测指标——SPI 指数

洪涝灾害是江西省主要气象灾害之一，新中国成立以来，洪涝灾害给江西省农业及经济造成的损失是极其严重的。江西属东亚季风气候，降水丰沛，暴雨频繁，是长江中下游地区的三大主要暴雨区之一，江西洪涝多因暴雨产生。

由于降水量的分布一般不是正态分布，而是一种偏态分布。所以在进行降水分析和洪涝监测、评估中，常采用 Γ 分布概率来描述降水量的变化。标准化降水指数（Standardized Precipitation Index，SPI）就是在计算出某时段内降水量的 Γ 分布概率后，再进行正态标准化处理，最终用标准化降水累积频率分布来划分洪涝等级。SPI 是表征某时段降水量出现的概率大小的指标之一，该指标适合于月以上尺度相对于当地气候状况的洪涝监测与评估。

SPI 的计算步骤（全国气候与气候变化标准化技术委员会，2017）为：

假设某时段降水量为随机变量 x，则其 Γ 分布的概率密度函数为：

$$f(x)=\frac{1}{\beta^{\gamma}\Gamma(\gamma)}x^{\gamma-1}\mathrm{e}^{-x/\beta}\quad x>0 \tag{5.1}$$

式中：$\beta>0$，$\gamma>0$，分别为尺度和形状参数，β 和 γ 可用极大似然估计方法求得：

$$\hat{\gamma}=\frac{1+\sqrt{1+4A/3}}{4A} \tag{5.2}$$

$$\hat{\beta}=\overline{x}/\hat{\gamma} \tag{5.3}$$

式中：

$$A=\lg\overline{x}-\frac{1}{n}\sum_{i=1}^{n}\lg x_i \tag{5.4}$$

式中：x_i 为降水量资料样本；$\overline{x}$ 为降水量气候平均值。

确定概率密度函数中的参数后，对于某一年的降水量 x_0，可求出随机变量 x 小于 x_0 事件的概率为：

$$F(x<x_0)=\int_0^{x_0}f(x)\mathrm{d}x \tag{5.5}$$

利用数值积分可以计算式（5.1）代入式（5.5）后的事件概率近似估计值。

（1）降水量为 0 时的事件概率由下式估计。

$$F(x=0)=m/n \tag{5.6}$$

式中：m 为降水量为 0 的样本数；n 为总样本数。

（2）对 Γ 分布概率进行正态标准化处理，即将式（5.5）、式（5.6）求得的概率值代入标准化正态分布函数，即：

$$F(x<x_0)=\frac{1}{\sqrt{2\pi}}\int_0^{x_0} e^{-Z^2/2}\mathrm{d}x \tag{5.7}$$

对式（5.7）进行近似求解可得：

$$Z=S\left\{t-\frac{(c_2t+c_1)t+c_0}{[(d_3t+d_2)t+d_1]t+1.0}\right\} \tag{5.8}$$

式中：$t=\sqrt{\ln\frac{1}{F^2}}$，$F$ 为式（5.5）或式（5.6）求得的概率；并当 $F>0.5$ 时，$F=1.0-F$，$S=1$；当 $F\leqslant 0.5$ 时，$S=-1$。$c_0=2.515517$，$c_1=0.80285$，$c_2=0.010328$，$d_1=1.432788$，$d_2=0.189269$，$d_3=0.001308$。

由式（5.8）求得的 Z 值就是 SPI（表 5.1）。

表 5.1　标准化降水指数的等级划分

等级	类型	SPI
1	无涝	SPI<0.5
2	轻涝	1.0>SPI≥0.5
3	中涝	1.5>SPI≥1.0
4	重涝	2.0>SPI≥1.5
5	特涝	SPI≥2.0

5.2.1.2　洪涝遥感监测方法

地表水体面积、分布及变化对于洪涝灾害是非常重要的参数。水体快速提取是非常重要的环节。合成孔径雷达作为一种主动式微波遥感系统，与光学图像相比，较长的波长使得雷达影像具有全天候特征，不受云雨影响能够在连续阴雨天气穿透云层及时获取地面真实信息，同时较高的空间分辨率大大提高了地面监测的效率和精度。

选用哨兵 1 号卫星观测数据作为洪涝监测的数据源。哨兵 1 号雷达数据为 Level-1 地距影像（Ground Range Detected，GRD），成像方式为干涉宽幅（Interferometric Wide swath，IW），极化方式为垂直发射垂直接收（VV）。具体提取过程如下。

（1）数据预处理

① 辐射定标

为减少辐射偏差对不同下垫面雷达向后系数的影响，首先利用 Radiometric-Calibrate 对哨兵 1 号 Level-1 影像进行辐射定标处理。

② 斑点噪声抑制

合成孔径雷达获取的图像反映了地物后向散射的特性。雷达发出的相干电磁波照射在地物上，每个分辨单元的总回波是该单元内每个随机分布散射体的回波矢量叠加之和，因而使得图像上出现随机分布的黑白斑点。为提高影像解译质量，利用 Radiometric-Calibrate 工具对影像进行降噪处理。

③ 影像配准

在进行多时相相同数据源的遥感动态变化监测时需要利用 Rader-Coregistration 工具对影像进行地理配准。

④ 几何校正

为减少地形起伏对雷达影像造成透视收缩、迭掩和阴影等几何畸变，选用 Geometric-Terrain Correctiom 工具对影像进行几何校正。

(2)水淹范围快速提取

由于水体在雷达图像中的后向散射系数要小于陆地，为了进一步拉大水体与陆地差距，将预处理后的遥感影像在 ENVI 软件的 Band math 工具中进行对数运算，使得水陆边界更加明显，能够更好地提取水体信息。

水体信息提取原理是利用水体的雷达回波强度小的特点。对于合成孔径雷达水体信息提取主要依靠极化数据，通过 SAR 的灰度图或纹理图的阈值分割法将图像的地物信息分为水体及非水体两类。在 ENVI 软件的 Computs Statistics 工具中对对数处理后的遥感影像图进行后向散射系数值分布的直方图统计，将双峰的谷点值 T 来作为区别信息的阈值。

当图像像元值(DN)＜阈值(T)，该像元为水体；当 DN≥T，该像元为非水体。

根据选择的阈值在 ENVI 软件的 Band math 工具中进行阈值分割，得到的图像即为水体分布二值图，可确定洪涝分布情况。用 ENVI 软件中的 Computs Statistica 统计水体像素点个数，对像元面积进行乘法计算得到的即为水体面积。

5.2.1.3 洪涝对生态影响评估

利用 5.2.1.2 节介绍的洪涝遥感监测方法，确定洪涝分布位置，根据表 5.1 即可对洪涝淹没区域的森林、草地、湿地、农田等主要生态系统受淹程度开展评估。以下是近几年洪涝灾害生态影响案例。

(1)2019 年 6 月至 7 月上半月先后遭 4 轮强降雨袭击，全省平均洪涝指数达 390.5，位居历史第 6 高值。据统计，2019 年 7 月 30 日，全省平均降水量为 1578.5 mm，较历史同期(1261.5 mm)偏多 2.5 成。利用卫星遥感资料对 2019 年上半年鄱阳湖水体变化情况进行了监测，评估了 7 月份集中降水过程鄱阳湖水体与前期及历史同期的对比情况，评估鄱阳湖主体及附近水域洪涝灾害状况。

(2)2020 年 6 月 29 日起赣北赣中遭受连续暴雨袭击，6 月 29 日—7 月 14 日南昌、鹰潭、上饶、宜春和九江五市平均雨量均创历史同期新高，环鄱阳湖水稻种植区洪涝灾害严重。7 月上旬，江西省正处于早稻成熟收获期，利用雷达卫星数据叠加土地利用类型资料，对赣北沿江滨湖早稻种植区的农作物受淹情况开展评估。

5.2.2 干旱事件监测技术

5.2.2.1 干旱气象监测技术

干旱监测问题十分复杂，涉及面也很广，一般可分为气象干旱、农业干旱、水文干旱以及经济社会干旱等，气象干旱是指某时段内，由于蒸散量和降水量的收支不平衡，水分支出大于水分收入而造成地表水分短缺的现象，是其他类型干旱的起因和监测评估的基础。干旱是江西省最常出现、影响最广的灾害性天气之一。

气象干旱指数是指利用气象要素，根据一定的计算方法所获得的指标，用于监测或评价某区域某时间段内由于天气气候异常引起的水分亏欠程度。目前国内用于干旱监测的指标主要有：降水量距平百分率(Precipitation Anomaly in percentage，PA)、标准化降水指数(SPI)、MCI、相对湿润度指数(Relative moisture index，MI)等，这类指标通过气象学方法研究降水量的统计分布规律，以反映干旱的强度和持续时间。

MCI 与其他指数相比，在一些方面进行了改进，引进了标准化权重降水指数 SPI_{W60}，使干旱发展过程中的不合理跳跃现象得到明显减少；增加了更长时间降水的影响(150 d 标准化降水指数 SPI_{150})，干旱发展的累积效应更加突出，重大干旱事件反映更明显；增添了季节条件系数 Ka，根据不同区域和不同季节对经验系数进行调整，使干旱监测服务更有针对性。MCI 的计算公式(张强 等，2006)如下：

$$MCI = Ka \times (a \times SPI_{W60} + b \times MI_{30} + c \times SPI_{90} + d \times SPI_{150}) \tag{5.9}$$

式中：

$$SPI_{W60} = SPI(WAP) \tag{5.10}$$

$$WAP = \sum_{n=0}^{60} 0.95^n P_n \tag{5.11}$$

式中：SPI_{W60} 为近 60 d 标准化权重降水指数，标准化处理计算方法参考国标《气象干旱等级》(GB/T 20481—2006)，式中 P_n 为距离当天前第 n 天降水量；MI_{30} 为近 30 d 湿润度指数，计算方法参考国标《气象干旱等级》(GB/T 20481—2006)；SPI_{90}、SPI_{150} 分别为 90 d 和 150 d 标准化降水指数，WAP 为权重累积的降水量，a、b、c、d 为权重系数，随着地区和季节变化进行调整，北方冬、春季一般取 0.2、0.2、0.3、0.4，北方夏、秋季一般取 0.3、0.4、0.3、0.2，南方冬、春季一般取 0.3、0.4、0.3、0.2，南方夏、秋季一般取 0.5、0.6、0.2、0.1；Ka 为季节调节系数，根据不同季节各地主要农作物生长发育阶段对土壤水分的敏感程度确定(表 5.2)。

表 5.2 不同月份的季节调节系数 Ka

月份	1	2	3	4	5	6	7	8	9	10	11	12
Ka 值	0.9	0.9	1.0	1.0	1.2	1.2	1.2	1.2	1.0	1.0	0.9	0.9

依据气象干旱综合指数划分的气象干旱等级见表 5.3。

表 5.3 气象干旱等级确定

等级	类型	MCI	干旱影响程度
1	无旱	>-0.5	地表湿润，作物水分供应充足；地表水资源充足，能满足人们生产、生活需要
2	轻旱	$-1.0\sim-0.5$	地表空气干燥，土壤出现水分轻度不足，作物轻微缺水，叶色不正；水资源出现短缺，但对人们生产、生活影响不大
3	中旱	$-1.5\sim-1.0$	土壤表面干燥，土壤出现水分不足，作物叶片出现萎蔫现象；水资源短缺，对人们生产、生活产生影响
4	重旱	$-2.0\sim-1.5$	土壤水分持续严重不足，出现干土层，作物出现枯死现象，产量下降；河流出现断流，水资源严重不足，对人们生产、生活产生较重影响
5	特旱	$\leqslant-2.0$	土壤水分持续严重不足，出现较厚干土层，作物出现大面积枯死，产量严重下降，甚至绝收；多条河流出现断流，水资源严重不足，对人们生产、生活产生严重影响

5.2.2.2 干旱遥感监测技术

基于垂直干旱指数(Perpendicular Dryness Index,PDI),引入植被覆盖度因子,得到改进型垂直干旱指数(Modified Perpendicular Dryness Index,MPDI),可以提高植被覆盖区的反演精度。MPDI 的计算公式如下。

$$\mathrm{MPDI}=\frac{R_{\mathrm{red}}+\mathrm{M}R_{\mathrm{nir}}-f_{v}(R_{\mathrm{red},v}+\mathrm{M}R_{\mathrm{nir},v})}{(1-f_{v})\sqrt{M^{2}+1}} \tag{5.12}$$

式中:$R_{\mathrm{red},v}$、$R_{\mathrm{nir},v}$ 分别为植被在红外(Red)、近红外(NIR)波段的反射率,一般取值为 0.05 和 0.5,f_v 为植被覆盖度,计算公式为:

$$f_{v}=(\mathrm{NDVI}-\mathrm{NDVI}_{\min})/(\mathrm{NDVI}-\mathrm{NDVI}_{\max}) \tag{5.13}$$

式中:NDVI 为归一化植被指数,$\mathrm{NDVI}_{\min}$ 和 $\mathrm{NDVI}_{\max}$ 分别为研究区内裸土和纯植被覆盖像元的 NDVI 值。

5.2.2.3 干旱生态影响评估

据统计,2019 年全省降水量时、空分布极不均匀,7 月下半月至 12 月底全省降水持续偏少,气温高、湿度小,据 MCI,全省重度以上气象干旱站次为 1961 年以来最多,多地旱情严重。采用遥感监测方法对全省 NDVI、植被净初级生产力(NPP)评估显示,受异常的天气气候及持续干旱影响,2019 年鄱阳湖区植被生长情况较差;遥感监测结果显示,干旱对鄱阳湖叶绿素 a 浓度、总悬浮物浓度、候鸟栖息地等鄱阳湖水生态环境产生不同程度的影响。

2003 年发生了严重的干旱事件,伏旱指数和全年干旱指数均列建国以来第一位,利用实地灾情调查和遥感监测方法,对此次旱情对农业生态影响开展评估,结果显示:各地农作物受灾面积上环鄱阳湖地区受旱最为严重,其次是吉安地区;全省晚稻种植总面积和上一年度相比减少 11.5%,全省 11 各设区市除上饶市以外均有不同程度的减少。

5.2.3 高温事件监测技术

5.2.3.1 区域性高温过程监测技术

区域性高温过程是指在较大的连续区域范围内日最高气温≥35 ℃且至少持续 5 d 的高温过程。将日最高气温≥35 ℃的相邻站点(两站点间距离≤25 km)判定为 1 个组群;1 d 内,允许有多个组群存在。某日某区域性组群内至少有 20%的站点与前一日某区域性组群内站点重合,则判定该区域性组群持续;否则判定该组群结束。若 1 个区域性组群至少持续 5 d,则判定其为一个区域性高温过程。组成一次区域性高温过程的区域性组群内的所有站点为受影响范围。区域性高温过程的首日为区域性高温过程开始日,区域性组群结束的首日为区域性高温过程结束日。

一次区域性高温过程受影响站点的日最高气温平均值 I_{a} 按式(5.14)计算:

$$I_{\mathrm{a}}=\frac{\sum_{t=1}^{N}\sum_{m=1}^{M}S(t,m)}{N\times M} \tag{5.14}$$

式中:N 表示高温过程持续天数,M 表示该高温过程中每天的受影响站数,$S(t,m)$表示高温过程中第 t 日第 m 站的日最高气温。

一次区域性高温过程的日平均受影响站数 A_{a} 按式(5.15)计算:

$$A_a = \frac{\sum_{t=1}^{N} m_t}{N} \tag{5.15}$$

式中：A_a 为区域性高温过程平均范围，m_t 为区域性高温过程中第 t 日的受影响站数。

综合考虑了一次区域性高温过程的平均强度、持续时间和影响范围的综合指数 Z 按式(5.16)计算：

$$Z = I_a \times A_a^{0.5} \times T^{0.5} \tag{5.16}$$

式中：Z 为综合强度指数，I_a 为区域性高温过程平均强度指数，A_a 为区域性高温过程平均范围，T 为区域性高温过程持续时间长度。

5.2.3.2　高温热浪监测技术

高温热浪是气温异常偏高或为高温闷热，同时这种高温闷热天气要持续一段时间。根据江西省气候和环境特点，将每日极端最高气温分为 3 个等级：高温≥35 ℃，危害性高温≥38 ℃，强危害性高温≥40 ℃。每个站连续出现 3 d≥35 ℃高温或连续 2 d 出现≥35 ℃并 1 d≥38 ℃定义为一次高温过程，连续出现 8 d≥35 ℃或连续 3 d≥38 ℃高温定义为强高温过程。

综合表征炎热程度和过程累积效应的热浪指数作为热浪的判别指标。用于热浪判别的炎热指数 E_T 计算如式(5.17)：

$$\begin{cases} E_T = 1.8T_a - 0.55(1.8T_a - 26) \times (1 - 0.6) + 32, \text{当 RH} \leqslant 60\% \text{ 时} \\ E_T = 1.8T_a - 0.55(1.8T_a - 26) \times (1 - \text{RH}) + 32, \text{当 RH} > 60\% \text{ 时} \end{cases} \tag{5.17}$$

式中：T_a 为当日极端最高气温(℃)，RH 为空气相对湿度。

热浪指数 H_i 的计算如式(5.18)：

$$H_i = 1.2(E_T - E'_T) + 0.35\sum_{i=1}^{N-1} \frac{1}{\text{nd}_i} \times (E_{T_i} - E'_T) + 0.15\sum_{i=1}^{N-1} \frac{1}{\text{nd}_i} + 1 \tag{5.18}$$

式中：E_T 为当日的炎热指数，E'_T 为炎热临界值，E_{T_i} 为当日之前第 i 日的炎热指数，nd_i 为当日之前第 i 日距当日的日数，N 为炎热天气过程的持续天数。

炎热临界值主要是作为判断是否为高温炎热天气。首先利用 1981—2010 年 5—9 月逐日气象资料，计算其中最高气温大于 33 ℃样本的炎热指数，并将该炎热指数序列作升序排列，选取第 50 百分位数作为当地的炎热临界值。

热浪分为三级，分别为轻度热浪、中度热浪和重度热浪，分级标准见表 5.4。

表 5.4　热浪等级确定

	轻度热浪(3 级)	中度热浪(2 级)	重度热浪(1 级)
热浪指数	$2.8 \leqslant H_i < 5.5$	$5.5 \leqslant H_i < 10.5$	$H_i \geqslant 10.5$

5.2.3.3　高温遥感监测方法

地表温度遥感反演有单通道法、分裂窗法等。单通道算法是针对卫星传感器上单独一个热红外波段而提出来的单波段温度反演算法。该算法以辐射传导方程为基础，结合大气和比辐射率修正，从而得出地表温度。分裂窗算法是用两个不同的通道在同一个大气窗口上吸收的差异来消除大气的影响，由两通道的亮温线性运算而得。

(1)FY-3/MERSI 单通道算法

$$T_s = \gamma[\varepsilon^{-1}(\Psi_1 L_{\text{sensor}} + \Psi_2) + \Psi_3] + \delta \tag{5.19}$$

$$\gamma = \left[\frac{c_2 L_{\text{sensor}}}{T_{\text{sensor}}^2}\left(\frac{\lambda^4}{c_1}L_{\text{sensor}} + \lambda^{-1}\right)\right]^{-1} \tag{5.20}$$

$$\delta = -\gamma L_{\text{sensor}} + T_{\text{sensor}} \tag{5.21}$$

式中：T_s 为地表温度；L_{sensor} 为传感器接收到的热辐射亮度；T_{sensor} 为亮度温度；λ 为有效波长，$\lambda = 11.25\ \mu\text{m}$；$\varepsilon$ 为地表比辐射率，c_1、c_2 为常数，$c_1 = 1.19104 \times 10^8\ \text{W} \cdot \mu\text{m}^4/(\text{m}^2 \cdot \text{sr})$，$c_2 = 1.43877 \times 10^4\ \mu\text{m} \cdot \text{K}$；$\Psi_1$、$\Psi_2$、$\Psi_3$ 为大气水汽含量 ω 的函数。

(2)EOS/MODIS 分裂窗算法

MODIS 遥感影像共设置 8 个热红外通道，选取第 31 和 32 两个波段来反演地表温度，计算公式如下：

$$T_s = A_0 + A_1 T_{31} - A_2 T_{32} \tag{5.22}$$

式中：T_s 是地表温度，单位：K，T_{31}、T_{32} 分别是 MODIS 第 31 和 32 两个波段的亮温温度，A_0、A_1、A_2 是分裂窗算法的参数，定义如下：

$$A_0 = E_1 a_{31} - E_2 a_{32} \tag{5.23}$$

$$A_1 = 1 + A + E_1 b_{31} \tag{5.24}$$

$$A_2 = A + E_2 b_{32} \tag{5.25}$$

式中：a_{31}、a_{32}、b_{31}、b_{32} 是常量，在地表温度 0～50 ℃范围内分别可取 $a_{31} = -64.60363$，$a_{32} = -68.72575$，$b_{31} = 0.440817$，$b_{31} = 0.473453$；其他中间参数分别计算：

$$A = D_{31}/E_0 \tag{5.26}$$

$$E_1 = D_{32}(1 - C_{31} - D_{31})/E_0 \tag{5.27}$$

$$E_2 = D_{31}(1 - C_{32} - D_{32})/E_0 \tag{5.28}$$

$$E_0 = D_{32}C_{31} + D_{31}C_{32} \tag{5.29}$$

$$C_i = \varepsilon_i \tau_i(\theta) \tag{5.30}$$

$$D_i = [1 - \tau_i(\theta)][1 + (1 - \varepsilon_i)\tau_i(\theta)] \tag{5.31}$$

式中：i 是指 MODIS 的第 31 和 32 波段，$\tau_i(\theta)$ 是视角为 θ 的大气透过率；ε_i 是波段 i 的地表波辐射率，这两个参数是反演地表温度的关键参数。

在反演过程中，首先对 MODIS 数据进行辐射纠正、几何纠正；再用可见光/近红外波段对影像进行分类提取水体和陆地，分别计算其比辐射率；同时，利用 MODIS 的第2、19 波段反演大气水含量，并根据大气透过率与大气水含量的关系求出第31、32 波段的大气透过率；最后利用分裂窗算法反演陆面温度并进行分析。

5.2.3.4 高温生态影响评估

(1)高温逼熟灾害监测技术

江西地处长江中下游，是双季稻种植大省；其中，高温逼熟灾害是制约双季早稻高产优质的重要灾害之一。受亚热带季风气候影响，每年 6 月下旬至 7 月中旬主汛期结束后，江西省往往会出现连续性晴热高温天气，导致正处灌浆期的早稻籽粒充实度下降、粒重降低、垩白增大，形成逼熟灾害。

高温逼熟灾害的判别依据为江西省地方标准《双季稻气象灾害指标》(DB36/T 511—2018)，具体指标为双季早稻灌浆期间，日平均气温≥30 ℃、日最高气温≥35 ℃且日平均空气相对湿度≤70%，造成千粒重下降，以持续天数(D)划分等级：$D \geq 7$，为重度；$5 \leq D < 7$，为中

度；$3 \leqslant D < 5$，为轻度。

(2)高温对植被生态影响评估

2003年是典型高温干旱年，伏旱指数和全年干旱指数均列新中国成立以来第一位。江西省2003年7—9月夏、秋季平均温度达28.8 ℃，比常年气候值高1.55 ℃，创江西省有气象记录以来历史最高值。2003年持续的高温干旱少雨天气气候事件对江西省森林植被生态系统影响非常显著。采用遥感监测方法对全省植被NPP开展评估，结果显示2003年江西省植被NPP创历史最低。

5.2.4 低温雨雪冰冻事件监测

5.2.4.1 低温雨雪冰冻事件监测技术

冬季，受强寒潮天气的影响，江西常常会出现急剧的降温和低温、大风、雨雪和冰冻天气，给越冬作物和经济林木等带来较大损失。20世纪80年代以前出现次数较多，随着全球变暖，低温雨雪冰冻灾害呈减少趋势，但是极端性更强。历史上出现严重低温雨雪冰冻灾害的有1996年2月17—23日、1991年12月24—30日、1984年1月16日—2月6日、1964年2月19—24日、2008年1月12日—2月2日，其中2008年1月12日—2月2日的极端灾害天气给江西电力、通信、交通、农业、林业等带来的影响为历史罕见。

江西低温雨雪冰冻天气判定指标如下：①5 d内平均最低气温≤1 ℃；②5 d内降水日数≥3 d；③5 d内日照时数合计≤5 h；④5 d内有≥2 d出现以下天气现象之一：结冰、积雪、雨凇、雨夹雪、雪、冰针、米雪、冰粒、阵性雨夹雪、阵雪、霰；同时满足上述四个条件，则判定为一个低温雨雪冰冻天气过程。

采用“滑动”方法对历史资料进行整理，滑动步长为30 d。

(1)查询研究时段的逐站、逐日历史资料，满足上述低温雨雪冰冻天气判定指标，则当日记为“1”，否则记为“0”，将每站研究时段的逐日判定值按时间先后顺序组成一个时间序列；

(2)以30 d为滑动步长，从每个站研究时段的逐日判定值时间序列中滑动计算每个步长中值为“1”的日数，然后将结果为“1”日数降序排列，并列出起止日期；

(3)从第2步得到的降序排列结果阵列中挑出每站历史持续时间最长的低温雨雪冰冻天气过程。首先挑出阵列中的最大值，然后从其他站中挑出时间上与之相近的值，再从中挑出出现时间最早的站，再挑出出现时间最晚的站，前提是最早和最晚的时间间隔不超过30 d。

(4)确定过程的起止时间，以最早出现的时间为过程开始时间，从最晚出现的时间开始向后搜索该站的逐日判定值时间序列，当遇到“0”时，搜索结束，记下此刻的时间，此时间点往后推2日，即为过程的结束时间；

(5)记下过程开始—结束这段时间内曾出现“1”的站都算作低温雨雪冰冻天气过程影响的范围；

(6)对持续时间排名第2以后的过程，重复(3)、(4)即可；

(7)综合过程的影响站数、持续时间、气温和降水的异常值，来确定每次低温雨雪冰冻过程的综合监测评估指数。

低温雨雪冰冻过程的综合监测评估指数计算如下：

$$\mathrm{JDBD} = a \times T_{\min} + b \times (c \times \mathrm{D\_con} + d \times \mathrm{D\_rain}) \tag{5.32}$$

式中:JDBD 为综合监测评估指数;T_{min} 为过程日最低气温;D_con 为过程持续日数;D_rain 为过程中出现低温雨雪冰冻天气的日数;a、b、c、d 为权重系数,$a=0.6$,$b=0.4$,$c=0.6$,$d=0.4$。

以历年综合监测评估指数序列作为样本序列,将样本序列从小到大进行排序,以样本序列的 60、80、90、95 对应的百分位数作为综合监测指数的等级划分阈值,0 级、1 级、2 级、3 级、4 级评估等级所对应的百分位数范围分别为[0,60%),[60%,80%),[80%,90%),[90%,95%),[95%,100%]。

5.2.4.2　低温雨雪冰冻事件生态影响评估

持续的低温、雨雪、冰冻天气气候事件,具有雨雪量大、持续雨雪时间长、积雪深、积雪时间长、低温持续时间长,但极端最低气温不一定很低的特点,对森林生态系统具有极大的破坏力。用其中任一因子进行评估,都不能全面反映该过程的严重程度。因此,采用江西省低温雨雪冰冻评估模型,以科学量化低温雨雪冰冻天气过程影响程度。

将低温雨雪冰冻天气开始日期作为初始日期,计算初始日期至当前日期(或前一日)的低温雨雪冰冻综合指数,开展低温雨雪冰冻天气的实时跟踪评估。评估步骤为:

(1)获取低温雨雪冰冻天气开始以来的实况观测气象数据;

(2)通过实况数据,计算低温雨雪天气过程的低温雨雪冰冻综合指数;

(3)将低温雨雪冰冻综合指数代入随机森林模型,计算出各气象站的植被综合生态质量指数,利用空间插值技术,获取全省范围内的植被综合生态质量指数。

5.3　气候变化对生态系统影响评估

5.3.1　气候变化对鄱阳湖湿地生态系统的影响

湿地是发育于水陆过渡带、由地表水陆相互作用形成的独特的生态系统,它是人类生存的重要环境,也是全球变化的敏感区与信息库(董瑜,2013)。湿地生物群落由水生和陆生种类组成,物质循环、能量流动和物种迁移演变活跃,具有重要的环境调节功能和生态效益(章光新 等,2008)。湿地生态系统对气候变化响应敏感,气候变化会影响湿地水文、生物地球化学过程、植物群落及湿地生态功能等,其中气温变化能够影响湿地生物群落和湿地的蒸散发速率,降水量变化会导致湿地水文地质、水文化学和生物区系发生变化,进而影响湿地生态系统碳、氮循环过程(宋长春 等,2018)。湿地消长反过来也会改变湿地生态系统,进而加快气候变化的速度。气候变化影响下湿地生态系统的气候效应、环境效应和生态效应已成为国际气候系统及全球变化研究中最活跃的领域之一。

5.3.1.1　水资源

水是湿地的重要基础,是湿地生态系统中物质迁移最重要的媒介,与其他生物因子、非生物因子耦合作用于湿地的生物地球化学过程,影响湿地中元素的循环与转化、物质的滞留和去除、污染物净化、沉积等功能(高宇 等,2016),从而影响湿地生物区系的类型、湿地生态系统结构和功能。2018 年江西省水资源总量为 1149.1 亿 m^3,人均占有量为 2479.2 m^3。详见表 5.5。

表 5.5 江西省 2018 年水资源状况

地区	水资源总量/亿 m^3	地表水/亿 m^3	地下水/亿 m^3	地表水与地下水重复量/亿 m^3	人均水资源量/m^3
江西	1149.1	1129.9	298.5	279.3	2479.2

数据来源：http://data.stats.gov.cn/index.htm.

湿地水资源总量呈上升趋势，年际波动较大，供需矛盾加剧。鄱阳湖是中国最大的淡水湖，鄱阳湖 2000—2019 年平均水资源总量为 1572 亿 m^3（江西省水利厅，2000—2019）。由于长江中下游年总降水量呈增加趋势，鄱阳湖流域水资源总量总体上分别以 22.3 亿 m^3/a（图 5.4a）速度增加。

伴随着流域降水量变化，水资源总量年际波动幅度较大。2000 年以来鄱阳湖流域的水资源总量在 1572 亿 m^3 上下波动，最高值为 2010 年的 2276 亿 m^3，最低值为 2004 年的 1034.6 亿 m^3（江西省水利厅，2000—2019），年际间的波动幅度较大（图 5.4a），特别是 2008—2012 年的年际间波动幅度达到 100%以上。2000 年以来鄱阳湖流域的用水总量也在持续增加，年均用水总量达到 225 亿 m^3，年增长趋势达到 4.5 亿 m^3/a（图 5.4b）。鄱阳湖流域水资源开发利用率（流域或区域用水量占水资源总量的比率）逐年上升，2011 年鄱阳湖水资源总量不及 2010 年一半，已经突破 20%的中高压力线，经济、生活和生态用水量的增加导致流域用水压力持续增加（图 5.4c）。

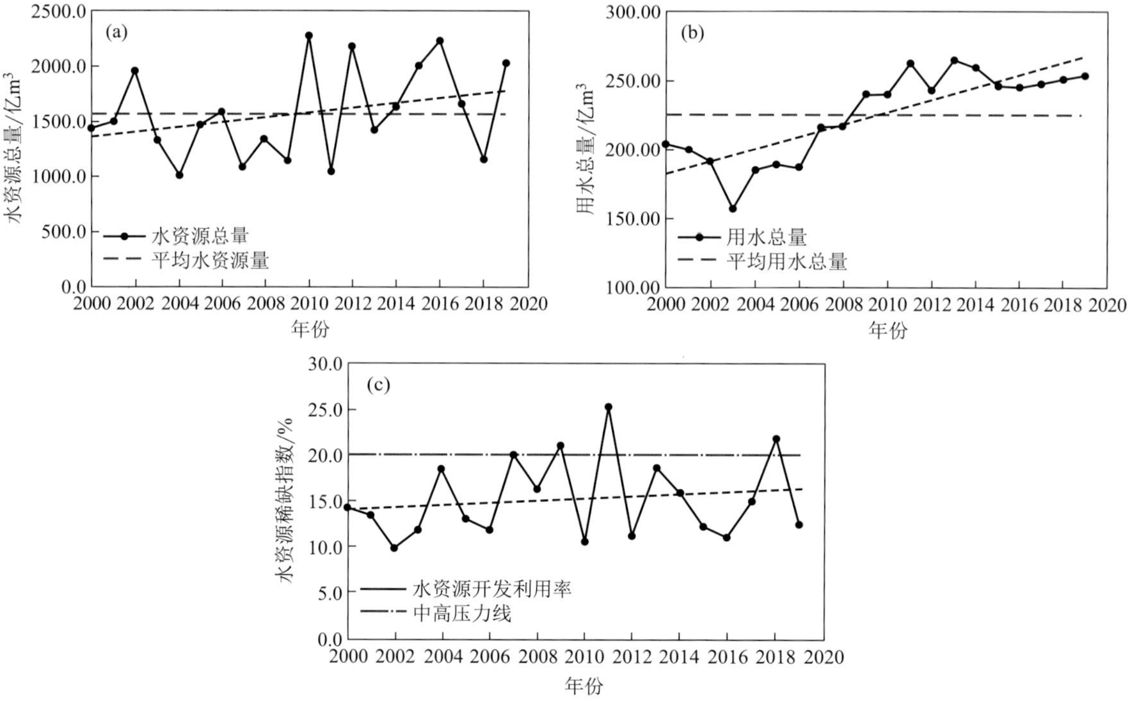

图 5.4 2000—2019 年鄱阳湖流域水资源总量（a）、用水总量（b）和水资源稀缺指数（c）变化（江西省水利厅，2000—2019 年）

但在全球变暖的背景下，鄱阳湖流域降水集中度增加，枯水期延长（吴培军 等，2019），且年际波动加大，鄱阳湖水系水质及湖体水质均呈下降趋势，枯水期水质比丰水期更差，湖体有逐步向富营养化的趋势发展（高桂青 等，2010），未来鄱阳湖水质整体将面临严峻考验。

5.3.1.2　植被

气候变化会对湿地植被的面积、植被群落、优势物种和植物多样性等方面产生影响。气候变暖已经导致全球湿地植物组成、丰度和分布、生物量、蒸散发量和反射率等都发生了较大变化，其中一些植物物种开始向高纬度地区扩展，一些植物物种消失（Zhu et al.，2012）。气候变化通过影响植物群落结构、生产力等改变有机物输入的质量和数量及土壤有机质的分解速率而直接影响碳、氮循环，并通过改变地上和地下生物的活性，间接影响碳、氮过程（宋长春 等，2018）。气候变化也通过对气温、辐射、风速以及干旱洪涝极端水文事件发生频率和强度的影响，从而对湿地生态系统植被结构和功能产生深远的影响（董李勤 等，2011）。

在气候变化和人类活动的影响下，湿地水域面积明显减少。长江中下游的通江湖泊，由102 个减少至如今的 2 个，仅剩下洞庭湖和鄱阳湖，而其面积还在持续萎缩（王莹莹，2013）。基于十多年来卫星遥感监测，鄱阳湖主体及附近水域面积、湖口水位变化显著；湿地水体和草滩面积年际间变化增大。2022 年 10 月 2 日光学卫星监测到鄱阳湖湿地水体面积仅为 600 km^2，较历史同期偏小 75％，创历史新低（表 5.6）。

表 5.6　2012—2022 年历年同期鄱阳湖主体及附近水域面积

时间(年-月-日)	水域面积/km^2	湖口水位/m
2022-10-02	600	6.74
2021-09-22	2664	16.47
2020-10-11	3555	17.10
2019-09-22	1072	10.80
2018-10-02	1891	11.66
2017-09-26	2121	13.32
2016-09-19	1953	11.69
2015-09-28	2393	13.73
2014-10-07	3010	15.47
2013-10-05	2136	13.40
2012-09-29	3030	15.09
同期平均值	2383	13.87

注：水位资料来源于“长江水文网”。

在气候变化和人类活动的影响下，鄱阳湖湿地植被群落总面积减少，尤其是沉水植被和浮叶植被面积减少明显，物种多样性水平明显下降，植被分布区域逐渐向湖中心退缩，湿生植物数量下降、生物量减少。鄱阳湖湿地受流域内赣江、抚河、信江、饶河、修水五大河流季节性降水和长江水位季节性变化的影响，年内水位变化巨大（春季水位开始升高，到夏季达最高值，秋季开始回落，到冬季达最低值），水位高时以湖泊为主体，水位低时以洲滩和沼泽为主体，在过渡地区呈现水陆相交替出现的生态景观，整个湿地景观也处在年复一年有规律的变化中。受人类活动和气候变化的影响，通过两次鄱阳湖综合科学考察发现鄱阳湖湿地植被及分布格局发生显著变化（表 5.7）。

表 5.7　第一次（1983 年）和第二次（2013 年）鄱阳湖综合科学考察比较（胡振鹏 等，2010，2015）

要素	两次科考成果的比较
湿地植被面积	第二次考察湿地植被面积为 1661 km^2，比第一次减少了 601 km^2。湿生、挺水植被出现频度有所增加，苔草群落分布面积增加了 295 km^2，沉水植物带分布面积减少了 424 km^2，浮叶植被分布面积也明显下降
植被类型和优势种群	植物物种数量大幅度增加，植被类型基本相似。1983 年考察鄱阳湖湿地共有水生维管束植物 38 科 102 种，而 2012 年考察记录共有种子植物 81 科 502 种
植物群落物种多样性	第一次考察记录水生植物群落物种组成，丰富度 8～9 种，而第二次考察物种群落物种组成，丰富度大多在 3～4 种，很少超过 5 种
湿地植被高程	两次考察相比湿地植被分布高程下移。湿生植被向湖底低水位区和高水位区延伸，沉水、浮叶植物分布下限降低。苔草群落分布高程由 13～15 m 扩展到 10～15.5 m，芦苇、南荻群落分布高程由 14～16 m 扩展到 13～17 m，狗牙根群落分布下限降低到 13.5 m 附近。分布区域逐渐向湖中心退缩，沉水植被空间大大减少
湿生植物数量	第一次考察南荻平均高度达 3 m 左右，而第二次考察高度不足 1 m。水车前、微齿眼子菜等对环境敏感的物种数量逐步减少

5.3.1.3　候鸟

鄱阳湖是重要的鸟类栖息地，在全球范围内具有重要地位。世界上近 95％的白鹤和东方白鹳，50％的白头鹤、白枕鹤和灰鹤，60％的鸿雁在鄱阳湖越冬。越冬小天鹅主要分布在长江中下游的江西鄱阳湖、湖南洞庭湖、安徽升金湖和上海崇明东滩。

受气候变化影响，部分鸟类分布范围明显向北延伸、缩短了迁飞距离。但对不能适应的鸟类，将导致其种群数量的减少，灭绝风险增加。天气气候的变化是鸟类迁徙的主要驱动力。由于鸟类对于气候和天气变化的敏感度高，所以亦被看作气候变化对生态系统影响的先锋指示物种。在全球气候变化背景下，部分鸟类已经改变了其分布边界，分布范围向北延伸明显，而且缩短了迁飞距离（Visser et al.，2009；Gillings et al.，2015）。但是全球变暖、大气 CO_2 浓度增加，对不同物种的影响是不同的，这种差异会因物种之间的耐受性不同而导致物种之间的竞争和平衡关系被打破，动植物群落的组成和结构也因此发生变化，有些鸟类由于还不能有效地应对气候变化所带来的威胁，不能调整到在食物最丰富的时候繁殖，所以将导致种群数量减少，增加灭绝的风险（Stephens et al.，2016；La et al.，2017）。在极端气候条件下，湿地丧失、破碎、干旱、洪水等不利条件严重影响了鸟类物候以及种间关系。此外，鸟类也是细菌、病毒的载体，其分布、迁徙的改变使得鸟类之间、鸟类与人类之间疾病传染的风险逐渐增加。全球变暖将最终破坏或根本性改变世界上 35％的现有生境，假设全球气温升高 3～4 ℃，将使 85％的湿地丧失，这必将影响到水鸟的生存（李天芳 等，2017）。

气候变化通过影响湿地水位和植被进而影响越冬候鸟栖息，气候变化和人类活动共同影响导致越冬候鸟栖息地面积萎缩。水鸟是湿地生态系统重要组成部分，其对栖息地选择主要与食物分布、水深、植被高度、湿地面积大小、人类干扰源的距离有关，其中水深对其栖息地选择的影响最大（刘成林 等，2011）。鄱阳湖是我国最大的淡水湖，也是具有国际意义的候鸟越冬地。鄱阳湖国家级自然保护区共记录到鸟类 330 种，隶属于 17 目 63 科。越冬候鸟基本分布在湖滩草洲、泥滩洼地，适宜鸟类取食区域的水深为 40～60 cm；在候鸟越冬的不同阶段，鄱阳湖湿地可以提供的候鸟栖息地面积为天然湿地面积的24%～63%，栖息地面积受水位变化的影响较大，冬、春季的枯水位没有对候鸟及其栖息地造成灾难性的影响，但水位在11～12 m（吴淞高程）时，可以提供的栖息地面积最大，水位升高导致栖息地面积急剧减小，当水位超过14 m（吴淞高程）时，将可能无法维持现有候鸟的栖息需求（夏少霞 等，2010）。由于气候变化和人类活动的影响，湿地植被带下移、湖区退水提前等湿地退化现象，导致鄱阳湖区越冬水鸟栖息地面积萎缩。据江西鄱阳湖国家级自然保护区统计，在大旱之年2006年，鄱阳湖水面面积严重萎缩，在湖区越冬栖息的候鸟只有40多万只，比2005年同期减少了43.6%（王禹石 等，2010）。

鄱阳湖是东亚—澳大利亚西迁徙路线上水鸟重要的停歇和越冬地，湖区丰富的动植物资源为越冬水鸟提供了食物保障。鄱阳湖区气候变化对候鸟种类影响较大，对候鸟数量影响较小，对白鹤种群大小影响可能存在滞后性，对灰鹤和小天鹅暂无显著的影响（张娜 等，2019）。具体表现在：

（1）对种类和数量的影响：2015—2016年，江西鄱阳湖南矶湿地国家级自然保护区鸟类的种类受气温和降水量的影响比较大，而鸟类数量受其影响比较小；气温越高，降水越多，越冬候鸟种类越少，但不影响其数量（郭恢财 等，2018）。

（2）对白鹤的影响：1983—2011年鄱阳湖国家级自然保护区白鹤数量年际变化较大，总体呈显著的线性增长趋势。越冬地气候变化对白鹤种群大小的影响可能存在时滞效应，越冬当年10—12月的气候变量与白鹤种群数量无显著的相关性，但越冬初期10月和越冬后期翌年3月的气温变化与第4年、第5年、第6年和第7年的白鹤种群数量存在显著的正相关关系（李言阔 等，2014）。

（3）对灰鹤的影响：灰鹤越冬种群数量与10月平均最低气温和平均气温存在显著正相关关系，与10月平均最大风速存在显著负相关关系，与各月的平均水位没有显著的相关性（单继红 等，2014）。

（4）对小天鹅的影响：越冬小天鹅在鄱阳湖区呈现出明显的聚集性分布。受鄱阳湖水文情势显著改变的影响，越冬小天鹅种群数量在2003—2015年虽然出现剧烈的年际波动，但是整体上并没有表现出显著的增减趋势。2007—2010年鄱阳湖越冬小天鹅种群数量较少，但此时在安徽和湖南湿地越冬的小天鹅数量则相应增加（魏振华 等，2018）。

5.3.2 气候变化对森林生态系统的影响

2020年江西省森林覆盖率稳定在63.1%，自然保护地数量达547处，占国土面积的11.46%。森林生态系统是陆地生态系统的主体，在调节全球碳平衡、减缓大气中二氧化碳（CO_2）等温室气体浓度上升，以及维护全球气候等方面具有重要作用（李登秋 等，2016）。森林生态系统是最易受到气候变化不利影响的生态系统之一，具有较高的脆弱性和较低的敏感性，对气候变化的响应和适应也比较迟缓，通常并不能在短时间内表现出来。森林生长经常受各种气候胁迫因子的影响，如低温、干旱、弱光照等，因此森林生态系统初级生产力往往与气候变量间存在更为直接的关系（殷剑敏 等，2011；王芳 等，2018）。

5.3.2.1 森林生产力

CO_2 浓度升高及氮沉降与 CO_2 耦合效应对江西省森林 NPP 的影响是正效应，且氮沉降对森林 NPP 的增加作用超过 CO_2 施肥效应。大气 CO_2 浓度升高促进植被的光合作用，当 CO_2 浓度由 376 μmol/mol 增加到 550 μmol/mol 时，全球大部分生态系统的植被 NPP 将增加 10%～25%(Norby et al.，2005)，但这种正效应与植被类型和氮水平有关。例如，CO_2 增加产生的施肥效应使江西省森林 NPP 在 1970—2010 年增加了 10.3%，且随着 CO_2 浓度的增加，CO_2 施肥效应更为明显。氮沉降对森林 NPP 也具有明显的施肥效应。1990 年以来，氮沉降对江西省森林 NPP 的增加作用甚至超过 CO_2 施肥效应(李登秋 等，2016)。2000—2018 年江西省植被覆盖度累计提高了 18.4%。2018 年，江西省植被覆盖度为 2000—2018 年次高，NPP 较 2000 年提高了 14.7%，为 2000 年以来最好。

森林生产力分布格局主要取决于气候环境的水热条件，气候变化将强烈影响森林生产力。降水是影响植被 NPP 变化的关键气候驱动因子(刘刚 等，2017)，而气温对植被总初级生产力(Gross Primary Production，GPP)的影响强于降水(姚炳楠 等，2016)。研究表明，1982—2013 年长江流域大部分地区森林 NPP 与气温和降水呈正相关，气候环境的水热条件增加有利于森林 NPP 的增加，气温与森林 NPP 的相关性比降水强，气温对森林 NPP 的影响范围比降水大，说明气温是影响长江流域森林 NPP 的主导因素(张风英 等，2020)。气候变化对华东森林生产力的影响总体上是正效应，21 世纪以来森林 NPP 总体呈现增加趋势，尤其在九连山、武功山、怀玉山脉及武夷山等高海拔地区增加明显。江西省森林生态系统是一个温室气体吸收汇，2000 年以来，森林碳库均呈增加的趋势，植被生态质量持续改善。

频发的干旱、高温、低温冻害等极端气候事件直接导致森林生产力的降低。随着全球气候变暖，干旱、热浪、低温冻害等极端气候事件的发生频率和强度均有明显上升。2000 年以来华东区域发生了诸多极端气候事件，如 2003 年夏季特大干旱、2007 年中度干旱以及 2005 年低温、2008 年低温冻害等，这些灾害直接抑制光合作用，大幅度降低植物吸收 CO_2 的能力。研究表明，气候变暖下的干旱可能会导致森林 NPP 降低，尤其是在高温地区(Zhang et al.，2014b)，NPP 的趋势取决于总初级生产力和自养呼吸的相对变化幅度，气候变暖下的干旱增加了植物的自养呼吸及降低了总初级生产力。干旱的强度、发生时间及持续时间对华东区域不同地区、不同类型森林生产力的影响存在差异。华东区域所处的亚热带地区具有明显的季风气候特征，降水具有明显的季节和年际变化，虽然区域内年降水量充沛，但受极端异常气候影响，季节性干旱频发显著影响森林的碳吸收，导致针叶林固碳能力显著下降，森林生产力降低。例如：进入 21 世纪后，江西省森林受旱程度较以前有所增加，从 2009 年开始，干旱与湿润年份交替出现(贺巧宁 等，2016)。干旱对江西省森林生产力影响时效较短，大部分地区的干旱会影响当月的 NPP 和净生态系统生产力(Net Ecosystem Production，NEP)，但在江西省东部和南部地区干旱对森林生产力的影响有一定的滞后性，滞后 1～3 个月(柳艺博 等，2016)。

低温雨雪冰冻灾害同样影响森林生态系统碳收支和生产力，冰冻雪灾导致的树木死亡对森林生产力影响的滞后时间比干旱更长。2008 年初在我国南方发生的大范围低温雨雪冰冻灾害给森林生态系统造成了严重影响，森林生产力和碳吸收量明显下降，仅江西吉安千烟洲就有 5.1%的森林受损，地上植被碳储量损失达 1462 g/m^2(马泽清 等，2010)，同时后续效应延续到第二年。

未来大气 CO_2 浓度上升，森林生产力会持续增大。但由于极端气候事件增加，森林生产力不会有明显趋势性变化。在全球变暖背景下，因 CO_2 浓度上升产生的施肥效应使森林 NPP 呈上升趋势，但在 2060 年前后，增加趋势变缓，如果极端气候事件增加，则会抵消大气 CO_2 施肥效应，森林 NPP 不会有明显变化。若未来 CO_2 浓度没有明显变化，其对森林的施肥效应则不会继续增强，即使气候变暖，森林 NPP 也会在 2060 年前后开始有所下降（图 5.5、图 5.6），NEP 总体上则没有明显趋势性变化。

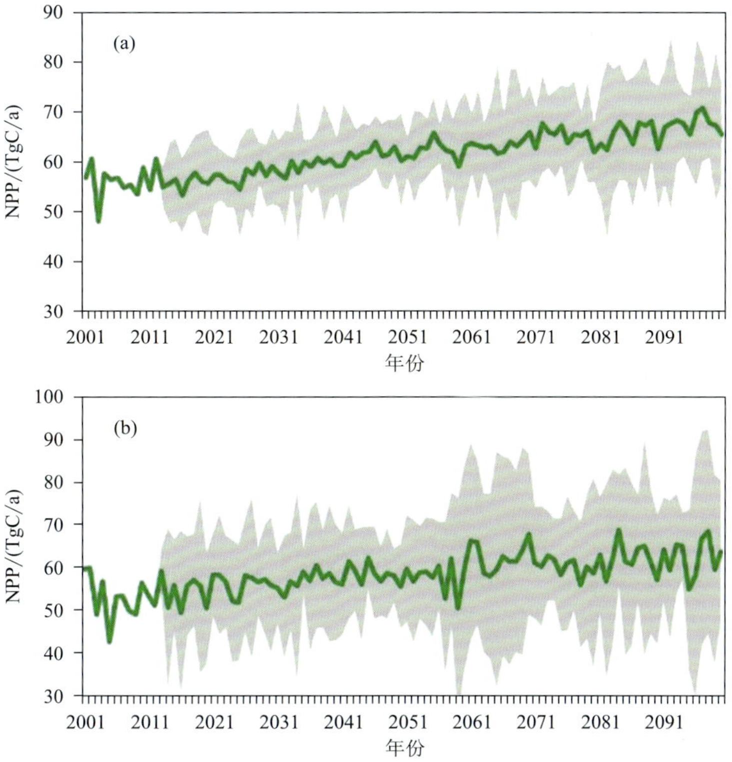

图 5.5　IBIS 模型(a)和 LPJ 模型(b)模拟的不同气候变化情景下江西省森林 NPP 变化趋势（绿色线及灰色背景分别为不同气候变化情景下模拟的结果平均值及范围，其中气候变化情景采用 NCAR-CCSM、CNRM-CM 模式下的 IPCC AR4 A2 和 B1 情景以及 IPCC AR5 RCP45 和 RCP85 情景）

5.3.2.2　森林有害生物

气候变化对森林有害生物种类、分布、种群动态、流行规律、生物学特性和生态学特性等方面都会产生影响，且影响是多方面、多层次和综合性的，其中以气候变暖和干旱、雨雪冰冻灾害等极端气候对森林有害生物的影响最为显著。气候变化可以通过直接影响森林病虫害的发育和生存来改变其分布模式，也可以通过改变树木的生理抗性或对天敌或共生者的作用来间接影响病虫害。由于病虫害具有生命周期短、生殖潜力高、迁移性和对温度的高度生理敏感性等特征，温度的轻微变化就会迅速影响到许多森林昆虫和病原体的分布和丰度（Ayres et al.，2000）。

气候变化使森林有害生物的发生频率增加、分布面积扩大。全球变暖虽然促进树木生长和森林恢复，但是也导致了树木变脆易折、抗干旱和抗病虫的能力下降。病虫害具有生命周期短、生殖潜力高、迁移性和对温度的高度生理敏感性等特征（毕猛，2014），温度升高在很大程度上导致了森林病虫害发生频率增加，发生范围和面积进一步扩大。例如：①思茅松毛虫在江西原是偶发性害虫，但随着气候变化，目前已成为常发性害虫，发生频率增加，连年危害；松材线

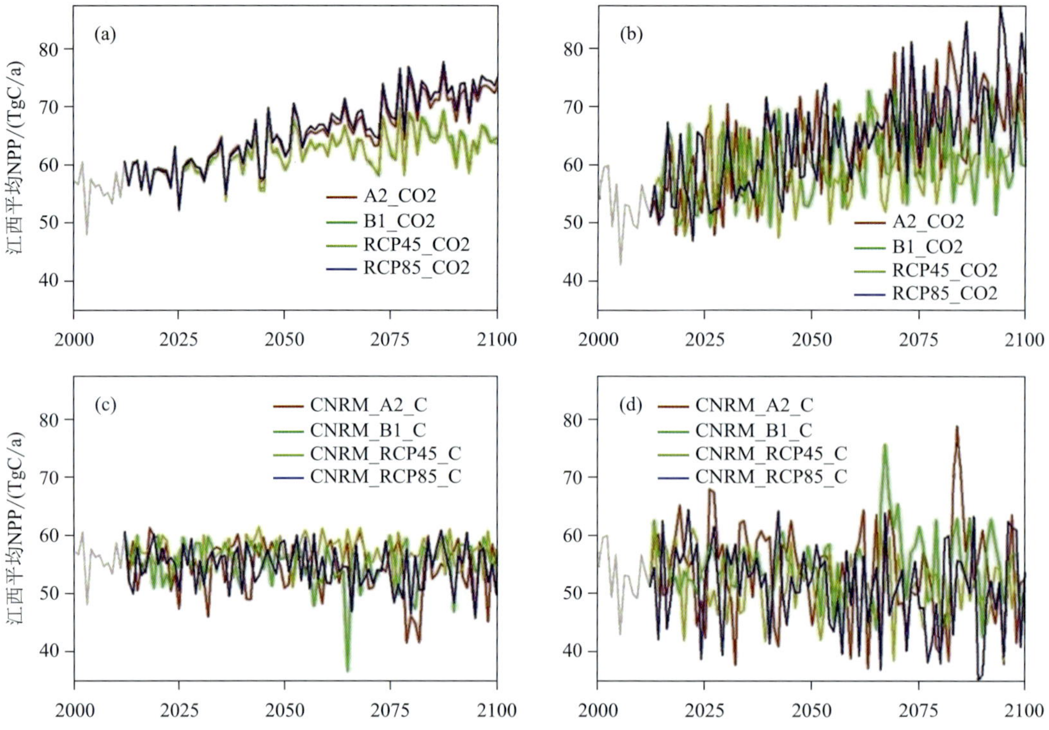

图 5.6　IBIS 模型(a、c)和 LPJ 模型(b、d)模拟的未来仅有大气 CO_2 浓度上升情景下(a、b)和仅有气候变化情景下(c、d)江西省平均 NPP 变化

虫病经历了高温干旱后，发生面积基本呈上升趋势(马爱国 等，2012)。②江西省竹蝗虫害发生面积 2000 年为 0.37 万 hm^2，2004 年迅速上升到 1.15 万 hm^2。2005 年更呈暴发态势，竹蝗虫害发生面积高达 2.92 万 hm^2，2006 年的发生面积仍居高不下，达 2.39 万 hm^2。③松针黑斑病 20 世纪 80 年代只在江西零星发生，目前已扩散至江西省 41 个县市，分布面积约 5.2 万 hm^2，成为江西重要的森林病害。④萧氏松茎象于 1988 年在江西武功山被发现，1997 年被定名，其主要危害湿地松。2009 年江西省已有 57 个县(市)发生萧氏松茎象虫害，受灾面积达 11.3 万 hm^2，并波及湖南、湖北、广东、广西和贵州等省(区)，成为我国松林的一大钻蛀性害虫(王柏林 等，2011)。

气候变暖使昆虫区系向北迁移，影响范围扩大。一般情况下，在一定气候条件下，森林植被和森林病虫害的分布、种群变动等方面形成相对比较稳定的地带和区域，包括昆虫区系和病原的原生地、适生区。由于气温升高，有效积温增加，昆虫区系分布正在向北迁移。原仅分布在热带及南亚热带的大燕蛾受气候变化影响，在江西萍乡武功山保护区首次被发现，分布区系向北迁移(梁艳萍 等，2016)。又如生活害虫龙虱原先主要发生在广东、湖南、福建、广西等地，受气候影响近年来在安徽黄山也常有发现。白蚁原先是属于热带和亚热带的一种害虫，20 世纪 50 年代仅在广东地区分布，但是气候变化导致白蚁出现向北扩展趋势，70 年代白蚁已经扩散到上海、徐州一带，到目前北京、天津和西安等地也发现这类害虫的踪迹(刘锐，2017)。其他害虫，比如属南方型的大袋蛾、东南丘陵松树上常见的松瘤象等受气候变化影响北移在黄淮地区且大面积出现(王松，2013)。

气候变暖、极端事件增加使森林受有害生物危害持续时间延长、程度加重。气候变暖，森林植被物候提前、枯黄期推迟，暖冬有利于病虫害越冬、滋生和蔓延，也会使病虫害发生期提前、危害期延长、危害程度加重。研究表明：蚜虫类、螨类、毒蛾类、小蠹虫类在气温升高1～5 ℃区的繁殖世代数将可能增加1～4代(马爱国 等,2012)。高温导致天牛发育进度加快，2017—2018年连续2年的暖冬和夏季的高温干旱造成松褐天牛完成2代生活史的县增加，2年3代的地区2代比例增加。低温雨雪冰冻和干旱等极端气候事件主要是通过对植物的影响来间接影响病虫害的发生发展。比如2008年初我国南方低温雨雪冰冻灾害造成大面积的断枝伤口并使树势下降，导致以松墨天牛为主的次期性害虫爆发，江西2009年发生面积与2008年相比增加44.61%，南城麻姑山上成片的马尾松林被松墨天牛危害致死；浙江遂昌县松墨天牛种群数量呈暴发式增长，比2008年增长22.59倍(王庆,2016)。高温干旱年份能加快马尾松感染松材线虫后的发病死亡，并增加其枯死率(程功 等,2015)。2019年江西出现罕见的夏秋冬连旱，根据秋季江西省林业有害生物普查，全省马尾松病(枯、濒)死木高达295.35万株，与2018年相比呈快速增长(江西省林业局,2020)。

气候变化使林业有害生物种类增多，暴发周期缩短。气候变化影响森林病虫害发生发展，一些次要的病虫或相对无害的昆虫相继成灾。如近年来江西萍乡、赣州、九江等地突发的木毒蛾、木荷空舟蛾、银杏大蚕蛾等食叶害虫，在海拔较高的阔叶林中突发成灾。气候变暖导致森林病虫害的生理周期缩短，适应新环境的速度和生长速度加快。气候变化也会引起有害生物泛滥，包括害虫和疾病生物向高海拔和高纬度地区迁移，害虫和疾病暴发强度和频率增加，且高海拔地区森林抗病虫害能力明显降低。极端异常气候事件的频发进一步激发森林病虫害突发成灾，使得森林灾害风险增加，森林生态系统脆弱性增大。历史上松毛虫10 a左右暴发一次，但近年来缩短至每5 a左右暴发一次(丁文广 等,2010)。对安徽潜山马尾松毛虫分析表明，1973年前暴发周期为10 a，1973年后暴发周期则变为3～5 a(张国庆,2011)。

5.3.2.3 森林火灾

气候变化对森林火灾的影响主要通过降水格局的改变影响森林可燃物分布及载量的变化，进而对森林火灾发生的难易程度以及火灾蔓延速度产生影响，从而改变森林的火行为，影响森林火灾发生发展规律(魏书精 等,2020)。在气候变暖背景下，森林中温度、湿度、风速都将受到影响出现变化。环境温度升高，森林资源中水分蒸发速度加快，树干始终处于干燥状态，降水量无法达到要求，树木在成长过程中无法获得足够的水分，一旦受到风助力，森林火灾发生概率将会显著提升。

森林火灾的发生与天气气候条件密切相关，随着温度的升高，区域内林火发生次数将增加。火是森林生态系统的主要干扰因子，林火的频繁发生不仅会破坏森林生态系统组成结构，同时也造成了大量含碳温室气体的释放，影响森林物种组成和结构、生物量、生产力和生物地球化学循环(Crutzen et al.,1990)。气候变暖对森林火灾的影响还通过大时空尺度海-气耦合系统的异常变化呈现出来，厄尔尼诺-南方涛动(El Niño-Southern Oscillation，ENSO)是引起全球大气环流和水分循环异常的重要原因。ENSO暖期后几年内出现林火发生高峰(Veblen et al.,2000)。例如，1968—1983年浙江森林火灾次数处于低值区，而自1984年起火灾次数突然上升，并于1986年达峰值，随后出现逐渐下降趋势。在海温暖异常月份，森林火灾减少；海温冷异常月份，森林火灾增加。全球变暖导致环境温度升高，导致森林火灾发生概率大大增加。

气候变化引起森林植被和可燃物类型、载量的变化，改变林火行为。气候变暖会增加潜在的火灾风险和延长火险期，引起的可燃物干燥（蒸散量增加和枯落物干燥）进而导致更多的森林野火，火险期严重度对全球气温升高敏感（Flannigan et al.，2013）。同时气候变化造成的高温干旱、强降水、强雷电、冰冻灾害等极端天气增多，使地被可燃物增加，森林火灾发生更加频繁，强度增大，过火面积增加，火险程度升高，火灾损失增大。2008 年初南方百年一遇的低温雨雪冰冻灾害，导致林木大批折断，地表可燃物猛增 2～10 倍，平均地表可燃物载量超过 50 t/hm^2，部分严重地段超过 100 t/hm^2，已超过可发生高强度林火和大火的标准（30 t/hm^2）（张思玉，2008；时明芝，2011）。长时间高温照射，会令森林中可燃物总量逐渐增多，最终导致物质自燃。伴随着气候变暖，森林植被长时间处在高温环境下，会发生自燃，导致森林火灾发生概率增加。如果森林中枯木或者其他可燃物分布范围较大，那么火灾发生率更是会出现显著升高。

气候变化使森林火灾风险增大，火灾发生频率增高、范围扩大。温度、降水和风速是影响林火发生、蔓延的重要气候因子（孙龙 等，2014；邢曼曼，2016）。随着气温升高，森林中可燃物的水分蒸发和变干的速度加快，森林易燃可燃物积累多，森林火灾发生的可能性增大，火灾发生频率增高，发生的地理分布区也不断扩大（Pechony et al.，2010；李伟 等，2014）。冬季和春季气温升高，且日最低气温比日最高气温增幅更明显，温度日变化减少，使得森林火险期提前，火险期明显延长。例如，江西省森林火灾主要发生在 10 月至次年 4 月，剔除典型祭祀期间人为引起的森林火灾，冬季森林火灾次数比秋季、春季略多。

全球气候变化使得林火呈现周期性和波动性，且周期呈缩短趋势。全球气候变化影响各种火源分布、可燃物的空间分布及燃烧特性，使得林火呈现周期性和波动性。气候变化决定林火发生的日变化、月变化和年变化规律。气候不但决定可燃物量，亦决定可燃物湿度和火季长度，从而影响火险等级。林火的发生随气候变化呈一定规律，我国林火年际变化大约有 5～6 a 和 10 a 的准周期，随气候条件的准周期变化，林火多发年和少发年呈准周期振荡，气候变化导致两次连续火灾之间的间隔期缩短，灌木林间隔期从 20 a 缩减至 16 a，林地则从 72 a 缩减至 62 a（魏书精 等，2013）。

5.3.2.4 森林生物多样性

气候变化影响森林生态系统的生物多样性。森林生态系统包含众多的物种，虽然这些物种生长在同一气候条件下，但对气候变化的适应能力却不同，某些物种可能因完全不能适应而死亡，另一些则仍然能够生存，甚至区域物种有可能更适合入侵。气温上升，植被带北移，使乡土树种等林种失去原来的生长环境，引起森林结构和布局调整，从而导致森林生态系统的不稳定性增加。气候变暖会导致森林群落适宜分布范围改变，从而打破原有的森林格局，破坏森林生物群落，进而威胁生物多样性的安全，还可能导致野生动植物种类多样性逐步降低，部分种类可能灭绝。随着繁衍栖息、越冬地环境变化，一些受国家重点保护的野生动物种群落可能迁徙离开原居地（殷剑敏 等，2011）。

气候变化影响森林群落物候，引起森林生态系统的结构和物种组成的变化。物候是指植物为了适应气候条件的节律性变化而形成与其相适应的植物发育节律，是气候变化对植物发育阶段影响的综合性生物指标。气候变化已使森林群落物候发生了改变，包括江西、安徽、江苏、浙江、上海在内的长江中下游地区，木本植物春季物候期提前，秋季物候期推迟，生长季有所延长，同时物候期随冬季平均气温的升高逐年提前，但随着纬度升高其变化幅度减小（张增信 等，2013）。降水和温度变化对物种物候和行为影响程度不同。冬季和早春温度的升高使春季提前，影响到林木的物候，使其提早开花放叶、植被生长季延长、昆虫提早出现、鸟类提早产蛋等，这将对那些在早春完成其生活史的林下植物产生不利的影响，甚至有可能使其无法完成生命周期而导致死亡（殷剑敏 等，2011）。长江流域的森林物候参数受气候的因素影响比较显著，森林物候生长起始期与物候同期平均气温和降水量呈现显著负相关；生长结束期与同期平均气温和降水量分别呈高度正相关与中度正相关；生长季长度与同期平均气温和降水量分别呈高度正相关和中度正相关（张延兵，2015）。

气候变化造成部分植物不再适应其低海拔的气候变化环境条件，区域内阔叶林将增加，针叶林将减少。气候是决定森林类型或物种分布的主要因素，尤其气温总量和变量以及降水量对其影响较大。温度升高，森林类型和物种都会倾向于向原先适应的低温区域迁移，一是向更高纬度区域迁移，二是向更高海拔区域迁移。在短时间内，一些物种难以及时完成迁移，可能导致某些森林群落脆弱化或消失，或者因其迁移的速度赶不上气候变化的速度而消亡。如极端天气使黄山森林生态系统、物种和基因水平产生显著的生物多样性损失，剧烈的气候变化可能引起物种消失率升高（夏尚光 等，2013）。长江三角洲地区暖温带落叶阔叶林和亚热带常绿阔叶林，观测到北界北移、生长期延长、净初级生产力增加、火灾发生频率增高（宁攸凉 等，2013）。

气候变化对森林珍稀物种的影响巨大，森林生态系统的生物多样性下降。随着气候变暖，森林生态系统的稳定性受到严重威胁，物种的数量和有效生境也受到了影响，很有可能导致部分物种灭绝。极端天气会对动物的取食途径和栖息地产生毁灭性的破坏。例如，2008 年初南方的持续雨雪冰冻灾害严重影响动物捕食与栖息，导致黄山自然保护区内冻死（伤）野生动物约 10 万只（头），其中有国家一、二级重点保护动物 1.2 万余只（头）。森林生态系统中存在一些珍稀的生物群落及生物物种，这些珍稀濒危物种往往生境范围窄，脆弱性程度高，气候变暖使植被的适应种植界线发生迁移，但珍稀物种短时间内却难以及时完成迁移，因而气候因子的小范围变化都可能导致一些稀有物种的灭绝，造成生物多样性下降，从而改变了森林的物种组成、群落结构，最终影响其生态功能。除了现有的这些珍稀濒危物种外，由于气候变化及随之而产生的极端天气也可能使其他物种出现大量死亡，以致成为新的珍稀濒危物种。未来在低排放情景下（温度升高 0.8～1.7 ℃）全球将有 18％物种灭绝，中等排放情景下（温度升高 1.8～2.0 ℃）将有 24％的物种灭绝，而较高排放情景下（升高大于 2.0 ℃）将有 35％的物种灭绝（吴建国 等，2009）。

气候变化也可能导致一些入侵物种分布范围的进一步扩大以及新的物种侵入。气候变化下大气中二氧化碳浓度的增加，有利于 C_3 植物生长，但对 C_4 植物构成威胁，从而导致低营养生态系统更易受到入侵，这在一定程度上改变了森林生态系统的生态结构。气候变暖还会降低部分地区的降水量，那么就更易被其他物种入侵。目前江西省已经有了 97 种外来入侵物种，其中入侵植物 85 种，入侵动物 12 种，严重威胁生物的多样性和生态安全。外来物种入侵对一些生物来说将是毁灭性的，外来入侵物种蚕食当地物种的生存空间，最后当地物种可能会灭绝。例如，目前在江西省九连山国家级自然保护区已发现外来入侵植物 7 种，入侵动物 3 种。入侵物种对九连山的林产品（如柑橘、脐橙、南酸枣等）产量造成严重影响。在入侵动物方面，造成损失最严重的要数松突圆蚧，对松林有致命性的危害。随着气候变化的加剧所产生的生态系统扰动，增加了外来物种入侵江西的可能性（殷剑敏 等，2011）。

5.4 鄱阳湖湿地生态功能气象监测评估

鄱阳湖湿地包括鄱阳湖水体（含水域和湖滩草洲等典型湿地）、入湖河流尾闾河段（含赣江下游、信江下游分支处附近以下，修水、潦河汇合处和昌江、乐安河汇合处附近以下，以及抚河改道处以下）、河流三角洲和曾是河、湖洲滩而被人类围垦的圩区。易变性是鄱阳湖湿地生态系统脆弱性表现的特殊形态之一，当水量减少以至干涸时，该湿地生态系统演替为陆地生态系统，当水量增加时，该系统又演化为湿地生态系统（谢振东 等，2018）。

5.4.1 鄱阳湖水体范围遥感监测

鄱阳湖是季节性、过水性的大型通江湖泊，水体范围在丰水季和枯水季变化明显，直接影响湿地生态系统功能，对于候鸟栖息地保护、农业灌溉和江河航运等具有重要的意义。水体范围数据也是研究鄱阳湖水环境变化的基础资料。利用遥感技术大范围、可重复观测等特点，对鄱阳湖湿地水体范围开展动态监测，可掌握鄱阳湖水体的分布情况和变化规律，为湖泊水生态安全、鄱阳湖流域生态经济可持续发展提供重要基础数据支撑。

常用的卫星遥感水体监测方法主要包括：

（1）在晴空条件下，且三通道合成图像水体颜色较均匀时，适合采用 NDVI 对鄱阳湖水体进行监测：

$$\mathrm{NDVI}=\frac{R_{\mathrm{NIR}}-R_{\mathrm{RED}}}{R_{\mathrm{NIR}}+R_{\mathrm{RED}}} \tag{5.33}$$

式中：R_{NIR} 为近红外波段反射率，R_{RED} 为红光波段反射率。

（2）在晴空条件下，当三通道合成图像水体颜色差异较大时，适合采用晴空差值方法（DVI）对鄱阳湖水体进行监测：

$$\mathrm{DVI}=\begin{cases} R_{\mathrm{RED}}<A \\ R_{\mathrm{NIR}}<B \\ R_{\mathrm{NIR}}-R_{\mathrm{RED}}<0 \end{cases} \tag{5.34}$$

式中：A、B 为阈值，实际应用可根据遥感资料进行调整。R_{NIR} 为近红外波段反射率，R_{RED} 为红光波段反射率。

（3）当水体上有薄云覆盖时，适合采用薄云比值方法（RVI）对鄱阳湖水体进行监测：

$$\mathrm{RVI}=R_{\mathrm{NIR}}/R_{\mathrm{RED}} \tag{5.35}$$

式中：R_{NIR} 为近红外波段反射率，R_{RED} 为红光波段反射率。

5.4.2 鄱阳湖水环境遥感监测

生态文明是物质文明、政治文明、精神文明、社会文明的重要基础和前提，没有良好和安全的生态与环境，其他文明就会失去载体。党的十八大报告提出要把生态文明建设融入经济建设、政治建设、文化建设、社会建设各方面和全过程，组成“五位一体”。水资源是人类生存和发展不可或缺的宝贵资源，是经济社会可持续发展的重要基础，水生态系统是水资源形成、转化的主要载体。保护好水生态系统，建设水生态文明，是实现经济社会可持续发展的重要保障。

鄱阳湖是我国最大的淡水湖、国际重要湿地，也是长江中下游仅存的两个通江大湖之一，在调蓄洪水、涵养水源、维持生态平衡、保护生物多样性等方面具有重要作用。鄱阳湖接纳赣江、抚河、饶河、信江、修水五大河流来水，构成了完整的鄱阳湖流域。

近年来鄱阳湖秋、冬季水文呈干枯态势，主要表现为枯水期提前、持续时间延长、枯水位偏低，对鄱阳湖生态产生一系列影响，如水质下降、湿地植被退化、候鸟栖息地面临威胁等等，严重影响了鄱阳湖流域的水资源和湿地生态系统安全。

对鄱阳湖水环境进行遥感监测，是掌握湖泊污染程度的必要手段。

5.4.2.1　鄱阳湖蓝藻水华遥感监测

蓝藻水华暴发是水体中的蓝藻生物量急剧增加，并在水面形成聚集的现象。大量藻类浮渣聚集在水体表面，使水体反射率在近红外波段急剧上升，形成类似植被的“陡坡效应”(马荣华 等，2008)，与清洁水体在该波段较强的吸收形成强烈反差，此光谱特征为利用遥感方法监测蓝藻水华提供理论依据。

基于Landsat卫星的鄱阳湖蓝藻监测方法如下所示(张娇 等，2016；沙林伟 等，2018；张东彦 等，2019)。

(1)数据预处理：利用ENVI软件对影像进行辐射定标、大气校正等预处理，利用鄱阳湖历史丰水期边界裁取鄱阳湖区域影像作为研究区。

(2)水体纯像元提取：采用改进的归一化水体指数(MNDWI)提取鄱阳湖水体区域，利用鄱阳湖水体对研究区进行掩膜处理，由于鄱阳湖受季节降水影响严重，该步骤主要用以区别水体和草洲滩涂。

(3)蓝藻阈值确定：采用NDVI和浮游藻类指数(Floating Algae Index，FAI)。由于蓝藻水华区域与水体光谱特征存在差别，在蓝藻水华和非水华的边界区域，NDVI(FAI)的结果会有较大差异，从而像元变化率也较大。对掩膜后的鄱阳湖纯水体区域进行NDVI(FAI)计算处理。因为水中微粒和藻类浮渣等影响可能使得水华区和蓝藻富集区出现像元变化率较大的情况，影响阈值选取，利用NDVI＜0和NDVI＞0.2(FAI＜－0.01和FAI＞0.02)排除这些区域的干扰。对剔除区域后的NDVI(FAI)结果图进行坡度运算，统计坡度最大处的NDVI(FAI)值来确定水华的阈值。大于阈值的为藻类。

(4)结果验证：将原始遥感影像选择标准假彩色显示，通过纹理和颜色等特征能够有效验证蓝藻提取结果。

5.4.2.2　鄱阳湖叶绿素a浓度监测方法

水体中叶绿素a(Chl-a)含量的高低能够反映水体的初级生产力状况，同时也是评价水体富营养化程度的重要指标。江辉(2012)对鄱阳湖水体进行了实测光谱测量，采用一阶微分法分析得到的建立Chl-a浓度反演模型的敏感波段为696 nm，基于MODIS数据反演得到了全湖的Chl-a浓度分布。黄国金等(2010)以鄱阳湖为研究区域，基于MODIS数据对其Chl-a浓度进行反演，同时还建立了回归模型与BP神经网络模型，通过两种模型的比较得出神经网络模型的反演效果较好。王婷等(2007)结合鄱阳湖实测光谱与水质参数的相关分析结果，构建高光谱反演模型，对鄱阳湖Chl-a浓度进行反演，并开展了鄱阳湖水体的营养化评价。鄱阳湖水体季节性变化明显，水体分布和水质状况存在明显的季节性差异，采用高晨(2018)建立的四季鄱阳湖Chl-a遥感反演模型，技术方法如下。

(1)数据预处理:包括几何校正、辐射定标、大气校正。

(2)水体边界提取:从经大气校正的结果中提取水体部分,生成矢量边界,用以裁剪反演结果得到鄱阳湖范围的 Chl-a 反演结果。由于鄱阳湖水域面积变化较大,而且湿地、滩洲等分布较多,在水体提取上仅采用单一的水体指数方法并不能得到理想的效果,因此选择归一化差异水体指数(NDWI)和 MNDWI 两种指数进行水体边界提取。

(3)利用基于高分 1 号数据的 Chl-a 浓度反演模型(高晨,2018),计算鄱阳湖 Chl-a 浓度。选择高分 1 号影像的第 1、3、4 波段,结合 Chl-a、水体,以及总悬浮物浓度(TSM)、有色可溶性有机物(CDOM)等光谱特征,计算 APPEL 模型参数,获得 Chl-a 浓度反演模型的输入值 X。APPEL 模型如下所示:

$$\mathrm{APPEL}=R(b_{\mathrm{NIR}})-\{[R(b_{\mathrm{BLUE}})-R(b_{\mathrm{NIR}})]\times R(b_{\mathrm{NIR}})+[R(b_{\mathrm{RED}})-R(b_{\mathrm{NIR}})]\} \tag{5.36}$$

四个季节的 Chl-a 浓度反演模型如表 5.8 所示。

表 5.8 四季 Chl-a 浓度反演模型

时期	模拟表达式
夏季	$Y=3171.2X^2-105.01X+4.217$
秋季	$Y=2150.8X^2-38.504X+2.0464$
冬季	$Y=18594X^2-88.453X+1.84$
春季	$Y=14743X^2+37.079X+2.18$

注:Y 为 Chl-a 浓度,X 为 APPEL 模型计算结果。

5.4.2.3 鄱阳湖总悬浮物浓度监测方法

水体中总悬浮物浓度(TSM)是评价湖泊水质的主要参数之一,悬浮物浓度的大小直接影响光在水中的传播,以及水体透明度、浊度等光学特性,进而影响水生生态环境,最终决定水体的生产力(赵丽娜 等,2015)。鄱阳湖是我国第一大淡水湖,且为我国水质最好的湖泊之一,但是由于城镇化加速和人类活动的影响,其水体 TSM 也呈上升趋势。邬国峰等(2008)利用 Landsat 影像识别船只和反演水体透明度,利用 MODIS 影像监测 2000—2005 年鄱阳湖丰水期湖水透明度变化情况,得出鄱阳湖水体透明度受采砂情况的影响程度。张伟等(2010)以鄱阳湖为研究区,利用 HJ 卫星电荷耦合器件(Charge Coupled Device,CCD)传感器数据分析了几种悬浮泥沙浓度反演经验模型的有效性,结果表明 CCD 传感器第 3 波段建立的对数反演模型具有较高的精度。江辉等(2011)利用 MODIS 影像采用分析统计回归的方法反演 TSM,取得了较好的结果。刘茜等(2008)利用 MODIS 影像和线性回归模型反演鄱阳湖 TSM,结果表明 MODIS 的第 1 波段反演精度较高。陈晓玲等(2007)采用实测光谱模拟 TM/ETM+ 和 MERIS 数据,对比分析了单波段和波段比值遥感因子所构建的 5 种常用的经验半经验模型,结果表明,MERIS 第 7 波段遥感反射率为自变量建立的对数模型最适应鄱阳湖地区 TSM 的动态监测。采用高晨等(2019)建立的鄱阳湖 TSM 遥感反演模型,技术方法如下。

(1)数据预处理:包括几何校正、辐射定标、大气校正。

(2)水体边界提取:从经大气校正的结果中提取水体部分,生成矢量边界,用以裁剪反演结果得到鄱阳湖范围的 TSM 反演结果。由于鄱阳湖水域面积变化大,而且湿地、滩洲等分布较多,在水体提取上仅采用单一的水体指数方法并不能得到理想的效果,因此选择 NDWI 和 MNDWI 两种指数进行水体边界提取。

(3)利用基于高分 1 号数据的总悬浮物浓度反演模型,计算鄱阳湖总悬浮物浓度。选择高分 1 号影像的第 3 波段,计算模型如下所示:

$$Y=234016X^3-1587.9X^2+772.22X+2.5205 \tag{5.37}$$

式中:Y 为总悬浮物浓度;X 为高分 1 号第 3 波段。

5.5 陆地植被生态质量气象监测评估

5.5.1 陆地植被 NDVI 估算

NDVI 是植被生长状况和植被覆盖度的最佳指示因子,无量纲,作为卫星遥感监测植被和生态环境变化的有效指标,可以很好地反映地表植被的繁茂程度,客观反映全省植被生态情况。NDVI 估算方法参考式(5.33)。

5.5.2 陆地植被 NPP 估算

5.5.2.1 主要生物物理参数反演

(1)太阳总辐射

根据日照时数,估算地表太阳总辐射和光合有效辐射(Photosynthetically Active Radiation,PAR)。

PAR 指能被绿色植物光合作用利用的太阳光谱,即光合作用过程激发状态光谱能量。

$$\mathrm{PAR}=\eta\mathrm{PAR}\times Q \tag{5.38}$$

式中:ηPAR 为光合有效系数,通过气压估算(式(5.39));Q 为太阳总辐射。

$$\eta\mathrm{PAR}=a+b\times \lg E \tag{5.39}$$

式中:E 为地面水汽压,a、b 为经验系数。

(2)水分胁迫系数

利用实际蒸散和潜在蒸散的比值,估算水分胁迫系数。

水分胁迫系数 $W\varepsilon(x,t)$反映了植物能利用的有效水分条件对光能利用率的影响,随着环境中有效水分的增加,$W\varepsilon(x,t)$逐渐增大,它的取值范围为 0.5(在极端干旱条件下)~1(非常湿润条件下)。

$$W\varepsilon(x,t)=0.5+0.5\times E(x,t)/E_{\mathrm{P}}(x,t) \tag{5.40}$$

式中:$E(x,\mathrm{t})$为区域实际蒸散量,$E_{\mathrm{p}}(x,t)$为区域潜在蒸散量。

(3)植被有效光合辐射吸收比例(Fraction of Absorbed Photosynthetically Active Radiation,FPAR)估算

利用 NDVI,估算植被有效光合辐射吸收比例 FPAR。

$$\mathrm{FPAR}(x,t)=\frac{[\mathrm{NDVI}(x,t)-\mathrm{NDVI}_{i,\min}]}{(\mathrm{NDVI}_{i,\max}-\mathrm{NDVI}_{i,\min})} \tag{5.41}$$

式中:$\mathrm{NDVI}_{i,\max}$ 和 $\mathrm{NDVI}_{i,\min}$ 分别对应第 i 种植被类型的 NDVI 最大值和最小值。

(4)实际光能利用率估算

根据植被类型、空气温度、地表湿润指数等数据,计算植被实际光能利用率。植被实际光能利用率主要受气温、水分状况的影响。

$$\varepsilon(x,t)=T_{\varepsilon1}(x,t)\times T_{\varepsilon2}(x,t)\times W_{\varepsilon}(x,t)\times\varepsilon_{max} \tag{5.42}$$

式中：ε_{max} 为最大光能利用率(gC/MJ)；$T_{\varepsilon1}(x,t)$ 和 $T_{\varepsilon2}(x,t)$ 分别表示低温和高温对光能利用率的胁迫作用；$W_{\varepsilon}(x,t)$ 为水分胁迫影响系数。

5.5.2.2 月植被 NPP 估算

利用太阳光合有效辐射 PAR、植被有效光合辐射吸收比例 FPAR、实际光能利用率等数据，根据光能利用率理论，采用陆地生态系统碳通量 TEC 模型，计算月植被 NPP。

$$\mathrm{NPP}=\mathrm{GPP}-R \tag{5.43}$$

$$\mathrm{GPP}=\varepsilon\times\mathrm{FPAR}\times\mathrm{PAR} \tag{5.44}$$

式中：NPP、GPP、R 分别表示植被净初级生产力、总初级生产力和呼吸消耗量($\mathrm{gC/(m^2}$ · 月))；ε 为实际光能利用率；FPAR 表示植被吸收光合有效辐射的比例；PAR 为入射光合有效辐射($\mathrm{MJ/(m^2}$ · 月))。

5.5.2.3 年内任意时段和全年植被 NPP 计算

以月植被 NPP 为基础，对关注的任意时段或生长季、全年的各月植被 NPP 进行累计，得到该时段的植被 NPP。

5.5.3 陆地植被覆盖度估算

5.5.3.1 月最高植被覆盖度估算

利用月最大 NDVI，计算月最高植被覆盖度，计算公式：

$$C=\frac{\mathrm{NDVI}-\mathrm{NDVI_s}}{\mathrm{NDVI_v}-\mathrm{NDVI_s}}\times 100\% \tag{5.45}$$

式中：C 为月最高植被覆盖度(%)；NDVI 为月最高归一化差值植被指数；$\mathrm{NDVI_s}$ 为像元纯土壤时的 NDVI，根据我国陆地特点推荐 $\mathrm{NDVI_s}=0.05$；$\mathrm{NDVI_v}$ 为像元全植被覆盖下的 NDVI，根据我国陆地特点推荐 $\mathrm{NDVI_v}=0.95$。

5.5.3.2 年内任意时段和全年平均植被覆盖度计算

以月最高植被覆盖度为基础，对关注的任意时段或生长季、全年的各月植被覆盖度进行算术平均，得到该关注时段的平均植被覆盖度。

5.5.4 植被综合生态质量指数计算

基于年内任意时段、生长季、全年的植被 NPP 和平均植被覆盖度，计算得到反映该时段的植被综合生态质量指数，计算公式(钱栓 等，2020)：

$$Q_i=\left(f_1\times C_i+f_2\times\frac{\mathrm{NPP}_i}{\mathrm{NPP_m}}\right)\times 100 \tag{5.46}$$

式中：Q_i 为第 i 年某段时间的植被综合生态质量指数；f_1 为植被覆盖度的权重系数(根据区域及其植被类型进行调整，全国取 0.5)；C_i 为第 i 年该时段的平均最高植被覆盖度；f_2 为植被净初级生产力的权重系数(根据区域及其植被类型进行调整，全国取 0.5)；NPP_i 为第 i 年该时段植被累计净初级生产力；$\mathrm{NPP_m}$ 为第 1 年至第 n 年同时段陆地植被净初级生产力中的最大值，即当地最好气象条件下该时段的植被净初级生产力。进行植被生态质量的空间对比时，$\mathrm{NPP_m}$ 为该空间区域内同时段最好气象条件下的植被净初级生产力。

5.5.5 植被 NPP、覆盖度、Q_i 变化趋势率计算

从起始年到终止年，对于关注时段内的各年同一时段（生长季、全年）的植被 NPP、覆盖度、Q_i，分别计算该时段植被 NPP、覆盖度、Q_i 随年份变化的一元线性方程的斜率，该斜率即为其变化趋势。其中斜率的正、负号表示植被 NPP、覆盖度、Q_i 从起始年到终止年的变化方向，斜率的绝对值表示其变化的快慢和程度。

5.6 重点生态领域功能和价值评估

5.6.1 森林生态系统功能和价值评估技术

在分析江西省森林生态系统服务功能的基础上，参考《森林生态系统服务功能评估规范》（LY/T 1721—2008）及其他森林生态系统服务价值评估方法，根据研究地条件和数据获取的可能性，选取关键评估指标，建立价值评估体系，对各指标进行货币化计算，获得江西省森林生态系统服务功能总价值。主要从涵养水源、保育土壤、固碳释氧、净化大气环境、生物多样性保护、森林防护以及林业服务产品等 7 大功能类型 13 项指标体系进行价值评估，部分功能价值参数无法直接获取，则采用市场价格法、影子工程法及替代成本法获得（辛琨 等，2002；樊旭等，2015）。具体方法见表 5.9。

5.6.2 湿地生态系统功能和价值评估技术

以江西省鄱阳湖湿地生态系统为主要研究对象，根据鄱阳湖湿地生态系统结构、生态过程、经济指标的特点和状况，针对涵养水源、调蓄洪水、调节气候、污染物降解、固土保肥、生物栖息地、产品及加工品直接使用、旅游观赏和科学文化等主要功能，选取关键评估指标，作为湿地生态系统功能和价值评价指标。具体指标方法计算如下。

（1）涵养水源

采用影子价格法计算湿地的水源涵养服务价值：

$$\begin{cases} V=V_1+V_2 \\ V_1=P\times(\mathrm{SWR}-\mathrm{SWS}) \\ V_2=P\times \mathrm{SGW} \end{cases} \tag{5.47}$$

式中：V 为湿地涵养水源价值；V_1 为湿地调蓄地表水价值；V_2 为湿地补充地下水价值；P 为当年水价；SWR 为地表水资源总量；SWS 为地表水供水量；SGW 为补充地下水量。

（2）调控洪水

湿地生态系统提供的蓄水调节服务价值采用替代工程法，即湿地蓄水量等同于修建同等规模的水利工程，从而间接地评价湿地蓄水调节的价值。首先计算湿地年蓄水总量，然后再用适当的计价标准评价其价值。

蓄水调节服务价值的计算公式为：

$$Y=Y_x+Y_t=Q_x\times P+Q_t\times P \tag{5.48}$$

式中：Y 为湿地蓄水调节服务价值；Y_x 为湿地蓄水服务价值；Y_t 为湿地调节洪水服务价值；Q_x 为湿地年末蓄水总量；Q_t 为湿地调节洪水总量；P 为替代水库工程修建成本。

表 5.9　江西省森林生态系统功能价值评估指标体系及计算公式

功能类型	价值评估指标	计算公式	参数说明
涵养水源	调节水量	$U_{调}=10C_{库}AJ$	$U_{调}$为林分年调节水量价值(元/a);A 为林分面积(hm^2);$C_{库}$为水库建设单位库容投资(元/m^3);J 为林地拦蓄径流量(m^3/(hm^2·a))
	净化水质	$U_{水质}=10KAJ$	$U_{水质}$为林分年净化水质价值(元/a);K 为居民用水平均价格(元/t)
保育土壤	固土	$U_{固土}=AC_{土}(X_2-X_1)/\rho$	$U_{固土}$为林分年固土价值(元/a);$C_{土}$为挖取和运输单位体积土方所需费用(元/m^3);X_1、X_2 分别为林地、无林地土壤侵蚀模数(t/(hm^2·a));ρ 为林地土壤容重(t/m^3)
	保肥	$U_{肥}=A(X_2-X_1)(NC_1/R_1+PC_1/R_2+KC_2/R_3+MC_3)$	$U_{肥}$为林分年保肥价值(元/a);N、P、K、M 分别为土壤平均含氮量、含磷量、含钾量、有机质平均含量(%);R_1 为磷酸二铵化肥含氮量(%);R_2 为磷酸二铵化肥含磷量(%);R_3 为氯化钾化肥含钾量(%);C_1、C_2、C_3 分别为磷酸二铵、氯化钾、有机质价格
固碳释氧	固碳	$U_{碳}=AC_{碳}(1.63R_{碳}\ NPP_{年}+F_{土壤碳})$	$U_{碳}$为林分年固碳价值(元/a);$C_{碳}$为固碳价格(元/t);$NPP_{年}$为林分净生产力(t/(hm^2·a));$R_{碳}$为 CO_2 中碳的含量,为 27.27%;$F_{土壤碳}$为单位面积林分土壤年固碳量(t/(hm^2·a))
	释氧	$U_{氧}=1.19AC_{氧}\ NPP_{年}$	$U_{氧}$为林分年释氧价值(元/a);$C_{氧}$为释氧价格(元/t)
净化大气环境	提供负离子	$U_{负离子}=AK_{负离子}$	$U_{负离子}$为森林年提供负离子价值(元/a);$K_{负离子}$为森林单位面积年提供负离子价值(元/(hm^2·a))
	吸收污染物	$U_{污染物}=SAK_{污染物}\ Q_{污染物}$	$U_{污染物}$为森林年吸收污染物价值(元/a);$K_{污染物}$为污染物(包括二氧化硫、氮氧化物、氟化物)治理费用(元/kg);$Q_{污染物}$为单位面积林分年吸收污染物量(kg/(hm^2·a))
	滞尘	$U_{滞尘}=AK_{滞尘}\ Q_{滞尘}$	$U_{滞尘}$为森林年滞尘价值(元/a);$K_{滞尘}$为降尘清理费用(元/kg);$Q_{滞尘}$为单位面积林分年滞尘量(kg/(hm^2·a))
森林防护	拦蓄泥沙量	$U_{防护}=AC_{防护}\ Q_{防护}$	$U_{防护}$为森林拦蓄泥沙量的价值(元/a);$C_{滞尘}$为泥沙清理费用(元/t);$Q_{防护}$为拦蓄泥沙量(t/(hm^2·a))
生物多样性保护	生物多样性保育	$U_{生物}=AS_{生}$	$U_{生物}$为森林生物多样性保育价值(元/a);$S_{生}$为基于 Shannon-Wiener 指数计算单位面积物种保育价值(元/(hm^2·a))
林业服务产品	林业产值		主要为森林生态系统为人类提供林产品以及休闲娱乐而产生的价值

(3)调节气候

调节空气湿度价值计算公式为：

$$V_1 = A \times E \times H \times P \tag{5.49}$$

式中：V_1 为调节空气湿度价值；A 为湿地水面面积；E 为江西省水面年平均蒸发量；H 为加湿器蒸发每立方米水的耗电量；P 为当年电价。

调节空气温度价值计算公式为：

$$V_2 = A \times E \times Q / \mathrm{EER} \times P \tag{5.50}$$

式中：V_2 为调节空气温度价值；Q 为水的汽化热；EER 为常见空调能效比均值。

(4)污染物降解

采用替代费用法计算其污水净化功能价值：

$$V_\mathrm{P} = Q \times L \tag{5.51}$$

式中：V_P 为湿地的水质净化服务价值；Q 为湿地每年净化的污水量；L 为单位污水处理成本。

(5) 固土保肥

利用替代工程方法计算湿地土壤保持服务价值，其公式为：

$$V_\mathrm{SP} = Q \times (N \times C_1 / R_1 + P \times C_1 / R_2 + M \times C_2) \tag{5.52}$$

式中：V_SP 为湿地土壤保持服务价值；Q 为土壤保持量；N 为平均土壤氮含量；P 为平均土壤磷含量；M 为土壤有机质含量；R_1 为磷酸二铵化肥氮含量；R_2 为磷酸二铵化肥磷含量；C_1 为磷酸二铵化肥价格；C_2 为土壤有机质价格。

(6)生物栖息地

$$V_{\text{栖息地}} = \rho \times A \times P \tag{5.53}$$

式中：$V_{\text{栖息地}}$ 为湿地生物栖息地功能价值；ρ 为生态价值系数；A 为湿地区域面积；P 为单位面积上湿地保护投入经费。

(7)产品及加工品直接使用价值

采用农业、林业、畜牧业、渔业、工业产值作为产品及加工品直接使用价值。

(8)旅游观赏和科学文化

旅行费用支出包括交通费、住宿费、餐饮费和游览费等，采用替代法，该价值为江西省单位面积生物多样性的科研文化价值与面积之积。

5.6.3 流域生态系统功能和价值评估技术

选取江西省鄱阳湖和五河（赣江、抚河、信江、饶河、修河）流域为主要研究对象，结合江西区域生态系统与社会经济发展的特点，针对流域物质生产、水资源供给、水环境承载力、蓄水功能和水土保持五大主要功能，作为流域生态系统功能和价值评价指标。具体指标计算方法如下。

(1)物质生产

市场价格法指对有市场价格的生态系统产品和功能进行估算的一种方法，流域的物质生产功能可以利用市场价格法定量估算。物质生产功能价值计算公式（张修峰 等，2007）为：

$$V_1 = Y \times P_1 \tag{5.54}$$

式中：V_1 为物质生产价值；Y 为江西省鄱阳湖流域水产品总量，包括农产品、鱼类、虾类等；P_1 为江西省各类水产品平均价格。

(2)水资源供给

水资源供给价值为总供水量与水费之积,其中流域总供水量计算方法为:

$$W=(P-V)\times S-T_{上游}+T_{下游} \quad (5.55)$$

式中:W 为流域总供水量;P 为流域年面降水量;V 为流域年面蒸发量;S 为流域面积;$T_{上游}$ 为上游流域流入的年径流量;$T_{下游}$ 为流域向下游输出的年径流量。

(3)水环境承载力

依据国家标准《地表水环境质量标准》(GB 3838—2002)对地表水水质最低要求,如果流域内水质优于最低要求,则价值为正,如果等于或者低于最低要求,则价值为零甚至负值。采用替代成本法,利用污染防治成本的方法等效计算水质净化功能价值,根据单位污染物净化价值乘以化学需氧量计算流域的水环境承载力价值。

(4)蓄水功能

采用市场价格法,估算流域内蓄水功能价值 V_2(江波 等,2011):

$$V_2=Q\times P_2 \quad (5.56)$$

式中:Q 为蓄水总量;P_2 为根据不同行业水费标准归一化之后的水价格。

(5)水土保持

采用替代成本法,利用水土流失治理成本的方法等效代替计算水土保持功能价值,估算流域的水土保持价值($V_{水土}$),其计算公式为:

$$V_{水土}=(Q_{平均}-Q_{当年})\times P_{成本} \quad (5.57)$$

式中:$Q_{平均}$ 为流域内多年平均输沙量;$Q_{当年}$ 为流域内所需计算年份的年均输沙量;$P_{成本}$ 为治理水土流失的累计投资及减少土壤流失量的单位治沙成本。

5.6.4 碳汇价值评估技术

5.6.4.1 森林碳汇价值评估方法

基于全国森林资源清查结果的森林碳储量和碳汇(指净固碳)价值的计算公式为:

$$R_{森林}=G\times \mathrm{SVD}\times \mathrm{BEF}\times c \quad (5.58)$$

$$V=R_{森林}\times(\mathrm{GR}-\mathrm{CR})\times P \quad (5.59)$$

式中:$R_{森林}$ 为森林碳储量(单位:10^4 t);G 为森林蓄积量(单位:m^3);SVD 为基本木材密度(单位:t/m^3);BEF 为生物量转换系数;c 为含碳率,采用政府间气候变化专门委员会(Intergovernmental Panel on Climate Change,IPCC)国家清单指南推荐值 0.5;V 为碳汇价值(单位:元/tC);GR 为蓄积量生长率;CR 为蓄积量消耗率;P 为单位固碳价值(单位:元/tC),取中国造林成本价格 250 元/tC 和国际碳税标准均价 770 元/tC 的平均值 510 元/tC(辛琨 等,2002)。

5.6.4.2 植被碳汇价值评估方法

江西省及各设区市(县)植被碳汇价值由净初级生产力 NPP 与单位固碳价值 P 相乘获取,单位固碳价值 P 取 510 元/tC。NPP 则利用总初级生产力 GPP 与气温 T_a 建模计算,计算公式为:

$$\mathrm{NPP}=f(\mathrm{GPP},T_a)=0.8\times \mathrm{GPP}\times[1-(7.825+1.145\times T_a)/100] \quad (5.60)$$

式中:NPP 为净初级生产力(单位:$gC/(m^2\cdot月)$);GPP 为总初级生产力(单位:$gC/(m^2\cdot月)$),它是基于植被光能利用率原理,利用全球陆地生态系统碳通量(TEC)模型模拟得到(Yan et al,2015);T_a 是空气温度(单位:℃)。

5.7 植被生态保护绩效考核气象条件贡献评价

党的十八大把生态文明建设纳入中国特色社会主义事业"五位一体"总体布局,提出加大自然生态系统保护力度,积极应对全球气候变化。习近平总书记提出"绿水青山就是金山银山"的重要思想,为大力推进生态文明建设、全面建成小康社会做出了重要指引。

植被是覆盖地表的植物群落,为动物和人类提供食物与隐蔽场所,并通过截留雨水与养分循环稳定土壤。植被是生态环境的主体,通过光合作用产生的干物质是地球上生态系统中一切生命成分及其功能的基础,是人类赖以生存与持续发展的基础。不仅如此,植被还在调节全球碳平衡、减缓大气中 CO_2 等温室气体浓度上升以及维护全球气候稳定等方面具有不可替代的作用。植被是气候、地貌、土壤和人类活动长期相互作用的结果。地貌的变化相对缓慢,而相应地带内的土壤类型同样也取决于该地带内的气候类型和人类活动,土壤对植被的影响在一定程度上也可以看成是气候和人类活动的间接作用。因此,植被变化主要由气候变化和人类活动共同驱动。科学地评估植被变化的气象条件贡献率和人为贡献率不仅可反映国家生态文明建设绩效,也可反映国家生态文明建设绩效的过程,可为国家科学保护和修复生态系统以及应对气候变化提供决策依据。

植被是集生产功能、多样性和服务功能于一体的完整功能单元。植被生产功能通常采用其生产力表示;植被多样性可以通过其生境反映,即采用其地理分布表示;植被服务功能主要指植被对自然生态过程或生态平衡所做出的以经济作为指标评价的贡献,包括其产品(如食物等)和公益(如涵养水源、防风固沙、净化大气等),可以采用植被覆盖度表示。植被生态质量体现了一定环境条件下的植被生产功能、多样性和服务功能,采用植被净初级生产力、植被覆盖度和植被地理分布面积三者的乘积表示。

江西省引进了中国气象科学研究院研发的生态文明建设绩效考核气象条件贡献率评估系统并进行了本地化调整。植被生态质量变化及其归因分析可为生态保护和修复绩效及过程评估提供科学依据。植被生态质量既受气象条件变化的影响,又受人为活动影响。为分离气象条件变化和人为活动对植被生态质量的影响,创建了生态质量监测评价及归因分析技术。该技术的基本理论是基于遥感信息反演得到的实际植被生态质量包含气象条件变化和人类活动的共同影响,采用气象条件相似性方法就可以得到相同人类活动下仅反映气象条件变化影响的实际植被生态质量,后者与前者相减就得到气象条件变化决定的实际植被生态质量。植被生态质量的气象条件变化影响采用气象条件决定的实际植被生态质量变化量与实际植被生态质量变化量之比评价。植被生态质量变化的气象条件贡献率评价流程见图5.7。

5.7.1 评价指标

5.7.1.1 植被生态质量

(1)实际植被生态质量

实际植被生态质量($Q_{a,i}$)按式(5.61)计算:

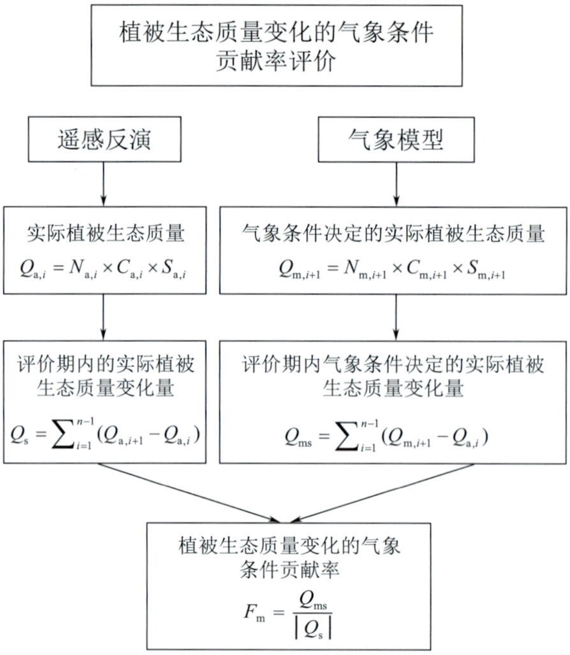

图 5.7　植被生态质量变化的气象条件贡献率评价流程

$$Q_{a,i}=N_{a,i}\times C_{a,i}\times S_{a,i} \tag{5.61}$$

式中：$Q_{a,i}$ 为第 i 年实际植被生态质量，单位为 gC/a；$N_{a,i}$ 为第 i 年实际植被净初级生产力，单位为 gC/(m^2 · a)；$C_{a,i}$ 为第 i 年实际植被覆盖度；$S_{a,i}$ 第 i 年实际植被地理分布面积，单位为 m^2，采用国家或地方政府发布的土地利用产品数据。

① 实际植被净初级生产力

对于森林生态系统，基于森林净初级生产力时空格局主要由气象条件、地形和森林结构决定的假设，利用收集到的 1980—2010 年期间全国主要类型森林生态系统 1000 个样点的净初级生产力、气象和遥感资料，建立的森林植被净初级生产力模型如下：

$$N=97.13\times NDVI_m+0.22\times P\times T+0.128\times P-9.136\times T-0.027\times z+333.67 \tag{5.62}$$

式中：N 为森林实际植被净初级生产力，单位为 gC/(m^2 · a)；$NDVI_m$ 为年最大的归一化植被指数（$0<NDVI\leqslant1$）；P 为年降水量，单位为 mm；T 为年均温，单位为℃；z 为海拔高度，单位为 m。

对于湿地生态系统，湿地实际植被净初级生产力是基于美国国家航空航天局（NASA）EOS/MODIS（Terra 卫星）提供的全球陆地植被净初级生产力遥感数据产品（MOD17A3）及相应的 NDVI 遥感数据产品（MOD13A3），建立的基于 NDVI 的湿地植被净初级生产力模型：

$$N_3=1712.5\times V_m+112.38 \tag{5.63}$$

式中：N_3 为湿地实际植被净初级生产力，单位为 gC/(m^2 · a)；V_m 为年最大归一化植被指数。

② 实际植被覆盖度

实际植被覆盖度（C）可基于遥感资料按式（5.64）计算：

$$C=(V-V_{min})/(V_{max}-V_{min}) \tag{5.64}$$

式中：C 为实际植被覆盖度；V 为归一化植被指数；V_{min} 为评价区归一化植被指数的最小值，取归一化植被指数累积频率5%的对应值；V_{max} 为评价区归一化植被指数的最大值，取归一化植被指数累积频率95%的对应值。

(2)气象条件决定的实际植被生态质量

气象条件决定的实际植被生态质量($Q_{m,i+1}$)按式(5.65)计算：

$$Q_{m,i+1}=N_{m,i+1}\times C_{m,i+1}\times S_{m,i+1} \tag{5.65}$$

式中：$Q_{m,i+1}$ 为第 $i+1$ 年气象条件决定的实际植被生态质量，单位为 gC/a；$N_{m,i+1}$ 为第 $i+1$ 年气象条件决定的实际植被净初级生产力，单位为 gC/(m^2·a)；$C_{m,i+1}$ 为第 $i+1$ 年气象条件决定的实际植被覆盖度；$S_{m,i+1}$ 为第 $i+1$ 年实际植被地理分布面积，单位为 m^2，采用国家或地方政府发布的土地利用产品数据。

① 气象条件决定的实际植被净初级生产力

气象条件决定的实际植被净初级生产力按式(5.66)计算：

$$N_{m,i+1}=\frac{N_{p,i+1}}{N_{p,i}}\times N_i \tag{5.66}$$

式中：$N_{m,i+1}$ 为第 $i+1$ 年由气象条件决定的实际植被初级生产力，单位为 gC/(m^2·a)；$N_{p,i+1}$ 为第 $i+1$ 年的潜在植被净初级生产力，单位为 gC/(m^2·a)；$N_{p,i}$ 为第 i 年的潜在植被净初级生产力，单位为 gC/(m^2·a)；N_i 为第 i 年的实际植被净初级生产力，单位为 gC/(m^2·a)。

潜在植被净初级生产力 $N_{p,i}$ 和 $N_{p,i+1}$ 分别根据第 i 年和第 $i+1$ 年的气象条件，采用周广胜等(1995)发展的生产力模型(式(5.67))计算。该模型是基于植物生理生态学特点及联系能量平衡方程和水量平衡方程的区域蒸散模式建立的新的自然植被净初级生产力模型。

$$N_p=K\times \mathrm{RDI}^2\times\frac{P\times(1+\mathrm{RDI}+\mathrm{RDI}^2)}{(1+\mathrm{RDI})(1+\mathrm{RDI}^2)}\times\exp[-(9.87+6.25\mathrm{RDI})^{0.5}] \tag{5.67}$$

式中：N_p 为潜在植被净初级生产力，单位为 gC/(m^2·a)；K 为单位转换系数，参考值为50；P 为年降水量，单位为 mm。RDI 为辐射干燥度，按式(5.68)计算：

$$\mathrm{RDI}=0.629+0.237\times\mathrm{PER}-0.00313\mathrm{PER}^2 \tag{5.68}$$

其中：

$$\mathrm{PER}=\mathrm{PET}/P=58.93B_t/P \tag{5.69}$$

式中：PER 为可能蒸散率；PET 为年可能蒸散量，单位为 mm；P 为年降水量，单位为 mm；B_t 为年平均生物温度，单位为℃。

年平均生物温度(B_t)按式(5.70)计算：

$$B_t=\sum t_{bm}/365 \text{ 或 } B_t=\sum T_{bm}/12 \tag{5.70}$$

式中：t_{bm} 为小于30 ℃且大于0 ℃的日均温，大于30 ℃时取30 ℃，小于0 ℃时取0 ℃，单位为℃；T_{bm} 为小于30 ℃且大于0 ℃的月均温，大于30℃时取30 ℃，小于0 ℃时取0 ℃，单位为℃。

② 气象条件决定的实际植被覆盖度

气象条件决定的实际植被覆盖度按式(5.71)计算：

$$C_{m,i+1}=C_{p,i+1}/C_{p,i}\times C_i \tag{5.71}$$

式中：$C_{m,i+1}$ 为第 $i+1$ 年由气象条件决定的实际植被覆盖度；$C_{p,i+1}$ 为第 $i+1$ 年的潜在植被覆盖度；$C_{p,i}$ 为第 i 年的潜在植被覆盖度；C_i 为第 i 年的实际植被覆盖度。

潜在植被覆盖度 $C_{p,i}$ 和 $C_{p,i+1}$ 分别基于第 i 年和第 $i+1$ 年的潜在归一化植被指数，按式(5.72)计算：

$$C_p=\frac{V_p-V_{min}}{V_{max}-V_{min}} \tag{5.72}$$

式中：C_p 为潜在植被覆盖度；V_p 为潜在归一化植被指数，取一年中最大的月潜在归一化植被指数。月潜在归一化植被指数按式(5.71)计算；V_{min} 为评价区归一化植被指数的最小值，取归一化植被指数累积频率5%的对应值；V_{max} 为评价区归一化植被指数的最大值，取归一化植被指数累积频率95%的对应值。

月潜在归一化植被指数(V_{pm})的计算如下：

$$V_{pm}=\frac{100\times[1-\exp(-0.6L_p)]+38}{250} \tag{5.73}$$

式中：V_{pm} 为月潜在归一化植被指数；L_p 为月潜在叶面积指数。

月潜在叶面积指数(L_p)按式(5.74)计算：

$$L_p=\frac{P_m}{\left(\dfrac{64.8D\times t_m\times G_{max}}{1+0.67G_{max}}\right)} \tag{5.74}$$

式中：P_m 为月降水量，单位为mm；D 为月均水汽摩尔分数亏损，单位mol/mol，按式(5.75)计算；t_m 为月均日照时数，单位为h，取该月每天日照时数之和的平均值。日照时数(t)按式(5.79)计算；G_{max} 为最大气孔导度，单位mol/(m^2·s)，森林、草原、荒漠和湿地的 G_{max} 取值参考值分别为：0.300、0.287、0.202和0.290 mol/(m^2·s)。

月均水汽摩尔分数亏损(D)按式(5.75)计算：

$$D=\frac{e_s-e_a}{e_p-0.378e_a} \tag{5.75}$$

式中：e_s 为月均饱和水汽压，单位为Pa，按式(5.76)计算；e_a 为月均实际水汽压，单位为Pa，按式(5.77)计算；e_p 为月均大气压，单位为Pa，按式(5.78)计算。

$$e_s=610.8\times\exp\left(\frac{17.27T_m}{T_m+237.3}\right) \tag{5.76}$$

式中：T_m 为月均气温，单位为℃。

$$e_a=e_s\times R_h/100 \tag{5.77}$$

式中：R_h 为月均相对湿度(%)。

$$e_p=101.3\times[(293-0.0065z)/293]^{5.26}\times10^3 \tag{5.78}$$

式中：z 为海拔高度，单位为m。

$$t=24\omega_s/\pi \tag{5.79}$$

式中：t 为日照时数，单位为h；ω_s 为日落时角，单位为Rad，按式(5.80)计算：

$$\omega_s=\cos^{-1}[-\tan\psi\times\tan\delta] \tag{5.80}$$

式中：Ψ 为纬度，单位为Rad；δ 为太阳磁偏角，单位为Rad，按式(5.81)计算：

$$\delta=0.409\sin(2\pi\cdot j/365-1.39) \tag{5.81}$$

式中：j 为日序，取值范围为1到365或366，例：1月1日取日序为1。

5.7.1.2 实际植被生态质量变化量

(1)第 $i+1$ 年相对于第 i 年的实际植被生态质量变化量

第 $i+1$ 年相对于第 i 年的实际植被生态质量变化量($\Delta Q_{a,i+1}$)按式(5.82)计算：

$$\Delta Q_{a,i+1}=Q_{a,i+1}-Q_{a,i} \tag{5.82}$$

式中：$\Delta Q_{a,i+1}$ 为第 $i+1$ 年相对于第 i 年的实际植被生态质量变化量，单位为 gC/a；$Q_{a,i+1}$ 为第 $i+1$ 年实际植被生态质量，单位为 gC/a；$Q_{a,i}$ 为第 i 年实际植被生态质量，单位为 gC/a。

(2)评价期内的实际植被生态质量变化量

评价期内的实际植被生态质量变化量 Q_s 按式(5.83)计算：

$$Q_s=\sum_{i=1}^{n-1}\Delta Q_{a,i+1} \tag{5.83}$$

式中：Q_s 为评价期内的实际植被生态质量变化量，单位为 gC/a；n 为评价期的年份数；$\Delta Q_{a,i+1}$ 为第 $i+1$ 年相对于第 i 年的实际植被生态质量变化量，单位为 gC/a。

5.7.1.3 气象条件决定的实际植被生态质量变化量

(1)第 $i+1$ 年相对于第 i 年的气象条件决定的实际植被生态质量变化量

第 $i+1$ 年相对于第 i 年的气象条件决定的实际植被生态质量变化量($\Delta Q_{m,i+1}$)按式(5.84)计算：

$$\Delta Q_{m,i+1}=Q_{m,i+1}-Q_{a,i} \tag{5.84}$$

式中：$\Delta Q_{m,i+1}$ 为第 $i+1$ 年相对于第 i 年的气象条件决定的实际植被生态质量变化量，单位为 gC/a；$Q_{m,i+1}$ 为第 $i+1$ 年气象条件决定的实际植被生态质量，单位为 gC/a；$Q_{a,i}$ 为第 i 年实际植被生态质量，单位为 gC/a。

(2)评价期内气象条件决定的实际植被生态质量变化量

评价期内气象条件决定的实际植被生态质量变化量(Q_{ms})按式(5.85)计算：

$$Q_{ms}=\sum_{i=1}^{n-1}\Delta Q_{m,i+1} \tag{5.85}$$

式中：Q_{ms} 为评价期内气象条件决定的实际植被生态质量变化量，单位为 gC/a；n 为评价期的年份数；$\Delta Q_{m,i+1}$ 为第 $i+1$ 年相对于第 i 年的气象条件决定的实际植被生态质量变化量，单位为 gC/a。

5.7.1.4 植被生态质量变化的气象条件贡献率

植被生态质量变化的气象条件贡献率为评价期内气象条件决定的实际植被生态质量变化量与实际植被生态质量变化量之比，按式(5.86)计算：

$$F_m=\frac{Q_{ms}}{|Q_s|} \tag{5.86}$$

式中：F_m 为评价期内植被生态质量变化的气象条件贡献率；Q_{ms} 为评价期内气象条件决定的实际植被生态质量变化量，单位为 gC/a；Q_s 为评价期内实际植被生态质量变化量，单位为 gC/a。

为避免评价期内实际植被生态质量变化量较小引起计算溢出，当 $|Q_s|/Q_{a,i}\leqslant 10\%$ 时，$|Q_s|$ 按式(5.87)计算：

$$|Q_s|=0.1\times Q_{a,i} \tag{5.87}$$

式中：Q_s 为评价期内实际植被生态质量变化量，单位为 gC/a；$Q_{a,i}$ 为第 i 年实际植被生态质量，单位为 gC/a。

区域植被生态质量变化的气象条件贡献率评价，采用区域内所有类型植被在评价期内由气象条件决定的实际植被生态质量变化量之和除以实际植被生态质量变化量之和。

5.7.2 气象条件贡献率评价等级

植被生态质量变化的气象条件贡献率评价等级按表 5.10 的规定确定。气象条件贡献率为正，表示气象条件有利于植被生态质量提升；气象条件贡献率为负，表示气象条件不利于植被生态质量提升。

表 5.10 气象条件贡献率评价等级

气象条件贡献率指标	评价等级	释义
$F_m \geqslant 1$	高度正贡献	气象条件极有利于植被生态质量提升
$0.1 < F_m < 1$	中度正贡献	气象条件有利于植被生态质量提升
$-0.1 \leqslant F_m \leqslant 0.1$	无贡献	气象条件对植被生态质量影响不显著
$-1 \leqslant F_m < -0.1$	中度负贡献	气象条件不利于植被生态质量提升
$F_m < -1$	高度负贡献	气象条件极不利于植被生态质量提升

5.8 森林火险气象监测预报预警

森林火灾是世界八大自然灾害之一，其突发性强、破坏性大、危险性高，严重危及人民生命财产和森林资源安全，甚至引发生态灾难。

1987 年 5 月 6 日—6 月 2 日，在黑龙江省大兴安岭地区发生特大火灾，是新中国成立以来最严重的一次森林火灾，震惊中外，大火一直持续 28 d。约五分之一的大兴安岭森林被烧，101 万 hm^2 森林受害，5 万多人受灾，211 人丧生，间接经济损失达 69.13 亿元。

对森林防火工作的认识是一个循序渐进的发展过程，1987 年那场灾难，敲响了中国森林防火的警钟。有专家说，中国森防工作能有今天的发展，1987 年的大兴安岭火灾是重要的契机。“以前觉得森林火灾和城市火灾没什么区别，都是火，无非是一个烧了树，一个烧了房子，着起来就去扑呗。”后来逐渐意识到，森林火灾其实是一种自然灾害，虽然百分之九十的起火原因都是人为因素，但自然条件影响是起决定性作用的。

森林火灾危害的不仅是人民生命财产安全和国家林业资源，更可能对整个生态环境造成难以恢复的破坏。所以，预报、监测、预防才是降低林火灾害的最有效办法。大兴安岭火灾之后，由国务院直接领导的“大兴安岭火灾前线指挥部”演变成一个常设机构，叫作“全国森林防火指挥部”。

2018 年以来，森林火灾成为世界各地的一大“危险分子”。2018 年 1—7 月，欧洲共发生森林火灾 601 起，过火面积达到 8.77 万 hm^2，与 2008—2017 年同期均值相比，森林火灾次数上升 50%。6 月 1 日，内蒙古大兴安岭汗马自然保护区北部因雷击引发森林火灾，并于 6 月 3 日蔓延至黑龙江省大兴安岭呼玛县呼中国家级自然保护区境内，致使大面积森林遭到严重损坏。

作为陆地生态系统的主体，森林是蓄水固土、防风防沙、调节气候的自然资源。森林火灾给森林带来严重危害，不仅造成经济损失，而且也破坏生态环境，甚至威胁人民生命财产安全。

因此，森林防火事关社会和谐稳定和应对气候变化大局，既对生态文明建设有重要意义，也对经济社会发展有重要意义。

5.8.1 森林火灾与气象因子的关系

森林火灾的发生与气象条件密切相关，在可能引起森林火灾的诸多因子中，天气气候条件一直被认为是最主要的影响因素，干旱、高温、雷击、大风等天气都直接影响森林中可燃物的易燃特性、森林火灾的发生和蔓延及现场扑救。根据江西省四季的天气气候特点及森林植被状况，江西将森林防火重点期定为10月1日—次年4月30日。

(1)气温与森林火灾的发生呈正相关关系

气温 t 升高时，可燃物的物体温度也随之升高，易燃致灾的可能性也明显加大。统计分析表明：当气温 $t\leqslant-10$ ℃时，一般无火灾发生；-10 ℃$<t\leqslant0$ ℃时，可能有火灾发生；0 ℃$<t\leqslant10$ ℃时，发生火灾次数明显增多；10 ℃$<t\leqslant15$ ℃时，草木植被复苏返青，火灾次数逐渐减少。

(2)湿度与森林火灾的发生呈负相关关系

相对湿度越低，森林火灾蔓延越快；相对湿度越高，森林火灾蔓延越慢。

分析表明：出现高森林火险等级天气时的平均相对湿度均在76%以下；若森林中日最小相对湿度低于50%，则森林火灾发生率高达90%。

夏秋干旱季节当气温≥30 ℃，相对湿度偏小时，也是森林火灾的高发和易发危险期；且湿度越小，温度越高，形成发生林火的可能性也越大。

(3)降水量与森林火灾发生呈负相关关系

降水的发生与空气湿度关系密切。湿度越大，表明空气中的水汽含量越多，降水量与高森林火险天气的发生呈负相关关系。降水量越大，表明森林中的湿度越大，植被的可燃度越低，因而发生森林火灾的概率就越小。高森林火险通常出现在无雨的天气中。统计表明，超过一半以上的高森林火险发生前，连续3 d以上没有出现降水。

(4)风与森林火灾的发生呈正相关关系

风是空气流动引起的一种自然现象，从科学的角度来看，风常指空气的水平运动分量，风是由于空气冷热不均而导致的气压差致使空气从一个地方向另一个地方产生移动的结果。风与森林火灾的发生呈正相关关系，不仅有利于降低林中的空气湿度，加速植被体内的水分蒸发，还具有动力作用。风对林火的发生、蔓延主要有3个方面的动力作用：①增强热平流，加速火灾蔓延；②补充氧气，改进助燃条件，提高燃烧强度和蔓延速度；③造成飞火，将燃烧物吹到火场外部，形成新的火源，甚至使多处林火连接成片，具有迅速扩大林火面积的作用。

5.8.2 江西省森林热点监测和火险预报预警业务

5.8.2.1 森林热点卫星遥感监测

江西省气象部门利用卫星遥感对森林热点进行监测。采用的卫星以静止气象卫星为主，极轨气象卫星作为补充，包括中国最新一代静止气象卫星风云四号、日本静止气象卫星葵花8/9号(Himawari-8/9)，以及中国极轨气象卫星风云三号系列卫星(FY-3B、FY-3C、FY-3D)、美国极轨气象卫星 NPP、Terra、Aqua、NOAA 等。

静止气象卫星监测森林热点具有一定的优势：

(a)高空间分辨率：新一代静止气象卫星在各通道的分辨率上均有明显提高，其中用于热点监测的红外通道，分辨率为 1000～2000 m，为以前的 2 倍以上。

(b)高时间分辨率：Himawari-8/9 静止气象卫星观测频次为 10 min 一次，一天有 142 次观测；FY-4A 静止气象卫星观测频次为 15 min。利用该高频观测，能连续获取热点信息，分析热点动态发展。

(c)高时效性：卫星数据在数分钟内即从卫星上传输至地面接收站，后续经辐射校正、定位校正、投影转换及热点判识和信息获取，整个过程仅滞后 15 min，时效性较高。

卫星监测森林热点也具有一定的局限性，主要有易受云、浓烟等干扰，有最高灵敏度限制(明火面积超过像元面积万分之一)等。

卫星遥感热点判识的基本原理：

① 温度升高导致热辐射增强：随着地面像元温度的不断增加，对应像元的辐射能量也相应增加，表现为热红外通道的亮温异常高。

② 不同热红外通道增长幅度差异：过火过程中，3.9 μm 通道热辐射增量是 11 μm 通道增量的几十倍。

5.8.2.2 森林火险气象等级预报业务

国际上从 20 世纪初开始开展森林火灾的研究，20 世纪 70 年代起逐渐形成火险等级预报业务。我国的森林火险研究和预报预警业务虽起步稍晚，但发展迅速。1995 年国家林业局制定发布林业行业标准《全国森林火险天气等级》(LY/T 1172—1995)；1999 年，中国气象局和国家林业局联合启动开展国家级森林火险气象等级预报预警业务；2007 年，中国气象局制定发布气象行业标准《森林火险气象等级》(QX/T 77—2007)。但由于这两项行业标准存在指标不统一、数据资料难获取、计算方法不够简洁不便于操作、森林火险气象指数和等级定义不清晰等问题，非常不利于全国推广应用。随着森林可燃物监测技术和大气科学的发展，修订适用性更强的森林火险标准迫在眉睫。

2015 年，中国气象局提出修订完善《森林火险气象等级》。2018 年 9 月，国家市场监督管理总局、国家标准化管理委员会发布中华人民共和国国家标准公告，国家标准《森林火险气象等级》获得批准。此次新标准主要是根据降水、积雪、气温、湿度、风向、风速等气象条件对森林火灾易燃和易蔓延的影响程度，划分气象影响等级，即从气象条件的角度，以气象影响等级表示森林火灾易发和易蔓延的风险，并应用于国家级森林火险气象等级预报业务中，经过多年业务实践和检验的“修正布龙-戴维斯方案”用于计算森林火险气象指数。另外，考虑到我国幅员辽阔，地域差异较大，且属于多气候带，根据大量的科学试验研究验证，依据地理气候划分五个区域，从而研究确定了各区域的等级阈值，进一步规范完善了全国森林火险气象等级的制作发布技术和业务，对即将开展的森林草原火险气象预警国家级上下一体化业务将起到重要指导作用。20 世纪 90 年代前后，江西省气象业务部门开始制作发布江西省森林火险气象等级预报。根据森林火险与气象条件之间的关系，森林火险气象预报由低到高划分为五个等级，分别为低(一级)、较低(二级)、较高(三级)、高(四级)、极高(五级)(表 5.11)，并结合森林火险气象预报技术开展森林火险气象预报服务。

表 5.11 森林火险气象预报等级及服务提示用语

火险等级	危险程度	易燃程度	蔓延程度	预报服务用语
一级	低	难	难	森林火险气象等级低
二级	较低	较难	较难	森林火险气象等级较低
三级	较高	较易	较易	森林火险气象等级较高,须加强防范
四级	高	容易	容易	森林火险气象等级高,林区须加强火源管理
五级	极高	极易	极易	森林火险气象等级极高,严禁一切林区用火

未来一周江西省森林火险气象预报业务流程主要包括实况监测、产品制作。

(1)实况监测

通过中国卫星遥感信息服务网查看过去一周国家卫星气象中心监测的全国热源点分布情况;与应急管理部森林防火预警监测信息中心沟通过去一周森林火灾分布情况;关注当前全国旱涝监测。

(2)未来一周全省森林火险气象预报产品制作

采用江西省气象台智能网格预报结果(图 5.8),包括相对湿度、日降水量、风速、最高气温、降雪量和积雪深度等,依据国家标准《森林火险气象等级》(GB/T 36743—2018),计算未来一周全省森林火险气象预报等级,与应急管理部门会商和预报员订正后,制作森林火险气象预报图。最终生成未来一周森林火险等级预报产品。当森林火险达 4 级或以上时,适时对外发布森林火险预报或警报。

5.8.3 森林热点多发期的气象条件分析

根据江西省 2003—2018 年林火遥感监测分布统计数据,江西省火点主要集中在赣南地区。江西地貌以丘陵、山地为主,海拔 100～500 m 面积较大,占总土地面积的 65.4%,南部更是以山区为主,而且西北境、西境、东北境、东南境、南境群山环绕,中部为过渡区域边缘山地,内侧丘陵,植被森林覆盖面积广,火点分布较为密集。而北部为鄱阳湖平原,地势平坦,鄱阳湖周围城市化进程高,林火发生次数少,如南昌市 16 a 间只发生过两起林火。

2003—2018 年林火时间变化统计显示,江西省林火年变化有波动性,总体呈现出先增加后减小的趋势,其中峰值出现在 2007—2009 年,仅 2009 年全省林火次数就高达 361 次;然而 2015 年全省仅记录到一次有效林火。同时,林火发生次数还具有显著的月变化规律,暖季的 5—9 月几乎没有森林火灾发生,此时段包括江西省汛期,降水量大,根据有关研究,降水量、空气相对湿度、土壤含水量、植被含水量等均与林火发生有强烈的负相关性;进入冷季后火灾发生次数逐渐增加,其中,1—3 月是森林火灾的高发时段,除了季节性气象条件改变外,可能还存在人为引发林火的可能性,如春节祭祀和庆祝活动、农业活动等。总的来说,人为因素虽有干扰,但气象因子仍是主导因素,因此,我们将进一步探讨气象因子的影响机制。

对 2003—2018 年 15 年间江西省林火发生时的主要气象因子(日平均温度、日最高温度、日平均相对湿度、日蒸发量、日最高地面温度、日平均气压)分布情况开展研究,结果显示:所有气象因子几乎均呈现出单峰分布特征。发生林火的平均气温峰值在 10～16 ℃,在 12～14 ℃范围内达到频率最大值,占到总体的 14.4%;日最高气温在 20～24 ℃时到最大峰值,最大频率占比达到 16.4%,然而在 26～30 ℃仍有一个次峰值,占比也高达 11.1%～12.8%。林火发

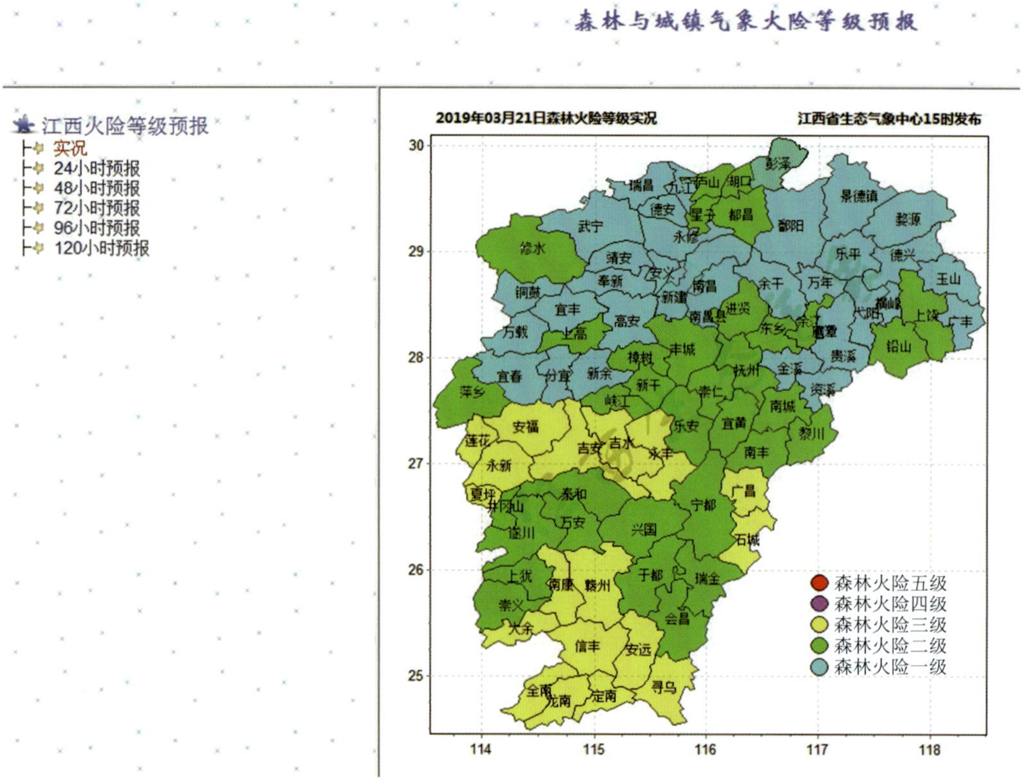

图 5.8　江西省森林与城镇气象火险等级预报平台

生时相对湿度范围在 15%～95%，环境较为干燥，最大峰值出现在 50%～60%，仅这一范围的累计频率占比就达到 35.7%，而在相对湿度大于 80%的区间内的累计频率占比仅为 1.1%，这表明高的环境相对湿度是规避林火发生的一个重要条件。林火发生时，蒸发量较小，蒸发量峰值在 3～4 mm 达到频率 25%的峰值，峰值过后，随着蒸发量的增大，频率逐渐降低。从地面最高温度的频率分布可以发现，30～40 ℃的占比超过总体的一半，这一范围的累计占比超过 50%。统计分析表明，江西省森林热点偏多的时间段，基本上都与气温偏高、空气异常干燥和降水偏少的天气气候背景有关。

5.8.4　森林防火的一般性建议

(1)加强火源管控。如果秋、冬、春季干旱将持续或发展，高森林火险日数仍然偏多，则应切实采取措施加强火源管控，特别是要加强对林区和高山景区入口处的管理，尽量从源头上杜绝人为因素造成的森林火灾隐患。

(2)加强对森林热点及林火的监测。加强卫星遥感对森林热点的监测，加密护林员的巡护密度，强化值班值守、调度与应急联动，强化火情报告制度，确保一旦发生火情，做到“打早、打小、打了”。

(3)加强森林防火科普宣传，增强防火意识。元旦、冬至、春节、清明等节假日及天气连晴时段，回乡人员增多，外出旅游休闲、祭祀等民事活动增多，应加强森林防火宣传，增强防火意识，文明旅游，绿色祭扫。

(4)抓住一切有利条件开展人工增雨作业。抓住一切有利时机，大力实施人工增雨作业，降低森林火险等级，减缓干旱发展。

5.9 案例分析

5.9.1 植被质量监测评估生态气象服务

根据气象和卫星遥感监测，2000 年以来，江西省植被生态质量持续改善。2000—2018 年，全省植被覆盖度累计提高了 18.4%。2018 年，全省植被覆盖度为 2000—2018 年最高；NDVI 为 2000—2018 年次高；NPP 提高了 14.7%，为 2000 年以来最好。

5.9.1.1 全省植被覆盖度和质量显著提高

2000 年以来，江西省生态文明建设取得了可喜的成绩。通过卫星遥感监测分析发现，全省除城市中心区和开发区外，其他地区植被覆盖度、植被质量持续提高，其中赣东、赣南植被覆盖度和质量提高最为显著。

(1)2018 年全省植被覆盖度明显增加，“绿度”显著提高

根据 2000—2018 年卫星资料监测分析，2018 年全省植被覆盖度显著增加，与 2000 年相比，全省植被覆盖度提高了约 18.4%，变大趋势率部分地区达(0.4～0.6)%/a，见图 5.9。

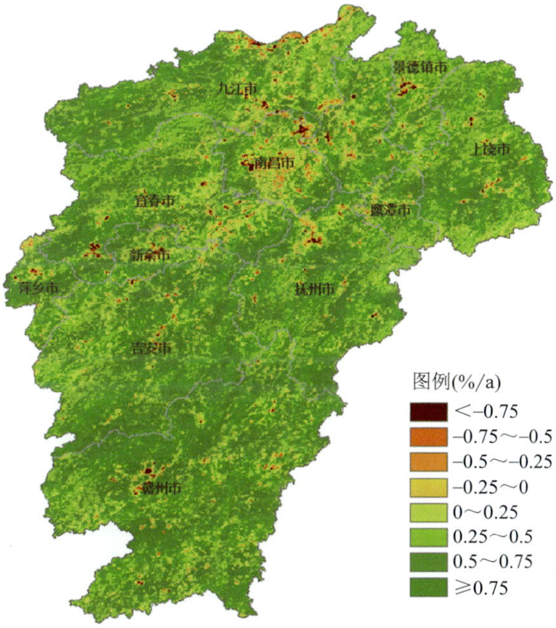

图 5.9 2000—2018 年江西省植被覆盖度变化趋势率分布

根据 2000—2018 年逐 16 d 卫星资料合成的 NDVI 产品，计算了江西历年的最大 NDVI。从图 5.10 可以看出，2018 年，全省大部分地区年最大 NDVI 在 0.65～0.75，植被质量良好。其中九岭山、罗霄山、于山、武夷山、怀玉山等自然保护区年最大 NDVI 大于 0.85，比全省平均高

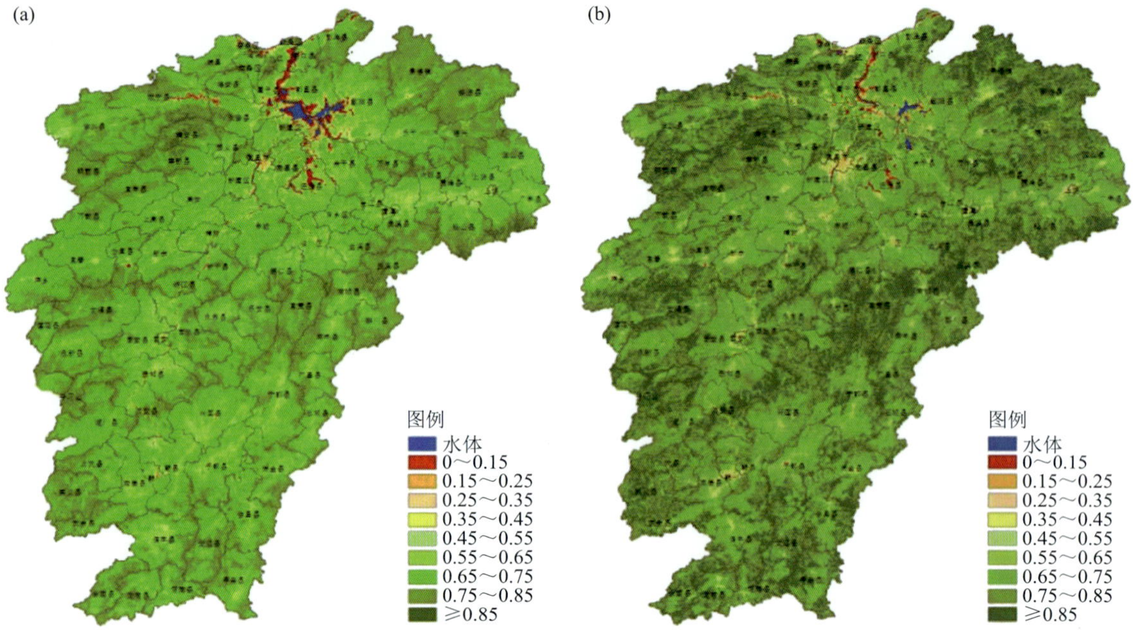

图 5.10　2000 年(a)和 2018 年(b)江西省年最大 NDVI 空间分布

出约 12%，因为其植被基础条件好，生物多样性高，同时也表明政府对自然保护区的保护措施与成效十分显著。对比图 5.10a、b 两图还可以看到，图 5.10b 整体“绿度”明显高于图 5.10a，这表明 2018 年全省最大植被指数明显高于 2000 年。

从全省逐年平均最大 NDVI 变化图(图 5.11)可以看到，2000 年以来，江西省植被生长总体呈持续改善的趋势，特别是 2011 年以来各年最大 NDVI 值均高于历年均值。其中，2015 年最大 NDVI 为 0.77，为 2000—2018 年来最大值，2018 年的 0.76 为次大值，比历年均值提高了约 3%。这主要是因为 2015 年水热条件较佳，植被指数出现阶段性峰值，而 2018 年受到春、夏季持续少雨以及高温干旱(3—8 月全省降水偏少 1.8 成，气温偏高 1.4 ℃)等不利气象条件的影响，植被生产在旺季受到一定抑制，使植被指数峰值偏低。

图 5.11　2000—2018 年江西省年最大 NDVI 变化

对 2000—2018 年全省 NDVI 变化趋势率空间分布情况(图 5.12)分析表明，2000—2018 年来全省大部分地区 NDVI 变化趋势率大于 0。

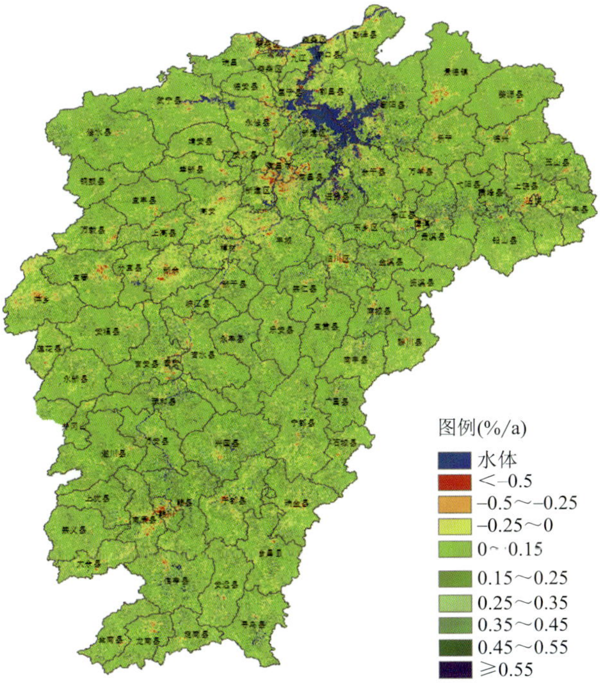

图 5.12　2000—2018 年江西省年最大 NDVI 变化趋势率

综上所述，2000—2018 年全省植被覆盖度和 NDVI 持续上升，表明全省大部分地区植被覆盖度和植被质量同步提高。

(2)全省植被生产力为 2000 年以来最好

根据 2000—2018 年归一化植被指数以及同期的月气象资料，利用陆地生态系统碳通量 TEC 模型计算得到 2000 年以来江西省各月植被净初级生产力 NPP 值。

从图 5.13 可以看出，2018 年全省植被 NPP 比 2000 年明显提高。植被净吸收的二氧化碳量明显增多，全省植被生产力明显提升。图 5.14 也表明，2000 年以来全省植被 NPP 呈逐渐增长的趋势，平均每年增加 5.8 gC/m^2，2018 年全省植被 NPP 为 2000 年以来最高，比 2000 年提高了约 14.7%，这与江西省近年来着力提高森林质量，坚持保护优先，自然修复为主的原则，实施数量与质量并重、质量优先的措施是分不开的。

5.9.1.2　各设区市植被生态改善状况的分析

2000 年以来，全省 11 个设区市的植被生态质量均有不同程度改善。其中吉安、赣州、抚州 3 市植被改善程度位居省内前 3 位(图 5.15)。省会南昌由于城市发展更快等因素，植被改善程度较其他设区市低，但相对于 2000 年，也有将近 80%的植被得到改善。

5.9.2　气象灾害生态影响评估与预警

江西省位于亚热带季风区，气象灾害发生的种类多、分布广、频率高，是全国气象灾害最严重的省份之一。气象灾害还会导致一系列次生和衍生灾害，如泥石流、山体滑坡、森林火灾、农林病虫害、传染病等。气象及相关灾害破坏生态环境，制约江西的经济社会发展，严重威胁人民群众的生命财产安全，对江西省森林、湖泊湿地、农田等生态系统也造成严重危害，使生态质

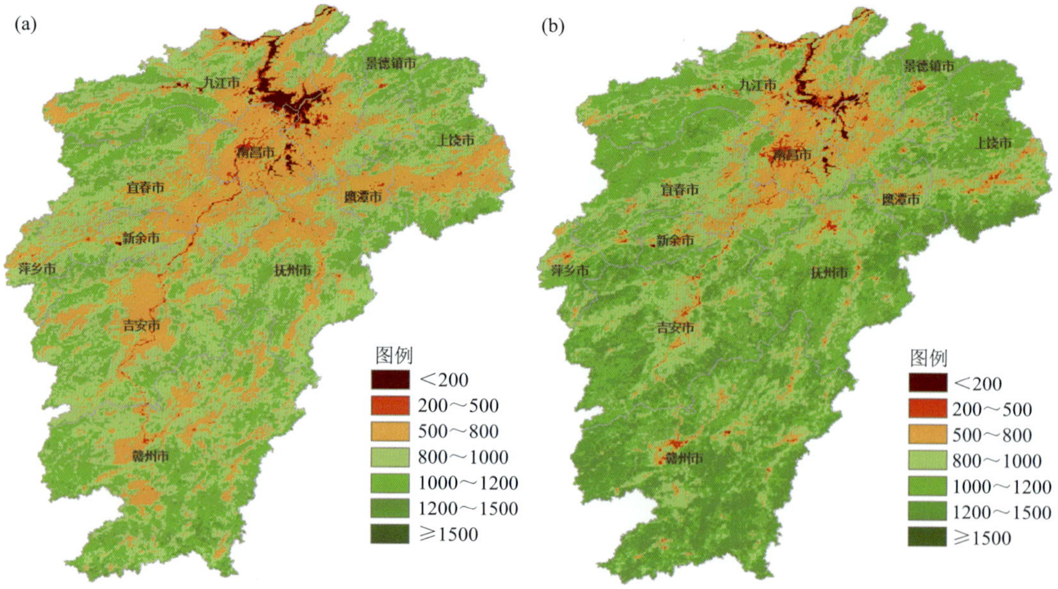

图 5.13　2000 年(a)和 2018 年(b)江西省植被 NPP 空间分布(单位:gC/m²)

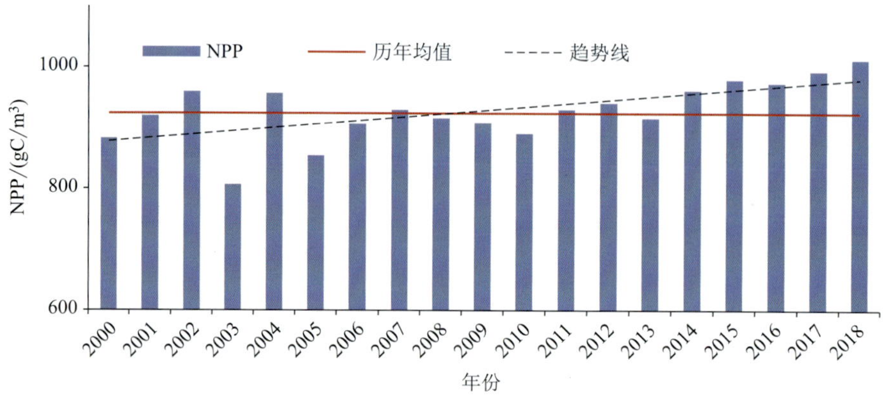

图 5.14　2000—2018 年江西省植被净初级生产力 NPP 变化

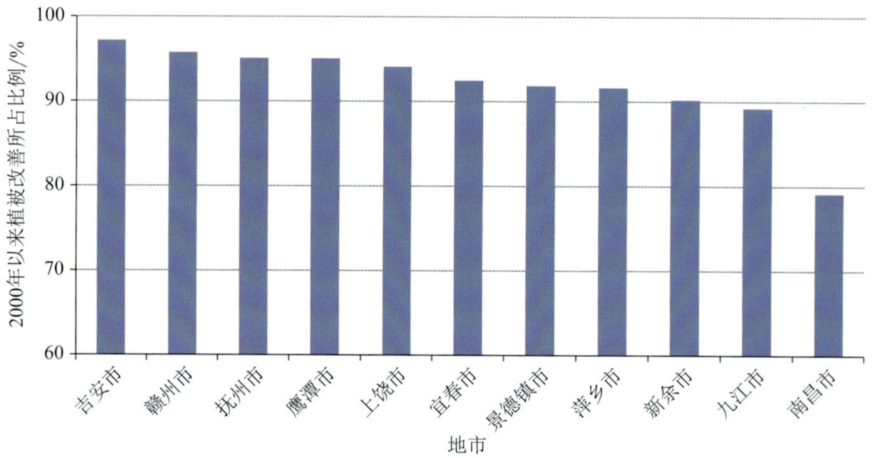

图 5.15　2000 年以来江西省 11 个设区市植被生态改善所占比例

量出现阶段性下降，冰冻造成森林竹木损伤、死亡、生产力下降、生物多样性受损，严重干旱使湖泊湿地萎缩、生态服务功能下降、生物多样性损失等。

以下主要以 2013 年、2019 年、2020 年等典型气候异常年份为例，结合多源卫星遥感等资料，评估洪涝、干旱等气象灾害对森林、湿地、农田等生态系统的影响。

5.9.2.1　干旱对森林生态系统的影响评估

植被净初级生产力(NPP)是指绿色植物在单位面积、单位时间内所累积的有机物数量，一般以每平方米积累干物质的含量(单位：gC/m^2)来表示，可以很好地反映植物的生长状况，客观反映陆地生态系统的质量状况。

2003 年是典型高温干旱年，伏旱指数和全年干旱指数均列新中国成立以来第一位。江西省 2003 年 7—9 月夏、秋季平均气温达 28.8 ℃，比常年气温值高 1.55 ℃，创江西省有气象记录以来历史最高值，尤其是 7—9 月江西省平均降雨量为 165 mm(含人工增雨量)，创江西省历史同期有记录以来的最低值，持续少雨加上长时间的高温酷暑致使 2003 年干旱异常严重。2003 年持续的高温干旱少雨天气气候事件对江西省森林植被生态系统影响非常显著。根据历年 NPP 遥感监测结果(图 5.14)，2003 年江西省植被 NPP 创历史最低，仅为 807.1 gC/m^2，比进入 21 世纪以来江西省平均 NPP 少 117.2 gC/m^2，比 2018 年植被 NPP 少 205.3 gC/m^2。从空间分布来看，2003 年植被 NPP 明显低于 2018 年，尤其鄱阳湖流域 NPP 显著减少(图 5.16 和图 5.13b)。

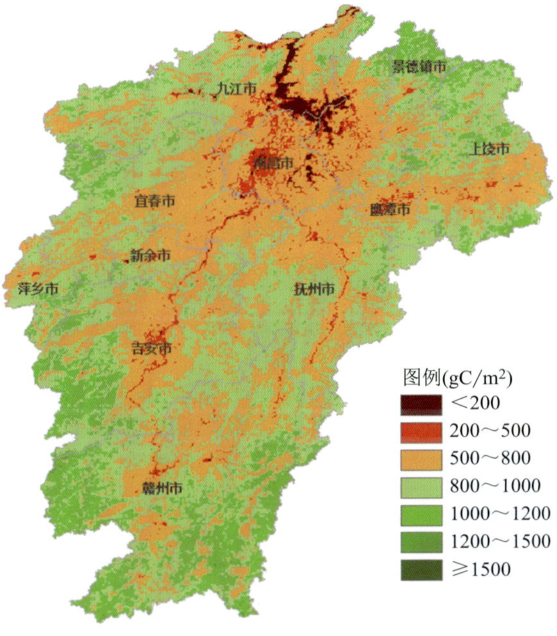

图 5.16　2003 年平均植被净初级生产力分布

5.9.2.2　气象灾害对鄱阳湖流域湿地生态系统的影响评估

鄱阳湖是我国最大的淡水湖、国际重要湿地，也是长江中下游仅存的两个通江大湖之一，在调蓄洪水、涵养水源、维持生态平衡、保护生物多样性等方面具有重要作用。鄱阳湖接纳赣江、抚河、饶河、信江、修水五大河流来水，构成了完整的鄱阳湖流域。近年来鄱阳湖秋冬季水文呈干枯态势，主要表现为枯水期提前、持续时间延长、枯水位偏低，对鄱阳湖生态产生一系列影响，如水质下降、湿地植被退化、候鸟栖息地面临威胁等。

2019 年江西省降水量时空分布极不均匀，雨季开始早结束晚、雨季长，降水量前汛期少后汛期多、北部少中南部多。雨季结束后全省进入高温少雨季，出现了历史罕见的夏、秋、冬连旱，2019 年 7 月 16 日—12 月 16 日全省降水量之少，气温之高等多项气象指标创历史之最，气象干旱为有气象记录以来范围最广、强度最强，鄱阳湖较常年提前一个月进入枯水季。2019 年洪涝、干旱等气象灾害对鄱阳湖湿地生态系统水域面积、植被生态、水环境等造成了一定的影响。

(1)洪涝、干旱对鄱阳湖水域面积的影响

根据 FY-3 卫星 MERSI 资料等监测，鄱阳湖水域面积全年呈现前大后小的现象，2019 年各月鄱阳湖水域面积变化及与历史同期对比见图 5.17(2 月缺少晴空资料，无监测数据)，其中湖口水位与鄱阳湖水域面积呈显著的正相关关系。2019 年典型月份鄱阳湖水域面积监测影像见图 5.18。

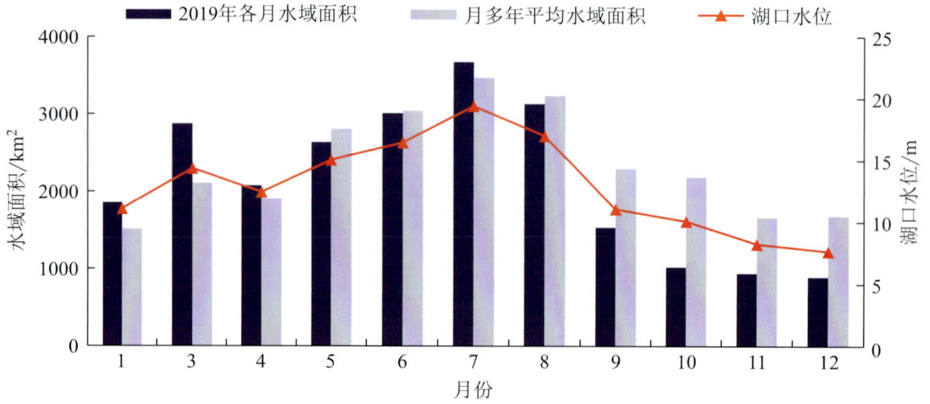

图 5.17　2019 年鄱阳湖水域面积与历史同期多年平均值比较

2019 年 6 月至 7 月上半月先后遭 4 轮强降雨袭击，全省平均洪涝指数达 390.5，位居历史第 6 高值。据统计，2019 年 7 月 30 日，全省平均降水量为 1578.5 mm，较历史同期(1261.5 mm)多 2.5 成。根据 FY-3 卫星 MERSI 资料等监测，受持续降水影响，2019 年 1—7 月鄱阳湖水域面积持续增加，该时段鄱阳湖水域面积较历史同期偏大。7 月 25 日监测到水域面积达 3675 km^2，鄱阳湖正处于丰水期，是 2019 年监测到的最大水面，较 6 月 26 日监测的水域面积(3502 km^2)增大了 173 km^2，较历史同期偏大 205 km^2。

2019 年下半年全省降水持续偏少，气温高、湿度小，干旱程度及持续时间为有气象记录以来同期最严重。根据气象资料分析，2019 年 8 月 1 日至 11 月 30 日，全省平均降水量为 101.6 mm，较历史同期(365.8 mm)少 7.2 成。根据 FY-3 MERSI 资料等监测，受持续干旱影响，2019 年 8—12 月鄱阳湖水域面积迅速减小，该时段鄱阳湖水域面积较历史同期偏小。9 月 12 日监测的水域面积仅剩 1537 km^2，较历史同期偏小 1.4 成，受干旱影响，鄱阳湖较常年提前一个月进入枯水季。12 月 2 日监测到的水域面积为 898 km^2，其中通江部分仅 270 km^2，是 2019 年监测到的最小水面。2019 年的干旱事件造成鄱阳湖流域短时水资源短缺。

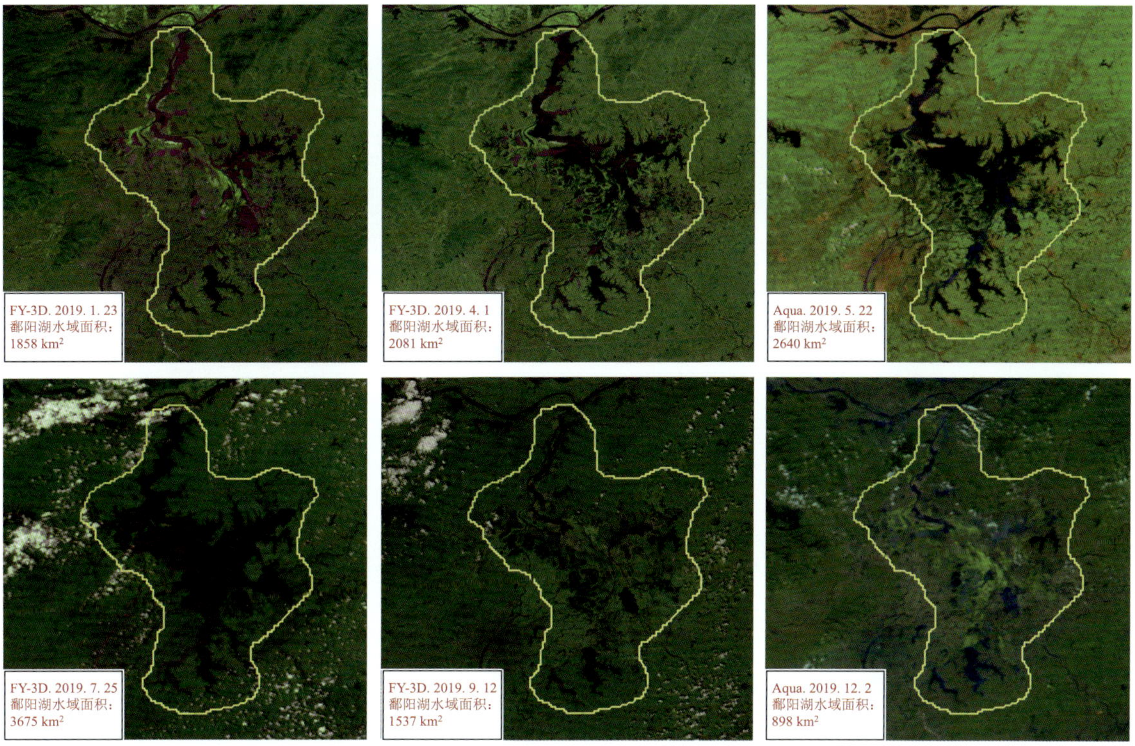

图 5.18　2019 年鄱阳湖水域面积动态变化遥感监测影像

(2)干旱对鄱阳湖区植被生态的影响

受异常的天气气候及持续干旱影响，2019 年鄱阳湖区植被长势较差。据统计，2019 年全省降水量时空分布极不均匀，7 月下半月至 12 月底全省降水持续偏少，气温高、湿度小，据 MCI 监测，全省重度以上气象干旱站次为 1961 年以来最多，多地旱情严重。

以 2019 年 11 月和 2018 年 11 月为例进行对比分析，2019 年 11 月为高温少雨月份，江西省平均降水量仅为 14.2 mm，较常年偏低 80.1 mm，比 2018 年同期少 129.9 mm，2019 年 11 月平均气温为 15.1 ℃，较常年偏高 1.5 ℃，比 2018 年同期高 0.9 ℃，造成 2019 年 11 月鄱阳湖区植被长势较 2018 年同期明显较差。2019 年 11 月鄱阳湖区植被归一化指数 NDVI 平均只有 0.24，比 2018 年同期少 0.07(图 5.19)。同时，2019 年 11 月植被净初级生产力 NPP 也较 2018 年同期偏差(图 5.20)，2018 年 11 月全省 NPP 大多在 30～50 gC/(m^2·月)，而 2019 年 11 月则在 10～30 gC/(m^2·月)，主要是因为高温干旱少雨的影响，2019 年枯水期明显提前，许多地势较高的洲滩干旱缺水，致使生产力下降。也使部分草洲马来眼子菜、苦草、苔草等草本植物比常年生长期提前，老化、枯黄亦提前，这对越冬候鸟的食物来源会产生一定影响。

(3)干旱对鄱阳湖区水生态的影响

2019 年秋季鄱阳湖流域平均气温为 20.9 ℃，较 2013—2019 年平均值(20.2 ℃)偏高 0.7 ℃，较多年同期(19.3 ℃)平均偏高 1.6 ℃，排 1961 年以来第 2 高位。2019 年平均降水量仅为 59.2 mm，较 2013—2019 年平均值(243.7 mm)偏低近八成，较多年同期(225.3 mm)平均偏少七成多，排 1961 年以来第 1 低位。

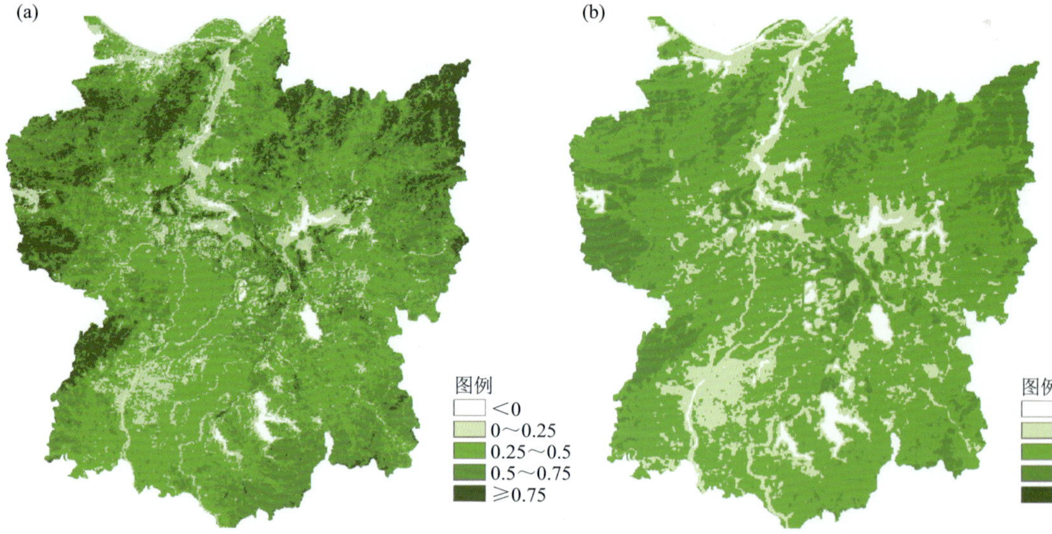

图 5.19　2018 年 11 月(a)与 2019 年 11 月(b)鄱阳湖区 NDVI 对比

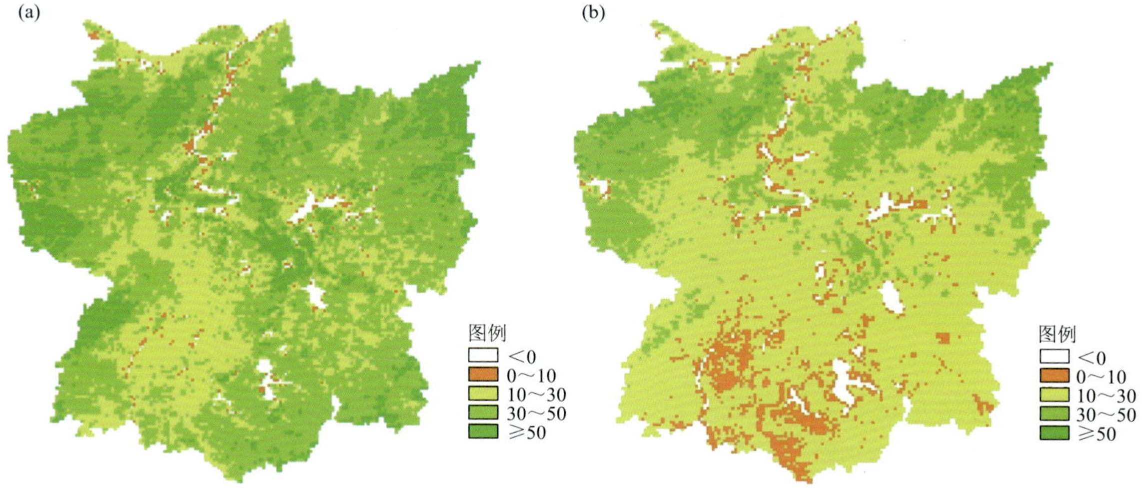

图 5.20　2018 年 11 月(a)与 2019 年 11 月(b)NPP 对比(单位:gC/m^2)

① 叶绿素 a 浓度

对 2013—2019 年秋季鄱阳湖水体中叶绿素 a 浓度进行定量分析表明，秋季鄱阳湖水体叶绿素 a 浓度整体处于 0.03～34.98 mg/m^3，最大值 34.98 mg/m^3 出现在 2019 年。其中，2013—2018 年的均值在 2.92～6.17 mg/m^3，而 2019 年秋季的叶绿素 a 浓度明显高于前几年，均值高达 11.40 mg/m^3(表 5.12)。

表 5.12　2013—2019 年秋季鄱阳湖叶绿素 a 浓度遥感反演数据统计　(单位:mg/m^3)

日期	最小值	最大值	均值
2013 年 11 月 30 日	0.05	12.46	3.68
2014 年 10 月 24 日	0.06	16.00	6.17

续表

日期	最小值	最大值	均值
2015 年 10 月 24 日	0.06	16.00	4.51
2016 年 11 月 04 日	0.03	7.40	2.92
2017 年 11 月 03 日	0.08	21.67	4.50
2018 年 10 月 27 日	0.04	10.60	3.27
2019 年 10 月 30 日	0.14	34.98	11.40

在近几年人类活动无明显变化的情况下，2019 年秋季的异常干旱天气导致河道流量下降，引起水体稀释和运移物质的能力下降，水体中污染物浓度增加，同时偏高的水温十分有利于水体中藻类的生长，促进了水质的恶化，直接导致 2019 年秋季鄱阳湖水体中叶绿素 a 浓度较往年偏高。

② 总悬浮物浓度

水体中 TSM 是评价湖泊水质的主要参数之一，其浓度大小直接影响光在水中的传播，进而影响水生生态环境和水体的初级生产力。

对 2013—2019 年秋季鄱阳湖水体中总悬浮物浓度进行定量分析表明，秋季鄱阳湖水体总悬浮物浓度整体处于 0.26～147.79 mg/L，最大值 147.79 mg/L 出现在 2015 年。其中，2013—2018 年的均值在 16.02～32.37 mg/L，而 2019 年秋季的总悬浮物浓度明显高于前几年，均值高达 55.24 mg/L（表 5.13）。

表 5.13　2013—2019 年秋季鄱阳湖总悬浮物浓度遥感反演数据统计（单位：mg/L）

日期	最小值	最大值	均值
2013 年 11 月 30 日	0.32	80.97	29.62
2014 年 10 月 24 日	0.26	65.36	19.63
2015 年 10 月 24 日	0.58	147.79	38.14
2016 年 11 月 04 日	0.49	125.83	50.27
2017 年 11 月 03 日	0.32	80.97	37.05
2018 年 10 月 27 日	0.32	80.97	27.49
2019 年 10 月 30 日	0.55	140.95	55.24

2019 年秋季的异常干旱天气导致河道变窄，采砂、船舶运输和渔业活动等相对于其他年份变得更加密集，在较小的水容量中人类活动搅动湖底泥沙，加剧底泥中污染物的释放，使得总悬浮物浓度较往年明显偏高，水质较往年偏差。总悬浮物浓度的升高，还导致水体透明度的降低，影响白鹤等候鸟所需食物的光合作用，对候鸟觅食不利。

③ 蓝藻水华

蓝藻在富营养化较严重的封闭水体中易大量繁殖。蓝藻水华大面积、长时间频发会破坏湖泊水体的正常功能和生态环境，也会造成渔业产业的重大损失，严重威胁饮水安全和居民健康。

总体来看，2013—2019 年秋季鄱阳湖蓝藻主要分布在中南部近岸水域、南矶湿地附近，面积在 32.89～370.45 km^2。图 5.21 的分析结果表明，蓝藻面积与水体面积呈现较明显的负相关关系，秋季水体面积越小，蓝藻面积越大，干旱年份更容易发生大面积蓝藻聚集现象。这主要是由于干旱导致湖体水量变少，水体所含营养盐浓度相对变高，同时水流量变缓，加剧蓝藻水华的发生发展，导致蓝藻面积加大。

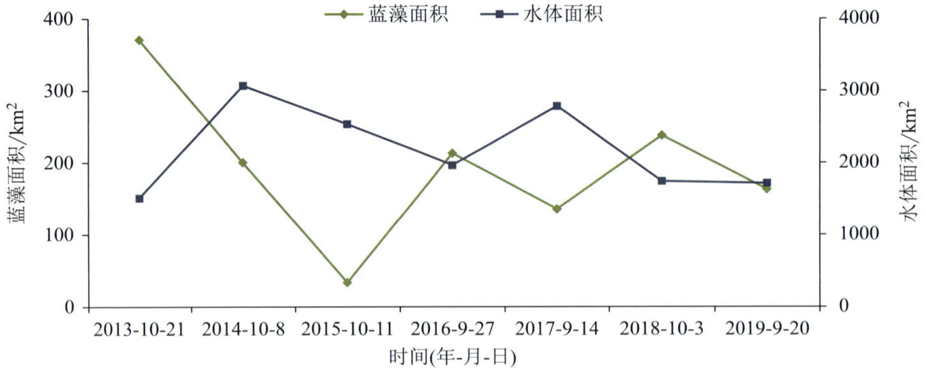

图 5.21　2013—2019 年秋季鄱阳湖蓝藻面积与水体面积的关系

(4)干旱对鄱阳湖越冬候鸟栖息地的影响

鄱阳湖是季节吞吐型湖泊，在不同时间展现不同的湿地特征，许多地方丰水期为典型的湖泊，到枯水期水落滩出，表现出明显的湿地特征。2019 年秋、冬季随着鄱阳湖水位持续降低，湖体面积减小，形成以浅水、草滩和软泥区为主的浅碟形子湖泊，湿地面积较 2018 年明显增多且高于历史均值(图 5.22)，总体有利于越冬候鸟的取食、休憩和栖息。根据 FY-3 卫星 MERSI 资料监测，2019 年观鸟季鄱阳湖浅水湿地、草滩面积为 2729 km^2，面积高于历年均值，范围(图 5.23b 黄色区域)明显大于 2018 年同期(图 5.23a 黄色区域)。

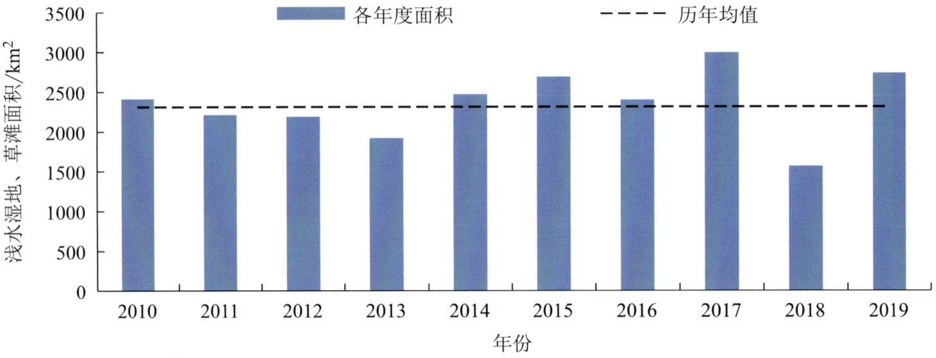

图 5.22　2010—2019 年枯水季鄱阳湖浅水湿地、草滩面积统计

虽然 2019 年浅水湿地、草滩面积较往年偏高，但是提前到来的枯水季使得中、低高程滩地出露时间提前，湿生植物提前萌发，导致高草草滩分布范围扩张，一定程度上影响了喜食嫩草的食草雁类候鸟的觅食环境。局部的极端枯水位还造成食块茎类水鸟食物资源缺乏，迫使水鸟改变原有栖息地。

5.9.2.3　气象灾害对农田生态系统的影响评估

(1)2003 年高温干旱对江西省农田生态系统的影响

2003 年发生了严重的高温干旱事件，伏旱指数和全年干旱指数均列新中国成立以来第一

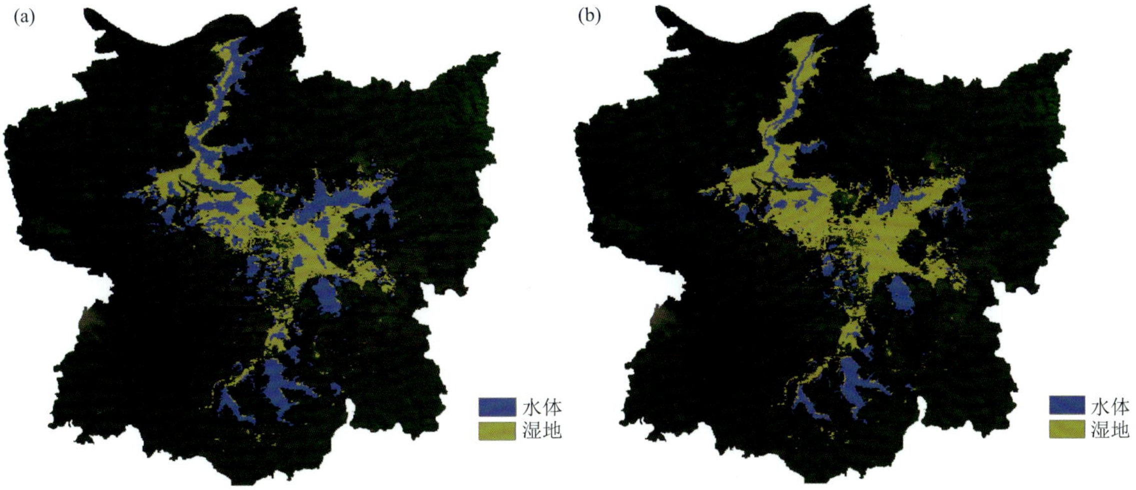

图 5.23　2018 年 11 月(a)与 2019 年 11 月(b)鄱阳湖区浅水湿地、草滩面积对比

位,全省有 86%的县(市)达到了严重干旱的标准。高温干旱严重影响了工农业生产和人们的正常生活,赣江水位突破历史最低纪录,不少地区甚至出现人畜饮水困难的现象。据统计全省受旱面积 203.39 万 hm^2,其中 7—9 月的高温干旱,使全省农田受旱面积达 130 万 hm^2,其中轻旱 68 万 hm^2,重旱面积 47 万 hm^2,干枯 15 万 hm^2。310 万人饮水困难甚至无水可饮;水库干涸 1833 座,全省直接经济损失 24 亿元,其中农业损失 20.8 亿元。

基于江西省各县收集的 2003 年干旱灾情数据,给出了江西省各地农作物受灾面积的统计分布图(图 5.24),损失严重的地区就是灾害风险最大的地区。从各地农作物受灾面积来看,环鄱阳湖地区受旱最为严重,其次是吉安地区。

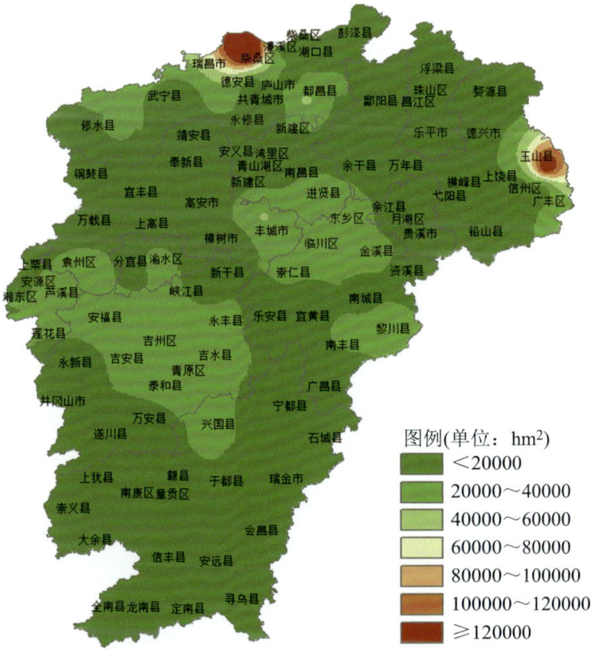

图 5.24　江西省 2003 年干旱农作物受灾面积分布

(2)2019 年高温灾害过程对水稻种植面积的影响

2019 年自 7 月 16 日至 9 月底，江西省出现持续高温天气，其中 8 月 20 日，全省有 86 个县(市、区)出现高温，修水县还出现了 2019 年全省的极端最高气温，达 39.6 ℃。根据 8 月 20 日 13 时 47 分 FY-3D MERSI 资料对陆地表面温度的遥感监测，全省大部分地区陆表温度较高(见图 5.25，由于局部地区有云遮挡，陆表温度无法全部监测)。

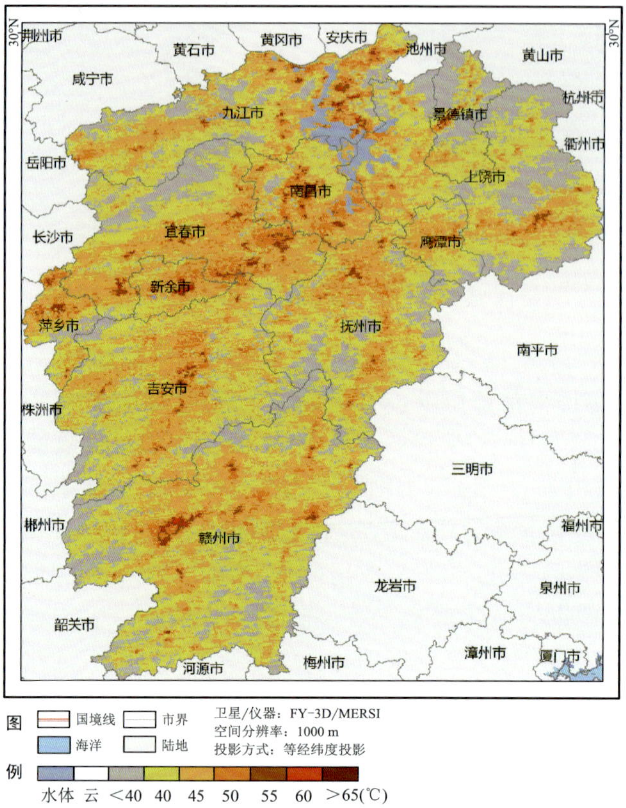

图 5.25　2019 年 8 月 20 日气象卫星监测江西省陆表高温分布

2019 年高温过程对江西省水稻种植面积影响较大。以晚稻为例，根据卫星遥感监测结果，2019 年全省晚稻种植面积比 2018 年明显减少(图 5.26)。2019 年 9 月 19 日、9 月 23 日 Terra 卫星观测到江西省晚稻种植面积为 1900.4 万亩①，受秋季干旱天气影响，全省晚稻种植总面积和 2018 年度相比减少 11.5%，全省 11 个设区市除上饶市以外均有不同程度的减少，其中宜春市减少幅度最大，达 136.6 万亩，其次为吉安(减少 69.7 万亩)和赣州(减少 46.8 万亩)，3 个设区市晚稻种植面积减少比例占全省总种植面积的 13.3%(表 5.14)。

(3)2020 年汛期强降水对早稻种植面积的影响

6 月 29 日以来赣北赣中连续遭受暴雨袭击，6 月 29 日—7 月 14 日南昌、鹰潭、上饶、宜春和九江五市平均雨量分别达 509.0、488.8、417.1、382.0、368.7 mm，均创历史同期新高，环鄱阳湖区域洪涝灾害严重。

---

① 1 亩≈666.7 m^2

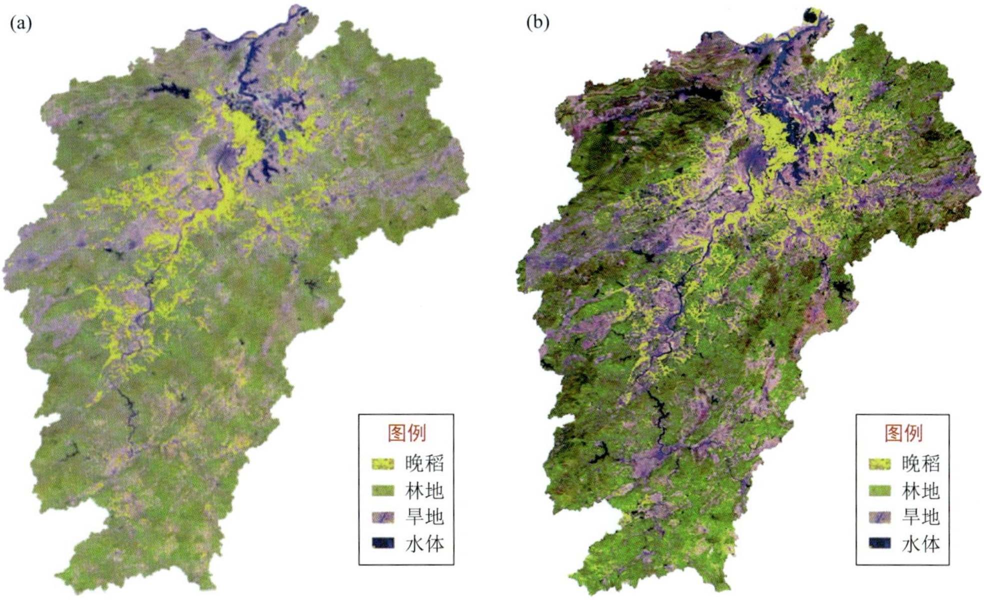

图 5.26　2018 年(a)和 2019 年(b)江西省晚稻种植区分布比对

表 5.14　2018 年和 2019 年江西省各设区市晚稻种植面积比对　　（单位:万亩）

设区市名	2018 年	2019 年
南昌市	254.3	249.2
景德镇市	43.9	38.8
萍乡市	12.5	11.7
九江市	75.6	66.9
新余市	62.7	55.5
鹰潭市	67.0	59.3
赣州市	301.0	254.2
吉安市	420.9	351.2
宜春市	391.6	255.0
抚州市	240.1	237.8
上饶市	276.2	320.8
总计	2146.6	1900.4

受持续强降水和上游来水共同影响，鄱阳湖流域江河湖泊水位迅猛上涨，鄱阳湖水域面积迅速增大，发生了超历史大洪水。至 7 月 14 日，高分三号卫星监测到鄱阳湖主体及附近水域面积 4403 km^2，达 2010 年以来最大值。

7 月上旬，江西省正处于早稻成熟收获期，持续强降水对赣北沿江滨湖早稻种植影响较大。根据哨兵 1 号卫星数据并叠加土地利用类型资料，测算得出 7 月 14 日赣北沿江滨湖早稻集中种植区被淹面积达 54.7 万亩，其中水稻种植大县早稻被淹面积分别为鄱阳县 13.7 万亩、南昌县 10.3 万亩、新建区 8.8 万亩、余干县 8.6 万亩、永修县 4.4 万亩。尤其是在鄱阳县昌州乡、永修三角乡、赣江沿线新建段、潼津河、千秋河尾闾段等早稻集中种植区受灾面积较大(图 5.27)，这主要受前期三角联圩、中洲圩、问桂道、崇复圩、潼津河、千秋河等圩堤决口和内涝、单

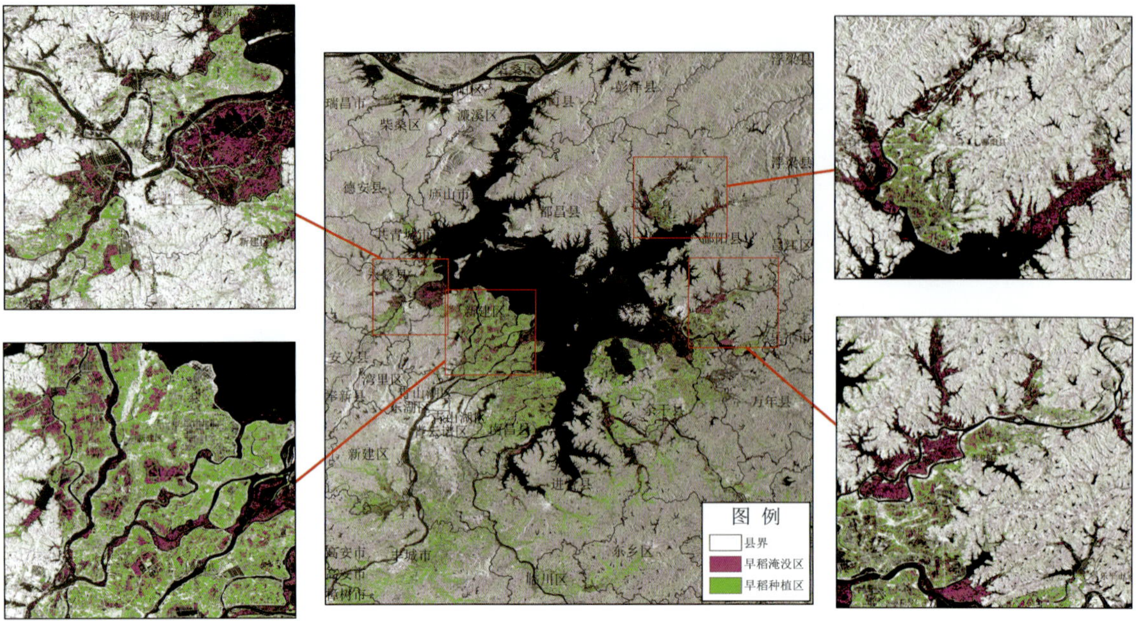

图 5.27　鄱阳湖滨湖早稻集中种植区淹没情况

退圩堤开闸清堰等因素影响所致。

5.9.3　生态系统功能价值评估

以江西省为例，从森林生态、湿地生态、流域生态和碳汇等重点领域进行生态系统功能价值评估。

5.9.3.1　森林生态系统功能和价值评估

森林是地球最重要的生态系统，占陆地生态系统的 30%，森林生态系统通过系统内的各个组成要素的相互作用而具有生态服务功能，从而向人类生活提供各种生态系统服务。近年来国内外对森林生态系统的研究逐步深入，形成了一系列森林生态系统服务和功能价值评估的理论和方法。森林生态系统功能是指森林生态系统与生态过程所形成及维持的人类赖以生存的自然环境条件与效用。李士美等(2010)以千烟洲中亚热带人工林生态系统为例，以 2005—2007 年的定位监测数据为基础，研究 4 类典型生态系统服务的流量过程，增进了对生态系统服务形成机理和强度的认知，同时为生态系统服务的保育提供了依据。朴世龙等(2001)基于地理信息系统和卫星遥感技术，利用 CASA 模型估算了我国 1997 年植被第一性生产力及其分布，表明我国植被净第一性生产力的主要分布趋势是从东南沿海向西北逐渐减少。

森林生态系统功能和价值评估主要从涵养水源、保育土壤、固碳释氧、净化大气环境、森林防护、生物多样性保护以及林业服务产品 7 大功能进行价值评估。

(1)涵养水源

涵养水源包括调节水量和净化水质两个指标。

水库库容造价参照第八次森林生态系统评估为 8.44 元/t，城市居民用水价格为 3.07 元/t (刘胜涛 等，2017)。根据 2016 年《江西省水土保持公报》，森林拦蓄径流量取 3000 $m^3/(hm^2 \cdot a)$，计算得到江西省森林生态系统调节水量价值为 2714.36 亿元，净化水质价值为 987.33 亿元。

涵养水源 643.2 亿 t，总价值为 3701.69 亿元。

(2)保育土壤

保育土壤包括固土和保肥两个指标。

根据文献(马定国 等，2003；王兵 等，2007)，林地土壤侵蚀模数为 2.94 t/(hm^2 · a)，无林地土壤侵蚀模数为 17.66 t/(hm^2 · a)。参考行业标准《森林生态系统服务功能评估规范》(LY/T 1721—2008)，挖取单位面积土方费用为 12.6 元/m^3，按照表 5.9 计算得到江西省森林生态系统固土价值为 19.88 亿元。

根据社会公共数据，磷酸二铵含氮(N)量为 14%，磷酸二铵含磷(P)量为 15.01%，氯化钾含钾(K)量为 50%；磷酸二铵价格为 3300 元/t，氯化钾化肥价格为 2800 元/t，有机质平均价格为 800 元/t。江西林地土壤表层全氮含量 0.137%，全磷含量 0.038%，全钾含量 0.01%，有机质含量 2%，计算得到江西森林生态系统保肥价值为 371.85 亿元。

保育土壤总价值为 391.74 亿元。

(3)固碳释氧

固碳释氧包括固碳和释氧两个指标。

根据 FY-3D 遥感监测结果，2015 年的江西省森林净生产力为 939.81 gC/m^2。林分面积为 1072.02 万 hm^2(江西省统计局，2016)，使用碳税率 150 美元/t(陈书林 等，2016)，约人民币 984 元/t，根据文献东南林区大部分森林土壤固碳速率在 20～40 gC/(m^2 · a)(黄玫 等，2016)，计算出江西森林生态系统固碳价值为 472.31 亿元。

利用中国工业制氧成本 400 元/t，计算出江西森林生态系统释氧价值为 479.57 亿元。

全省森林生态系统固碳释氧 1.74 亿 t，总价值为 951.88 亿元。

(4)净化大气环境

净化大气环境包括提供负氧离子价值、吸收二氧化硫、氮氧化物、氟化物等污染物以及滞尘指标。

根据《江西省林业生态系统综合效益评估研究报告》，2011 年核算的各类森林单位面积年提供负离子价值资料显示：马尾松林 20.81 元/(hm^2 · a)，国外松林 19.97 元/(hm^2 · a)，杉木林 15.09 元/(hm^2 · a)，硬阔叶林 113.73 元/(hm^2 · a)，软阔叶林 43.06 元/(hm^2 · a)，混交林 32.36 元/(hm^2 · a)，竹林 96.11 元/(hm^2 · a)，平均 41.24 元/(hm^2 · a)，计算出江西森林生态系统提供负离子价值为 4.42 亿元。

根据《排污费征收标准管理办法》，二氧化硫排污费为 632 元/t，氮氧化物排污费为 632 元/t，氟化物排污费为 690 元/t，一般性粉尘排污费为 150 元/t，烟尘排污费为 275 元/t，计算出江西森林生态系统吸收二氧化硫总价值为 10.31 亿元，吸收氮氧化物总价值为 3.41 亿元，吸收氟化物总价值为 0.19 亿元，滞尘价值为 493.31 亿元。

净化大气环境价值为 511.64 亿元。

(5)森林防护

森林防护主要计算森林拦蓄泥沙量的价值。

根据 2016 年《江西省水土保持公报》，森林拦蓄泥沙量取 55 t/(hm^2 · a)，利用替代成本法，采用挖取单位土方费用替代泥沙治理费用，依据行业标准《森林生态系统服务功能评估规范》(LY/T 1721—2008)，挖取单位土方费用为 12.6 元/m^3，计算出江西森林生态系统拦蓄泥沙量 5.90 亿 t，森林防护价值为 74.29 亿元。

(6)生物多样性保护

生物多样性保护主要指森林生态系统为生物物种提供生产与繁衍的场所，从而对其起到保育价值。

根据文献(王兵 等，2008)，基于 Shannon-Wiener 指数获取的江西森林单位面积生物多样性保护价值为 13837.8 元/(hm^2 · a)，江西森林生态系统生物多样性保护价值为 1483.44 亿元。

(7)林业服务产品

主要为森林生态系统为人类提供林产品以及休闲娱乐而产生的价值。根据《江西省统计年鉴 2016》，江西林业产值为 293.69 亿元。

(8)森林生态系统功能总价值

2015 年江西省森林生态系统总价值为 7408.35 亿元，单位面积森林生态系统提供的功能价值为 69106.48 元/hm^2。不同生态功能价值的大小顺序为：涵养水源＞生物多样性保护＞固碳释氧＞净化大气＞保育土壤＞林业产值＞森林防护，具体占比见图 5.28。从图中可知涵养水源价值贡献最高，占 49.97%，其次为生物多样性保护，贡献率为 20.02%。

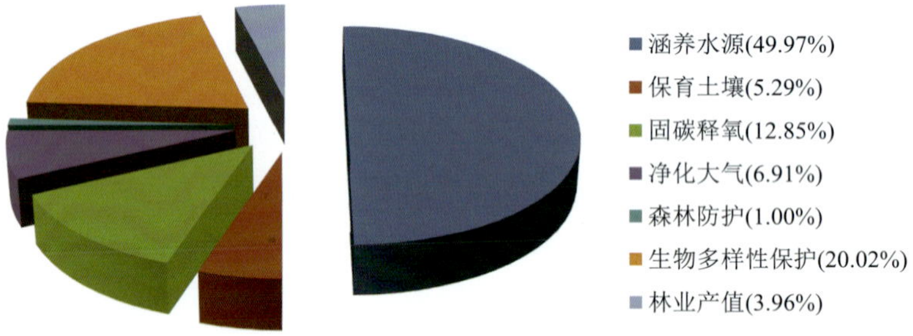

图 5.28　2015 年江西省森林生态系统总价值占比

(9)2014—2018 年森林生态系统功能价值变化

采用同样方法计算 2014—2018 年森林生态系统服务价值。结果表明(图 5.29)，2014—2018 年全省森林生态系统价值平均为 7439.4 亿元，涵养水源价值最高，年均涵养水资源 642.6 亿 t，创造 3698.4 亿元价值(49.7%)，其次为生物多样性价值 1482.1 亿元(19.9%)和固碳释氧价值 994.5 亿元(占比 13.4%)。7 项指标中又以林业产值增加最快，年增长率 6.2%(年增加 13.8 亿元)，其次是固碳释氧价值，年增长率 1.2%(年增加 9.4 亿元)。

图 5.30 显示，2014—2018 年江西省森林生态价值逐年稳步上升，年增长率约为 0.34%，相当于年增加 20.5 亿元。其中 2018 年全省森林生态价值为 2014—2018 年的最高值，达 7493.7 亿元。

5.9.3.2　湿地生态系统功能和价值评估

湿地生态系统以鄱阳湖湿地生态系统为研究对象，其功能和价值主要从涵养水源、调控洪水、调节气候、污染物降解、固土保肥、生物栖息地、产品及加工品直接使用价值、旅游观赏和科学文化八个方面进行价值评估。

(1)湿地生态系统功能总价值

2015 年江西省鄱阳湖湿地生态系统总价值为 3377.4 亿元。不同生态功能价值的大小顺

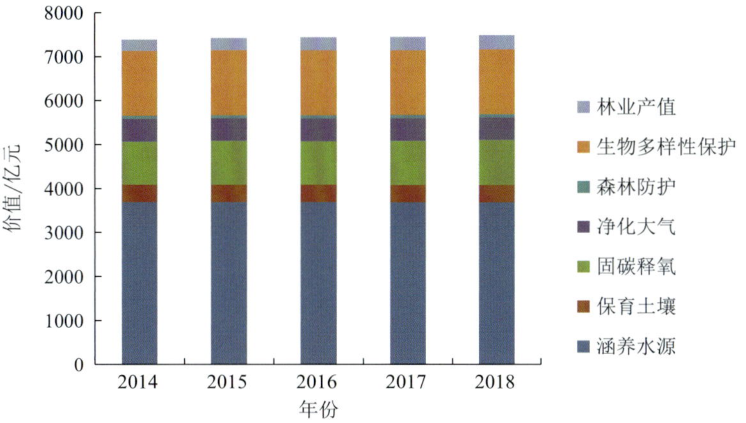

图 5.29　2014—2018 年江西省森林生态系统分功能价值评估

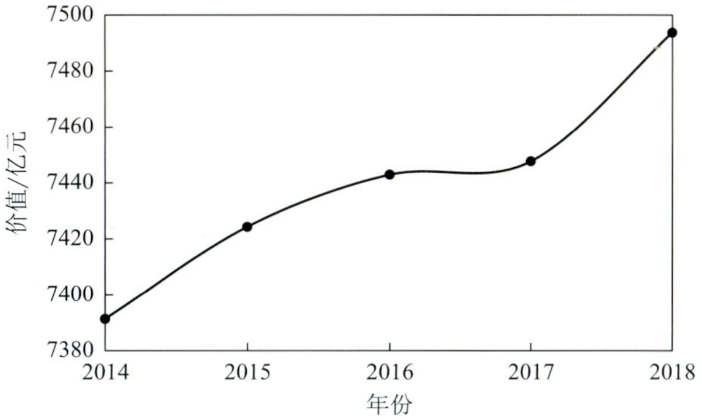

图 5.30　2014—2018 年江西省森林生态系统总价值

序为：产品及加工品直接使用价值＞涵养水源＞调节气候＞调控洪水＞旅游观赏和科学文化＞生物栖息地＞污染物降解＞固土保肥，具体占比见图 5.31，从图中可知产品及加工品直接使用价值贡献最高，占 73.13%。

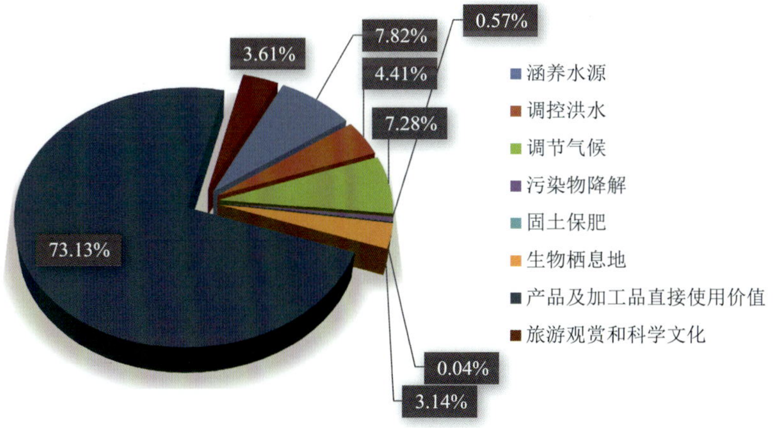

图 5.31　2015 年江西省鄱阳湖湿地生态系统总价值占比

(2)2014—2018 年湿地生态系统功能价值变化

2014—2018 年，总体鄱阳湖湿地生态系统功能年均价值在 3516.9 亿元左右，且呈现上升趋势，年均价值约增加 73 亿元，其中产品及加工品直接使用价值(2652 亿元)、涵养水源(258 亿元)和调节气候(240 亿元)三项功能价值最高，合起来约占总价值的 89.58%(表 5.15，图 5.32，图 5.33)。

表 5.15　2014—2018 年鄱阳湖湿地功能价值评估　(单位：元)

服务价值功能名称	2014 年	2015 年	2016 年	2017 年	2018 年
涵养水源	2.55×10^{10}	2.64×10^{10}	3.04×10^{10}	2.35×10^{10}	2.32×10^{10}
调控洪水	1.17×10^{10}	1.49×10^{10}	1.29×10^{10}	1.24×10^{10}	1.13×10^{10}
调节气候	2.37×10^{10}	2.46×10^{10}	2.82×10^{10}	2.19×10^{10}	2.18×10^{10}
污染物降解	1.93×10^{9}	1.92×10^{9}	1.48×10^{9}	1.39×10^{9}	1.36×10^{9}
固土保肥	1.11×10^{8}	1.15×10^{8}	1.32×10^{8}	1.02×10^{8}	1.01×10^{8}
生物栖息地	1.03×10^{10}	1.06×10^{10}	1.22×10^{10}	9.50×10^{9}	9.30×10^{9}
产品及加工品直接使用价值	2.45×10^{11}	2.47×10^{11}	2.73×10^{11}	2.77×10^{11}	2.84×10^{11}
旅游观赏和科学文化	1.18×10^{10}	1.22×10^{10}	1.40×10^{10}	1.08×10^{10}	1.07×10^{10}
合计	3.30×10^{11}	3.38×10^{11}	3.72×10^{11}	3.57×10^{11}	3.57×10^{11}

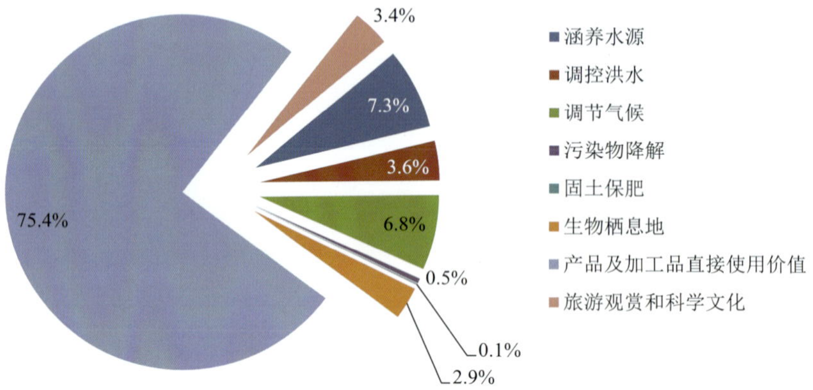

图 5.32　鄱阳湖湿地生态系统功能价值主要组成

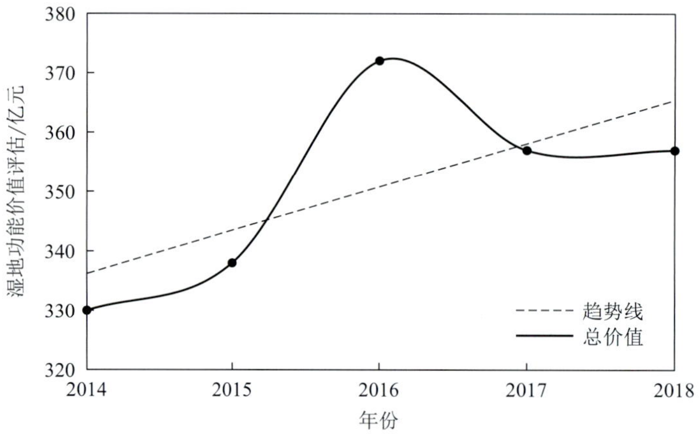

图 5.33　2014—2018 年鄱阳湖湿地生态系统总价值变化

5.9.3.3　流域生态系统功能和价值评估

流域生态是指人类在江河流域生态系统与生态过程所形成及所维持的自然环境条件与效用，以流域为基本研究单元。它不仅给人类提供生存必需的食物、医药及工农业生产的原料，而且维持了人类赖以生存和发展的生命支持系统，是区域社会经济可持续发展的支撑和保障。流域生态系统功能和价值主要从流域物质生产、水资源供给、水环境承载力、蓄水功能和水土保持等五大功能进行价值评估。

（1）物质生产

运用市场价格法，依据江西省统计局统计数据以及江西省物价局公布的物价数据（江西省统计年鉴，2016），估算流域内种植业、畜牧业以及渔业物质生产功能总价值约为2466.7亿元。

（2）水资源供给

根据《江西省水资源公报》（江西省水利厅，2015），2015年外省流入江西省境内的水量为7.34×10^9 m^3，从江西省流出至邻近省份的水量（不包括湖口流入长江的水量）为8.37×10^9 m^3。根据表5.16中数据，利用式（5.55）计算得到江西省流域总供水量约为1.66×10^{11} m^3。

表5.16　2015年江西省五大河流域降水量与径流量

流域名称	计算面积/km^2	降水量/mm	径流量/亿m^3	输沙量/万t
赣江	79666	1964	827.99	182.0
抚河	15788	2375	225.45	147.0
信江	14516	2372	238.51	106.0
饶河	12044	2511	198.04	310.1
修河	14539	1983	164.54	

注：修河未设置输沙量监测控制断面，因此无数据。

根据不同行业水费征收标准及不同行业用水比重（表5.17），计算出归一化之后的水费约为1.13元/m^3，因此估算出流域总供水量的供水价值约为1881.2亿元。

表5.17　2015年江西省各行业用水比例及水费征收标准

行业	用水总量/亿m^3	所占比重	水费征收标准/（元/m^3）
农林渔牧	154.13	62.7%	0
工业	61.62	25.1%	3.17
居民生活	21.85	8.8%	2.38
城镇公用	6.08	2.5%	0.08
生态用水	2.13	0.9%	0.12

注：农业生产用水暂不征收水资源费。农业生产用水包括种植业、畜牧业、水产养殖业、林业用水，实际研究中以0.2元/m^3的水资源费进行计算。

（3）水环境承载力

依据《地表水环境质量标准》（GB 3838—2002）对地表水水质最低要求，如果流域内水质优于最低要求，则价值为正，如果等于或者低于最低要求，则价值为0甚至负值。表5.18为江西省五大河流域Ⅰ～Ⅲ类水质断面比例。结果表明，2015年全省地表水水质良好，水质较往年略有改善。根据《江西省环境状况公报（2015）》（江西省环境保护厅，2015），全省废水排放量为2.23×10^9 t，其中化学需氧量为7.16×10^5 t，氨氮排放量为8.46×10^4 t，采用替代成本法，利用污染防治成本的方法等效计算水质净化功能价值，根据单位污染物净化价值乘以化学需氧量 2.5 元/kg、总氮 1.5 元/kg，计算得到流域的水环境承载力价值约为 19.16 亿元。

表 5.18　2015 年江西省五大河流域Ⅰ～Ⅲ类水质断面比例

流域名称	Ⅰ～Ⅲ类水质断面比例	水质等级
赣江	86.8%	良好
抚河	86.7%	良好
信江	84.0%	良好
饶河	90.0%	优
修河	82.4%	良好

(4)蓄水功能

鄱阳湖及五大河流域内有 29 座大型水库、251 座中型水库。2015 年末蓄水总量为 1.32×10^{10} m^3，比年初增加 2.35×10^9 m^3。采用市场价格法估算流域内蓄水功能价值约为 148.8 亿元。

(5)水土保持

流域内多年平均输沙量约为 1.46×10^7 t(江西省水利厅，2015)；2015 年年均输沙量约为 7.36×10^6 t。

根据 2015 年江西省对治理水土流失的累计投资及减少土壤流失量算出单位治沙成本约为 170 元/t，进而得到五大河流域的水土保持价值约为 12.2 亿元。

(6)流域生态系统总服务价值评估

根据以上五大主要功能的价值评估，得出 2015 年全省流域生态系统服务的总价值约为 4528.11 亿元。从图 5.34 可以看出江西省流域生态系统服务的价值主要集中在物质生产和水资源供给方面，两者相加占总价值约 96%。

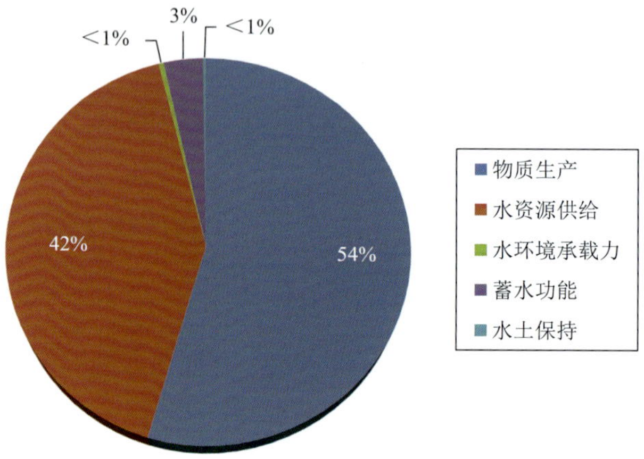

图 5.34　2015 年江西省流域生态系统五大服务价值功能所占比重

(7)2014—2018 年流域生态系统服务价值变化

采用同样方法计算 2014—2018 年流域生态系统服务价值(表 5.19，图 5.35，图 5.36)。2014—2018 年，江西省流域生态系统价值平均为 4488.4 亿元，其中物质生产价值最高约为

2652.0 亿元(59.1%),其次为水资源供给价值 1674.0 亿元(年均供给 1496 亿 t 淡水资源,占比 37.3%)和蓄水价值 126.4 亿元(年均蓄水 113.2 亿 m^3,占比 2.8%),合起来约占总价值的 99%。5 项指标中又以水土保持价值增长最快,年增长率 15.7%(年增加 2.5 亿元),其次是水资源供给价值,年增长率 6.0%(年增加 70.0 亿元)。

表 5.19　2014—2018 年流域生态系统五大服务价值功能价值　(单位:元)

服务价值功能名称	2014 年	2015 年	2016 年	2017 年	2018 年
物质生产	2.45×10^{11}	2.47×10^{11}	2.73×10^{11}	2.77×10^{11}	2.84×10^{11}
水资源供给	1.33×10^{11}	1.88×10^{11}	2.06×10^{11}	1.42×10^{11}	1.68×10^{11}
水环境承载力	1.93×10^{9}	1.92×10^{9}	1.48×10^{9}	1.39×10^{9}	1.36×10^{9}
蓄水	1.17×10^{10}	1.49×10^{10}	1.29×10^{10}	1.24×10^{10}	1.13×10^{10}
水土保持	1.58×10^{9}	1.22×10^{9}	1.76×10^{9}	2.53×10^{9}	2.83×10^{9}
合计	3.93×10^{11}	4.53×10^{11}	4.95×10^{11}	4.35×10^{11}	4.67×10^{11}

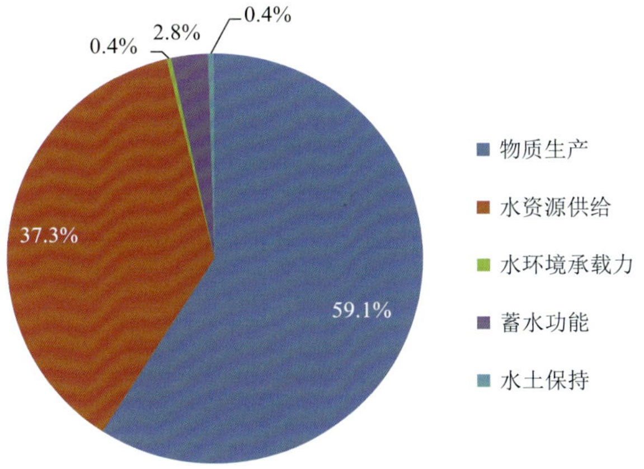

图 5.35　2014—2018 年流域生态系统功能价值主要组成

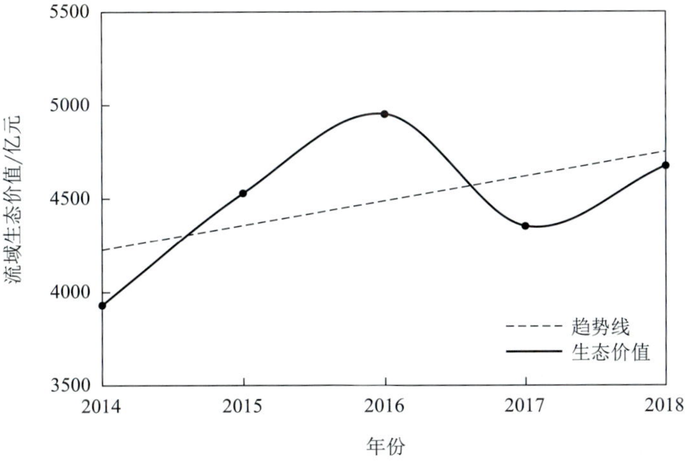

图 5.36　2014—2018 年流域生态系统功能价值变化

2014—2018年江西省流域生态价值呈逐年上升趋势，年增长率4.4%（年增加148.0亿元）。2016年全省流域生态价值为2014—2018年的最高值，达4951.4亿元，2018年次之为4674.9亿元。

鄱阳湖及五河流域生态系统服务价值主要体现在基本的物质生产和供水方面，且供给单价偏低，这反映了区域生态环境良好和经济发展水平相对落后的现实，特别是水资源承载力、蓄水、水土保持方面的价值偏低。随着区域经济社会的发展，人类对于资源的需求将迅猛增加，流域资源的稀缺性将迅速提升，流域生态系统服务功能价值必将大幅提高。

5.9.3.4 碳汇价值评估

对陆地碳汇价值的评估首先需要计量不同陆地生态系统（森林、草地、耕地等）碳储量变化，即陆地生态系统每年吸收碳的总量，然后根据单位固碳价值将这些碳汇量转换为货币进行价值评估。NPP是光合作用所产生的有机质总量扣除自养呼吸后的剩余部分，是生产者能用于生长、发育和繁殖的能量，也是评估碳汇价值的重要手段。植被碳汇价值评估主要研究对象是森林、农业、草地、湿地等生态系统，其中森林生态系统是陆地生态系统中最重要的碳汇来源之一（Philippe et al.，2000；Fang et al.，2001；Hannes et al.，2008）。江西作为森林覆盖率位列全国第二的省份，其分布全省的森林生态系统是长江中下游地区重要绿色生态屏障，因此，以江西省植被及森林生态系统为研究对象，开展对江西省碳汇价值评估，探索区域碳汇价值评价业务化推广，是“绿水青山就是金山银山”的定量化呈现，对于地方开展绿色生态发展转型，推进生态文明建设，具有很好的指导作用。

（1）森林碳汇价值评估

根据2016年第九次全国森林资源清查结果，江西省森林面积达1.02×10^5 km^2，乔木林覆盖率为61.16%，包括乔木、四旁树、散生木、疏林等森林覆盖率达63.1%，其中森林蓄积5.07×10^8 m^3，与2011年第八次全国森林资源清查结果相比，蓄积量增加了9.83×10^7 m^3。

基于第六次（2001年）、第七次（2006年）、第八次（2011年）、第九次（2016年）全国森林资源清查结果，计算了江西省森林碳储量及碳汇价值（表5.20）。结果表明，江西省森林碳储量呈上升趋势，2016年江西省森林碳储量为192.22 TgC，比2011年增加了37.28 TgC，增加率为24.1%。2016年江西省森林净碳储量为5.63 TgC，江西省森林碳储量价值为980.30亿元，其中2016年森林碳汇（指净固碳）价值为28.72亿元。

表5.20 江西省森林碳储量及价值

	2016年	2011年	2006年	2001年
森林蓄积量/万m^3	50666.00	40840.62	39529.64	32505.20
森林碳储量/TgC	192.22	154.94	149.97	123.32
当年净碳储量/TgC	5.63	4.54	4.39	3.61
当年碳汇价值/亿元	28.72	23.15	22.41	18.43

（2）植被碳汇价值评估

通过卫星遥感资料反演可区分的植被类型有常绿针叶林、常绿阔叶林、落叶阔叶林、混交林、疏林、灌草丛、草地、灌木林及农田等，根据遥感解译结果，2016年江西省植被覆盖面积为1.07×10^5 km^2。图5.37给出了江西省植被净初级生产力及碳汇价值。分析发现，2000年以来，江西省净初级生产力 NPP 呈显著增加趋势(通过了 0.05 的显著性检验),增加率为 0.89 TgC/a,固碳价值增加率为 4.55 亿元/a,2016 年的江西省净初级生产力 NPP 为 161.48 TgC,陆地生态系统植被碳汇价值为 823.53 亿元,每公顷所创造的碳汇经济价值为 4930.67 元,比 2000 年增加了 11%。与森林碳汇价值相比,2016 年森林碳汇价值为植被的 3.5%,但这不能说明森林碳汇价值在江西植被碳汇价值占比低,因为基于 NPP 计算的碳汇价值是每月有机碳量的累计结果,未剔除草地被啃食、农用地秸秆还田、粮食产量碳消耗量、森林采伐或毁林的生物量以及火灾、病虫害等带来的其他碳消耗量,因此基于 NPP 计算的碳汇量未考虑碳供给问题,结果比实际要大。

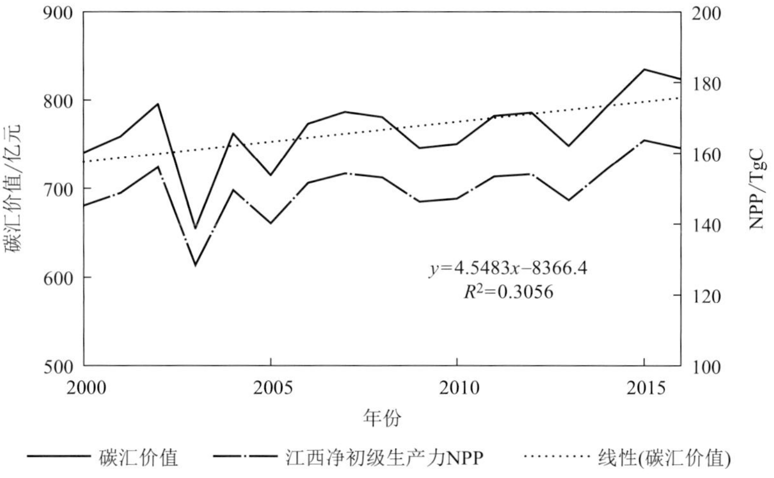

图 5.37 江西省植被净初级生产力及碳汇价值

表 5.21 给出了 2016 年江西省各设区市植被净初级生产力及碳汇价值。结果表明,2016 年江西省碳汇价值排名前三位的分别是赣州、吉安和上饶,排名后三位的是新余、鹰潭和萍乡,这与 11 个各设区市植被覆盖面积排名一致。根据《2017 年江西统计年鉴》(江西省统计局等,2017),2016 年赣州市林业用地面积远高于其他设区市,林业用地面积排名后三位的分别是南昌、新余、鹰潭,可见森林面积对植被碳汇影响较大。张万明(2010)计算的 2006 年江西省和鄱阳湖生态经济区的碳汇,排名前三位的是赣州、鄱阳湖生态经济区和吉安,排名后三位的是新余、萍乡、九江。因其计算鄱阳湖生态经济区的碳汇包括南昌、景德镇和鹰潭等 3 市,以及九江、新余、抚州、宜春、上饶、吉安市的部分县(市、区),可见此处排名结果与其基本一致。

表 5.21 2016 年江西省各设区市植被净初级生产力及碳汇价值

	净初级生产力 NPP/TgC	固碳价值/亿元	排名	单位面积固碳价值排名
南昌	5.40	27.53	7	11
景德镇	5.18	26.40	8	4
萍乡	3.62	18.44	9	6
九江	16.58	84.55	6	10
新余	2.94	14.99	11	7
鹰潭	3.17	16.17	10	9
赣州	42.25	215.46	1	1

续表

	净初级生产力 NPP/TgC	固碳价值/亿元	排名	单位面积固碳价值排名
吉安	25.31	129.10	2	2
宜春	17.82	90.89	5	5
抚州	18.65	95.14	4	3
上饶	20.56	104.86	3	8
全省	161.48	823.53	/	/

基于各设区市行政区面积计算单位面积固碳价值(单位:元/hm^2),排名前三位的为赣州、吉安和抚州,排名后三位的是南昌、九江和鹰潭(表 5.21),结果与各设区市森林覆盖率关系密切,根据《2017 年江西统计年鉴》(江西省统计局等,2017),森林覆盖率排名前两位的是赣州和吉安,排名后两位为南昌和九江。

图 5.38 给出了江西省各县碳汇价值分布,固碳价值越高,生态环境越好。结果表明,在九江西部、上饶北部、景德镇北部、吉安和赣州等地,植被固碳价值较高,这些地区植被覆盖率高,这也间接表明这些地区生态基础较好、资源环境承载能力较强。

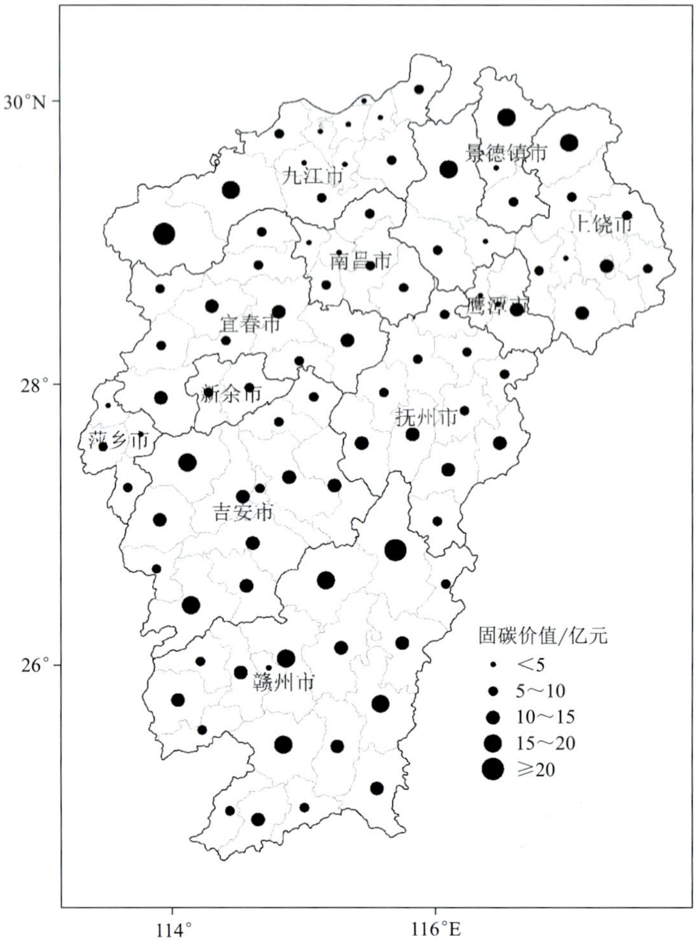

图 5.38　2016 年江西省各县植被固碳价值分布

(3)2014—2018 年植被碳汇价值变化

2014—2018 年江西省及 11 个设区市陆地生态系统植被碳汇价值见表 5.22。江西省植被碳汇价值呈逐年上升趋势，年增长率 1.28%(年增加 8.5 亿元)。2018 年全省碳汇价值为 2014—2018 年的最高值，约 856.38 亿元，每公顷每年吸收 10.0 t 二氧化碳，所创造的碳汇经济价值为 5163.17 元。赣州市创造的植被碳汇价值为全省 11 个设区市最高，其次为吉安市，最少的为新余市，与植被覆盖面积有关。

表 5.22　2014—2018 年全省及各设区市植被碳汇价值　　(单位:亿元)

	2014 年	2015 年	2016 年	2017 年	2018 年
南昌市	26.92	27.97	25.62	28.08	27.05
萍乡市	18.37	18.78	19.05	18.81	19.31
九江市	86.49	87.82	85.46	89.62	85.83
新余市	14.30	14.77	14.97	15.16	15.47
鹰潭市	16.23	16.79	16.48	16.90	17.83
赣州市	209.60	213.70	215.32	218.27	223.84
吉安市	125.78	126.45	128.92	131.06	136.09
宜春市	86.73	89.14	88.94	91.13	92.14
抚州市	91.82	94.28	95.75	91.86	100.71
上饶市	110.61	111.74	107.06	111.53	111.75
景德镇市	26.84	27.17	26.38	27.68	26.35
江西省	813.69	828.59	823.96	840.10	856.38

5.9.4　江西省植被生态质量变化气象条件贡献率评价

温度、降水和日照条件是影响生态环境变化的关键要素，植被生态质量可以用植被生产力、覆盖度和面积信息等变量，基于从中国气象科学研究院引进的生态文明建设绩效考核气象条件贡献率评估系统，综合利用气象和卫星遥感数据构建江西植被生态质量变化气象条件贡献率指标模型，用于定量评价气象条件对生态环境的综合影响。气象条件贡献率为正值则表明其有利于植被生态改善，负值则相反，值越大表示气象条件对生态质量变化的贡献越大。

分析结果表明，2000 年以来气象条件有利于江西省植被生态改善，植被(扣除农田与城镇)生态质量变化气象条件贡献率呈现波动减少趋势，但减少速率较小(0.13%/a)(图 5.39)。

与 2019 年相比，2020 年江西省植被生态质量变化气象条件贡献率平均为 33.6%，有 60.6%的区域气象条件贡献以正向为主，即气象条件整体上对植被生长有利。高正贡献区主要分布在景德镇市、九江市、鹰潭市、上饶市北部和宜春市北部等赣北地区(图 5.40)。与 21 世纪以来植被生态质量改善状况结果相比，2020 年植被质量改善状况最好的地区为吉安、抚州、赣州等南部地区，但植被生态质量变化气象条件贡献率相对较低，表明 2020 年气象条件对赣南植被生态改善的贡献不如赣北，但是相比 2000 年，赣南植被生态改善程度好于赣北，植被生态质量呈现长期向好的态势。

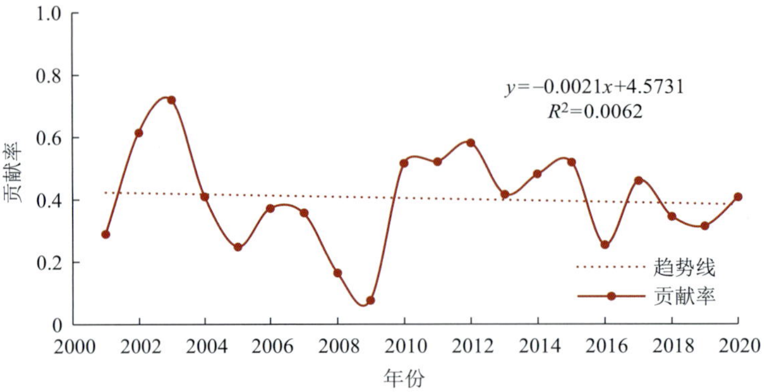

图 5.39 2000—2020 年江西省平均植被生态质量气象条件贡献率变化

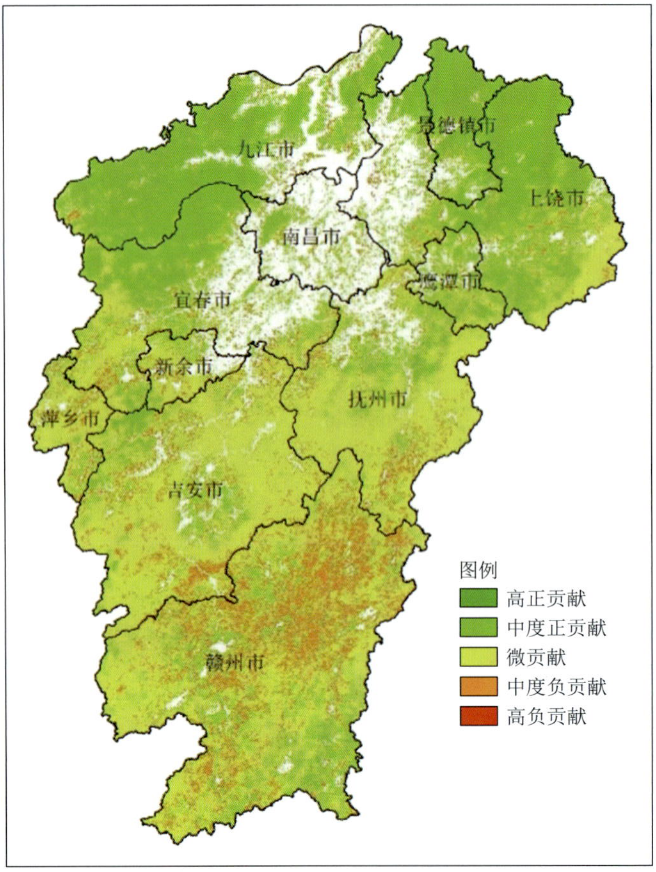

图 5.40 2020 年江西植被生态质量变化气象条件贡献率分布

5.10 本章小结

本章介绍了鄱阳湖生态系统高影响极端天气气候预测、典型生态系统生态质量、生态功能和价值评估、气象灾害和气候变化对典型生态系统影响评估、植被生态保护绩效考核气象条件贡献评价以及森林火险气象监测预报预警等自然生态与环境气象保障服务技术研究方法，并开展了相关评估研究，主要结论如下。

（1）江西省气象部门自主研发的S2S多模式产品气候预测子系统是开展生态系统高影响极端天气气候预测的重要手段。

（2）利用与暴雨、干旱、高温、低温雨雪冰冻等气象灾害相关的气象指标及遥感监测方法，开展气象灾害对鄱阳湖流域湖泊、湿地、森林等生态系统影响评估，可以有效提升风险定量化评估和预警能力，为全省生态保护与修复工作提供有力保障。

（3）在全球气候持续变暖背景下，江西省极端天气气候事件频发，自然生态系统受到诸多影响，鄱阳湖湿地生态环境总体呈轻度脆弱状态，气候变化对江西省森林生态系统生产力的影响总体上是正效应，但是极端事件的影响仍然不能忽略。

（4）鄱阳湖是吞吐型湖泊，水体范围季节性变化显著，鄱阳湖湿地呈现水陆交替特征，水生态也随之发生周期性变化。利用卫星遥感技术，可以客观、快速监测鄱阳湖湿地水体范围、水环境变化等，对于鄱阳湖流域水资源管理、水污染治理和湿地生态系统保护与修复等工作具有指导性意义。

（5）植被是陆地生态系统的主体，江西省作为我国南方重点林区，森林覆盖率达63.1%，仅次于福建省，森林植被生态系统是影响江西省生态质量的重要因素。利用遥感手段可以宏观、快速监测植被生态变化情况，可为植被长势、植被覆盖情况、植被生产能力、植被综合生态质量等的评估提供科学依据，为多时间、多空间植被生态对比分析提供有效支撑。植被生态质量既受气象条件变化的影响，又受人类活动影响，科学评估植被变化的气象条件贡献率和人为贡献率可反映国家生态文明建设绩效。

（6）森林火灾的发生与气象条件密切相关，与气温、风呈正相关关系，与湿度、降水量呈负相关关系。江西省气象部门利用极轨卫星、静止卫星等多源资料对森林热点进行监测，研究发现江西省森林热点偏多的时间段基本上都与气温偏高、空气异常干燥和降水偏少的天气气候背景有关。

（7）列举了植被质量监测评估气象服务、气象灾害生态影响评估与预警、典型生态系统功能价值评估、植被生态质量变化气象条件贡献率评价四个典型研究案例。

第6章 绿色低碳发展气象保障技术研究

6.1 重污染天气过程分析与评估

6.1.1 概述

本节以2016—2020年江西出现的重要大气污染过程为例，阐述江西在重污染天气过程分析与评估技术中所采用的技术和气象保障服务成功经验。

6.1.2 春节期间减排分析

利用扩展综合空气质量模型（Comprehensive Air Quality Model with Extensions, CAM_X）源解析方法分析污染过程，对比不同年份实际的 $PM_{2.5}$ 质量浓度和模拟的 $PM_{2.5}$ 质量浓度之间的关系，可以评估特定时间减排措施的效果。利用此方法，分析2016年至2020年江西省11个设区市农历新年前后（大年三十和初一）2 d的污染过程，评估春节期间减排措施的效果（以2016年气象条件和 $PM_{2.5}$ 浓度为基准）。

以2016年为基准，利用 CAM_X 大气污染源解析方法评估了2017—2020年春节期间（除夕和正月初一）气象条件、政府精准减排和管控措施在 $PM_{2.5}$ 浓度下降中的贡献情况。结果表明：与2016年春节同期相比，2017年春节 $PM_{2.5}$ 浓度变化不明显，这是因为当时江西省燃放烟花爆竹的管控和减排措施还未全面铺开，而2018—2020年春节实施烟花爆竹的燃放管控和减排措施后，$PM_{2.5}$ 浓度明显下降。从表6.1可以看到，2018—2020年春节期间，尽管气象条件使 $PM_{2.5}$ 浓度上升17.8 $\mu g/m^3$、16.8 $\mu g/m^3$ 和9.1 $\mu g/m^3$，但人为减排和管控措施使全省 $PM_{2.5}$ 日平均浓度下降的幅度更明显，分别下降53.4 $\mu g/m^3$、89.0 $\mu g/m^3$ 和130.9 $\mu g/m^3$。

表6.1 2017—2020年春节期间 $PM_{2.5}$ 浓度变化贡献

年份	$PM_{2.5}$ 浓度与2016年同期比较/($\mu g/m^3$)	气象条件对 $PM_{2.5}$ 浓度变化的贡献/($\mu g/m^3$)	管控和减排措施对 $PM_{2.5}$ 浓度变化的贡献/($\mu g/m^3$)
2017年	↑5.6	↑7.3	↓1.7
2018年	↓35.6	↑17.8	↓53.4
2019年	↓72.2	↑16.8	↓89.0
2020年	↓121.8	↑9.1	↓130.9

注：“↑”号表示 $PM_{2.5}$ 浓度升高；“↓”号表示 $PM_{2.5}$ 浓度下降。

6.1.3 重污染过程气溶胶激光雷达监测分析

气溶胶激光雷达通过获取大气中粒子消光和偏振信号，解析出粒子属性，可用于连续监测大气气溶胶的分布，分析气溶胶的组成结构和实况演变。宜春市靖安县地处南昌市西北方向，是影响南昌市的西路冷空气必经之地，靖安县森林覆盖率达 84.1%，无大规模以上大气污染企业，大气区域本底较为“洁净”。在该处利用气溶胶激光雷达可较好地探测污染物的传输和演变情况。

(1)2019 年 2 月 3—6 日过程

雷达监测数据显示，第一阶段，监测期间高空持续存在较厚云层，云层水汽含量较大，造成上空消光系数明显增大，云层不断下降，影响气流的垂直扩散，污染物开始逐渐向近地面累积汇聚。4 日边界层高度降低、湿度较高等气象条件，也导致颗粒物易吸湿增长不易扩散，近地面颗粒物浓度显著升高。第二阶段，5 日出现降雨天气，空气湿度较大致使近地面消光系数增大，颗粒物浓度不同程度地降低，到 6 日夜间水汽开始向上扩散(图 6.1)。

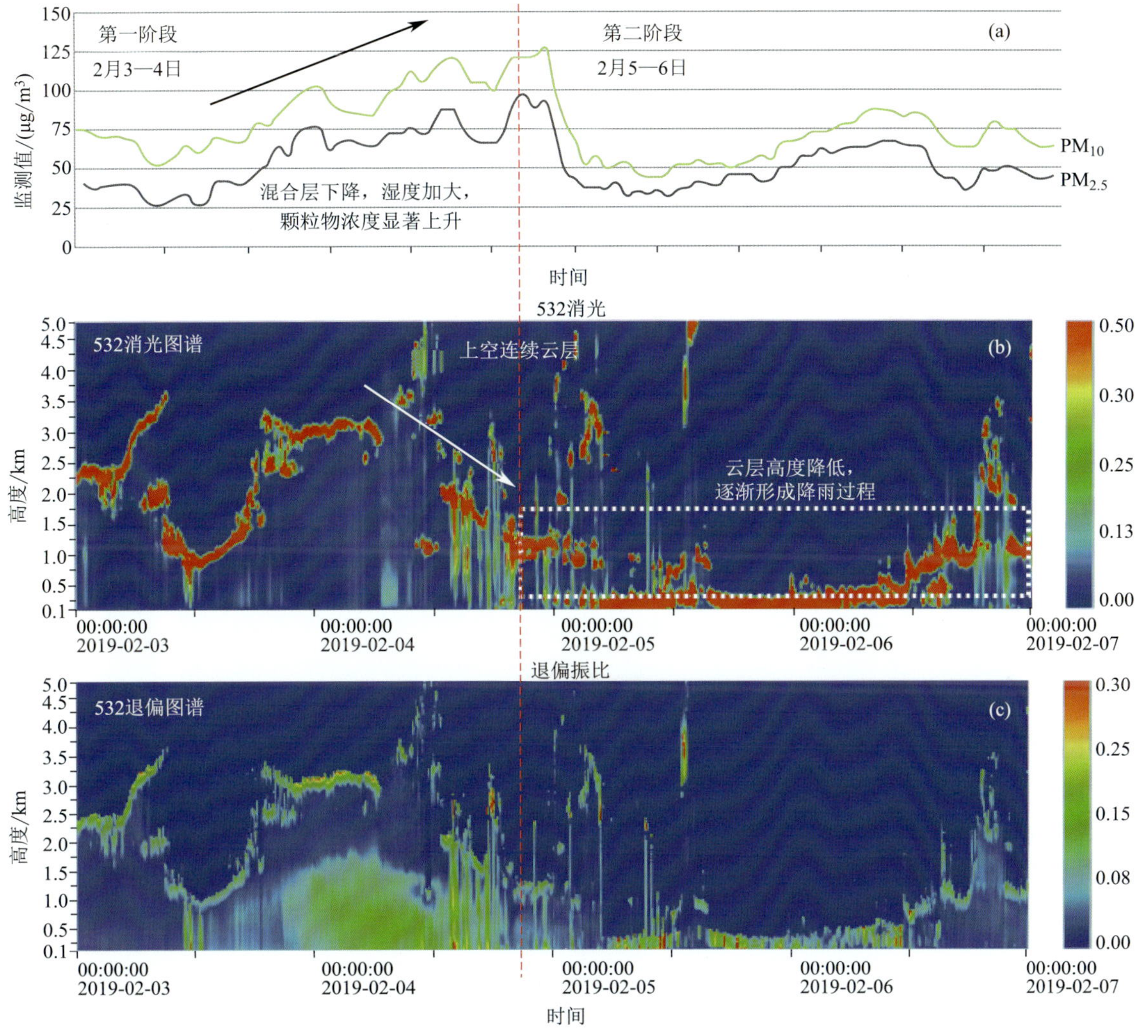

图 6.1　2019 年 2 月 3—6 日激光雷达监测及气象要素变化

(a)污染过程，(b)532 消光图谱，(c)532 偏退图谱

(2)2019 年 12 月 13—17 日过程

雷达监测数据显示，第一阶段，12 月 13 日 00 时—14 日 23 时，靖安上空无云层存在，天气晴朗，1.5～3.5 km 高度有一层污染气团，持续沉降至近地面，颗粒物浓度变化幅度较小。近地面风速维持在 1～2 级。第二阶段，雷达测得从 12 月 15 日开始，高空处持续存在较厚云层，云层水汽含量较大，造成上空 3 km 左右消光系数明显增大，云层不断下降，影响大气的垂直扩散，污染物开始逐渐向近地面累积汇聚。同时间段出现边界层高度降低、湿度较高等气象条件，导致颗粒物易吸湿增长不易扩散，近地面颗粒物浓度显著升高，直到 17 日出现降雨，颗粒物污染暂时得到缓解(图 6.2)。

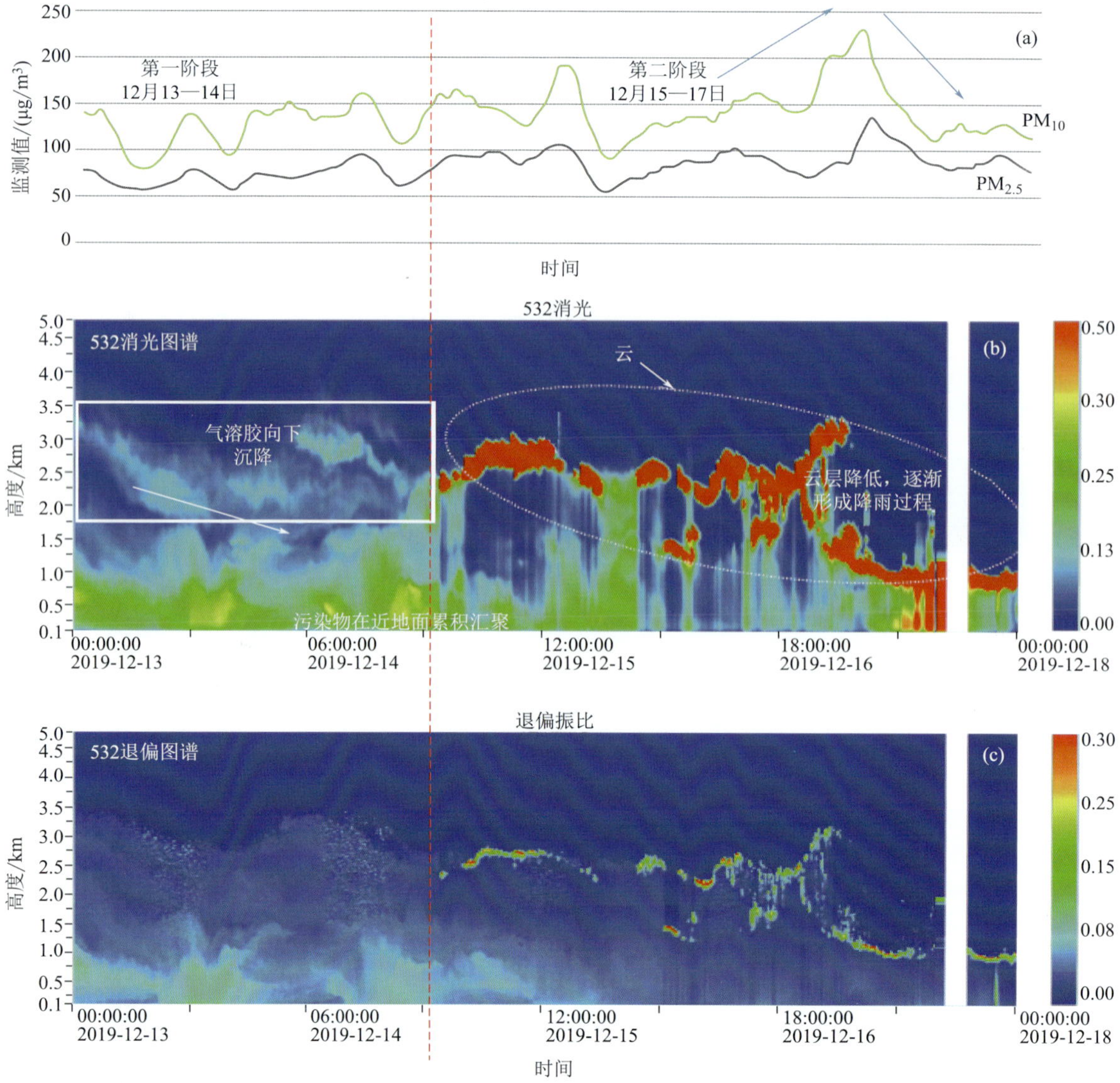

图 6.2 2019 年 12 月 13—17 日激光雷达监测及气象要素变化

(a)污染过程，(b)532 消光图谱，(c)532 偏退图谱

6.2 静稳天气对空气质量改善贡献率评价

6.2.1 数据及来源

采用的气象数据包括平均气温、最高气温、最低气温、降水、霾日数等逐日气象资料，均来自江西省气象数据中心。模式数据为 2018—2019 年欧洲中期天气预报中心提供的再分析资料（0.25°×0.25°）及美国国家环境预报中心（National Centers for Environmental Prediction，NCEP）提供的再分析资料。空气质量数据为 $PM_{2.5}$、PM_{10} 和 O_3 浓度数据，来源于江西省环境监测站提供的 11 个设区市的逐日数据。

6.2.2 大气静稳指数的构建

静稳天气是在高、低层大气的综合作用下形成的，有利于污染物和水汽在排放源附近和近地层累积，造成重污染和低能见度天气。在环境气象预报实践中通过相关气象条件的叠加得到静稳天气指数，具体方法是：

（1）根据文献调研结合预报经验挑选静稳天气相关气象因子；

（2）确定各气象因子阈值，如果因子落在阈值范围内则表示该因子支持静稳天气的形成；

（3）根据各因子在不同阈值范围内对静稳天气形成作用的大小分配权重，作用越大给予越高的权重；

（4）对所有落在阈值范围内的因子权重求和，得到静稳天气指数（Stable Weather Index，SWI）

$$\mathrm{SWI}=\sum_{i=1}^{n} W_i \tag{6.1}$$

式中：n 为静稳天气相关气象因子个数，W_i 为各因子在不同阈值范围内给予的权重。

统计分析 2017 年我国中东部大范围雾/霾天气过程中主要气象要素的分布情况，结合预报经验筛选对雾/霾天气形成具有较好指示意义的因子，并确定其阈值范围和权重。根据国内外的研究发现：水平风速较低时空气流通能力差，不利于大气污染物水平输送，是静稳天气的重要指标；低层逆温有利于形成霾天气；混合层高度是影响 $PM_{2.5}$ 浓度的敏感要素，进一步研究发现低能见度多对应弱的 24 h 变温、变压，即天气形势较为稳定，没有较强天气系统影响的背景下易形成静稳天气；相对湿度则是影响能见度和污染浓度的重要因子。

分段统计不同站点各气象要素值落在不同区间的条件下雾/霾天气出现概率相比气候态概率的倍数作为各要素值区间对应的分指数，该值越大表明雾/霾天气出现概率越高。其中要素统计区间的划分方法如下：首先剔除极端值，按照要素值排序百分位，选取 5%～95%的值；将选中的值划分为 10 个区间，以满足落在各区间内的要素个数均占总个数的 10%，得到的区间划分用于分段统计。这种区间划分方法保证了各区间有充分的、均匀的样本分布。分指数具体计算如下：

$$K_{\mathrm{in}}=\frac{\dfrac{a_{\mathrm{in}}}{a_{\mathrm{in}}+b_{\mathrm{in}}}}{\dfrac{a}{a+b}} \tag{6.2}$$

式中：a_{in} 为各要素各区间内污染站次，b_{in} 为非污染站次，a 为污染总站次，b 为非污染总站次。

按照上述客观方法筛选得到南昌静稳天气指数计算要素包括：2 m 相对湿度、10 m 风速、10 m 风向、1000 hPa 风速、1000 hPa 风向、925～1000 hPa 风速差、混合层高度、海平面气压、24 h 变压、24 h 变温、850 hPa 以下各层位温差。这些要素综合考虑了静稳天气形成的动力和热力条件，较全面地描述了边界层结构和环流形势的基本特征。利用上述统计方法，统计 2007—2016 年的气象数据，得到南昌的分指数查算表，查算表包括 10 个具体要素、要素值的区间划分和各区间对应的分指数。最后得到静稳天气指数的气象因子阈值及权重如表 6.2 所示。

表 6.2　计算静稳天气指数的气象因子、阈值及权重

因子	阈值	权重
海平面气压	1020～1035 hPa	2
2 m 相对湿度	50%～60%	2
	60%～70%	4
	70%～80%	3
	80%～90%	2
	>90%	1
24 h 变压	−3.5～6 hPa	1
	小于−6 hPa	2
24 h 变温绝对值	小于 2.5 ℃	2
混合层高度	900～1300 m	1
	500～900 m	2
	小于 500 m	4
位温逆温层	925～1000 hPa、850～925 hPa 和 850～1000 hPa 三层只要存在一层位温出现逆温	3
925～1000 hPa 风速差	小于 0 m/s	2
1000 hPa 风向	0°～90°	3
	270°～360°	1
10 m 风速	3～4 m/s	1
	1.5～3 m/s	3
	小于 1.5 m/s	4
10 m 风向	0°～90°	3

6.2.3　静稳指数运用效果检验及评估

将 2017 年南昌市 $PM_{2.5}$ 日浓度数据与静稳天气指数进行比较（图 6.3）发现，从整年看，轻度污染（$PM_{2.5}>75\ \mu g/m^3$）以上的静稳指数均大于 10，这表明初步构建的静稳天气指数对 $PM_{2.5}$ 轻度以上的污染过程具有较强的指示意义。但静稳天气指数对区别优良天气方面，指示效果较差。

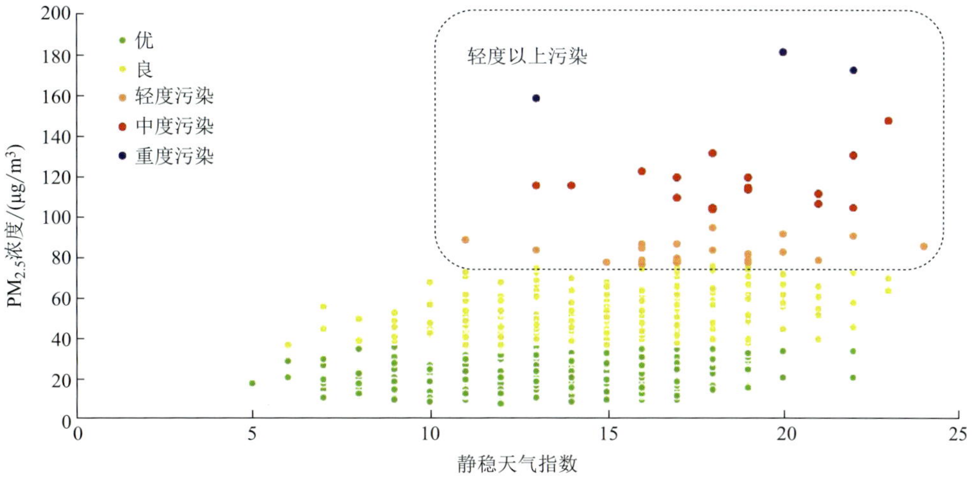

图 6.3　静稳天气指数与 $PM_{2.5}$ 浓度散点

6.2.4　CAM_x 模式建立及模拟效果评估

应用中尺度气象模型（WRF）和 CAM_x 对 2017 年 10 月 23 日—11 月 16 日污染物来源进行模拟分析，污染源数据采用清华大学公开发布的 MEIC 清单（2016 年版）。模拟结果与观测 $PM_{2.5}$ 浓度对比表明（图 6.4），相关系数为 0.75，平均误差为 3 $\mu g/m^3$，模拟结果显示利用 CAM_x 模式可以较为准确地把握南昌市的污染变化情况。

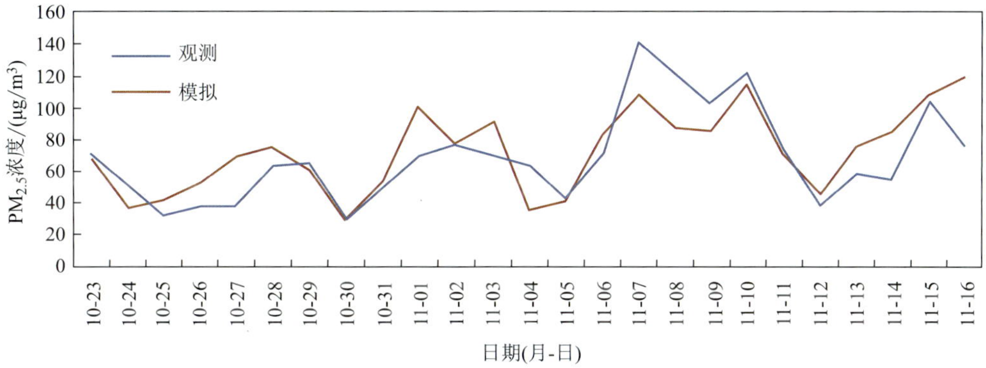

图 6.4　2017 年 10 月 23—11 月 16 日南昌市 $PM_{2.5}$ 浓度观测与模式模拟对比（日均值）

6.2.5　气象条件对空气质量改善的贡献率分析

为更加客观评估气象条件与人为减排措施对空气质量改善的影响，采用统计分析和数值模拟相结合的方法进行了综合分析，研究结果如下。

利用静稳天气指数构建气象条件对空气质量改进的贡献率评估模型分析发现，2018 年全省 $PM_{2.5}$ 平均浓度较 2017 年下降 17.4%，其中气象条件的贡献率占 4.3 个百分点，而人为减排措施的贡献率占 13.1 个百分点，表明人为减排措施成效显著（图 6.5）。

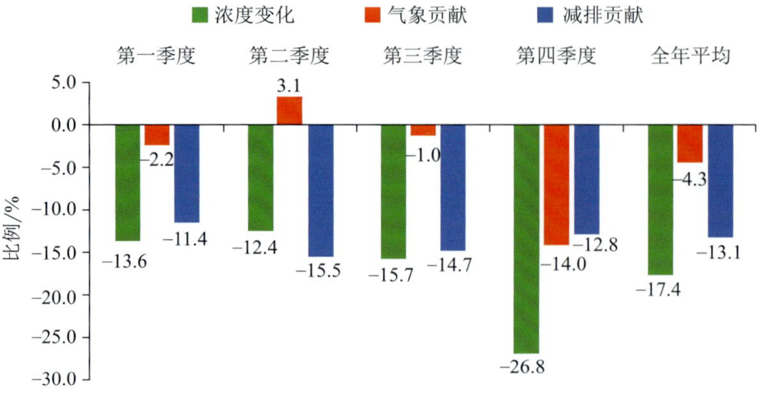

图 6.5　2018 年江西省气象条件和减排贡献比例

6.3　霾日数历史序列资料分析与订正技术

6.3.1　霾的观测记录技术规定沿革变化

霾是指大量极细微的干尘粒等均匀地浮游在空中，使水平能见度小于 10.0 km(能见度自动观测为小于 7500 m)的空气普遍混浊现象。霾使远处光亮物体微带黄、红色，使黑暗物体微带蓝色。霾的出现一般伴随气团稳定、空气干燥现象，一天中任何时候均可出现。

霾的观测是当能见度达到规定标准时，根据空气普遍混浊情况，综合参考天气状况、相对湿度及变化趋势等综合进行判断，江西省霾判别的相对湿度阈值为小于 70%(个别情况下允许略大于或等于 70%可记录霾日)。观测记录有人工判断和自动判识 2 种方式，2015 年 4 月之前全部为人工根据上述规定判定，当达到霾出现标准时即记录为霾日；2015 年 5 月起实现能见度自动观测的台站采用“视程障碍现象自动判识”自动识别霾日(日内正点时次的现在天气现象为霾且持续 6 个(含)以上时次则当日记霾日，20 时日界前后达 6 个(含)以上时次，若日界前或日界后持续霾现象记录达 4 个(含)以上时次，则在相应日记霾日，若日界前和日界后持续霾记录均为 3 个时次，只在日界前记霾日)。

2004 年江西省原 16 个国家基本(准)站正式启用自动观测，一般站绝大部分是 2005 年正式启用自动观测，相对湿度的人工观测与自动观测记录的平均差异约为 5%。2014 年开始陆续装备启用能见度传感器，2016 年全省 91 个国家级气象站全部实现能见度自动观测。霾的观测记录标准主要分成 5 个逐步完善的过程，具体见表 6.3。

表 6.3　江西省霾观测技术规定变化表

序号	时间段	霾记录标准
1	2013 年 2 月之前	能见度<10.0 km，相对湿度<70%(综合参考天气系统及变化趋势进行判断记录)
2	2013 年 3 月—2014 年 1 月	能见度<10.0 km，相对湿度<80%标准记录的霾；后按照原标准进行订正(以定时观测的能见度与最小相对湿度(70%)是否达到“霾”标准进行订正)
3	2014 年 2 月—2015 年 4 月	能见度人工观测 61 站：能见度<10.0 km，相对湿度<70%； 能见度自动观测 30 站：能见度<7500 m，相对湿度<70%

续表

序号	时间段	霾记录标准
4	2015 年 5 月—2015 年 12 月	能见度人工观测 53 站：能见度＜10.0 km，相对湿度＜70%； 能见度自动观测 38 站：能见度＜7500 m，相对湿度＜70%，且须连续满 6 个整点
5	2016 年 1 月以后	能见度自动观测 91 站：能见度＜7500 m，相对湿度＜70%，且须连续满 6 个整点

6.3.2 霾日数年变化

由地面归档数据 A 文件统计得到江西省 91 个国家级气象站 1981—2016 年逐年霾日数，全省累年平均霾日数为 19.7 d，最多的是玉山（80.5 d），最少的是崇义（0.1 d），年平均日数分布见图 6.6，总体上北高南低，南昌、景德镇、浙赣沿线为高值区；1981—2016 年变化趋势为 0.58 d/a，历年平均日数变化如图 6.7。

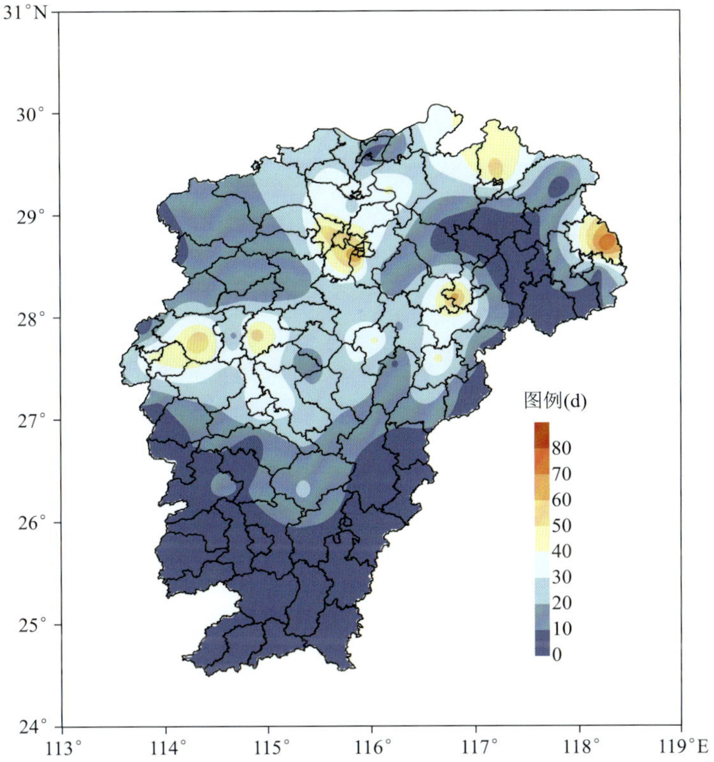

图 6.6 江西省 1981—2016 年平均霾日数分布

6.3.3 相关“沿革”变化的影响分析

6.3.3.1 相对湿度人工与自动观测差异影响的订正

由于人工观测与自动观测的相对湿度有 5% 的差异（即人工观测为 70% 时，对应的自动观测值为 65%），所以对 2004 年以后相对湿度自动观测记录的霾日进行订正。方法为：当记录了霾日的日最小相对湿度＞65%，则将该霾日予以剔除。订正后的 2005—2016 年平

图 6.7　江西省 1981—2016 年原始序列年平均霾日数变化

均霾日数减少了 0.7 d,2014 年虽减少了 2.0 d,订正序列还是存在明显的“异常”,序列变化如图 6.8;研究表明相对湿度差异的影响较小,影响 2014 年霾日数的主要原因是能见度观测的变化。

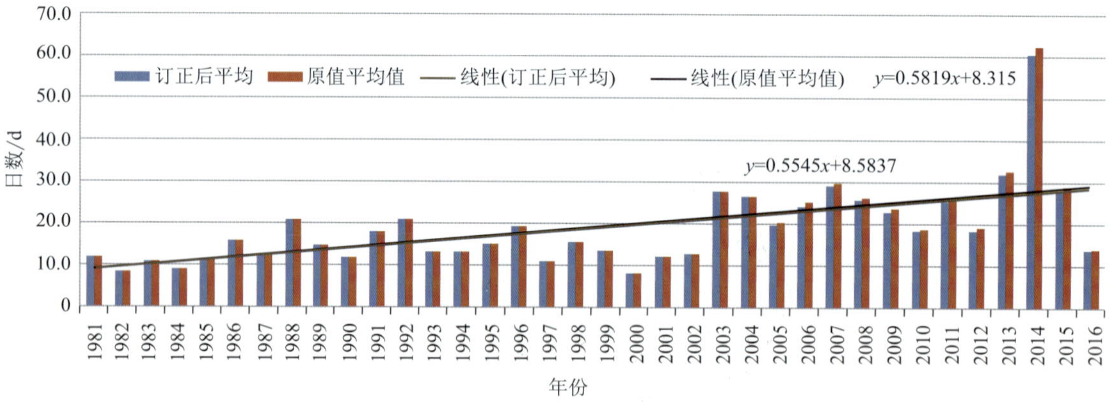

图 6.8　单纯性相对湿度自动观测值订正前后变化

6.3.3.2　对 2015 年 4 月以前自动能见度观测人工判断霾日的订正

2014 年 1 月—2015 年 4 月部分台站能见度为自动观测,当达到霾出现标准时即人工记录为霾日,与 2015 年 5 月起实现能见度自动观测台站采用“视程障碍现象自动判识”存在较大的技术差异。

订正方法为:分别以相对湿度(U)<65%和相对湿度<70%(采用现标准)按照“霾现象自动观测”标准(连续达 6 个整点),对 2015 年 4 月以前自动能见度观测台站人工判别记录的霾日进行订正。

采用相对湿度<65%和现行使用的相对湿度<70%对霾日订正,两者年平均日数相差仅 0.3 d,订正主要集中在 2005—2016 年,序列变化如图 6.9。两种相对湿度标准订正差异不明显,订正效果如图 6.10。

6.3.4　1981—2016 年均一性霾年日数序列的建立

综合上述订正情况分析,江西省霾日序列不均一的主要原因是 2014 年 1 月—2015 年 4

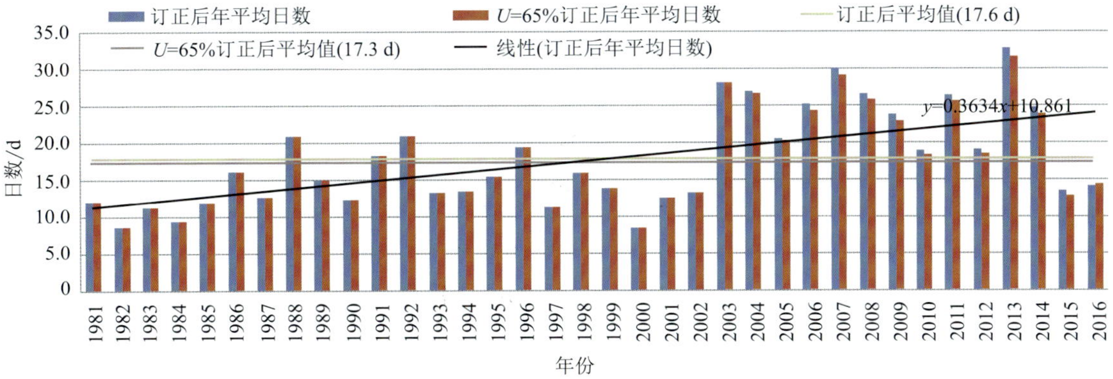

图 6.9 按自动观测霾日标准和不同相对湿度标准订正年平均值变化

图 6.10 按自动观测霾日标准和不同相对湿度标准订正年平均值效果对比

月期间的能见度自动观测的影响所致，相对湿度的人工观测与自动观测存在差异的影响较小，考虑到与后续观测标准的一致性，霾日序列资料的订正仅对 2015 年 4 月之前的自动能见度观测期间的霾日按现行“霾现象自动观测”标准进行订正。订正后序列与原始观测序列变化情况如图 6.11，订正后年平均霾日数的空间分布如图 6.12。订正后江西省年平均霾日为 17.6 d（减少了 2.1 d），年平均霾日数最多的还是玉山（78.3 d），最少的是崇义（0.1 d），1981—2016 年变化趋势为 0.36 d/a，空间分布与订正前基本一致。

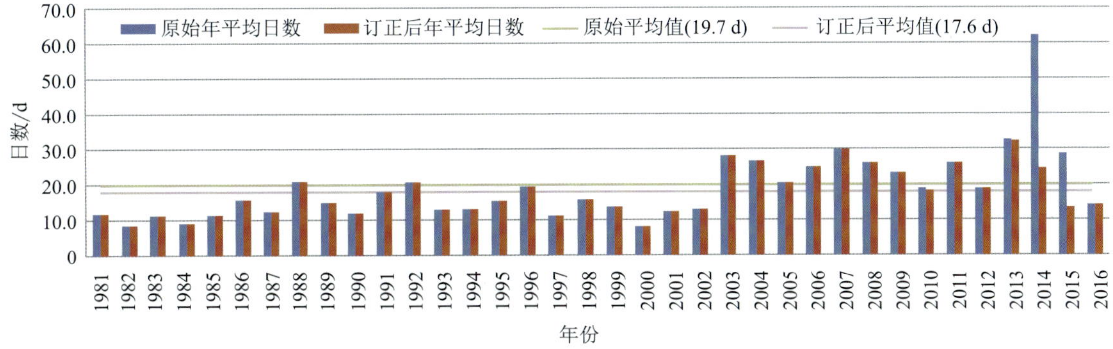

图 6.11 江西省霾日数订正前后年平均值变化

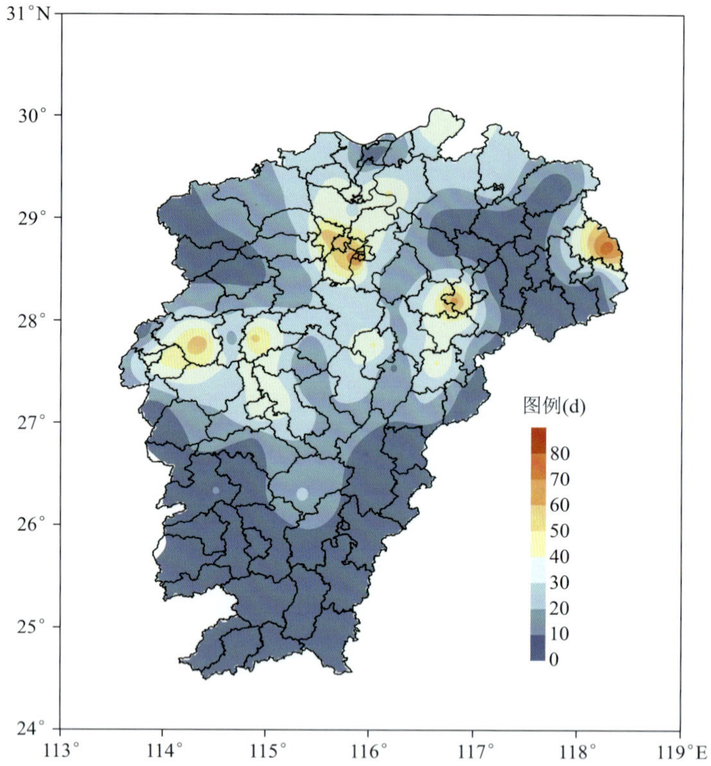

图 6.12　订正后江西省 1981—2016 年平均霾日数分布

2007 年后霾日总体呈现下降趋势，对订正前、后各站 2007—2016 年 10 a 资料的线性趋势统计如表 6.4，订正后线性趋势为增加和减少的台站各占一半；线性趋势方程斜率空间分布如图 6.13，霾日数高值区域减少趋势较明显。

表 6.4　2007—2016 年线性趋势统计表

类别	趋势线为减少站数	趋势线为增加站数
原始序列	30	61
订正后序列	46	45

2014—2016 年平均霾日数低于 2007—2016 年平均日数的站数为 48 站，有 43 站则高于 2007—2016 年的平均数，与线性趋势基本一致。江西省现有 100 个区(县)，目前设有国家级气象观测站的有 91 个区(县)，对未建立国家级气象站的 9 个区(县)采用距离和环境条件的相似性选择替代站，形成 100 个区(县)1981—2016 年霾年日数历史序列资料。2007—2016 年 10 a 三大类功能区年平均霾日数，重点开发区为 34.9 d、农业主产区为 28.0 d、重点生态区为 14.0 d。由于还没有进行逐站序列的均一性分析，目前序列资料中个别区(县)存在不均一可能，后续将根据收集的当地年代际经济社会发展资料及气象要素的均一分析结论进行进一步的订正。

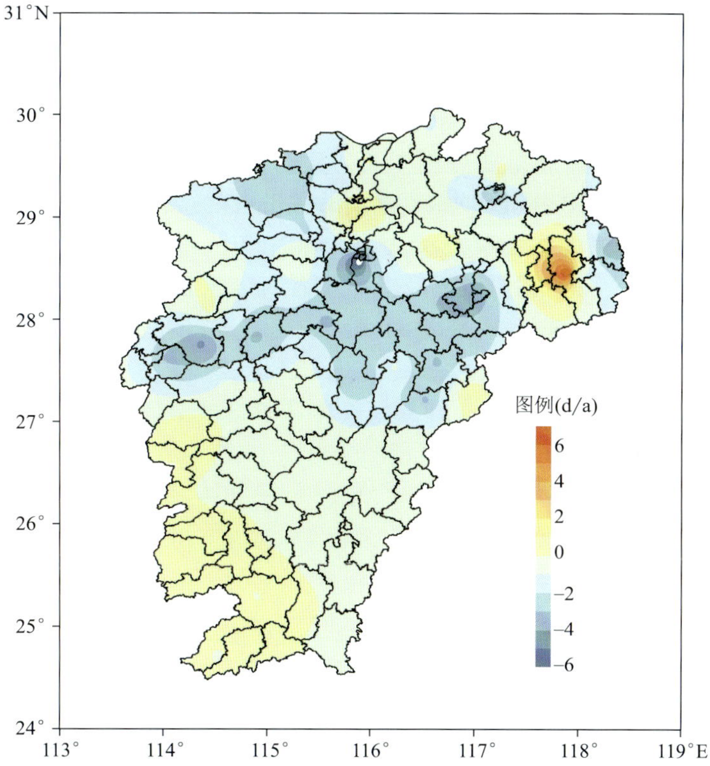

图 6.13　江西省 2007—2016 年霾日数线性趋势方程斜率空间分布

6.4　区域温室气体浓度变化及其源汇特征监测评估

大气温室气体主要包括水汽(H_2O)、二氧化碳(CO_2)、甲烷(CH_4)、氧化亚氮(N_2O)、臭氧(O_3)及卤代物等,这些气体能够起到类似温室玻璃的作用,吸收地表向外发射的长波热辐射线从而引起“温室效应”。自工业革命以来,人类活动排放(化石燃料燃烧、森林砍伐、农业活动等)导致温室气体浓度急剧上升,改变了地-气系统能量收支平衡造成全球气候变暖。政府间气候变化专门委员会(Intergovernmental Panel on Climate Change,IPCC)第五次评估报告表明,全球平均气温在过去的 100 多年间(1880—2012)上升了 0.85 ℃(IPCC,2014),全球变暖将引起冰雪融化、海平面上升、海水酸化、生物物种锐减以及极端天气频发等后果,严重威胁着自然生态环境及人类社会经济系统。为应对全球变暖,各国政府也在积极寻求多方面的国际合作。1994 年 3 月,《联合国气候变化框架公约》(UNFCCC)通过并生效,这是世界上首个应对全球气候变化的国际公约;2005 年 2 月《京都议定书》正式生效,首次以法规形式对温室气体排放进行了限制,主要限排的 6 种温室气体为 CO_2、CH_4、N_2O、SF_6、HFCs 和 PFCs,并要求缔约国 2008—2012 年温室气体排放总量要在 1990 年的基础上减少 5.2%。2009 年 7 月八国集团意大利峰会上提出,2050 年全球温室气体减排 50%,其中缔约国达到减排 80%的目标(方精云 等,2009)。2012 年通过并生效的《多哈修正案》要求,缔约国 2013—2020 年(第二减排承诺期)温室气体排放总量要在 1990 年的基础上至少减少 18%。2015 年 12 月巴黎峰会所希望达成的目标是，就 2020 年以后的第三个减排承诺期做出安排，旨在将 21 世纪的升温范围维持在 2 ℃以内。虽然随着经济不断发展，我国在温室气体减排上面临着巨大压力，但中国政府一直积极应对气候变化问题，通过一系列的郑重承诺，在温室气体控排、遏制全球变暖方面做出了表率。2020 年 9 月，习近平总书记在第七十五届联合国大会上郑重宣布：中国将提高国家自主贡献力度，二氧化碳排放力争于 2030 年前达到峰值，争取 2060 年前实现碳中和。2021 年召开的中华人民共和国第十三届全国人民代表大会第四次会议和中国人民政治协商会议第十三届全国委员会第四次会议上，碳达峰和碳中和被首次写入政府工作报告。

为达成温室气体减排目标，各国政府及专家学者高度重视大气温室气体的浓度监测与研究。根据世界气象组织/全球大气观测计划（World Meteorological Organization/Global Atmospheric Watch，WMO/GAW）2008—2015 年战略规划，温室气体及相关微量成分的观测物种包括：CO_2、CH_4、N_2O、SF_6、CO、卤代温室气体、$\delta^{14}C$、$\delta^{13}C(CO_2)$、$\delta^{18}O(CO_2)$及 O_2/N_2 比值。大气 CO_2 在长寿命温室气体总辐射强迫中的贡献率约为 65%，是最重要的人为源温室气体（WMO，2014a），CH_4 是大气含量仅次于 CO_2 的温室气体，以 100 a 计，CH_4 单个分子对温室效应的贡献约为 CO_2 的 25 倍，由于大气 CH_4 长达 20 a 的强气候影响，持续增长的大气 CH_4 浓度将增大全球变暖趋势。

6.4.1 温室气体浓度监测技术

为使全球观测站网大气温室气体及相关微量成分观测数据具有可比性和可兼容性，世界气象组织/国际原子能机构（World Meteorological Organization/International Atomic Energy Agency，WMO/IAEA）规定了各要素的本底观测质量目标（表 6.5）。目前对于 CO_2 源汇估算方法主要有 2 种：一种是传统的“自下而上”方法，基于各行业部门及地域的清单资料进行估算（武义清 等，2014；孙伟 等，2012；Borden et al.，2011），这种方法存在的主要问题在于清单统计资料以及计算所使用参数的不准确可能引入较大的误差；另一种“自上而下”的方法，结合大气观测数据及大气传输模式和数据优化方法反演源汇通量，其结果相比较而言更为客观。高精度观测数据是精确研究大气 CO_2 浓度变化及反演其源排放量、汇吸收量的基础。研究表明，空间距离为 500 km 的两个站点，假设风速为 5 m/s、平均混合高度为 1.5 km，某一站点 CO_2 浓度观测 0.2 ppm① 的偏差将导致年均 50 gC/m^2 反演通量的误差，而北美区域内，陆地生态圈加权年均通量变化范围约为 0～120 gC/m^2，WMO/IAEA 建议北半球大气 CO_2 本底浓度范围内的实验室间可比性质量目标不应超过 0.1 ppm。

传统的大气 CO_2 浓度观测分析方法为非色散红外吸收法（Non-dispersive Infrared absorption method，NDIR）和气相色谱-氢火焰离子化检测法（GC-FID）（周凌晞 等，1998；张晓春 等，2005；刘立新 等，2009），CH_4 和 N_2O 的基本分析方法主要是气相色谱法（Xing et al.，1997；方双喜 等，2010），CO 的基本分析方法包括红外法和色谱法（Novelli et al.，1991；李相贤 等，2011；汪巍 等，2012）。随着科技进步，基于波长扫描光腔衰荡光谱技术（Cavity Ring-Down Spectroscopy，CRDS）（Crosson et al.，2008；臧鲲鹏 等，2011；方双喜 等，2011）和傅里叶红外光谱技术（Fourier Transform Infrared spectroscopy，FTIR）（徐亮 等，2007；Griffiths et al.，2009；冯明春 等，2011；Hammer et al.，2012）的温室气体观测分析设备逐渐投入应用。

---

① 1 ppm=1×10^{-6}。

表 6.5 温室气体及相关微量成分本底观测浓度实验室间可比性质量目标(WMO,2014b)

成分	兼容性目标	拓展兼容性目标	监测范围(非污染大气条件)	监测范围(WMO 尺度)
CO_2/ppm	±0.1(北半球) ±0.05(南半球)	±0.2	360~450	250~520
CH_4/ppb①	±2	±5	1700~2100	300~2600
CO/ppb	±2	±5	30~300	20~500
N_2O/ppb	±0.1	±0.3	320~335	260~370
SF_6/ppt②	±0.02	±0.05	6~10	1.1~9.8
H_2/ppb	±2	±5	450~600	140~1200
$\delta^{13}C-CO_2$/‰	±0.01	±0.1	−9~−7.5	
$\delta^{18}O-CO_2$/‰	±0.05	±0.1	−2~2	
$\delta^{14}C-CO_2$/‰	±0.5‰	±3	0~70	
$\delta^{14}C-CH_4$/‰	±0.5		50~350	
$\delta^{14}C-CO/(mol/cm^3)$	±2		0~25	
$\delta^{13}C-CH_4$/‰	±0.02	±0.2		
$\delta D-CH_4$/‰	±1	±5		
(O_2/N_2)/‰	±0.002	±0.01	−800~−250	

6.4.1.1 非色散红外吸收法

传统的大气 CO_2 浓度观测分析方法为非色散红外吸收(NIDR)法和气相色谱-氢火焰离子化检测法(周凌晞 等,1998;Bakwin et al.,1995),国际固定站点观测网络对于大气 CO_2 在线连续观测及瓶采样观测最早多采用 NDIR 法,虽然 NDIR 法存在系统漂移及非线性响应等方面的局限,但经过适当的在线校正后 NDIR 技术仍可以有效确保大气 CO_2 观测的长期稳定性、精度及准确度,其观测结果不确定性在 0.1 ppm 以内。

6.4.1.2 波长扫描光腔衰荡光谱技术

随着科技进步,基于 CRDS(Crosson,2008;Winderlich et al.,2010;Chen et al.,2010)和 FTIR 技术(Griffith et al.,2012;Hammer et al.,2012)的大气 CO_2 观测分析设备逐渐投入应用。相较于 NDIR,CRDS 分析仪可在较少的耗气量下保证良好的精度和准确度、线性响应,操作更方便且可同时测量 H_2O 含量,而 FTIR 则可同时测量多种温室气体要素但耗气量较大。在 CRDS 技术中,激光二极管会发射单频光束进入带有两个或多个高反射率镜子的腔室,美国 Picarro 公司的 CRDS 大气 CO_2 分析仪则利用含有三面镜子的腔室进行光波的连续反射,当激光器被打开后,腔室内迅速充满不断循环的激光,一个快速光电感应器感应其中某一镜面泄露出的少量激光并形成信号,这些信号与腔室内的光强度成比例。将激光波长调节到目标气体吸收波段,然后调节到目标气体不吸收波段,通过衰荡时间差可计算光强度损耗(http://www.picarro.com/technology/cavity_ring_down_spectroscopy)。

① 1 ppb=1×10^{-9}。

② 1 ppt=1×10^{-12}。

6.4.1.3 傅里叶红外光谱技术

傅里叶红外光谱技术(FTIR)的基本原理为红外光源经准直后成平行光射出,经过一定的光程穿过待测气体,透射光由入射光阑进入干涉仪后汇聚到红外探测器上,探测器测量得到干涉图,经傅里叶变换得到目标化合物的光谱信息。澳大利亚 Wollongong 大学研制的商用 FTIR 主机(Griffith et al.,2012)在研发过程中增加了开放式的多次反射样品池,使光源发出的辐射在一定的路径上经过多次反射后进入干涉腔内,在不显著损失能量的前提下增加采样光程,进而提高了分析精度。包括动态流量(F)和静态(S)两种进样模式:F 模式表示光腔被抽真空后充入样品进行分析时不关闭光腔,样品保持一定的流量或压力通过光腔进行光谱分析,因而可对连续充入光腔的样品进行实时分析;S 模式表示光腔被抽真空后,光腔充满样品并达到设定的压力后,关闭光腔进行光谱分析。商用 FTIR 数据处理软件采用设定的校正系数进行浓度计算,但是,校正系数除与光腔内温度、压力、水汽变化、流量等已知因素相关外,还可能受到其他诸多未知因素不同程度的影响,环境条件微小的变化即可引起校正系数的不准确,从而影响结果的准确度。

夏玲君等(2013)在商用 FTIR 主机的基础上,补充了自动进样模块和标气模块。自动进样模块由 8 口自动进样阀及相关控制软件组成(美国 VICI Valco 仪器公司),可实现样品分析的自动流程化运行;标气模块由与大气浓度范围相适应的、可溯源至国际标准的高/低浓度标气(WH/WL)及目标气(T)组成,利用标气的标称值及系统分析产生的信号值,计算求得目标气及标气结果,目标气结果的精度及误差可有效考察系统的稳定性。改进后的系统结构示意图见图 6.14,进样前,先用真空泵对光腔及进样管路抽真空,然后样品通过与 8 口自动进样阀连接的 FTIR 主机进样口进入光腔。仪器配有内置质量流量控制器和压力传感器,通过质量流量控制器可实现进气流量的稳定控制,通过压力传感器可将样品量控制在预设压力范围内。待光腔充入的标气达设定压力时,即可开始进行样品分析。考虑到环境湿度过大可能会造成干燥管失效加速,对检测结果造成影响,因此在线观测时空气样品宜先经过冷阱除水汽后再通过自动进样阀进样。

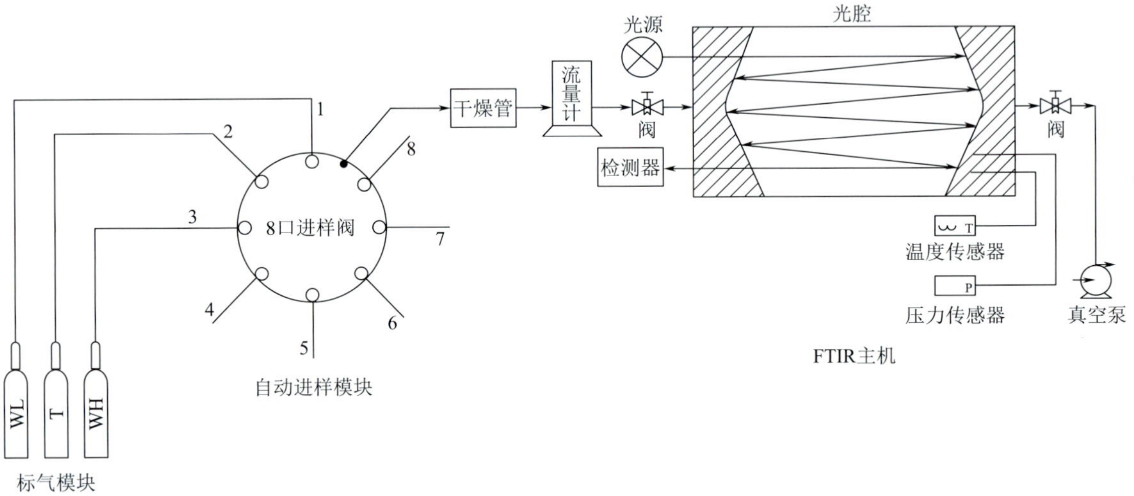

图 6.14 FTIR 系统结构示意

6.4.2 观测资料筛分方法

大多数温室气体观测站点不可避免地受到区域源汇的影响，其观测值往往代表一定区域内受到多种因素影响的大气状况，观测资料中的低值浓度和高值浓度可反映局地源汇动态变化的信息，由于不同站点的地理位置、地形地貌和环境状况等差异，观测资料的时空代表性存在较大不同，在分析时必须准确提取全球或区域代表性的背景值，用于研究全球或区域尺度的异同和变化趋势（Thoning et al.，1989），有利于不同站点间的相互比对分析。被标记的污染数据则用于反演特定区域温室气体源汇分布的动态变化，以及进一步结合数值模式研究其长距离输送及其源汇特征（Balzaniloov et al.，2008）。

6.4.2.1 纯统计学筛分方法

（1）曲线拟合

利用快速傅里叶曲线拟合进行数值过滤的统计筛分法来剔除非本底数据。首先，对获得的样气浓度时间序列 $f(t)$ 进行曲线拟合，曲线由两部分组成，其拟合公式如下。

$$f(t)=\sum_{n=0}^{Np}(a_n t^n)+\sum_{m=1}^{M_h}[b_m \sin(2\pi mt)+c_m \cos(2\pi mt)] \tag{6.3}$$

方程中二次多项式部分代表长期变化趋势，后部分简谐波则代表季节变化波动；t 为观测时间，观测起始时刻 $t=0$；$N_p=2$（推荐值），$M_h=2$ 或 4（推荐值）；利用最小二乘法进行拟合以确定系数 a_n、b_m 和 c_m。

（2）数值过滤

考虑到季节变化的年际波动，残差 $r(t)=c(t)-f(t)$ 可通过半峰宽（FWHM）为 45 d（推荐值）的低通滤波进行数值过滤，过滤所获得的残差平滑后记为 $[r(t)]$45 d，然后结合 $f(t)$ 可获得平滑曲线 $S(t)=f(t)+[r(t)]$45 d。如果观测数据与平滑曲线偏差过大，则被认为是非本底值剔除出去，具体筛分标准如下：将浓度值与平滑曲线的残差大于所有残差标准偏差（σ）3 倍的数据视为非本底值剔除，剩余数据中再将残差大于 3σ 的数据剔除，直至所有剩余数据的残差都小于 3σ。

6.4.2.2 后向轨迹法筛分

推荐利用美国国家海洋与大气管理局和澳大利亚气象局联合研发的拉格朗日混合单粒子轨道模型（Hybrid Single Particle Lagrangian Integrated Trajectory model，HYSPLIT）对站点 72 h 后向轨迹进行模拟。如果气团轨迹途经源排放污染区域（如人为活动较多、污染较严重的城市区域），且轨迹所处高度的气压与地表气压差值不超过 120 hPa（推荐），剔除该气团轨迹所对应的观测数据。

6.4.2.3 基于地面风日变化等的筛分

把地面风向、风速等气象因子对观测浓度的影响以及浓度的日变化作为数据筛分因子。首先结合 CO_2 或 CH_4 浓度高低层日变化的差异，初步筛分出差异较小（混合较均匀）时段的观测数据，然后结合春、夏、秋、冬 4 个季节地面风向和风速与 CO_2 或 CH_4 浓度的对应关系，进一步剔除受局地源汇影响的数据。

6.4.2.4 示踪物筛分

以示踪物（CO、黑炭等）与筛分物种的同源性等关系，通过判别示踪物的污染浓度时刻来对观测数据进行筛分。Tsutsumi 等(2006)研究 Yonagunijima 站观测数据时,利用 CO 作为示踪物的方式对在线观测的 CH_4 和 CO_2 数据进行背景和污染数据筛分:若±6 h 内 CO 的变化幅度超过 10×10^{-9},则认为该段时间 CH_4 和 CO_2 浓度是污染浓度。Nevison 等(2007)研究 N_2O 全球浓度时,利用三氯一氟甲烷(CFC-11)作为示踪物来研究背景和污染浓度;Pu 等(2014)利用黑碳作为人为源的示踪物,对浙江临安区域大气本底站观测的 CO_2 进行筛分。

6.4.3 后向轨迹聚类分析技术

为研究某区域大气 CO_2、CH_4 等温室气体浓度水平如何受到周边地区的影响,通常可采用欧拉方法或拉格朗日方法(王艳 等,2008),而由美国国家海洋大气研究中心与澳大利亚气象局联合开发的 HYSPLIT 模型则是一种结合了欧拉方法和拉格朗日方法的混合计算模型,主要有前向扩散模型和后向扩散模型,其中后向轨迹模拟主要是用于研究当地大气污染物浓度水平变化是由什么来源引起的,主要解释源的问题。

HYSPLIT 模型计算轨迹的方法如下(Draxler et al.,1998):颗粒物或粉尘移动轨迹由其初始位置 $p(t)$ 和第一猜测位置 $p'(t+\Delta t)$ 三维平均速度矢量来计算。

第一猜测位置为:

$$p'(t+\Delta t)=p(t)+V(p,t)\Delta t \tag{6.4}$$

最终位置为:

$$p(t+\Delta t)=p(t)+0.5[V(p,t)+V(p',t+\Delta t)]\Delta t \tag{6.5}$$

式中:V 为风速,Δt 为积分时间步长。

如果轨迹超过模式层顶将会终止,而轨迹如果到达地面则会沿地表继续移动。模拟过程中积分时间步长(Δt)是可变的。计算要求每个时间步长的移动距离应小于气象网格间距的 0.75。

聚类分析法是一种多元统计分析方法,主要包括系统和非系统的聚类方法。系统聚类方法是根据样本间距离来定义聚类类别,先将所有 n 个变量看作不同的 n 类,距离最近的 2 类合并,然后从分出的 $n-1$ 类中找出最近的两类合并为一类,依此类推,直至把所有变量合并为一类。本研究采用系统聚类方法中的 Ward's 最小方差法进行聚类,先将 n 个样本各自归为一类,然后每次减少一类,此时其离差平方和会增大,选择合并使离差平方和增大最小的两类,直至样本归为一类。本研究采用夹角距离算法(Sirois et al.,1995)进行聚类,计算方程如下:

$$d_{12}=\frac{1}{n}\sum_{i=1}^{n}\arccos\left[0.5\,\frac{(A_i+B_i+C_i)}{\sqrt{A_iB_i}}\right] \tag{6.6}$$

式中:

$$A_i=[X_1(i)-X_0]^2+[Y_1(i)-Y_0]^2 \tag{6.7}$$

$$B_i=[X_2(i)-X_0]^2+[Y_2(i)-Y_0]^2 \tag{6.8}$$

$$C_i=[X_2(i)-X_1(i)]^2+[Y_2(i)-Y_1(i)]^2 \tag{6.9}$$

式中:X_0 和 Y_0 为轨迹起点坐标,d_{12} 为两条轨迹间的平均夹角。

基于江西省南昌温室气体站(28.68°N、115.77°E,43.7 m)2018 年 12 月—2020 年 12 月大气 CO_2 小时浓度数据及 NCEP 再分析资料,图 6.15 及表 6.6 所示为南昌站大气后向轨迹聚类分析季节分布图及各轨迹簇对应的平均 CO_2 浓度(Xia et al.,2022)。

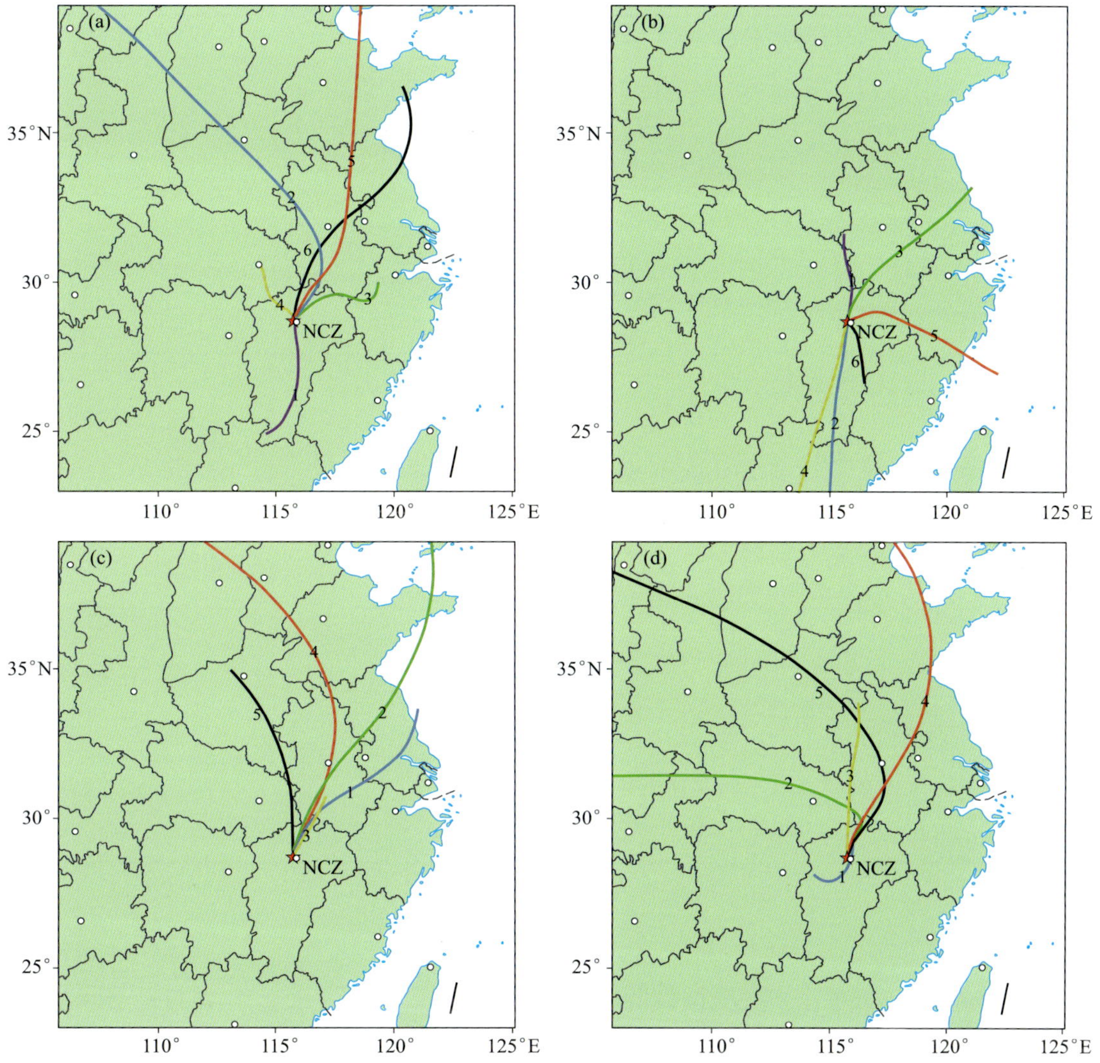

图 6.15 南昌站后向轨迹聚类分析季节分布
(a)春季,(b)夏季,(c)秋季,(d)冬季

表 6.6 CO_2 轨迹聚类分析结果

季节	轨迹簇	轨迹数	占比/%	CO_2 浓度均值/ppm
春季	1	565	16.6	440.6±12.7
	2	300	8.8	434.6±10.8
	3	577	17.0	440.9±10.5
	4	1060	31.2	440.8±12.8
	5	287	8.5	434.0±10.7
	6	606	17.9	438.3±9.3
	平均值			439.2±11.7

续表

季节	轨迹簇	轨迹数	占比/%	CO_2 浓度均值/ppm
夏季	1	631	20.2	430.4±12.6
	2	735	23.5	430.2±12.6
	3	683	21.9	426.1±10.5
	4	374	12.0	431.7±12.1
	5	169	5.4	424.3±11.1
	6	532	17.0	429.6±12.7
	平均值			429.1±12.2
秋季	1	1502	41.5	438.3±11.2
	2	563	15.6	433.7±13.3
	3	823	22.7	440.2±11.9
	4	196	5.4	437.7±11.6
	5	536	14.8	442.0±14.2
	平均值			438.5±12.4
冬季	1	1123	42.5	444.6±14.3
	2	286	10.8	447.6±11.2
	3	660	25.0	444.7±13.2
	4	488	18.5	437.9±11.6
	5	84	3.2	440.4±13.2
	平均值			443.6±13.5

6.4.4 潜在源贡献算法

目前,国际上已开发了多种受体模型(receptor models)来定位污染源,通过结合气象要素和观测的化合物组分以探究排放源可能存在的区域(Hopke,2003),该方法可将某个站点观测到的化合物浓度资料与气团后向轨迹结合起来以研究其污染源的潜在分布区域。相关模型主要包括滞留时间分析(Residence Time Analysis,RTA)、定量输送偏差分析(Quantitative Transport Bias Analusis,QTBA)、潜在来源贡献因子法(Potential Sources Function Analysis,PSCF)、浓度权重轨迹分析(Concentration-Weighted Field,CWF)以及滞留时间浓度加权(Residence Time Weighted Concentration,RTWC)。

PSCF 于 1980 年左右开发出来,利用后向轨迹分析方法来识别潜在的污染源区分布。Cheng 等(2001) 以及 Begum 等(2005)的研究均表明 PSCF 模型可有效地用于鉴别污染源的潜在排放区域。目前为止,这种方法已得到了广泛的应用(Hsu et al.,2003;Hoh et al.,2004;Wang et al.,2004)。

针对研究区域,选取被轨迹覆盖的地理空间区域为研究对象,并将其网格化分成 0.5°×0.5°的水平网格(距地高度 100 m)。PSCF 值可通过每个网格内轨迹出现的数目来计算,落在格点内的轨迹总数记为 $n(i,j)$,即穿过第 ij 个格点的轨迹数。其中部分气团轨迹则对应超过本底标准的污染浓度,这些轨迹数记为 $m(i,j)$。而第 ij 个格点的 PSCF 值则被定义为

(Polissar et al.,1999):

$$\mathrm{PSCF}(i,j)=m(i,j)/n(i,j) \tag{6.10}$$

PSCF 值可以解释为气团轨迹传输通过第 ij 个格点到达测点时其对应化合物组分浓度超过本底值的概率。因此,具有高 PSCF 值的格点则对应于携带有超过分析物本底值浓度的气团轨迹到达测点,这些格点被认为是具有较高潜在贡献的源区。在 PSCF 分析时,较小的 $n(i,j)$ 值可能导致不确定性较大的高 PSCF 值,为了减少这种误差,由 Zeng 等(1989)假设了一个权重因子 $W(n_{ij})$ 被应用于 PSCF 分析中(WPSCF),即当某个特定格点的节点数目小于 3 倍格点节点总数的平均值时,可采用权重因子 $W(n_{ij})$ 来降低 PSCF 值。南昌站各季节权重因子 $W(n_{ij})$ 设置如下(Xia et al.,2022):

$$W_{ij}(春)=\begin{cases}1.0, & 72<n_{ij}\\ 0.7, & 18<n_{ij}\leqslant 72\\ 0.42, & 9<n_{ij}\leqslant 18\\ 0.17, & n_{ij}\leqslant 9\end{cases} \tag{6.11}$$

$$W_{ij}(夏)=\begin{cases}1.0, & 104<n_{ij}\\ 0.7, & 26<n_{ij}\leqslant 104\\ 0.42, & 13<n_{ij}\leqslant 26\\ 0.17, & n_{ij}\leqslant 13\end{cases} \tag{6.12}$$

$$W_{ij}(秋)=\begin{cases}1.0, & 80<n_{ij}\\ 0.7, & 20<n_{ij}\leqslant 80\\ 0.42, & 10<n_{ij}\leqslant 20\\ 0.17, & n_{ij}\leqslant 10\end{cases} \tag{6.13}$$

$$W_{ij}(冬)=\begin{cases}1.0, & 72<n_{ij}\\ 0.7, & 18<n_{ij}\leqslant 72\\ 0.42, & 9<n_{ij}\leqslant 18\\ 0.17, & n_{ij}\leqslant 9\end{cases} \tag{6.14}$$

6.4.5 CO 示踪技术

CO 是化石燃料和生物质燃烧的不完全产物,它可以用作一种人为 CO_2 排放的示踪物(Bakwin et al.,1997;Turnbull et al.,2006;Wang et al.,2010)。通过大气 CO_2 及 CO 观测浓度计算其相关性斜率,可得到鉴别源区整体燃烧效率的特征标记,能较好地反映能源分布及其混合类型。CO_2/CO 排放比随碳燃烧效率而变化,可为确定燃烧源类型提供有用的信息(Andreae et al.,2001;Tohjima et al.,2014)。现代电厂的化石燃料燃烧常比生物质燃烧具有更高的 CO_2/CO 比值。使用自下而上的方法估算得出燃煤电厂的 CO_2/CO 排放比估计约为 1300,生物质燃烧的 CO_2/CO 估计为 10(Zhao et al.,2012)。由于更好的排放控制技术和车辆维护,美国车辆的 CO_2/CO 排放比从 1975 年的 10 增加到 20 世纪 90 年代初的 50,并在 90 年代末和 21 世纪初进一步增长(Bishop et al.,1996;Bishop et al.,2008)。Wang 等(2010)发现北京密云冬季观测的 CO_2/CO 值从 2004 年的 17.3 增加到 2007 年的 28.6,并认为未来由于车辆排放标准的提高,预计 CO_2/CO 比值会更高。基于对 CO_2 和 CO 的观测,Turnbull 等

(2011)也认为,中国在提高燃烧效率和减少 CO 排放方面的努力是有效的。根据 Huang 等(2015)的报告,2011 年南京市中心观测到的季节平均 CO_2/CO 在 24～29。2016 年 5—6 月,在黄海上空观测到的 CO_2/CO 低于韩国首尔上空的其他飞行测量组,这表明中国黄海上空的整体燃烧效率低于首尔上空(Tang et al. ,2018;Halliday et al. ,2019)。此外,如果 CO_2 与 CO 来自同一排放源且排放量成比例,则可利用 CO 值来估算 CO_2 的排放量(张芳,2011)。

基于 2017 年 12 月—2018 年 11 月景德镇站大气 CO_2 和 CO 浓度数据,得到冬季大气 CO_2 与 CO 呈现较好的相关性,表 6.7 所列为冬季不同月份 CO_2/CO 排放比数据,冬季 2017 年 12 月受北方气团影响,北方生物质燃烧可能导致 CO_2/CO 排放比下降(Xia et al. ,2020)。

表 6.7　2017 年景德镇站冬季 CO_2、CO 相关性分析

冬季	数据量	$\Delta CO_2/\Delta CO$ 比值	R
2017 年 12 月	346	39.0±2.3	0.68*
1 月 18—21 日	95	70.7±3.3	0.91*
2018 年 1 月**	323	52.3±1.7	0.87*
2018 年 2 月	311	49.9±2.2	0.80*
冬季平均**	980	46.3±1.2	0.78*

* $P<0.001$;**不包含 2018 年 1 月 18—21 日的观测数据。

6.4.6　碳同位素($\delta^{13}C(CO_2)$)示踪技术

Keeling 等(1995)基于 Maula Loa 及南极 1958—1994 年的大气 $\delta^{13}C(CO_2)$及 CO_2 观测数据反演得到生态圈和海洋碳源汇的年际变化,并推测大气 CO_2 浓度增长率的升高与降低和全球气温年际变化密切相关(全球气温变化改变了生物圈和海洋对碳的吸收),也与降水的年际变化相关。1989—1993 年大气 CO_2 增速变缓可能部分是由于 1979 年后工业 CO_2 排放增速变缓,而 1991—1993 年 CO_2 距平浓度急剧下降可能与 1991 年 7 月的 Pinatubo 火山爆发有关,Pinatubo 火山爆发后立即造成 0.6 GtC 的海洋汇吸收,而与厄尔尼诺-南方涛动现象发生时的情况相反的是生物圈也成为碳汇。Ciais 等(1995)根据美国国家海洋和大气管理局/气候监测和诊断实验室(National Oceanic and Atmospheric Administration/Climate Monitoring and Diagnostics Laboratory,NOAA/CMDL)全球观测网 40 个站点瓶采样的大气 CO_2 及 $\delta^{13}C(CO_2)$观测资料,利用大气传输二维模式反演得到 1992 年和 1993 年北半球有强的陆地 CO_2 汇,约为 300 Tmol,1992 年全球海洋汇吸收 3.1 GtC,陆地汇吸收 2.7 GtC。Francey 等(1995)也基于 1982—1993 年南、北半球数个观测站大气 $\delta^{13}C(CO_2)$观测资料发现 $\delta^{13}C(CO_2)$值呈逐渐下降趋势,而 1988—1990 年其下降趋势变缓,基于观测资料反演得到 1982—1993 年陆地生态圈和海洋源汇交换份额的年际变化,发现 1988—1990 年二者对 CO_2 的吸收份额都有所增长,而海洋汇吸收一直持续到 1992 年。

Miller 等(2003a)以及 Keeling(1961)介绍了一种将大气 CO_2 及 $\delta^{13}C(CO_2)$浓度变化与 CO_2 源汇的碳同位素"signature"(δ_s)联系起来的方法,这种方法可用于推测植物光合作用的碳同位素歧视程度以及土壤与植物呼吸的同位素组成(Bakwin et al. ,1998;Buchmann et al. ,1997)。根据大气 CO_2 及 $CO_2\times\delta^{13}C$ 质量守恒方程(6.15)及(6.16)(Tans,1980),可推导出方程(6.17)和(6.18):

$$C_{obs} = C_{bg} + C_s \tag{6.15}$$

$$\delta_{obs} C_{obs} = \delta_{bg} C_{bg} + \delta_s C_s \tag{6.16}$$

$$\delta_{obs} = \frac{C_{bg}}{C_{obs}} (\delta_{bg} - \delta_s) + \delta_s \tag{6.17}$$

$$\delta_{obs} C_{obs} - \delta_{bg} C_{bg} = \delta_s (C_{obs} - C_{bg}) \tag{6.18}$$

式中:C 和 δ 分别代表 CO_2 和 $\delta^{13}C(CO_2)$,下标 obs、bg、s 则分别表示观测值、本底值及源值。式(6.17)可转换为一次线性方程 $y=m/x+b$,用传统的"Keeling plot"作图,其截距即为 δ_s,但这种方法要求本底值为常数。而式(6.18)可转换为 0,用"Tan plot"画图,其斜率为 δ_s,相较于式(6.17)这种方法更灵活、更精确,其本底值可以是常数也可随时间变化。一般来说,δ_s 常代表多个源/汇通量权重的平均,可能是化石燃料、植被、土壤、海洋等源汇的混合(Pataki et al.,2003;Randerson et al.,2002)。基于大气 CO_2 及 $\delta^{13}C(CO_2)$ 观测资料的相关性分析,Miller 等(2003b)计算了 1991—2001 年 NOAA/CMDL 北半球温带 14 个全球本底站(30°—50°N)陆地生态圈 CO_2 源汇的 δ_s 均值为 −24.6‰,反演得到的陆地生态圈汇为 2.02 GtC/a,这比其之前采用 δ_s 为 −26‰反演得到的陆地生态圈汇(1.65 GtC/a)约增强了 0.4 GtC/a。Górka 等(2013)对波兰一个城区站不同季节 δ_s 值的分析研究表明,10—12 月其化石燃料源主要为汽/柴油,1 月到 3 月 CO_2 排放源则来自燃煤,而在植物生长季 CO_2 源可能来自土壤有机质降解及植物呼吸。Ballantyne 等(2011)则开发了一种利用 δ_s 对反演模式进行校正的新方法。对我国青海瓦里关全球大气本底站源汇 δ_s 值也有一些相关研究(Zhou et al.,2006;Liu et al.,2014),利用 Keeling-plot 方法得到瓦里关站不同季节 δ_s 值变化范围为 −26.354‰~−24.636‰,其季节性差异可能源自受到多种具有不同 δ_s 值的碳源汇影响(譬如 C_3 与 C_4 植物)以及各季节来自不同地区气团传输的影响。

6.4.7 碳排放反演研究技术

根据各行业温室气体指南,近年来,我国各省(区、市)均已开展基于"自下而上"方法的温室气体排放估算,该方法需要所有类别 CO_2 排放源的活动数据和排放因子(Boon et al.,2015),而这两者在统计和计算过程中都包含很大的不确定性,尤其是在城市尺度的估算上。Ciais 等(2010)得出欧盟 25 个国家的温室气体排放估算的不确定性为 19%,而在城市尺度以及小于 200 km 的区域尺度,其不确定性高达 60%。

基于高精度大气 CO_2 浓度观测和大气传输模型,对先验的 CO_2 通量进行评估和优化,可对基于 IPCC 排放因子估算的碳排放量进行校验,其结果相比较而言更为客观(Borden et al.,2011;Andres et al.,2012)。Zhang 等(2014a)基于 Carbon Tracker 通量模型和有限的 CO_2 浓度观测估算中国 2001—2010 年全国生态系统净交换,得出了每年可吸收 0.33 PgC 的结论,然而变化范围较大(−0.64~−0.29 PgC)。Wang 等(2020)基于中国 6 个站点大气 CO_2 观测资料反演得到 2010—2016 年中国陆地生物圈每年可吸收 −11.1±3.8 PgC,相当于在此期间中国年均人为排放量的 45%。Chen 等(2013)除了使用 CO_2 浓度资料外,还加入了更多 $\delta^{13}C$ 同位素资料来优化全球 CO_2 通量。由于城市下垫面复杂,人为排放源空间异质性大(Boon et al.,2015),相对于其他陆地生态系统的植被净碳交换量(NEE),城市生态系统中的 CO_2 浓度模拟和通量反演难度更大。近几年基于排放通量和大气传输模型模拟城市 CO_2 浓度及反演人为源 CO_2 通量的研究已在洛杉矶、盐湖城、巴黎等城市陆续展开(Mckain et al.,2012;Kort et al.,2013;Staufer et al.,2016),而我国多针对陆地生态系统净交换的反演(Zhang et al.,2014b;Wang et al.,2020),对 CO_2 浓度的模拟也集中在大气本底站或者城市影响较小的区域(刁一伟 等,2015;刘诚,2015;Cheng et al.,2018)。

6.4.8 基于地基高精度在线观测的江西省碳源汇监测评估服务案例分析

为深入贯彻落实习近平总书记关于碳达峰、碳中和工作的重要指示精神,深入贯彻落实江西省《关于完整准确全面贯彻新发展理念做好碳达峰碳中和工作的实施意见》,对标江西省经济社会发展要求和碳达峰、碳中和工作部署,江西省气象局主动作为,积极争取中国气象局批准成立了温室气体及碳中和监测评估中心江西分中心。在中国气象局温室气体及碳中和监测评估中心和国家气象信息中心的支持下,江西省气象局利用碳同化反演系统(CCMVS)对江西省 2018—2020 年人为 CO_2 排放和陆地生态系统自然碳通量进行分析研究,并与 IPCC 推荐的"自下而上"碳排放清单进行对比分析,评估了江西省及重点区域、主要城市人为碳排放和陆地生态系统自然碳通量变化情况。2022 年撰写了《江西省 2018—2020 年碳源汇监测评估报告》和题为《近年来江西省人为 CO_2 排放增长趋缓自然碳汇能力呈波动上升趋势》的气象呈阅件,2022 年 5 月 24 日上午,江西省气象局何财福二级巡视员带领有关技术人员应约到省发改委讲解江西碳源汇客观化监测评估有关技术和结论,时任省发改委党组成员、省生态文明建设领导小组办公室专职副主任和省发改委相关处室领导、省生态文明研究院有关领导和专家参与讨论,与会专家和领导认真审议了《江西省 2018—2020 年碳源汇监测评估报告》,经过充分讨论,认为该报告对江西省"双碳"工作有重要意义,探索出了一条客观化、定量化监测评估区域碳源汇的方法,与目前"自下而上"的温室气体清单法形成相互印证,对政府科学掌握全省温室气体排放、吸收的时空分布有重大价值,刘兵副主任建议将该报告报送省委省政府。江西省气象局组织技术人员,对该报告和气象呈阅件根据修改意见进行了完善,一并报送省委省政府及相关部门,时任省长批示:"我们要做好基于客观数据分析的政策、措施调整、完善。",时任分管副省长、省政协副主席等领导也做批示肯定。

6.4.8.1 CCMVS 系统简介

中国气象局温室气体监测与碳中和评估中心根据 IPCC 国家温室气体清单改进指南中新增的、基于二氧化碳(CO_2)大气浓度观测的可监测、可核查、可支撑的"新三可"体系方法,充分发挥中国气象局现有 59 个温室气体在线监测网数据和长期形成的系统监测方法业务体系优势及国际共享的世界其他地区观测的大气 CO_2 浓度数据,开发了我国首个"自上而下"方法的碳源汇监测核查支撑系统(Chinese academy of meteorological sciences Carbon Monitor and Verification Support system,CCMVS),该系统是我国第一个同化大量我国 CO_2 浓度观测数据反演人为碳排放和自然碳交换变化、可业务运行的全球(1°×1°)、中国区域(45 km×45 km)、省和市(9 km×9 km;5 km×5 km)四级嵌套网格碳源汇监测核算支撑系统。

CCMVS 因其基于可观测的实际 CO_2 浓度同化反演出我国人为碳排放包括了所有人为过程排放的 CO_2,可以对比、核查和提升"自下而上"基于统计和排放源清单法估算的人为碳排放在时间上滞后性、空间分布上不完整性、上报数据的人为不确定性等方面的不足,并从第三方的角度提供一种国际认可的完整、透明的核算方法和独立数据集。不仅有助于客观、全面和及时掌握人为和自然温室气体排放变化,提高温室气体清单编制精确度,还可对比不同行业统计上报的碳排放数据，正确认识各省（区、市）和不同行业、重点排放源排放的温室气体及减排潜力并监督其落实减排目标，更好地为政府管理决策提供全面扎实的信息和数据。同时，准确跟踪监测各部门、各行业的温室气体排放量，有助于碳排放量配额的合理分配，使碳排放权交易市场更加有效发挥作用。在获得人为碳排放的同时，CCMVS 系统基于净生态系统生产力还估算陆地生态系统自然碳通量，获得不同尺度陆地生态系统的碳交换信息。为实现对格点、市、省人为碳排放总量以及自然碳汇变化的监测与核查提供支撑。

6.4.8.2 近几年江西省温室气体观测浓度变化

“十三五”期间，在省委省政府的高度重视和省发改委、有关设区市政府支持下，江西省已在南昌、赣州、九江、景德镇建设了 4 个温室气体监测站①，开展大气 CO_2、CH_4、CO 在线连续高精度观测。图 6.16 所示为 2018—2020 年景德镇（JDZ）、南昌（NCZ）、赣州（GZZ）温室气体站大气 CO_2 浓度观测记录，各站大气 CO_2 浓度观测资料符合世界气象组织中心标校实验室的国际标准，能够代表赣北、赣南大气 CO_2 浓度水平。对观测资料分析表明，景德镇、南昌、赣州站受到区域及局地排放源影响较大，图 6.16 中绿点为受区域及局地人为排放影响条件下观测到的 CO_2 实测值，其变化幅度大。而未受局地人为排放影响观测到的 CO_2 浓度实测值（图 6.16 蓝点）变幅小，各站均呈现明显的夏秋季低、冬春季高的季节变化特征。

2018 年，景德镇站记录的大气 CO_2 年均浓度在未受局地人为排放影响条件下低于同期浙江临安等国家级区域本底站浓度，这反映了景德镇站所在区域人为 CO_2 排放量相对较少，这也是观测到的年 CO_2 平均浓度相对更低的事实。2019 年和 2020 年南昌站记录的大气 CO_2 年均浓度与同期浙江临安站观测值相当。2019 年赣州站年均 CO_2 浓度均低于南昌、临安等站 5 ppm 以上，这可以解释为赣州站所在的赣南人为 CO_2 排放量小且植被碳汇较强，相

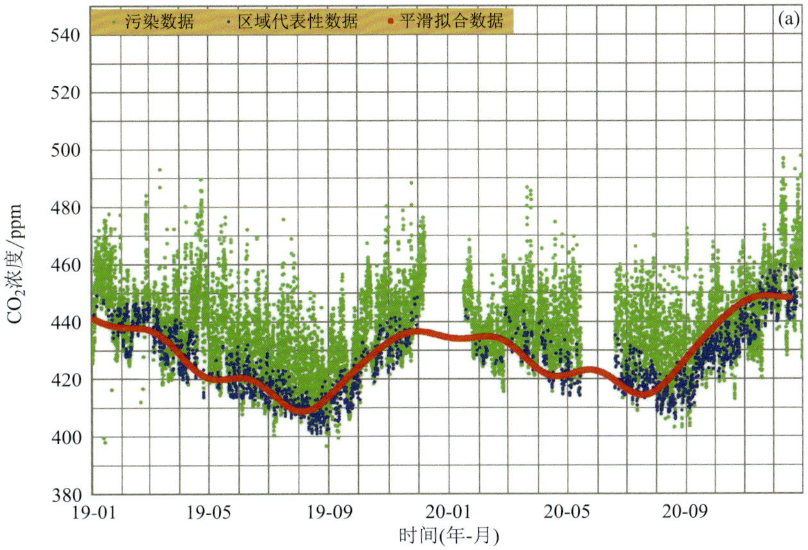

① 景德镇、南昌、赣州站分别于 2017 年 12 月、2018 年 12 月、2018 年 12 月开展温室气体浓度在线连续观测，九江站 2020 年 8 月开始观测。

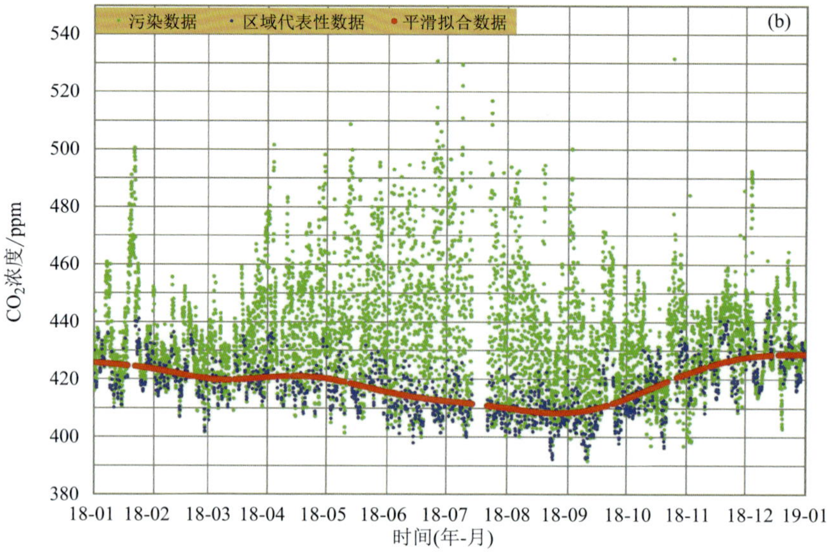

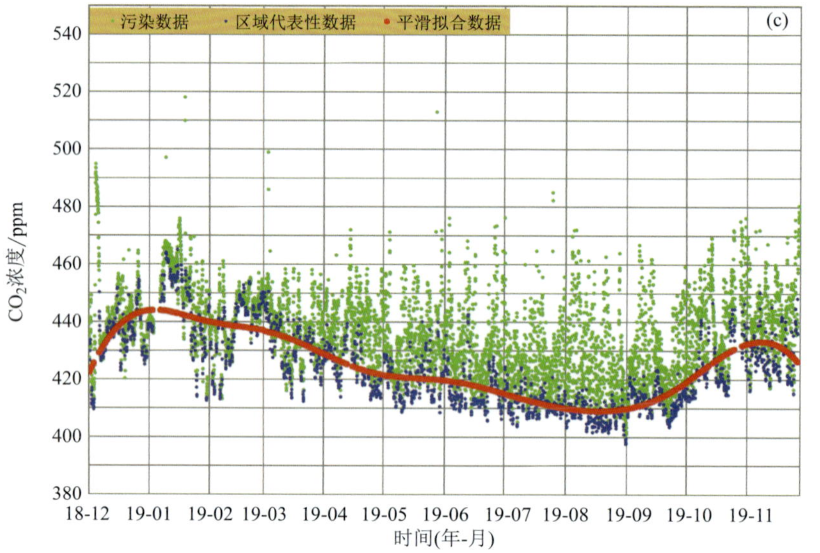

图 6.16 南昌(a)、景德镇(b)、赣州站(c)大气 CO_2 浓度观测时间序列

对于南昌都市圈，长三角地区人为排放少、植被覆盖率高，大气平均 CO_2 浓度相对更低。从以上观测事实可见，温室气体浓度长期观测数据可较好地反映所在区域 CO_2 收支状况，可为“自上而下”区域碳收支客观化反演模型提供数据支撑。

6.4.8.3 江西省人为 CO_2 排放反演结果分析

(1)CCMVS 反演人为 CO_2 排放时空分析

① 2018—2020 年全省人为排放变化特征

图 6.17 所示，CCMVS 系统反演的 2018—2020 年江西人为 CO_2 排放平均约为 26661.31 万 t，2019 年排放量列全国第 19 位。2019 年较 2018 年人为碳排放增加了 10.61%，2020 年则较 2019 年减少了 4.23%，但较 2018 年增加了 5.94%。

其中 2020 年受新冠肺炎疫情影响，江西人为 CO_2 排放比 2019 年下降了 1181.03 万 t，这

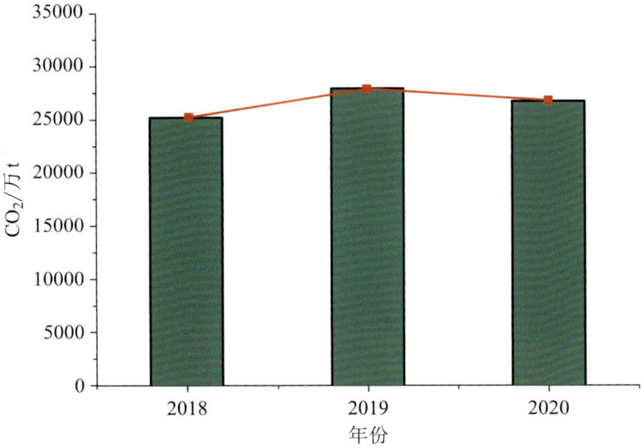

图 6.17　2018—2020 年 CCMVS 系统反演的人为 CO_2 排放量变化

可从南昌站 CO 浓度实测资料统计中得到印证，虽然南昌站因全球背景浓度抬升，2020 年 CO_2 观测值比 2019 年上升了 1.9 ppm，但其 2020 年大气平均 CO 浓度较 2019 年有明显下降，特别是 2020 年 1—8 月相比 2019 年同期下降明显（图 6.18）。CO 是含碳物质不完全燃烧的产物，可以作为一种化石燃料燃烧示踪物，不同于 CO_2 在大气中的高稳定性，CO 在大气中较不稳定，容易与羟基反应生成 CO_2 或者被土壤吸收，所以区域平均大气 CO 浓度的升高，主要受当地人为化石燃料燃烧排放影响，受区域外输送影响较小，在燃烧效率不变情况下，大气 CO 浓度下降，说明本地人为化石燃料使用量在减少。

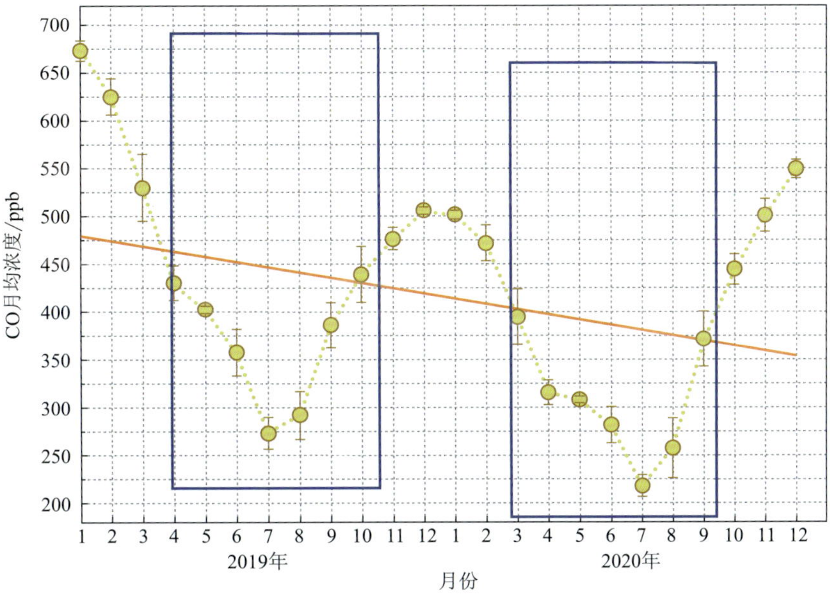

图 6.18　2019 年 1 月—2020 年 12 月南昌站大气 CO 本底月均浓度变化

另外，从南昌、赣州站 2018—2020 年逐月 CO_2 平均浓度变化（图 6.19）可见，赣州站 2020 年大部分月份 CO_2 平均浓度（图 6.19 绿色线）均较 2019 年同期低（图 6.19 橘色线），南昌站 2020 年 1 月、2 月、4 月、9 月、10 月平均浓度较 2019 年同期低。在全球大气 CO_2 背景浓度值整体抬升的情况下，观测到大气 CO_2 浓度较上年度同期下降，表明区域人为 CO_2 排放贡献减少，这说明 CCMVS 对于 2020 年全省人为 CO_2 排放比 2019 年下降的反演结果是可靠的。

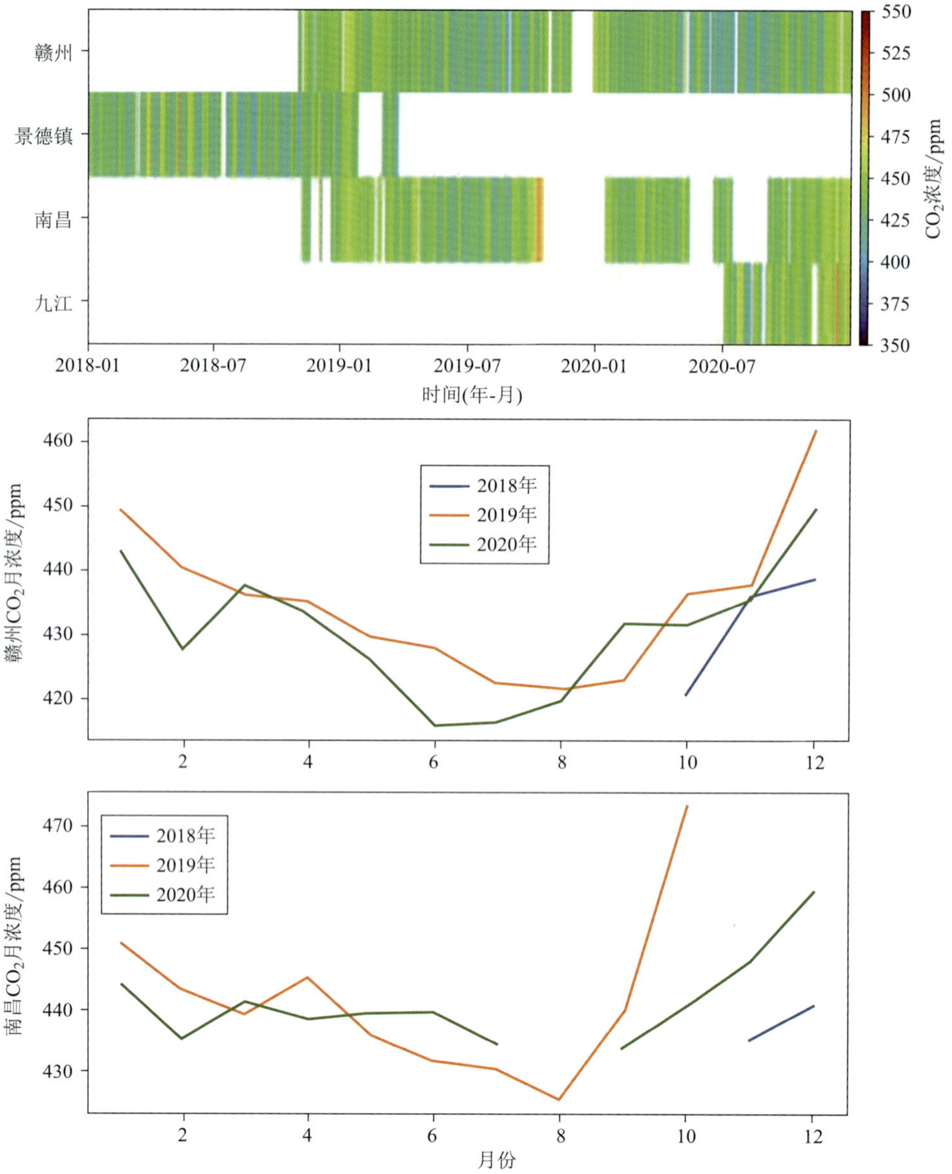

图 6.19　2018—2020 年赣州、景德镇、南昌、九江站(a)逐月 CO_2 浓度变化及赣州(b)、南昌(c)月均 CO_2 浓度

② 各市、县级人为排放总量分析

CCMVS 系统反演的省内人为 CO_2 排放总量排名前三的设区市为宜春市、九江市、上饶市，3 市 2018—2020 年排放量占全省全年排放 42.34%～43.49%，平均为 43.07%。排名后三的设区市为鹰潭市、萍乡市和抚州市，合计排放占全省年排放的 14.17%～14.47%。

以设区市为单位分析，基于 CCMVS 系统反演的人为 CO_2 排放结果显示(图 6.20)，2018

年至 2019 年，宜春市年人为 CO_2 排放总量增量最大，增加约 900.17 万 t，萍乡市增量最小，约增加 56.83 万 t；赣州市则减少约 82.23 万 t。2019 年至 2020 年，九江市年人为 CO_2 排放总量增加量最大，增加约 177.10 万 t，赣州市增加量最小，约增加 12.10 万 t；上饶市、宜春市、新余市、抚州市、鹰潭市年人为 CO_2 排放总量则有所减少，其中宜春市减少量最大，达 968.73 万 t。

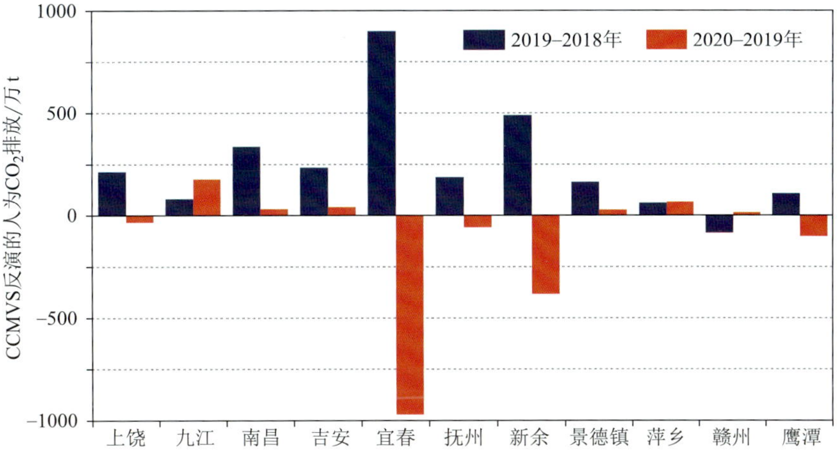

图 6.20　2018—2020 年 CCMVS 反演江西省人为 CO_2 排放总量变化值
（蓝色表示 2019 年与 2018 年人为 CO_2 排放总量差值，
红色表示 2020 年与 2019 年人为 CO_2 排放总量差值）

图 6.21 所示，2018—2020 年全省各县级区域人为 CO_2 排放量空间分布年际变化不大。年内各县（市、区）之间差异较大，大部分县域在 200 万 t/a 以下，赣北九江、赣中北浙赣铁路沿线经济相对发达地区以及南部吉安、赣州主要城市附近人为 CO_2 排放量相对较大，浙赣铁路沿线的渝水、丰城、樟树、高安等县（市、区）年排放量超过 1000 万 t/a。

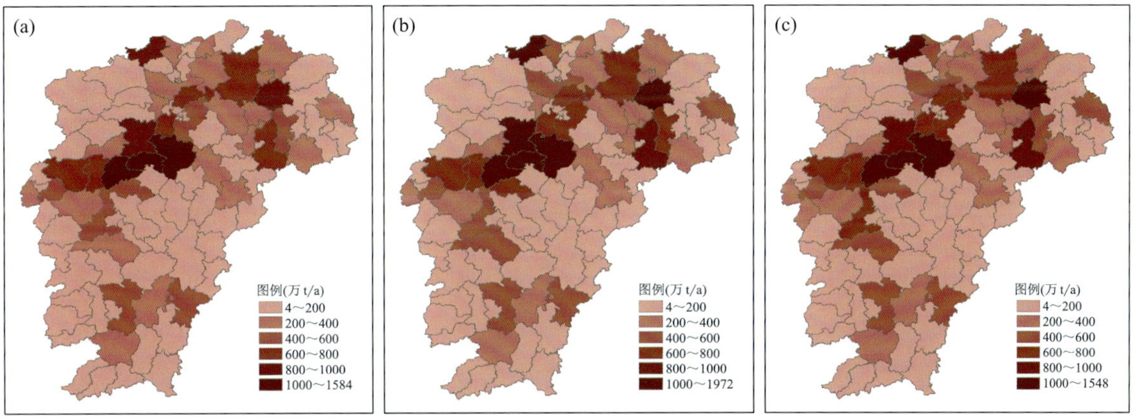

图 6.21　CCMVS 系统反演 2018—2020 年全省各县人为 CO_2 排放总量分布
(a)2018 年，(b)2019 年，(c)2020 年

（2）CCMVS 反演人为 CO_2 排放与清单结果对比

按照国家《省级温室气体清单编制指南（试行）》方法核算，江西省 2018 年、2019 年 CO_2 排放分别为 19884.81 万 t、20238.97 万 t，CCMVS 系统反演的结果分别比其偏高 27%、38%。

值得注意的是，根据省级温室气体清单，近年来江西控制人为温室气体排放增长见成效，2005年以来人为 CO_2 排放增速明显放缓，年度人为 CO_2 排放增速从 2005—2010 年的 7.1%/a，下降到 2016—2019 年的 2.9%/a，而 CCMVS 系统反演 2020 年人为 CO_2 排放量受新冠肺炎疫情影响则比 2019 年下降 4.23%。

采用中国碳核算数据集（China Emission Accounts and Datasets，CEADs）（Shan et al.，2015）、全球人为排放数据集（Open-source Data Inventory for Anthropogenic CO_2，ODIAC）（Oda er at.，2018）、欧盟全球大气排放数据集（Emission Database for Global Atmospheric Research，EDGAR）（Janssens-Maenhout et al.，2019）、中国高空间分辨率排放网格数据库（China High-Resolution Emission Grid Database，CHRED）、欧洲碳追踪数据集（Carbon Tracker Europe，CTE）（Lann-Luijkx et al.，2017）、省级数据集 NJU（Liu et al.，2013）国内外六套"自下而上"清单结果集成，与 2018—2020 年 CCMVS 系统反演结果对比分析表明，CCMVS 反演结果也存在系统性偏高，分别高 7%、19%、14%。从图 6.22 可以看出，两者空间分布较为一致，CCMVS"高估"区域主要分布在赣北九江、赣中北浙赣铁路沿线经济相对发达、人为 CO_2 排放量大的地区，以及南部吉安、赣州主要城市附近（图 6.22 右图"反演－清单"结果）。东、南、西边缘山区经济欠发达、人为 CO_2 排放量相对较小区域两者相差较小，这与经济活动活跃地区排放量大、排放源复杂而观测、统计体系较弱有关。

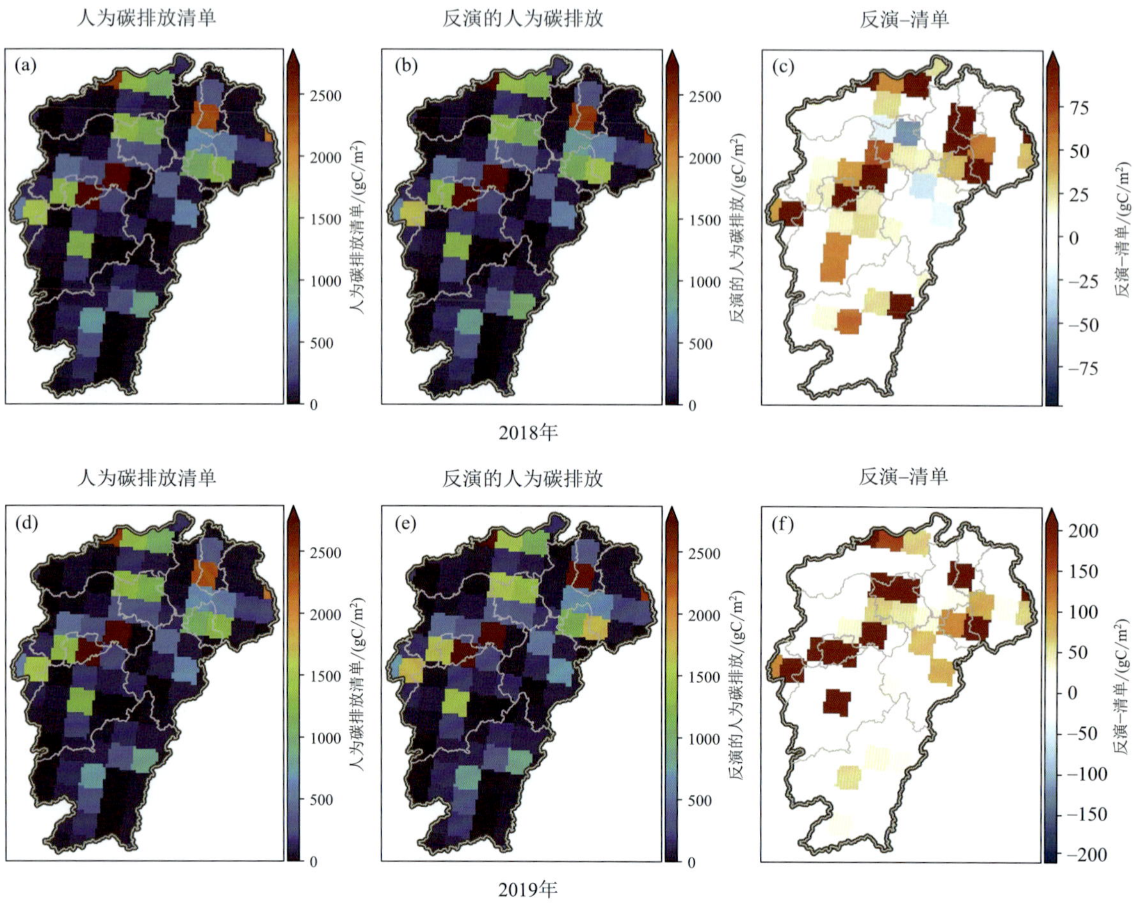

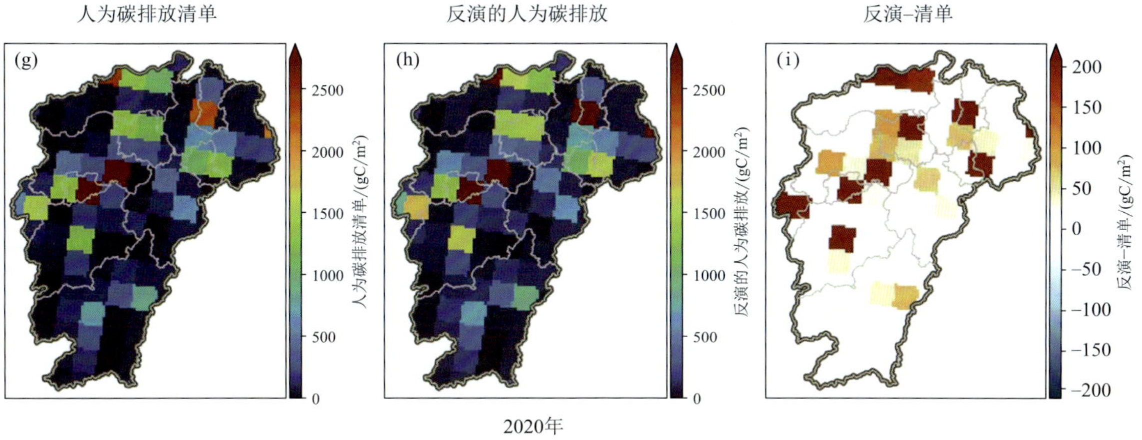

图 6.22　2018—2020 年 CCMVS 系统反演的人为 CO_2 排放与格点人为排放清单对比

6.4.8.4　江西省陆地生态系统自然碳通量与碳中和潜力分析

(1)自然碳通量年际变化

CCMVS 反演的 2018—2020 年江西省各年自然碳通量[①]平均约为－13153.19 万 t，2019 年通量排全国第 10 位。碳通量年际波动很大，2018—2020 年江西省年陆地生态系统自然碳汇量平均下降了 44.6%，特别是 2019 年较 2018 年显著下降 40.8%。陆地生态系统自然碳通量与植被净初级生产力和呼吸作用密切相关，图 6.23 所示为采用 EOS/MODIS 卫星遥感资料，基于光能利用理论的陆地生态系统碳通量 TEC 模型反演 2000—2020 年全省植被净初级生产力 NPP 历年变化，由图 6.23 可见，2000 年以来江西省陆地植被 NPP 总体呈上升趋势，

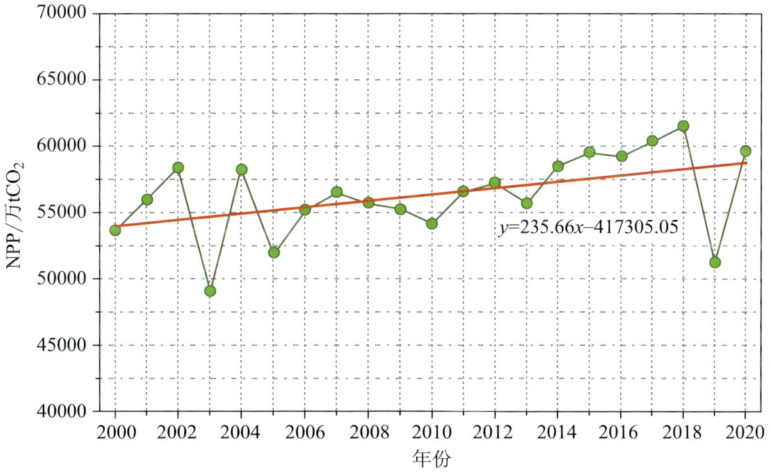

图 6.23　TEC 模型反演的 2000—2020 年江西省植被 NPP 变化
(绿圈代表 NPP 值，红线代表线性拟合趋势线，方程为对应线性拟合方程)

① 由于同化反演的自然碳交换量是最大值，一个地区的自然碳汇还需要扣除农田碳汇、生态系统非 CO_2 碳排放、侧向碳输送量及森林火点排放等，实际的碳汇比反演的碳汇最大值通常要小 20%～30%，文中提到的自然碳汇量均表示最大值，单位均转化为 CO_2 通量值。

2018 年达到最高值，2019 年受厄尔尼诺事件影响江西省降水偏少，伏秋期出现较大范围干旱，植被生产力下降，同时气温升高使植物呼吸作用增强，使得陆地生态系统自然碳汇量显著下降。2020 年江西气候年景好于 2019 年，但差于 2018 年，且年平均气温创历史新高，植物呼吸作用排放增大，致使自然碳通量相较 2019 年仍有小幅下降，部分抵消了 2020 年全省 NPP 回升的增汇量。

（2）自然碳通量时空分布

2018—2020 年赣州市年陆地生态系统自然碳汇量均排江西省第一位，年均碳汇量达 4682.0 万 tCO_2。2018 年江西省年陆地生态系统自然碳汇量最低为南昌市，仅 182.97 万 t，而其 2019 年和 2020 年陆地生态系统均表现为自然碳源。全省县域自然碳通量总体呈南多北少分布，东、西、南部省境线附近山区地带自然碳汇量大，浙赣铁路沿线和赣北环鄱阳湖地区自然碳汇量小，南昌、九江等部分主要城市中心城区表现为自然弱碳源。

如图 6.24 所示，2018 年至 2019 年江西省各设区市年陆地生态系统自然碳汇量均有较大的降幅，赣州市减量最大，达 2505.8 万 tCO_2，新余市减量最小，减少 129.4 万 tCO_2。2019 年至 2020 年赣北、赣东北地区（上饶、景德镇、南昌、九江、鹰潭）年陆地生态系统自然碳汇量均有所上升，上饶市增幅最大，约增加 228.4 万 tCO_2。

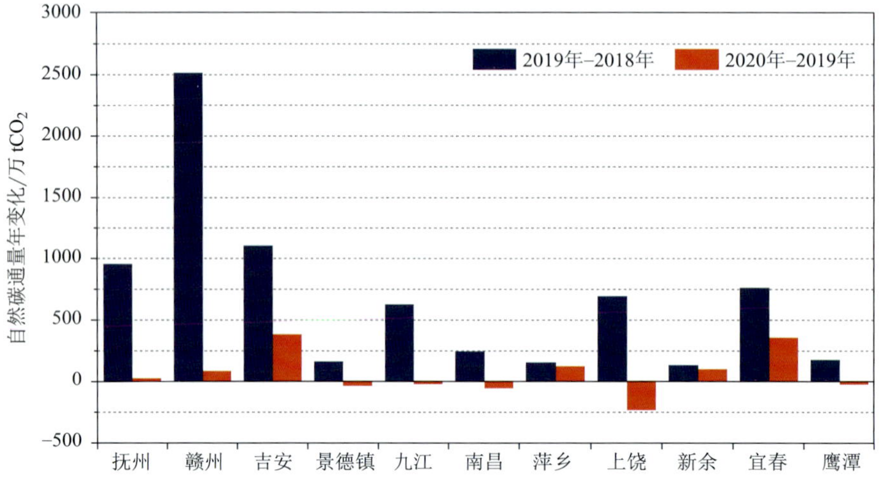

图 6.24 CCMVS 系统反演的 2018—2020 年全省各市年自然碳通量变化
（蓝色表示 2019 年与 2018 年自然碳通量差值，红色表示 2020 年与 2019 年自然碳通量差值）

（3）陆地生态系统自然碳通量季节变化

图 6.25 所示为 CCMVS 系统反演的江西 2018—2020 年历年各月自然碳通量分布情况，用偏蓝色系代表碳汇区域，偏红色系表示碳源区域，颜色越深表示源汇强度越强。从图 6.25 可见，江西自然生态系统碳通量季节变化明显，全省 5—10 月总体上表现为碳吸收汇，其中夏季（6—8 月）为明显的碳汇，一年中自然碳通量最强。冬季—初春（12 月—次年 3 月）全省基本上表现为弱碳源或弱碳汇。秋季（9—11 月）和 4 月碳源汇情况与气候年景有关，比如 9 月，2018 年、2019 年为明显的碳汇，2020 年则受该年 9 月中、下旬大范围寒露风天气影响，中南部地区、赣东北等地呈现弱碳源，赣中西部和赣西北则为弱碳汇。

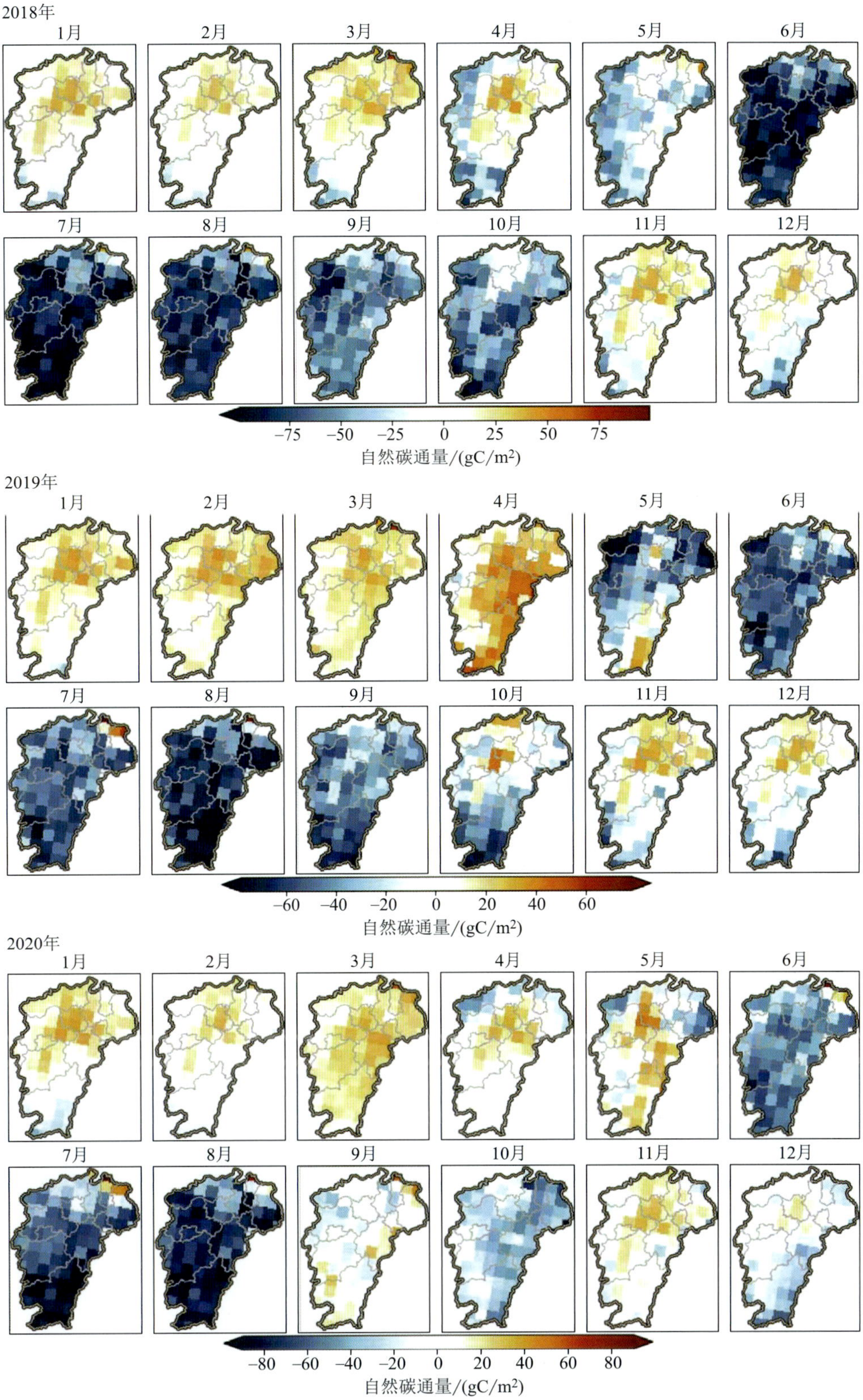

图 6.25　CCMVS 系统反演的 2018—2020 年江西省自然碳通量月变化

(4)碳中和潜力分析

2018—2020 年全省 3 a 自然碳通量平均约为－13153.19 万 tCO_2，将其取绝对值与同期年平均人为排放 CO_2 排放量 26661.31 万 t 的比值乘以 100%，称为“碳中和度”，3 a 平均约为 49.3%，2018 年、2019 年、2020 年分别为 72.8%、39.0%、38.0%。2000 年以来江西省植被覆盖率及森林质量不断提升，植被 NPP 呈现明显的上升趋势(图 6.23)，陆地生态系统自然碳汇能力增强，形成了一定的碳中和潜力。但自然碳汇能力受气候年景影响较大，旱、涝、高温等极端气候事件使 2003 年、2019 年全省植被 NPP 大幅降低，陆地生态系统自然碳汇能力明显下降。

对比江西省各市自然碳汇量与人为碳排放比值(图 6.26)，可以看出赣州市陆地生态系统自然碳汇量均显著高于人为碳排放量，3 a 平均“碳中和度”达 185.2%。抚州市、吉安市 2018 年陆地生态系统自然碳汇量也高于人为碳排放量，其余各市陆地生态系统自然碳汇量均低于人为碳排放量。2019 年江西省陆地生态系统碳汇能力受厄尔尼诺影响显著下降。随着植被生产力恢复，江西陆地生态系统碳汇能力将有所增强。

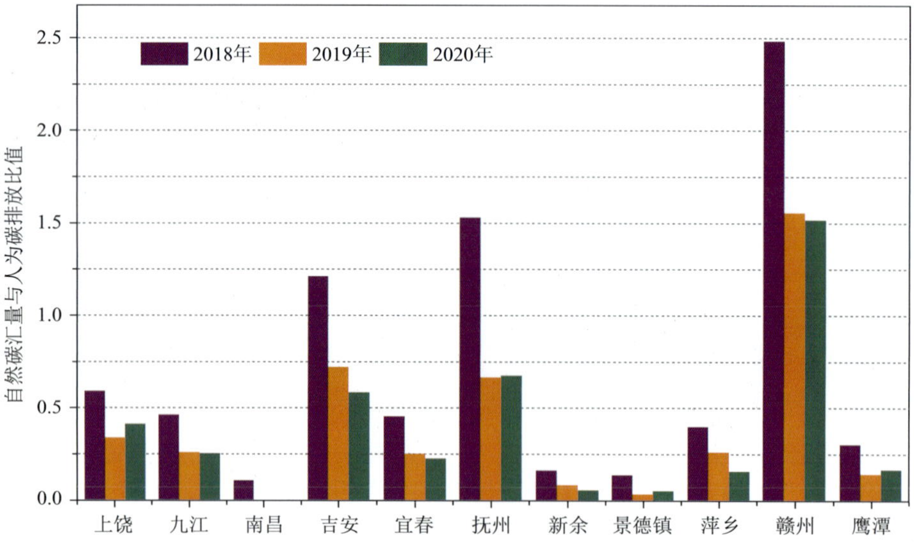

图 6.26　2018—2020 年江西省各市自然碳汇量与人为碳排放之比

江西陆地自然生态系统具有一定的碳中和潜力，全省碳汇能力仍有增长潜力，但因地表植被光能利用效率有机理性限制，树木过成熟期后碳汇能力会下降甚至成为碳源，陆地自然生态系统碳汇有上限。绿色植物的碳库均属于“暂存”性质，森林、草地、湿地等管理不当或遭受火灾、干旱等灾害，储存的碳极易重新释放到大气中。且地表植被的碳汇能力易受极端气候影响，特别是在气候变化背景下江西极端天气气候事件呈频发重发趋势，会对地表植被碳汇能力造成很大影响。近年来江西人为碳排放总量仍呈增长趋势，江西要实现“双碳”目标，须在确保经济社会发展目标实现前提下尽力控制人为排放，同时还要进一步加强生态保护与修复，提高森林、湿地等自然生态系统质量，提升全省自然碳汇能力。

6.4.8.5　反演结果不确定性分析

(1)人为 CO_2 排放反演结果不确定性分析

CCMVS 系统所代表的“自上而下”反演方法，主要是基于观测的大气 CO_2 浓度变化、碳通量和卫星遥感监测的大气 CO_2 柱浓度变化，而各种“自下而上”的清单方法，主要基于社会单位统计数据核算，不可避免会遗漏一些排放量，其相较前者会偏低。且根据《省级温室气体清单编制指南(试行)》编制的区域清单包含电力输入输出的间接排放量，客观上会造成区域排放量比实际直接排放的偏少或偏多的现象。但因江西大气 CO_2 浓度、碳通量等地基观测站网还比较稀疏，对排放量较大地区覆盖不够，且碳卫星遥感观测资料的时空分辨率还较低，所以CCMVS系统反演人为 CO_2 排放结果存在一定的不确定性。

(2)自然碳通量反演结果不确定性分析

CCMVS系统反演自然碳通量结果有一定的不确定性。系统反演自然碳通量包含的生态诊断模型为VPRM，用到的增强型植被指数(EVI)和地表水指数(LSWI)来自遥感影像产品(MOD09A1)，江西目前还缺乏针对该遥感产品的地表实测校正资料。另外，资料同化过程中的陆面模型关键参数需要用地面碳水通量观测数据进行优化，全省目前可用的通量观测站点还比较少，特别是赣东北地区通量观测存在空白，需要用外省资料替代，对模型反演结果造成一定的不确定性。

6.4.8.6　结论和建议

(1)主要结论

① 温室气体高精度监测站数据能较好地反映区域人为 CO_2 排放和自然碳汇状况

景德镇站2018年大气 CO_2 年均浓度低于同期浙江临安等国家级区域本底站浓度，2019年赣州站年均实测 CO_2 浓度均低于南昌、临安等站5 ppm以上，反映了两地碳排放少、自然碳汇能力强的事实。而区域经济发达、植被覆盖度较低的南昌站2019年和2020年大气 CO_2 年均浓度与同期发达地区浙江临安站观测值相当。

② 江西人为 CO_2 年增长率近年来趋缓，CCMVS系统反演全省人为 CO_2 排放量平均约为26661.31万t/a，2019年排放总量列全国第19位

根据省级温室气体清单，江西控制人为温室气体排放增长初见成效，年度人为 CO_2 排放增速从2005—2010年的7.1%/a，下降到2016—2019年的2.9%/a，增速明显放缓。CCMVS系统反演2018—2020年江西人为 CO_2 排放量3 a平均约为26661.31万t，2019年排放总量列全国第19位，2020年人为 CO_2 排放量受新冠肺炎疫情影响比2019年有较大幅度下降。排放量排名前三的设区市为宜春市、九江市、上饶市，排名后三的设区市为鹰潭市、萍乡市和抚州市。大部分县域在200万 tCO_2/a 以下，赣北九江、赣中北浙赣铁路沿线经济相对发达地区以及南部吉安、赣州主要城市附近区域人为 CO_2 排放量相对较大。

③ 2000年以来江西地表植被NPP呈波动上升趋势，CCMVS反演自然碳汇通量达−13153.19万t，2019年排全国第10位

CCMVS系统反演2018—2020年江西省各年自然碳汇通量3 a平均约为13153.19万t，2019年排全国第10位。自然碳通量受气候年景和年内气候影响大，年内5—10月总体上表现为碳汇，夏季(6—8月)为明显的碳汇，冬季—初春(12月—次年3月)全省基本上表现为弱碳源或弱碳汇。东、西、南部省境线附近山区地带自然碳汇量大，浙赣铁路沿线和赣北环鄱阳湖地区自然碳汇量小；赣州市自然碳汇量最大，南昌、九江等部分主要城市中心城区表现为弱碳源。

④ 江西省陆地生态系统具有一定的碳中和潜力，须减排与增汇措施齐抓以实现“碳中和”目标

2018—2020 年全省陆地生态系统平均“碳中和度”约为 49.3%，其中赣州市陆地生态系统自然碳汇量明显高于人为碳排放量，3 a 平均“碳中和度”达 185.2%。全省碳汇能力仍有一定增长潜力，但因地表植被光能利用效率有机理性限制的天花板，树木过成熟期后碳汇能力会下降甚至成为碳源，陆地自然生态系统碳汇有上限。森林、草地、湿地等储存的碳会因管理不当或遭受火灾、干旱等灾害重新释放到大气中。江西自然碳汇受气候年景影响较大，旱、涝、高温等极端气候事件均会显著降低自然碳汇能力。江西要实现“双碳”目标，须在确保经济社会发展目标实现前提下尽力控制人为排放，同时还要进一步加强生态保护与修复，提高森林、湿地等自然生态系统质量，提升全省自然碳汇能力。

（2）建议

① 建立江西“自上而下”区域温室气体源汇客观化估算业务系统

CCMVS 系统基于 CO_2 浓度、碳通量观测和卫星遥感监测大气 CO_2 柱浓度变化等资料，嵌套了不同尺度的碳同化模型，驱动大气化学、陆面和生物过程，机理性强。能够客观、全面反映区域煤、石油、天然气和工业过程等人为排放源的贡献，客观反演地表植被碳收支通量。江西省气象局将基于本省实测资料，开展系统本地化研发，致力于构建全省最高分辨率达 5 km×5 km 以上的业务产品生产能力。

② 建设完善全省高精度温室气体浓度和植被碳通量观测网

在已建成的 4 个高精度温室气体浓度观测站基础上，加大建设力度，逐步实现 11 个设区市全覆盖，并在温室气体排放重点县域建设加密观测站。积极争取中国气象局与省政府在江西共建温室气体区域本底站，开展温室气体全要素（CO_2、CH_4、N_2O、SF_6、HFCs、PFCs、NF_3）在线观测，开展 CO_2 稳定同位素（CO_2 中的 ^{13}C 和 ^{18}O）采样观测等要素，并共建省级温室气体实验室。另外，整合现有各部门的森林、湿地、农田等碳通量观测站，补充建设代表性林区、天然湿地、标准农田碳通量站，形成本地碳通量观测网。

③ 加强省、市、县三级温室气体统计核算体系建设

形成省、市、县特别是县级行政区域年度温室气体清单编制工作机制，制定本省温室气体清单标准，获取更为精细、完整、准确的人为排放数据。

④ 加强技术研发和人才队伍建设

目前“双碳”领域国内外众多研究团队发展了很多区域碳收支客观化核算模型，发布的数据集差异很大，江西要开展广泛对比研究，摸清本地人为排放和自然碳汇规律。引进并本地化先进模型，融入本地更为精细、准确的数据。同时要加强人才队伍建设，组建本地技术团队，引进国内外高水平技术人才，高校、科研机构等要加强相关技术人员培养。

6.5 农业绿色发展气象服务

农业生产与气象条件密切相关，气象条件不仅影响农业生产的产量，而且影响作物的质量。因此，为了保障农业生产，促进农业生产绿色化，为振兴农村经济做出贡献，必须提供适当的气象服务助力农业绿色发展。然而，就目前的情况来看，农业气象服务面临着观测能力不足、农业气象机理和绿色发展基础研究薄弱、新技术新方法应用不足等众多值得关注的问题。这些问题的存在使农业气象服务存在一定局限性，没有达到预期的结果，对农业生产发展的支撑保障作用未得到充分的发挥。

6.5.1 农业气象观测的主要内容

作物观测包括作物生长阶段的观察，观察测量植物密度、高度、生长密度。还包括作物产量因子测量、现场生育观察调查和产量结构分析等，另外还有现场工作记录、农业气象灾害和病虫害调查、农业气象条件调查分析等。以玉米为例，观察玉米幼苗期、三叶期、连叶期、接合期、抽穗期、开花期、吐丝期、乳汁期、成熟期等各生长期。观察并记录玉米茎秆的长度、穗长、穗厚、穗径、秃顶比、株粒重、百粒重、理论产量、茎重、株茎比。应该仔细评估玉米在所有发育阶段的生长情况。在常见的干旱、低温冷害等农业气象灾害影响过程中，准确观测记录严重的玉米螟、蝗虫、棉花黑穗病、玉米植株病虫害，从而获得农业气象灾害、病虫害发生情况以及发展的主要阶段，积极开展相关防御工作，促进玉米的正常生长。

6.5.2 气象对农业生态的可持续发展影响

农业生态环境是指直接或间接影响农业生存和发展的土地资源、水资源、气候资源和生物资源等各种要素的总称，是农业生存和发展的前提，是人类社会生产发展最重要的物质基础。其中气象条件对农业可持续发展至关重要，人类生活在大自然中，总是受到气象生态环境的制约，人类的农业生产、生活等行为与气候环境息息相关。影响农业生产的自然因素中最主要的是气候因素，气候为农业发展提供了光、热、水等能量和物质，某地的气候因素往往决定了该地的种植制度。人类从事的农业生产活动也会对生态环境产生影响，特别是对气象环境要素会产生影响，而这些气象要素的变化是决定气象生态环境质量的因素之一。农业生产过程中会排放甲烷、氧化亚氮等温室气体，会加剧全球变暖；农业生产改变了土壤质地和水资源的分配，也会对环境和气候产生影响，例如，大量使用化肥和农药可能会对土壤和水质造成负面影响，从而影响到作物生长和土壤肥力。此外，不当的农业管理还可能引起生物多样性的下降和森林破坏，进一步加剧气候变化的问题。

6.5.3 主要问题

根据《江西省乡村振兴气象保障工程可行性研究报告》，梳理了以下江西气象为农业绿色发展服务存在的主要问题。

(1)农村气象灾害防御基础设施建设亟待统筹和加强

目前气象部门虽然在一些乡镇、农村建设了气象预警大喇叭、电子显示屏，但相对广袤的农村地区这些预警信息传播设备覆盖率还远远不够，特别是一些偏远山区、库区，依然缺乏有效的预警信息传播手段。预警信息发布与精准性、时效性和覆盖面与精细服务等方面要求还有差距，预警信息发布精准度不够、时效性不强、覆盖存在盲区。而且偏远农村的预警信息传播设备的建设使用时限长，大多已将近 10 a，一半以上设备处于故障频发甚至老化状态，亟待更新换代和建设新的、有效的预警信息传播网络以保障预警信息在广大农村地区快速传播。

(2)农村气象灾害风险管理能力亟待加强

目前乡村气象灾害监测预报、预警信息发布、风险防范和管理能力仍然不足。极端性、突发性天气预报预警精准化水平和预警服务提前量还不足以满足群众需求。服务内容、方式与科学防灾减灾的要求仍有一定的差距。基层尤其是县级气象局对辖区内气象灾害的发生发展、气象灾害风险隐患、防灾减灾重点单位梳理还不全面，服务情况缺乏跟踪，服务仍然存在不足。农村的气象灾害防御能力弱、防范意识低，气象灾害造成的损失重大，尤其是每年仍有人员因雷击死亡事件，农村的气象防灾减灾能力和意识仍需进一步加强。

(3)农业气象综合观测能力明显滞后

目前，全省农业气象观测站网占据主要地位的是14个农气一级站、4个农气二级站，观测的主要作物为粮、棉、油等大宗作物，对目前江西省政府大力推动发展的茶叶、油茶、脐橙和设施农业等优质、特色作物的观测严重不足，观测站网布局缺乏针对性。大多数观测站是5 a前甚至10 a前建设的，设备落后，规格各异，观测数据种类、空间分辨率等的精细化程度不高，且缺少对农作物种植区气候条件、生长环境、生长状况和灾害情况等的连续观测，亟需在全省重要作物种植区、特色作物种植区、主要农业示范园区布设一批智能化农田小气候监测站。

(4)农业气象试验研究基础薄弱

水稻、柑橘、蜜橘、油茶、茶叶、棉油等各类作物的农业气象科技创新与成果转化基地十分缺乏，全省仅有南昌农业气象试验站，且观测与试验设备运行多年，老化严重，性能下降；省级农业气象实验室刚刚起步，离水稻重点实验室的定位差距较大；5个省级特色农产品气象中心的试验、示范等基础设施建设都不完善，距离成为设施完备、条件成熟的试验基地还有很大差距。

(5)农业气象监测和服务智慧化水平不高

目前，全省各级农业气象服务业务系统陈旧，数据处理能力低，集约化程度不高，功能单一，能制作的产品种类少、针对性差，智能化程度和精细化智能服务能力不足，各级业务单位之间的业务系统也未能实现有效对接，还不能满足现代农业气象服务的要求和需求，难以形成规模效应和打造农业气象服务品牌。农业气象服务信息传播基本以手机短信、网站、传真、微信等为主，难以满足新形势下的个性化信息服务的需求。农业气象业务的科技支撑乏力，分析评估产品定性多、定量少，农业气象业务技术仍显落后。

6.5.4 生态农业气象科技服务的需求分析

(1)建设气象数据共享平台

气象数据共享平台是智能气象的重要组成部分，是充分利用智能气象服务的前提和基础。服务现代农业走向精准和个性化，这意味着要求更高的技术人员和技术设备，而传统的信息传递访问、处理和共享信息是比较缓慢的。因此，有必要加强气象数据共享平台的开发和应用，优化资源配置，加强相关服务之间的数据共享，提高农业气象服务质量。建立气象信息数据库是一个先决条件，建立此平台需要加强农业、水利和气象部门之间的合作，以建立一个有效的服务链条。此外，如果没有一个有效和透明的信息传播网络，就不可能建立一个气象数据共享平台。因此，有必要加强农村地区的信息技术基础设施，如互联网和无线电，以扩大气象服务的范围，提高信息传输速度。

(2)拓展农业气象服务信息传播渠道

第一，继续加强手机短信服务。气象服务可与当地电信运营商合作并建立伙伴关系，农民朋友可以及时收到短信。第二，应加强宣传气象信息服务的公共电话号码，以吸引尽可能多的农民朋友的注意，以便迅速获得信息。第三，建立以电视频道为基础的气象信息传播渠道，通过信息点、窗口等方式及时传播气象信息。第四，可以与各地区的村镇建立信息传播机制，通过大型农村广播电台传播应急气象信息，确保及时传播。

(3)农村气象灾害防御的需求

全球变暖背景下,天气气候异常复杂,气象灾害的多样性、突发性、极端性、不可预见性日益突出。近年来,气象灾害严重威胁人民的生命财产安全,尤其是灾害易发且脆弱敏感的农村地区,是气象灾害导致人员伤亡的主要区域,“不设防”的农村地区对气象灾害预报精准度、提前量都有巨大需求。同时,为了巩固乡村振兴成果,避免因灾致贫、因灾返贫,亟需建立完善农村气象灾害防御体系,推进建立“县、乡、村、组、户”五级预警联动机制,按户建立气象防灾减灾细网格,开展灾害天气临灾叫应服务,真正打通预警信息发布“最后一公里”问题。

(4)粮食安全生产保障的需求

江西是国家重要的粮食主产省之一,粮食生产对天气气候条件的依赖性较大,同时江西又是气象灾害多发、频发、重发的省份,特别是近年来,江西极端天气气候事件增多,对粮食安全生产构成严重威胁。粮食大户、职业农民等新型农业经营主体对气象服务精细化水平、信息传播时效、直通渠道等提出了新的需求。加之2020年以来,新冠疫情爆发,国际形势错综复杂,党中央、国务院高度重视,特别强调粮食安全上升为国家战略,如何更好地保障粮食安全对气象工作也提出了更多、更高的需求。

(5)特色农业经营发展的需求

江西省在水稻、油菜、茶叶、水果、棉花、花卉、中药材等优势产区,建设了一批规模化、标准化的生产基地,培育了一批特色明显、类型各异的专业村、专业乡镇。近年来江西省气象部门以科技创新驱动现代农业气象业务发展,取得了明显成效,但与国际国内先进水平相比,与伴随现代农业发展而来的越来越高的气象服务需求相比,仍然存在明显差距,尤其是试验、示范能力仍很薄弱,特色农业气象关键技术成果转化与应用不足。因此,亟需通过系列工程建设,加快建成水稻气象重点实验室和特色农业气象试验示范基地,促进农业气象试验能力提升和气象科技成果转化应用,为进一步提高气象为农服务质量与效益提供保障。

(6)实施气候可行性论证与气候资源分析

农业产业结构的调整和新农业技术的引进应实施农业结构改革,提高气候可行性,避免因生态环境恶化而造成不必要损失的气候资源过度开发。与此同时,有必要建立一系列农业气候资源开发利用示范基地,以便进一步加强研究能力,以丰富和增加农民收入。只有按照客观规律,选择适当的区域种植农作物和适当的品种,才能最大限度地利用气候资源,从而有效提高农业生产效率和质量。因此,农业产业的结构调整过程中,应重视农业气候资源动态变化,并及时全面地考虑其稳定程度和风险。

(7)加强农业气象观测人才队伍的培养

农业气象观测人员的素质直接影响农业气象服务的水平,因此,为了提高管理水平,必须不断加强农业气象观测工作的完善,培训农业气象观测的工作人员,注重提高人员的农业气象观测水平。首先,应不断优化业绩水平,吸引高素质的管理人员;其次,必须建立和改进内部培训机制,农业气象观测人员需要定期接受专业水平和管理技能的培训。通过举办各种形式的培训讲座,培训基层农业气象技术人员农业气象、土壤的物理常数观测能力和水平,提高科学测定农作物发育期的能力,熟练运用水稻、油菜等作物生长、生产、农业气象观测计算模型和软件,为农业提供支撑服务。

6.5.5 水稻种植信息遥感提取技术

以土地利用数据为基础，根据水稻生长不同时期的遥感特征差异，采用假彩色合成和目视解译相结合的方法，利用遥感监测软件选取感兴趣区域作为训练样本，采用监督分类方法，对假彩色合成图进行监督分类（建立样本、评价样本、确定初步分类结果、检验分类结果、分类后处理、分类特征统计），提取水稻种植信息，统计水稻种植面积。监督分类选择最大似然法如下。

假设一幅图像中的光谱类别表示为：

$$\omega_i, i=1,\cdots,M$$

M 为总的类别个数。

当判别位于 x 的某一像元的类别时，使用条件概率：

$$p(\omega_i \mid \boldsymbol{x}), i=1,\cdots,M$$

位置矢量 $\boldsymbol{x}$ 是一个多波段的光谱反射值的矢量，它将像元表达为多光谱空间中的一个点。概率 $p(\omega_i|\boldsymbol{x})$ 给出了在光谱空间中点 $\boldsymbol{x}$ 的像元属于类别 ω_i 的概率。分类按以下规则进行：

$$\boldsymbol{x} \in \omega_i, \text{如果 } p(\omega_i \mid \boldsymbol{x}) > p(\omega_j \mid \boldsymbol{x})(j \neq i)$$

也就是说，当 $p(\omega_i|\boldsymbol{x})$ 最大时，像元属于类别 ω_i。这是 Bayes 分类的一个特例。

一般情况下，$p(\omega_i|\boldsymbol{x})$ 是未知的。但是在有足够的训练数据以及地面类别的先验知识的条件下，该条件概率可以估计得到。条件概率 $p(\omega_i|\boldsymbol{x})$ 和 $p(\boldsymbol{x}|\omega_i)$ 可以用 Bayes 定律表达为：

$$p(\omega_i \mid \boldsymbol{x}) = p(\boldsymbol{x} \mid \omega_i)p(\omega_i)/p(\boldsymbol{x}) \tag{6.16}$$

式中：$p(\boldsymbol{x} \mid \omega_i)$ 为 $\boldsymbol{x}$ 在类别 ω_i 出现的概率；$p(\omega_i)$ 为类别 ω_i 在整个图像中出现的概率，并且有：

$$p(\boldsymbol{x}) = \sum_{i=1}^{M} p(\boldsymbol{x} \mid \omega_i)p(\omega_i) \tag{6.17}$$

式中：$p(\omega_i)$ 被称为先验概率，$p(\boldsymbol{x}|\omega_i)$ 被称为后验概率。这时分类规则可以表示为：

$$\boldsymbol{x} \in \omega_i, \text{如果 } p(\boldsymbol{x} \mid \omega_i)p(\omega_i) > p(\boldsymbol{x} \mid \omega_j)p(\omega_j) \quad (j \neq i) \tag{6.18}$$

这里由于 $p(\boldsymbol{x})$ 与判别无关，被作为公共项删去。为便于计算，设：

$$g_i(\boldsymbol{x}) = \ln[p(\boldsymbol{x} \mid \omega_i)p(\omega_i)] = \ln p(\boldsymbol{x} \mid \omega_i) + \ln p(\omega_i) \tag{6.19}$$

则判别函数表达为：

$$\boldsymbol{x} \in \omega_i, \text{如果} g_i(\boldsymbol{x}) > g_j(\boldsymbol{x})(j \neq i) \tag{6.20}$$

这就是最大似然分类的决策规则。$g_i(\boldsymbol{x})$ 被称为判别函数。在 $p(\boldsymbol{x}|\omega_i)$ 服从多元正态分布的假设下，判别函数改写为：

$$g_i(\boldsymbol{x}) = \ln p(\omega_i) - \frac{1}{2}\ln\left|\sum\nolimits_i\right| - \frac{1}{2}(\boldsymbol{x} - m_i)^T \sum\nolimits_i^{-1} (\boldsymbol{x} - m_i) \tag{6.21}$$

式中：m_i 为类别 ω_i 中像元的均值；$\sum_i$ 为类别 ω_i 中像元的协方差矩阵。m_i 和 $\sum_i$ 可以从训练数据中获得。

最大似然分类属于参数分类方法，在有足够多的训练样本、一定类别先验概率分布的知识且数据接近正态分布的条件下，是分类精度最高的分类方法。

6.5.6 水稻长势遥感监测技术

叶面积指数（Leaf Area Index，LAI）是最主要的作物长势遥感监测因子之一，可以反映水稻等作物的生长状况。

水稻叶面积指数采用指数函数回归模型进行估算(高苹 等,2019),计算方法为:

$$\mathrm{LAI}(i)=a_1\times e^{a_2\times V(i)} \tag{6.22}$$

式中:$\mathrm{LAI}(i)$为第 i 个水稻像元叶面积指数反演值;$V(i)$为第 i 个水稻像元合成后的植被指数(在给定的观测时间间隔内,计算某个水稻像元各时次的植被指数,选取其中的最大值作为该像元多时次合成后的值),双波段增强型植被指数 EVI2 和归一化植被指数 NDVI 的计算方法见式(6.23)和式(5.33);a_1 和 a_2 为指数函数回归模型参数,取值见表 6.8。

$$\mathrm{EVI2}=2.5\times\frac{R_{\mathrm{NIR}}-R_{\mathrm{RED}}}{R_{\mathrm{NIR}}+2.4\times R_{\mathrm{RED}}+1} \tag{6.23}$$

式中:R_{NIR} 为近红外波段反射率,R_{RED} 为红光波段反射率。

表 6.8 指数函数回归模型参数

水稻生育期	植被指数	指数函数回归模型参数	
		a_1	a_2
抽穗前	EVI2	0.02	10.41
抽穗后	NDVI	0.85	3.36

6.6 案例分析

6.6.1 环境气象服务

6.6.1.1 大气污染物来源分析案例

近几年江西省气象局主要以决策服务的形式,开展针对政府和部门的大气环境气象服务,本节通过 2 个典型的服务案例来阐述相关工作。2017 年 10 月中旬—11 月中旬,江西省出现长时间的重污染天气过程,针对此次过程江西省气象局开展了江西省首次大气污染源解析的气象决策服务,撰写报告《12 月中下旬污染潜势预报及 10 月下旬—11 月中旬污染物来源分析》,服务效果显著。

根据天气条件分析,江西省 2017 年 12 月 13—15 日将出现一次弱雨雪天气过程、12 月下旬冷空气活动偏弱,预计 12 月下旬前期及末期将分别出现雾/霾天气过程。根据国家气象中心污染源解析系统对江西省 10 月 23 日—11 月 16 日污染物来源分析结果表明,该时段内江西省主要区域的细颗粒污染物本地贡献率在 50%左右。江西省以北的省(市)对江西省的影响较大。浙江对江西的影响主要集中于东北部(15%),对于江西其他地区影响低于 5%。湖南、福建、广东和西南地区对江西大部分地区影响较小(低于 1%)。

(1)12 月下旬前期及末期将分别出现雾/霾天气过程

根据天气条件分析,12 月 13—15 日,我国中东部地区出现一次弱雨雪天气过程,江西省过程雨量 15～35 mm(图 6.27),大气污染湿清除效果较好;12 月下旬,冷空气较弱,影响江西省的冷空气过程主要在 24—26 日。预计江西省 12 月下旬前期及末期将分别出现雾/霾天气过程。

(2)10 月下旬—11 月中旬污染物源解析

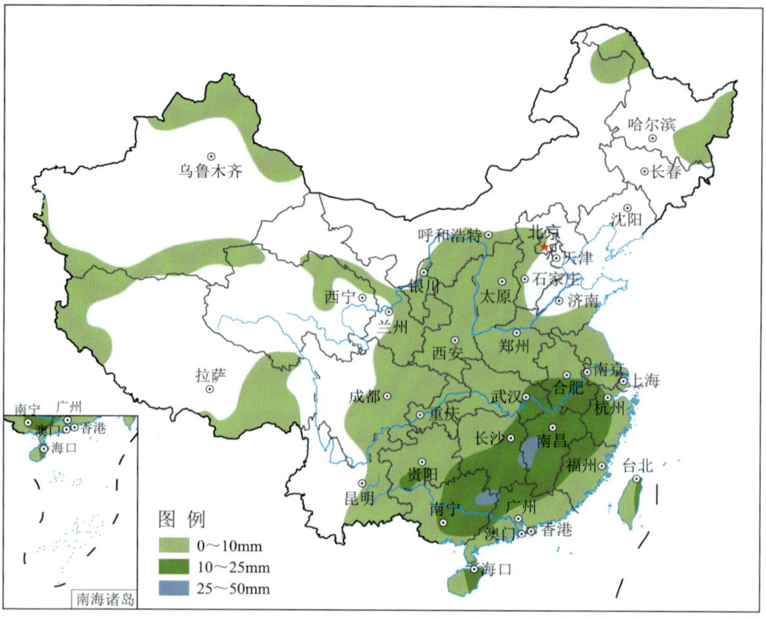

图 6.27　2017 年 12 月 13—15 日全国过程降水预报

① 污染过程实况

10 月 27—29 日、11 月 2—3 日、11 月 7—10 日、11 月 14—16 日江西省出了现 4 次区域性雾/霾天气过程，其中 11 月 7—10 日雾/霾天气最为严重。11 月 7 日全省除赣州和景德镇外，其他站点空气质量均出现轻度或以上污染等级，其中抚州为中度污染，南昌、吉安达重度污染，$PM_{2.5}$ 日均值最大为 158 $\mu g/m^3$。

② 南昌市近 5 成细颗粒物来自周边省(市)

国家气象中心污染物源解析系统分析结果表明，南昌市 10 月 23 日—11 月 18 日细颗粒物本地贡献为 42%，江西省其他地市贡献为 9%，而周边省(市)贡献为 49%。江西省其他地市对南昌市影响最大的为九江(4.2%)，其次为宜春(2%)和上饶西部地区(包括鄱阳、余干、万年)1%，南部地市贡献均低于 1%。周边省(市)对南昌市影响最大的为安徽(12%)，其次为江苏(11%)、湖北(7%)，华北地区(京津冀及周边省(市))对南昌市的贡献可达 12%(图 6.28)。

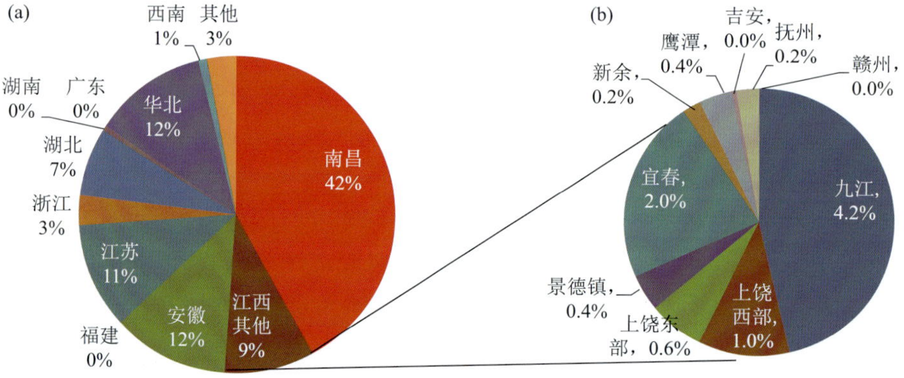

图 6.28　南昌市细颗粒物来源
(a)南昌市细颗粒物来源，(b)江西省各地市贡献

以 11 月 7—10 日过程为例，前期（7—8 日）南昌市污染物以本地污染为主，其中南昌市在 8 日受宜春影响较大。后期受传输影响较大（9—10 日），9 日受湖北和安徽影响较大，湖北最大贡献达 30%，安徽达 10%；10 日受浙江、江苏和安徽影响较大，三地合计贡献可达 60%。本次污染过程华北地区贡献较小（图 6.29）。

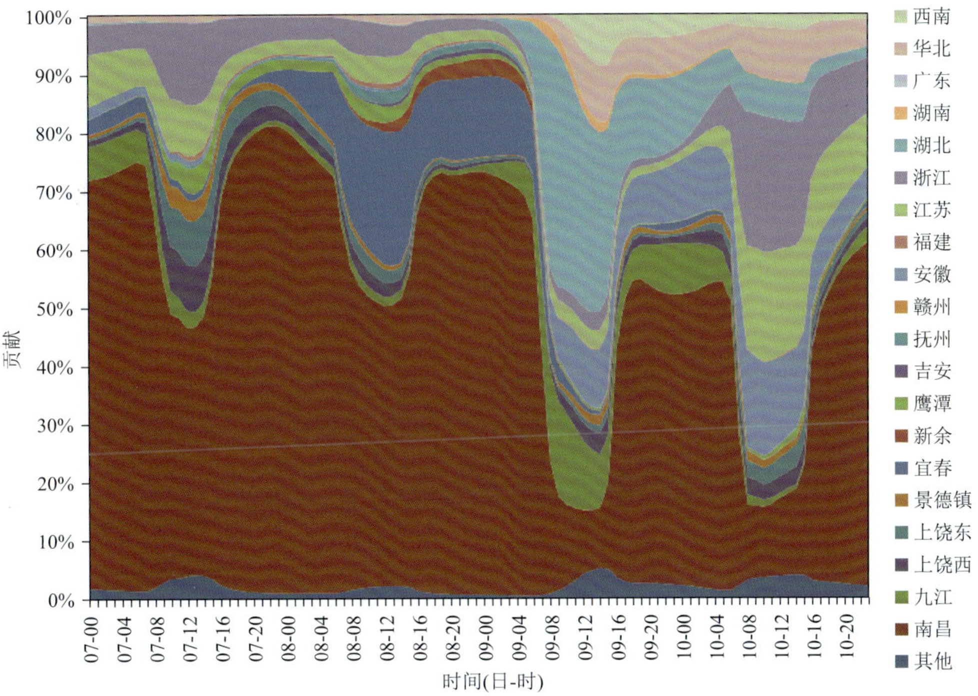

图 6.29　2017 年 11 月南昌市 $PM_{2.5}$ 来源时间剖面

③ 江西省各地市污染物的本地贡献均在 50% 左右

根据国家气象中心污染物源解析系统对江西省 10 月 23 日—11 月 16 日污染物来源分析结果表明，与南昌市类似，江西省各地市污染物的本地贡献均在 50%左右（图 6.30）。周边地区对江西省影响较大的主要为江西省以北的省（市）。其中华北地区对江西省贡献较为均匀（10%～20%）；安徽对江西的影响由北向南递减（北部可达 30%，中部在 15%左右，南部低于 10%）；江苏对江西的影响由东北向西南递减，贡献率略低于安徽；湖北对江西省的影响主要集中在江西西北部（25%），对于其他地区影响低于 10%；浙江对江西的影响主要集中于东北部地区（15%），对于江西其他地区的影响低于 5%。湖南、福建、广东和西南地区对江西大部地区影响较小（低于 1%）（图 6.31）。

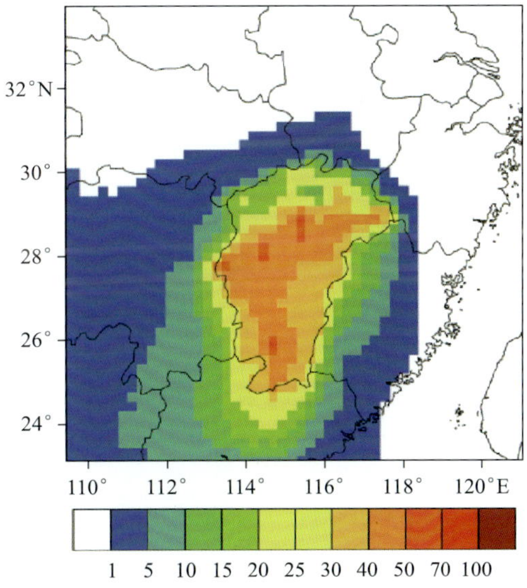

图 6.30　江西省细颗粒物（$PM_{2.5}$）本地贡献率（%）分布

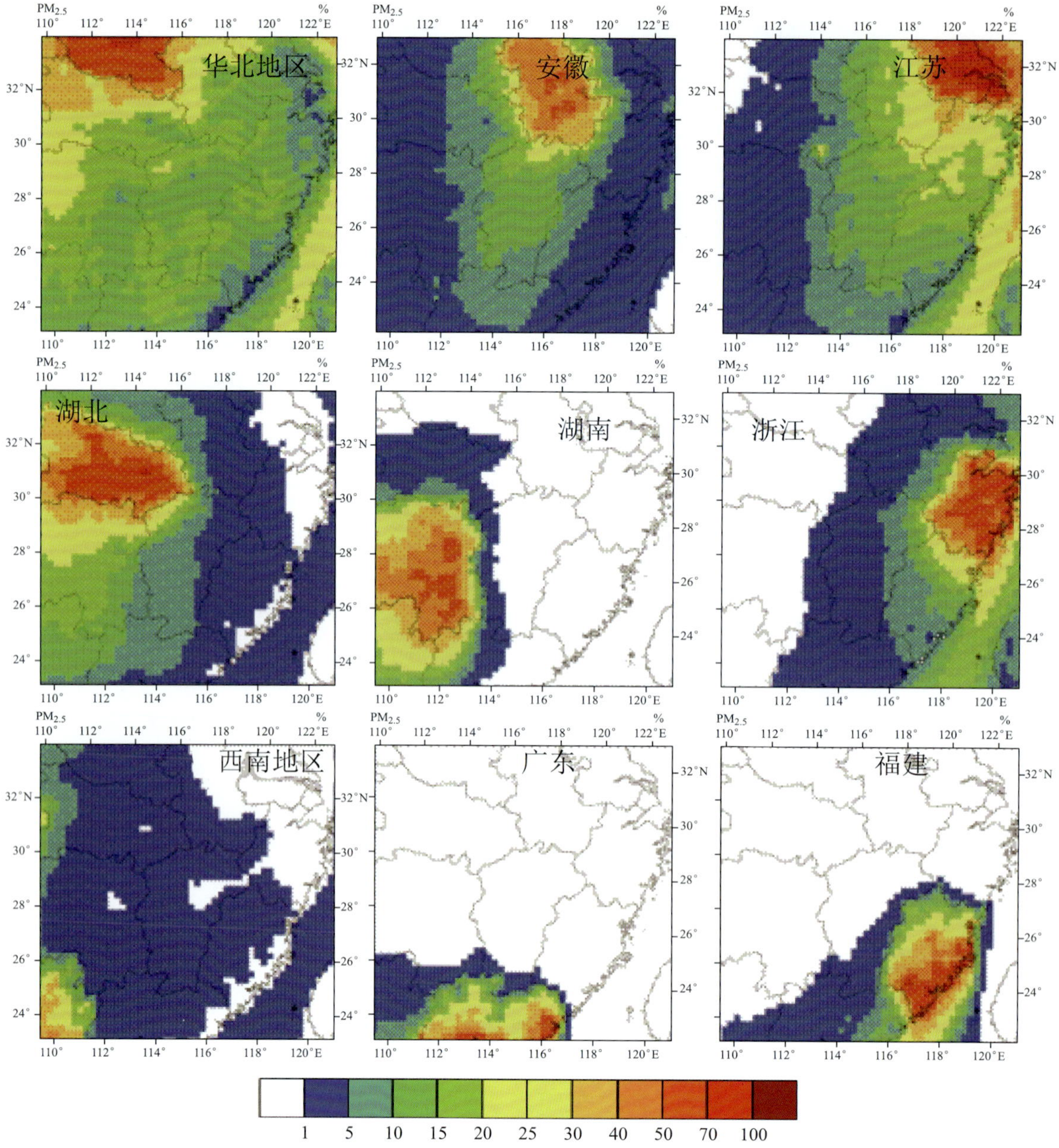

图 6.31 周边省（市）对江西省污染物（$PM_{2.5}$）贡献比例（%）分布

（华北地区：北京、天津、河北、山西、山东和河南；西南地区：四川、贵州和云南）

6.6.1.2 污染季潜在源分析案例

2017 年 10 月—2018 年 2 月，全省出现多次重污染天气过程，江西省气象局针对此段时间的重污染过程进行了潜在源解析，撰写《我省大气污染源以省外输送为主 未来应继续强化大气污染源整体控排 大力实施生态型人工增雨作业减轻大气污染》决策服务材料，向省政府提出重污染天气防控的相关措施及建议。

2017 年秋季至 2018 年春季，江西省出现 5 次区域性大气污染过程，环境气象模型源解析表明：江西省大气污染源以省外输送为主，贡献率平均为 58.7%，省内贡献率为 41.3%；与 2016—2017 年度同期相比，在总体降水偏少和大气扩散条件略偏差的情况下，江西省大气污染过程的次数和强度呈明显下降趋势，表明江西省在推进国家生态文明试验区建设进程中，环保部门进一步强化了对工矿企业、汽车尾气等大气污染源的排放控制，气象部门抓住有利时机针对改善城市空气质量实施了大规模生态型人工增雨作业，在打赢蓝天保卫攻坚战上取得了显著成效。后期针对静稳天气增多，各相关部门需继续加强和关注环境气象预报，强化大气污染整体控排措施，继续加强生态型人工增雨作业，持续改善全省大气环境质量。

(1)江西省空气质量和气象扩散条件分析

依据多年统计和实况分析表明，江西省大气细颗粒物污染较严重的时间主要集中在 10 月—次年 3 月。2017 年夏季以来，江西省未出现明显的大气污染过程，所以选择 2017 年 10 月—2018 年 3 月来开展大气污染源分析。

① 全省 11 个设区城市达标(优良)天数总体持平，重度-严重污染日数有所下降，轻度污染-中度污染日数略有上升。

2017 年 10 月—2018 年 3 月，全省 11 个设区市达标(优良)天数比例平均为 78%，轻度、中度和重度污染天数比例分别为 19.5%、2%和 0.5%，未出现严重污染日。达标天数比例与去年同期(指 2016 年 10 月—2017 年 3 月，下同)相比总体持平，其中南昌、景德镇、萍乡、九江、赣州和宜春 6 市达标天数比例略有上升，其余 5 市略有下降(图 6.32)。

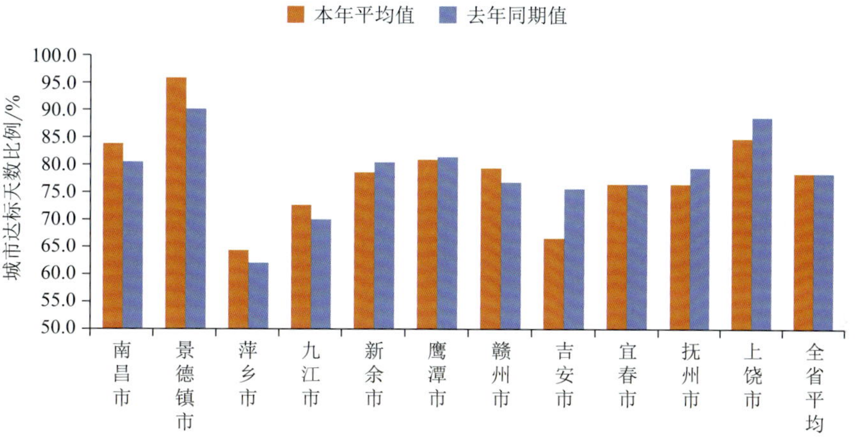

图 6.32　2017 年 10 月—2018 年 3 月空气质量城市达标天数比例

与 2016—2017 年度同期相比，全省平均污染日数减少 1.2 d。其中轻度-中度平均污染日数较去年同期增加 1.6 d，重度污染日数较去年同期减少 2.6 d，严重污染日数减少 0.2 d，重度污染主要出现在中西北地区。

2017 年 10 月—2018 年 3 月，全省 11 个设区市 $PM_{2.5}$ 平均质量浓度为 55.2 $\mu g/m^3$，较 2016—2017 年同期(58.5 $\mu g/m^3$)平均下降 5.6%。仅吉安和鹰潭两市较去年同期分别上升 6.3%和 4.1%，其余城市与去年同期相比，均有不同程度下降，其中景德镇市降幅最大，为 8.3%。

② 与历史同期相比，分析时段气温偏高，降水偏少，气象扩散条件略差。

近年来，在全球变暖背景下，北半球冬季风活动明显偏弱，影响江西省的冷空气次数偏少，强度偏弱。特别是 2017 年 10 月以后，江西省呈现气温高、降水少、静稳天气多的气候特征。2017 年 10 月—2018 年 3 月，全省平均气温 12 ℃，较常年同期(11.3 ℃)平均偏高 0.7 ℃，该时段全省平均风速 1.8 m/s，较常年同期持平，水平扩散条件与去年同期大体相当。全省平均降水量 472 mm，较常年同期(548 mm)平均减少 1.4 成，雨量的减少降低了江西省大气的自净能力。

(2)江西省 $PM_{2.5}$ 源解析

在国家气象中心的指导下，应用中尺度气象模型(WRF)和三维空气质量模型(CAM_x)对 2017 年 10 月—2018 年 3 月江西省 5 次区域性大气污染过程进行源解析，污染源数据采用清华大学公开发布的 MEIC 清单(2016 版)。

① 区域性大气污染过程类型分析

如表 6.9 所示，污染持续时间最长的过程(2017 年 10 月底至 11 月中旬)主要由秸秆燃烧和跨区域污染输送叠加所致。而 12 月—次年 2 月江西省的大气污染过程主要是由静稳天气和跨区域输送叠加造成的。2018 年春节期间的污染过程，烟花爆竹燃放是大气 $PM_{2.5}$ 粒子重要来源之一。

表 6.9　2017 年 10 月—2018 年 3 月大气污染过程分类

编号	污染过程时段	污染过程分类
1	2017 年 10 月 23 日—11 月 16 日	秸秆燃烧＋跨区域污染输送
2	2017 年 12 月 2—9 日	静稳天气＋跨区域北路输送
3	2017 年 12 月 26 日—2018 年 1 月 2 日	静稳天气＋跨区域西北路输送
4	2018 年 1 月 16—21 日	静稳天气＋跨区域三路输送
5	2018 年 2 月 14—19 日	静稳天气＋春节烟花爆竹燃放

② 大气 $PM_{2.5}$ 来源分析

表 6.10 为 2017 年 10 月—2018 年 3 月江西省 5 次区域性污染天气过程污染物不同来源的贡献率。由表 6.10 可见，全省本地 $PM_{2.5}$ 贡献率平均为 20.9%，省内其他地区来源贡献率平均为 20.4%，省内源贡献合计为 41.3%，$PM_{2.5}$ 省外输送源贡献率均值为 58.7%，明显大于本地源贡献。

表 6.10　2017 年 10 月—2018 年 3 月全省分区域 $PM_{2.5}$ 污染源贡献率统计

地区	本地贡献	江西其他	省外源贡献
赣中	21.1%	25.5%	53.4%
赣北	24.1%	10.1%	65.8%
赣西北	22.1%	23.0%	54.9%
赣东北	18.6%	15.0%	66.4%
赣南	24.7%	26.7%	48.6%
全省平均	20.9%	20.4%	58.7%

注：赣北为南昌和九江；赣中为抚州和吉安；赣西北为宜春、新余和萍乡；赣东北为上饶、景德镇和鹰潭；赣南为赣州。

③ $PM_{2.5}$ 省外源输送路径分析

图 6.33 给出了江西省 4 个区域 $PM_{2.5}$ 来源贡献率分布，由图可见赣北主要以北、东北两路冷空气输送为主，赣东北、赣西北以东北、西北两路冷空气输送为主，赣中和赣南直接受外省

输送相对较小，而受省内其他地区的污染输送影响较大。

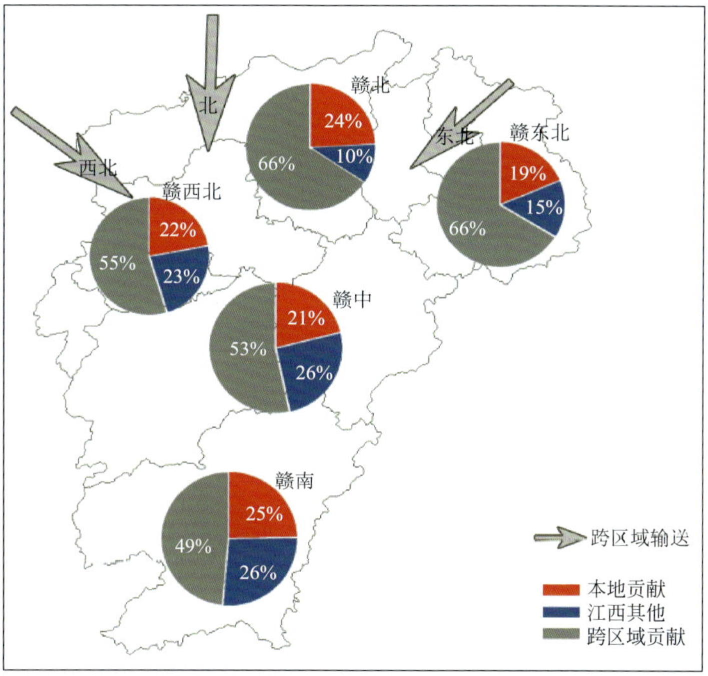

图 6.33 江西省 11 个设区城市 $PM_{2.5}$ 来源贡献率分布

(3)建议

① 继续强化大气污染源整体控排措施

由于江西省实施“蓝天保卫战”行动，推出了多项强化大气污染源整体控排措施，大气质量总体改善趋好。但未来在全球变暖背景下，北半球南北温差变小，冷空气活动变弱，静稳天气出现更加频繁，气象条件不利于大气污染物扩散。建议相关部门继续强化工矿企业和机动车辆大气污染减排管控，加强秸秆焚烧管理和烟花爆竹禁放等措施，巩固大气污染源头治理成效。

② 大力实施生态型人工增雨作业，减轻大气污染

实践证明，人工增雨是有效清除大气污染物的工程性措施。下一步要强化人工影响天气作业机制、装备、组织建设，针对改善城市空气质量和生态修复、水源涵养需求，建立飞机和地面火箭相结合的常态化、立体化、生态型人工影响天气作业体系，进一步发挥人工增雨在减轻大气污染、打赢蓝天保卫战方面的作用。

③ 加强环境气象预报，为大气污染物浓度降低服务

加强地面气象、天气雷达、探空、大气成分、卫星遥感等观测资料应用，提高本地中尺度智能化网格预报水平，强化环境气象预报服务，切实提高静稳天气等大气扩散不利气象条件的预报水平。各相关部门和单位要应用好环境气象预报结果，及时调度工业园区企业生产，充分发挥大气自净能力实现减排。

6.6.2 生态气象服务

近几年，江西省气象局主要以决策服务的方式来开展生态气象服务，本节通过一个典型的

服务案例来阐述相关工作。2018 年 9 月，江西省气象局与生态环境、农业、应急等部门开展了秋、冬季生态环境预测会商，根据会商结果，撰写了江西省第一份生态环境气象预测类的决策服务材料——《今年秋季天气气候条件对我省生态环境影响不利》，得到多位省政府领导的批示与肯定。

预计 2018 年秋季江西省风力偏小，降水偏少 0～2 成，气温偏高 1～2 ℃，影响江西省的台风接近常年同期，为 1～2 个。经气象、环保、水利、农业、林业等部门联合会商认为，秋季大气污染扩散条件差，9 月 19—20 日可能出现一次大气污染天气过程，10 月底—11 月初，北部出现重污染天气过程可能性大。伏、秋连旱发生概率大，受旱地区将从丘陵地区逐步向沿江沿湖地区扩展。森林防火形势较为严峻。全省生态质量气象评价指数将下降约 2%～3%。

(1)前期气候及大气环境条件回顾

2018 年夏季(6—8 月)，全省平均气温大部分地区偏高，降水北少南多，日照时数偏多。主要天气气候事件有：入夏较常年偏早；暴雨日数分布不均，北少南多；高温日数多，7 月中旬至 8 月下旬前期全省出现持续高温天气；降水时空分布不均，出现阶段性的气象干旱，其中西部和北部出现严重旱情。

6—8 月，全省 $PM_{2.5}$、PM_{10} 等主要空气污染物浓度均低于国家标准；仅 6 月臭氧浓度为 169 $\mu g/m^3$；超国家标准 9 $\mu g/m^3$。

(2)秋季气候趋势预测

2018 年 9 月赤道中东太平洋将进入厄尔尼诺状态，并可能在冬季形成一次厄尔尼诺事件。受其影响，预计秋季(9—11 月，下同)江西省主要气候趋势如下。

风力偏小。预计西太平洋副热带高压偏强，欧亚中、高纬地区大气环流总体较为平直，东亚大槽偏弱，冬季风整体偏弱，不利于冷空气扩散南下。

降水偏少。预计西太平洋副热带高压西伸脊点偏西，脊线总体接近常年至略偏南，不利于秋季南方大范围降水偏多。江西省降水较常年偏少 0～2 成，其中，赣北、赣中偏少 0～2 成；赣南偏多 0～2 成。

气温偏高。预计秋季欧亚中、高纬地区大气总体以纬向型环流为主，东亚大槽偏弱，不利于我国中东部出现大范围低温。江西省气温较常年同期偏高 1～2 ℃。

影响江西省的台风接近常年同期(1～2 个)。预计秋季中国南海和西北太平洋有 10～11 个台风生成，接近常年同期(11 个)，其中有 2～3 个登陆，接近常年同期(2.4 个)，影响江西省的台风也接近常年同期(1～2 个)。

(3)秋季生态气象条件预测

在风力偏小、降水偏少、气温偏高的气象条件下，经气象、环保、水利、农业、林业等部门联合会商认为，2018 年秋、冬季生态气象条件可能表现出如下特征。

① 大气扩散条件差

预计 9 月，影响江西省的冷空气偏弱，主要有 3 次冷空气过程(图 6.34)，分别发生在 7—8 日(偏强)、12—13 日(偏弱)和 20—21 日(偏弱)，全省风力较常年偏小，大气扩散、输送能力弱；9 月全省降水偏少(0～2 成)，大气污染物湿清除作用差。综合稀释条件和湿清除作用，预计 9 月大气扩散条件较 2008—2017 年同期偏差，并可能在 9 月 19—20 日出现 1 次大气污染天气过程。

预计 10—11 月，欧亚中、高纬度大气环流仍较为平直，全省降水偏少 0～2 成，大气污染扩散条件与2008—2017年平均持平，较2017年同期差，10月底—11月初，北部出现重污染天气过程的可能性大。

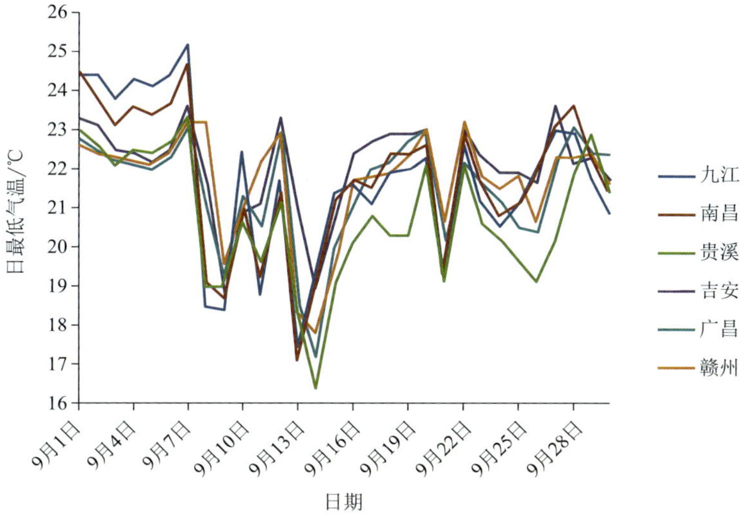

图6.34　DERF2.0模式预测南昌、九江、贵溪、吉安、广昌、赣州站2018年9月逐日最低气温变化

② 森林火险等级高

预计2018年秋季，江西省降水偏少，气温偏高，影响江西省的台风接近常年同期（1～2个）。由于温高雨少，天干物燥，全省高森林火险气象等级日数多，加上前期干旱导致林间残枝枯木积累多，森林防火形势较为严峻。

③ 伏、秋连旱风险大

伏、秋连旱发生机率大，加之前期降水偏少，水库蓄水不足，抗旱形势较为严峻。干旱将逐步蔓延和扩展，受旱地区将从丘陵地区逐步向沿江沿湖地区扩展。

④ 生态质量气象评价指数有所下降

基于秋季主要气象要素预测，采用生态功能价值评估模型预估，2018年秋季鄱阳湖全流域蓄水量将比历史同期少约75.1亿m^3，鄱阳湖主体及附近水域面积平均约为1850 km^2，比历史同期（2400 km^2）偏小23%，蒸散发增加6%～12%，水源涵养价值降低6%～32%。鄱阳湖湿地对污染物降解功能下降约10%，调节气候功能下降约5%，总服务价值下降约8%，部分水域出现蓝藻爆发等水污染事件可能性大。全省生态质量气象评价指数将下降2%～3%。

（4）关注与建议

① 加强大气污染防控。2018年秋季江西省大气扩散条件总体较差，需加强企业污染排放、秸秆焚烧、施工扬尘等的管理，重污染天气时需采取停产限产、机动车限行等强制措施，减少本地大气污染源。

② 做好森林防火和抗旱工作。2018年秋季高森林火险气象等级日数多，应严格控制野外用火，做好森林火灾扑救准备工作。全省农田受旱面积已达324万亩，12.34万人饮水困难，预计旱情将进一步发展蔓延，各地需加大抗旱力度，科学调度水资源，保障粮食生产和居民用水。

③ 加大生态型人工影响天气作业力度。各地需抓住有利时机，适时开展人工增雨作业，

增强大气自净能力，改善空气质量，增强森林、湿地等主要生态系统水源涵养能力。

6.6.3　农业生态气象服务

6.6.3.1　春耕生产气象服务

2020 年 3 月中旬起，江西省从南到北陆续进入春播期，油菜等越冬作物陆续进入盛花期，至 4 月中、下旬，全省已基本完成早稻大田直播或移栽工作。在疫情防控常态化的形势下，为确保粮食丰产丰收，加强遥感动态监测，基于欧洲雷达卫星哨兵 1 号和哨兵 2 号等遥感资料，对江西省农业种植区 2020 年春季植被长势及早稻种植进度（包括早稻大田直播和移栽）进行持续动态遥感监测，测算早稻种植面积，分析主要种植区油菜等越冬作物、蔬菜以及其他作物的长势情况，有效监测到水稻等农作物春耕生产有序进行，同时分析了春播期雨热条件对春耕生产的影响，为疫情期间粮食生产安全提供了重要决策气象服务。

（1）2020 年春季气温异常偏高，对江西省油菜生长有利

据全省气象观测资料统计，2019 年 12 月 12 日—2020 年 3 月 15 日，江西省气温异常偏高，平均气温大多在 10 ℃以上，对全省油菜生长有利。其中婺源县在 2 月下旬开始气温回升迅速，油菜生长良好，利用高分六号卫星遥感资料对婺源县油菜种植区进行监测，对比 2020 年 3 月 15 日与 2019 年 12 月 12 日影像表明，3 月中旬后婺源县油菜生长茂盛，大部分已进入开花期，绿中带黄，是踏青赏花的好时节（图 6.35 和图 6.36）。

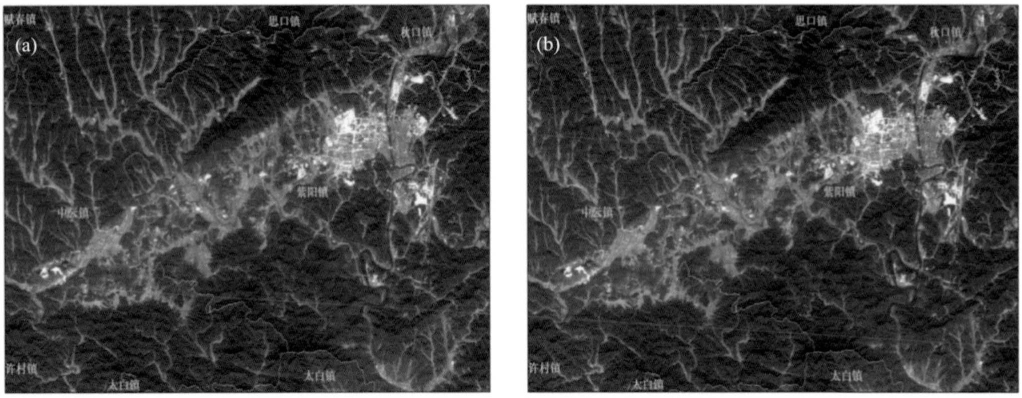

图 6.35　婺源县紫阳镇油菜种植区遥感影像

(a)2019 年 12 月 12 日，(b)2020 年 3 月 15 日

（2）春耕生产秩序井然，早稻直播或移栽工作如期完成

采用哨兵 2 号卫星 Sentinel-2 对 2020 年春季赣北农业种植区植被长势进行动态监测分析，以 NDVI（归一化植被指数）作为定量化评价指标，可以明显看到：2020 年春季，赣北平原的南昌县、丰城市、高安市等地随着油菜等越冬作物、蔬菜以及其他植物的生长，农田正在“绿”起来（图 6.37）。比较分析 1 月与 3 月南昌县、丰城市、高安市三县（市）农业用地的平均 NDVI 值变化（图 6.37），可以看到三地的农田 NDVI 值均明显增大，其中南昌县从 0.06 增加到 0.11，增幅最大（增加了 83％），丰城市从 0.14 增加到 0.19，高安市从 0.19 增加到 0.26。4 月 9 日，虽然一些水稻种植区的植被指数较 3 月 15 日有所下降，经现场调查核实，是因为农田翻耕或放水泡田，以及清除越冬期生长的绿肥、杂草等所致，这表明水稻春耕生产有序开展。

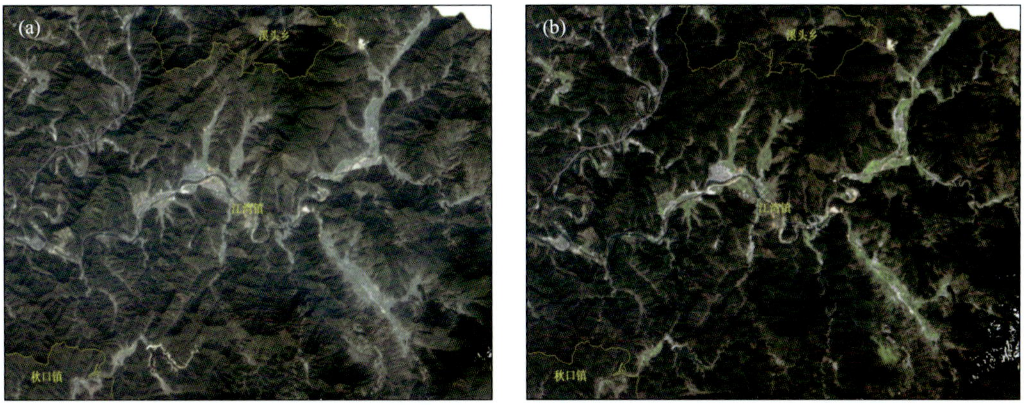

图 6.36　婺源县江湾镇油菜种植区遥感影像
(a)2019 年 12 月 12 日,(b)2020 年 3 月 15 日

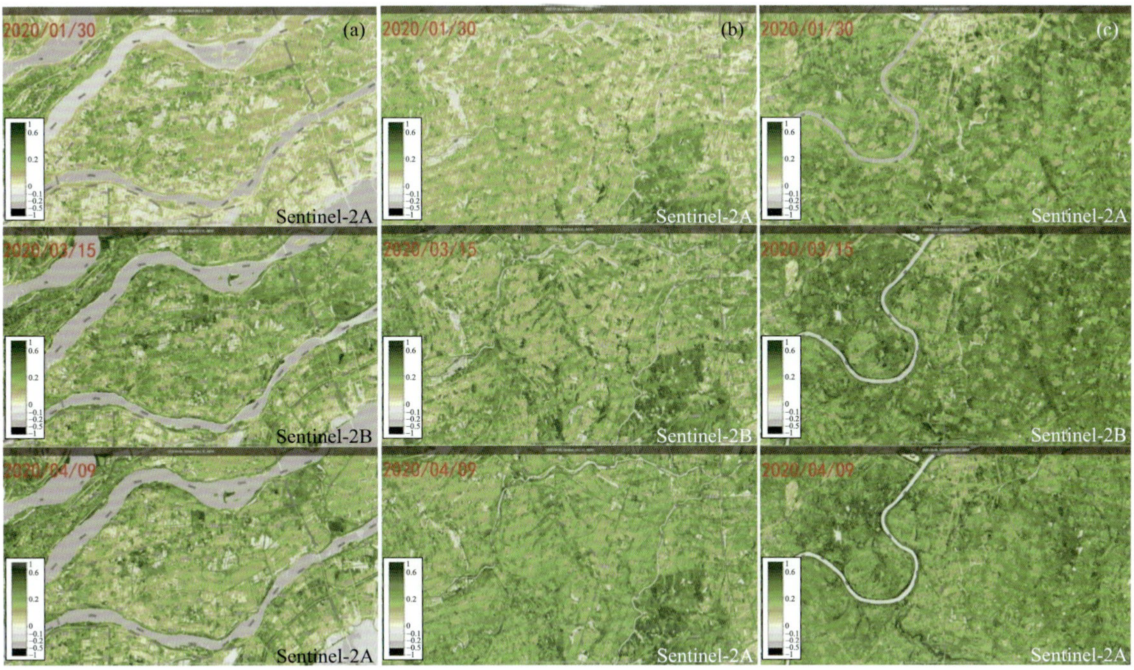

图 6.37　2020 年 1 月 30 日、3 月 15 日、4 月 9 日南昌县蒋巷镇(a)、丰城市荣塘镇(b)、高安市蓝坊镇(c)农业用地 NDVI 变化

采用哨兵 1 号卫星资料对江西省早稻种植进度进行持续监测,以鄱阳湖平原的鄱阳、余干、南昌 3 县和新建区为例,对早稻种植集中区春耕春播进度进行卫星遥感合成分析。由图 6.38 可见,3 月 4—16 日,农耕活动范围还较小,耕作行为主要发生在农户居民点附近。3 月 28 日农耕范围逐渐扩大,4 月 9 日进一步扩大,至 4 月 21 日已经基本完成早稻直播或移栽。

(3)通过卫星遥感测算全省早稻种植面积为 1816.5 万亩,高于 2019 年

采用哨兵 1 号卫星监测,并结合 EOS/MODIS 卫星资料对江西省早稻种植面积进行测算,2020 年江西省早稻种植面积约为 1816.5 万亩,高于 2019 年度遥感监测的面积(1762.2 万

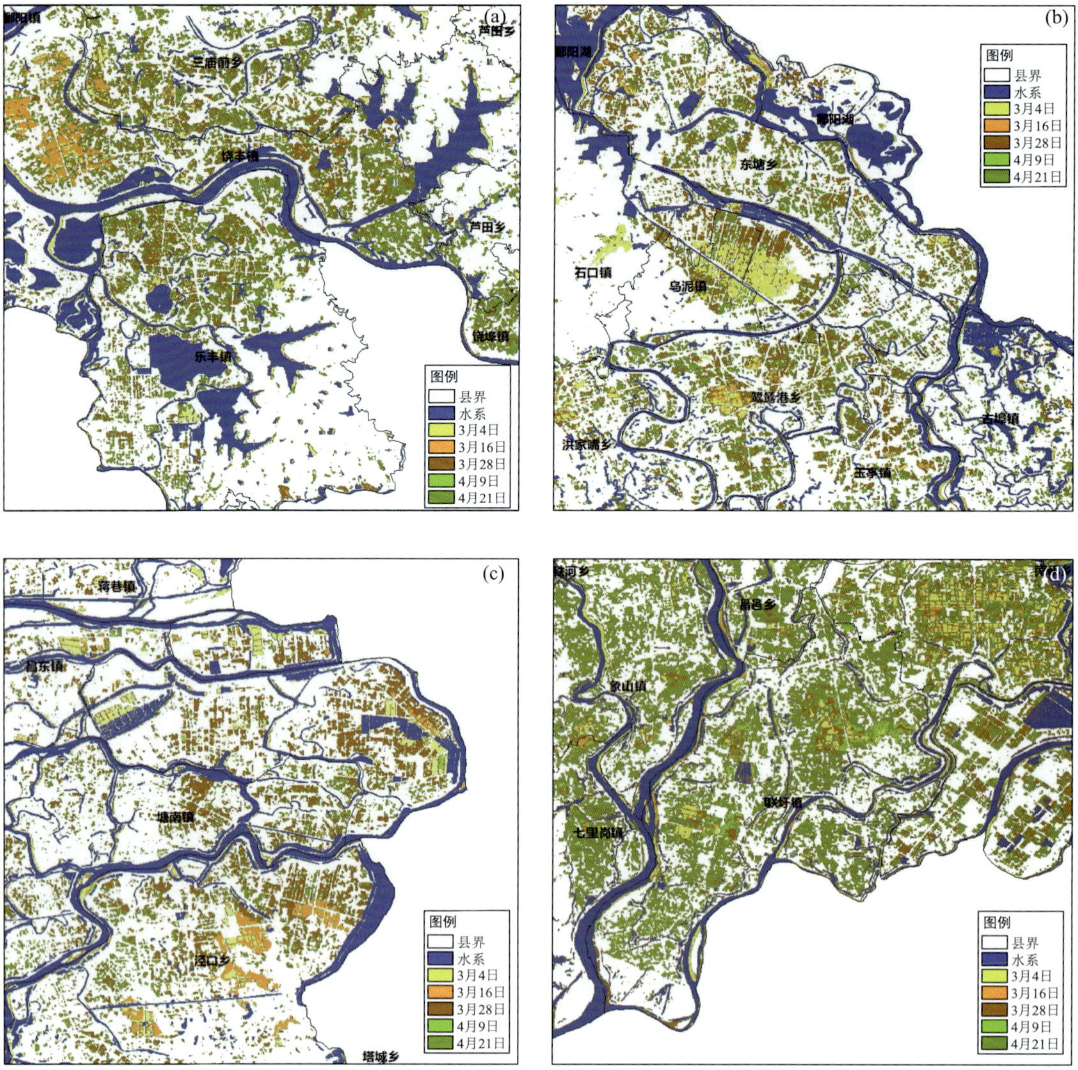

图 6.38　2020 年早稻种植集中区春耕春播进度示意

(a)鄱阳县,(b)余干县,(c)南昌县,(d)新建区

亩)。其中,赣北早稻面积为 998.8 万亩,赣中为 586.0 万亩,赣南为 231.7 万亩。水稻种植大县鄱阳、余干、南昌、新建等地早稻种植面积分别为 110.5 万亩、87.3 万亩、76.9 万亩、51.6 万亩,与 2019 年持平或略有增加(图 6.39)。在 2015—2019 年全省早稻种植面积连续下降的趋势下,2020 年能够保持早稻种植面积有较大增长实属不易,充分说明省委省政府在疫情防控的严峻形势下恢复、保障农业生产的一系列决策部署和措施取得明显成效。

(4)春播期雨热条件总体对春播有利,但阶段性低温导致部分地区早稻秧苗生长迟缓

2020 年春播期(3 月 11 日—4 月 20 日)江西省平均气温为 15.7 ℃,较常年同期偏高 0.8 ℃;平均降水为 253.7 mm,偏少 1.3 成;日照时数为 151.7 h,偏多 41.4 h;雨热条件总体对春播有利。

春播期间,受北方强冷空气南下影响,江西省先后出现 3 次阶段性低温天气过程,其中 3 月 28—31 日赣北赣中以及赣南北部出现“倒春寒”,导致部分直播早稻发生 10%～20%的烂

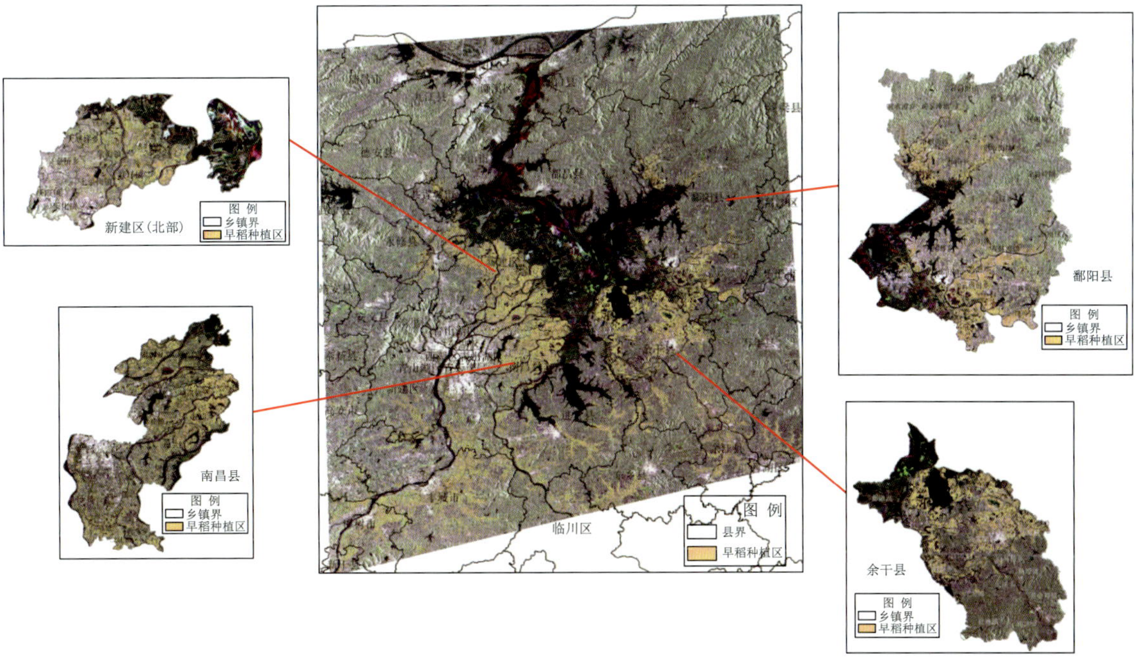

图 6.39　2020 年赣北早稻种植区哨兵 1B 监测

种烂秧，出现了苗数不够、长势不均的现象。

4 月江西省平均气温较历年同期偏低 0.9 ℃，为 2011—2020 年最冷 4 月，导致部分地区早稻秧苗生长迟缓，叶片偏黄偏弱。

（5）对策建议

粮食安全事关国家安全、经济发展和社会稳定，特别是在疫情防控常态化的形势下更为突出。作为露天生长的作物，粮食生产与天气气候条件关系密切，因此，充分挖掘气候资源，趋利避害，是落实“藏粮于技”战略的重要手段。为确保江西省粮食产量稳中有升，建议：

① 抓住有利天气，分类施策，搭好丰产苗架。“苗好一半谷”，根据 5 月江西省气温略偏高、降雨偏多，水热条件偏好的预测，利用苗期可恢复性强的特点，抓住有利天气，强化技术指导，针对直播早稻、抛秧早稻、机插早稻不同的种植方式和不同等级的苗情，做好分类施肥和水层的配合管理，促秧苗早发、快发，搭好丰产苗架。

② 充分发挥立体监测的技术优势，为粮食生产各个环节精准施策提供依据。目前高分六号遥感卫星分辨率可达 16 m，哨兵 1、2 号卫星分辨率可达 10 m，其中哨兵 1 号是雷达卫星，不受云雨天气影响，可依据卫星遥感对耕地面积、作物长势和旱涝等自然灾害进行全天候精准监测，同时结合地面长期定位与农业气象观测网资料，加强田间科学管理，精准施策。

③ 提高气象灾害的预见期，科学发挥气象防灾减灾第一道防线的作用。暴雨洪涝、夏季高温以及伏、秋干旱等气象灾害是水稻产量波动的主要因素，气象部门将加强对气象灾害的预测研判，充分发挥气象防灾减灾第一道防线的作用，及时发布各类气象灾害预报预警信息，趋利避害。

④ 完善政府主导的联合防灾减灾机制。发挥政府强有力的主导作用，进一步建立和完善农业、气象、粮食、应急等多部门的联合防灾减灾机制，综合应用物联网、大数据、人工智能、

5G、智慧气象等现代信息技术，牢牢把握自然灾害防御的主动权，切实提升防灾减灾能力。

6.6.3.2　汛期农业生产气象服务

2020 年江西省汛期出现两轮强降水集中时段，分别是 5 月 29 日—6 月 10 日和 6 月 30 日—7 月 10 日，其中 6 月 30 日—7 月 10 日出现了 2020 年最强的降水集中期，强雨带稳定少动，主要在赣北和赣中之间南北摆动，其中赣东北暴雨过程重叠度高，致灾风险高。尤其是 7 月 6—10 日暴雨期间，7—9 日连续 3 d 出现区域性大暴雨（日雨量大于 100 mm 的站数超过 10 站），总站次达 60 站次，均为 1961 年以来历史之最。日雨量赣北赣中有 17 个县市突破 7 月极大值，其中 10 个县（市、区）突破年极大值。受两次降水集中期影响，江西省多地出现严重汛情，部分地区农业灾情严重。据江西省应急管理厅不完全统计，入汛以来全省直接经济损失超过 270 亿元。

2020 年 7—8 月汛期基于哨兵 1A/1B 等资料对环鄱阳滨湖地区的水稻主产县早稻受淹、农田退水、晚稻补种进行遥感监测评估，为江西省抗洪救灾、灾后自救、恢复农业生产等工作提供了指导，相关决策服务建议得到政府和水利、农业等部门的高度关注。

（1）卫星遥感测算赣北沿江滨湖地区水稻主产区受淹情况

7 月上旬，江西省正处于早稻成熟收获期，持续强降水对赣北沿江滨湖早稻种植影响较大。根据哨兵 1 号卫星数据并叠加土地利用类型资料，测算得出 7 月 14 日赣北沿江滨湖早稻集中种植区被淹面积达 54.7 万亩，其中水稻种植大县早稻被淹面积分别为鄱阳县 13.7 万亩、南昌县 10.3 万亩、新建区 8.8 万亩、余干县 8.6 万亩、永修县 4.4 万亩。尤其是在鄱阳县昌州乡、永修三角乡、赣江沿线新建段、潼津河、千秋河尾间段等早稻集中种植区受灾面积较大（图 6.40），这主要受前期三角联圩、中洲圩、问桂道、崇复圩、潼津河、千秋河等圩堤决口和内涝、单退圩堤开闸清堰等因素影响所致。

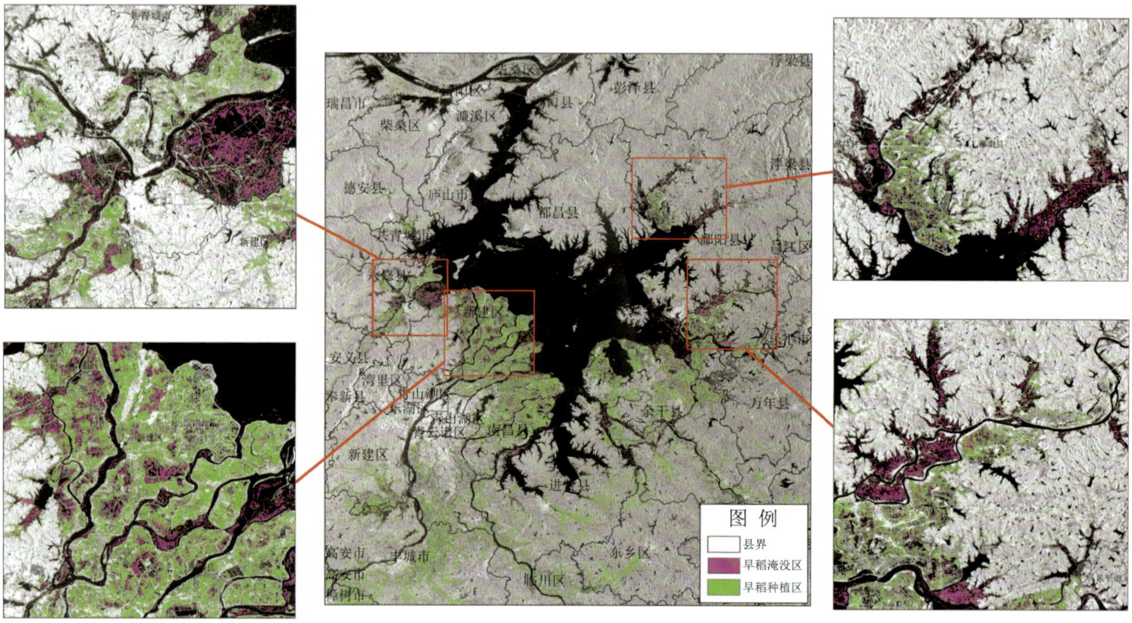

图 6.40　鄱阳湖滨湖早稻集中种植区淹没情况

(2)卫星遥感监测环鄱阳湖区农田退水情况

7 月下旬江西处于“双抢”阶段，鄱阳湖水位正高位波动缓退。采用哨兵 1A/1B 雷达卫星遥感影像，结合无人机实地勘察，对赣北沿江滨湖淹水区农田退水情况开展了监测。结果表明，7 月 14 日—8 月 1 日，永修、都昌、新建、鄱阳、余干 5 县农田退水总面积约 30.52 万亩，占农田总面积的 1.78%。退水面积排位由大到小分别为：新建区 11.01 万亩、鄱阳 7.66 万亩、余干 6.05 万亩、永修 3.99 万亩、都昌 1.81 万亩。

根据 7 月 30—31 日在永修、都昌针对灾区改种情况开展的实地调查，各地均按照当地的退水情况，在农业部门的指导下开展补种。其中，在永修县艾城镇马湾润峰种养专业合作社，某农业大户自 25 日开始陆续改种晚稻，30 日基本改种完毕。卫星遥感监测表明，7 月 14 日该户种植的农田被淹，7 月 26 日农田已基本退水，7 月 30 日无人机实地勘察该地区已补种晚稻，与实际调查相符(图 6.41)。

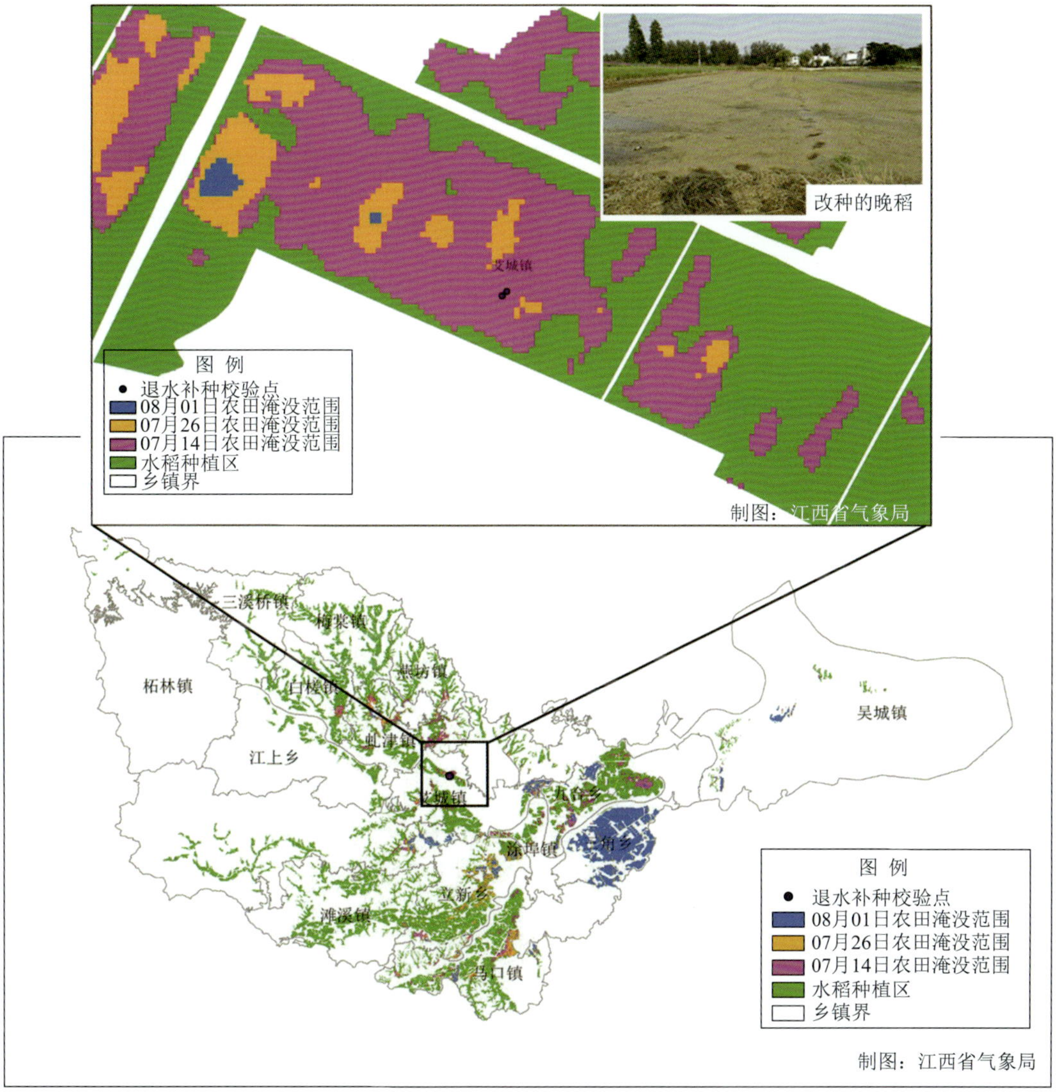

图 6.41 永修县农田淹没范围变化及 7 月 30 日艾城镇校验点情况

(3)赣北沿江滨湖县晚稻种植面积测算

7月强降水过程结束后，赣北水稻种植区的洪水缓慢退去，受淹地区晚稻逐步恢复种植。但因晚稻种植时令性很强，加上洪水退水缓慢，赣北沿江滨湖水稻集中县晚稻种植面积仍受影响。利用哨兵1号卫星监测资料，根据晚稻生育期内不同阶段雷达数据的对比解译分析，鄱阳县、新建区、永修县2020年晚稻种植面积分别为108.8万亩、62.3万亩、11.5万亩，较去年分别减少了3.7万亩、2.1万亩、1.6万亩。

6.7 本章小结

本章介绍了重污染天气过程分析评估、静稳天气对空气质量改善贡献率评价、“霾日数”历史序列资料分析与订正技术、区域温室气体浓度及其源汇监测评估、农业绿色发展等绿色低碳发展气象保障技术研究方法，开展了相关研究及服务，主要结论如下。

(1)利用污染源解析方法定量评估了江西省春节期间减排措施效果，结果表明，人为管控和烟花爆竹禁放使得春节期间减排效果显著。对2019年期间重要的污染过程，利用宜春市靖安县气溶胶激光雷达观测数据，结合大气扩散气象条件进行大气污染综合监测分析发现，边界层高度降低、湿度较高等气象条件，是导致颗粒物易吸湿增长不易扩散，近地面颗粒物浓度激光雷达观测值显著升高的主要影响要素。

(2)静稳天气指数对$PM_{2.5}$浓度轻度污染以上的污染过程具有较强的指示意义。但是，静稳天气指数在区别优良天气方面，指示效果较差。而利用CAM_x模式模拟的南昌市污染物与观测$PM_{2.5}$浓度对比发现，该模式可以较为准确地把握南昌市的污染变化情况。

(3)2016年开始，江西省国家气象观测站全部实现了能见度自动观测，对2016年以前未有霾日数观测资料的区(县)采用距离和环境条件的相似性替代法，建立100个区(县)1981—2016年霾日数历史序列资料。

(4)江西人为CO_2年增长率近年来趋缓，CCMVS系统反演全省人为CO_2排放量平均约为26661.31万t/a，2019年排放总量列全国第19位。2000年以来江西地表植被NPP呈波动上升趋势，CCMVS反演自然碳汇通量达－13153.19万t，2019年排全国第10位。江西省陆地生态系统具有一定的碳中和潜力，须减排与增汇措施齐抓以实现“碳中和”目标。

(5)气象条件直接影响农作物产量和质量，可以通过建设气象数据共享平台、拓展农业气象服务信息传播渠道、提高农村气象灾害防御能力和粮食安全保障手段、实施气候可行性论证与气候资源分析等方法来增强生态农业气象科技服务能力，补救农业绿色发展服务方面的短板。

(6)针对环境气象、生态气象、农业生态气象服务三个方面，江西省开展了系列决策服务，并产生了一定的社会效益，本章分别列举了大气污染物来源分析、污染季潜在源分析、秋季天气气候条件对生态环境影响预测分析、春耕生产以及汛期农业生产气象服务等案例。

第 7 章 生态文明气象支撑保障技术研究

7.1 生态修复型人工影响天气服务和成本效益评估

成本-效益分析(Cost Benefit Analysis,CBA)是通过比较项目的全部成本和效益来评估项目价值的一种方法,成本-效益分析作为一种经济决策方法,将成本费用分析法运用于政府部门的计划决策之中,以寻求在投资决策上如何以最小的成本获得最大的收益。人工增雨是非常典型的适应气候变化措施,我国已经开展多年,最初主要是以农业抗旱为目的,近年来人工增雨作业的目标增加了净化区域空气、森林防火、城市降温降碳、水源涵养等,应对气候变化背景下极端天气气候事件频发所带来的威胁。以 2016 年江西省人工增雨活动为例开展成本-效益分析。

7.1.1 2016 年江西省人工增雨作业

截至 2016 年 12 月 7 日,江西省人工影响天气办公室共组织开展地面作业 26 次,其中人工增雨森林防扑火作业 13 次,并扑灭山火一起,人工增雨农业抗旱、水库增蓄作业 13 次(表 7.1)。指挥飞机人工增雨 6 次,其中指挥实施南昌飞机作业服务 3 架次,赣粤闽跨省(空域)飞机人工增雨、探测作业 3 架次,累计飞行约 14 h,航程约 3000 km(表 7.2,飞机作业区如图 7.1)。

表 7.1 2016 年地面人工增雨作业情况

时间	天气形势	作业地点	催化火箭用量/枚
2016 年 02 月 22 日	高空低槽 低层切变	上饶县经济开发区	1
2016 年 07 月 09 日	台风	宜春市袁州区禅农生态园	4
2016 年 08 月 04 日	副热带高压边缘	宜春市区	1
2016 年 08 月 20 日	低层切变	上饶市弋阳县葛溪乡中学	2
2016 年 08 月 21 日	低层切变	抚州市临川区东馆镇桥下	2
2016 年 08 月 22 日	低层切变	上饶市德兴市新营高速路 抚州市临川区秋溪镇	2
2016 年 08 月 26 日	冷空气	萍乡市安源区城南五陂下 上饶市弋阳县葛溪乡王家	4 2
2016 年 08 月 27 日	冷空气	上饶市万年县 上饶市大坳水库 上饶市区 上饶市广丰县	2 2 1 1

续表

时间	天气形势	作业地点	催化火箭用量/枚
2016 年 09 月 01 日	高空低槽 低层切变	南昌市新建县九龙大道	2
		上饶市弋阳县栗桥村委会	2
		上饶市余干县白马桥乡	1
		抚州市金溪县琉璃乡	2
		上饶市万年县青云镇张家	3
		鹰潭市夏埠乡	2
		上饶市德兴市	2
		上饶市余干县社庚镇	1
		抚州市南城县麻源水库	2
2016 年 09 月 06 日	高空低槽 低层切变	上饶市区	1
2016 年 09 月 10 日	高空低槽 低层切变	上饶市铅山县	2
2016 年 09 月 28 日	台风	南昌市新建县流湖乡北岗	4

表 7.2　2016 年飞机人工增雨作业情况

时间	天气形势	飞行航线	催化剂用量/根	催化时间/min
2016 年 01 月 28 日	高空低槽	南昌—都昌—德安—安义—南昌—彭泽—瑞昌—靖安—安义—都昌—南昌	20	100
2016 年 01 月 31 日	冷空气	南昌—都昌—德安—安义—南昌—彭泽—瑞昌—靖安—安义—都昌—南昌	20	85
2016 年 02 月 26 日	低层切变	南昌—宜丰—新干—鹰潭—南昌—高安—樟树—进贤—南昌	20	40
2016 年 11 月 08 日	冷空气	赣州—万安—宁都—会昌—信丰—赣州	10	96
2016 年 11 月 09 日	冷空气	赣州—上犹—兴国—石城—瑞金—安远—南康—赣州	10	102
2016 年 11 月 25 日	高空低槽	赣州—兴国—宁都—会昌—信丰—南康—上犹—赣州	10	74

7.1.2　2016 年江西省人工增雨作业成本分析

截至 2016 年 12 月 7 日，江西省人工影响天气办公室共组织开展地面作业服务 26 次，指挥飞机人工增雨 6 次，主要有以下成本。

(1)人力成本

江西省省、市、县三级从事人工影响天气工作人员共有 320 人。为了保障江西省人工影响天气工作开展，国家共投入约 1000 万元。

(2)系统维持经费

为了保障人工影响天气作业的及时准确，全省建设了固定站点、流动测站、流动火箭发射架、局地警戒指挥雷达、雨滴谱仪、微波辐射计、机载粒子探测系统。2016 年用于系统维持经费约 200 万元。

(3)地面作业费用

地面作业服务 26 次，主要费用包括动用车辆产生燃料费、人工增雨火箭弹费用、购买操作人员保险等费用。

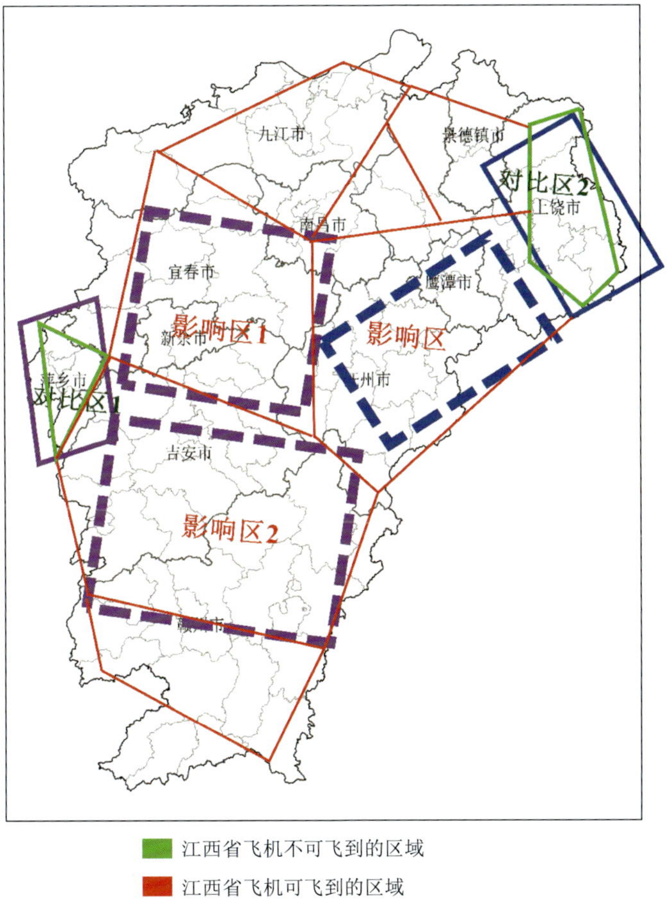

图 7.1 江西省飞机作业作业区和对比区划分 2(颜色相同虚线区域和实线区域为相应的影响区和对比区)

(4)飞机作业费用

租赁运-12 增雨飞机 6 架次,累计飞行约 14 h,航程约 3000 km,使用增雨焰条 68 根,成本约 10 万元。

7.1.3 2016 年江西省人工增雨作业效益分析

(1)地面作业增雨效益

江西省人工影响天气办利用高斯扩散模式,进行了点源催化扩散模拟,得出以下分析结论:催化剂中心浓度极大值呈递减的趋势,有效面积和扩散宽度均为单峰值,随时间的变化趋势为先增后减,在催化剂播撒后的 17 min 达到最大值,有效宽度和有效面积分别为 2.659×10^3 m 和 22.193×10^6 m^2;催化的 30 min 内的催化面积约 300 km^2,每次的平均增雨量为 150 万 t;江西省 2016 年实施地面人工增雨 26 次,影响面积达近 0.8 万 km^2,共增雨近 0.4 亿 t。

(2)飞机作业增雨效益

根据国内专家研究,飞机播撒催化剂 1 h 左右影响起作用,所以增雨量 ΔR 计算公式为:

$$\Delta R = V_{风} \times 3600/1000 \times S_{航} \times R_{对比区} \times \eta \quad (7.1)$$

式中：因飞机一般在 3000～4500 m 飞行，$V_{风}$ 取 700 hPa 的风速，$S_{航}$ 为作业期间飞机航程，$R_{对比区}$ 为对比区的降水量，η 为增雨率。江西省 2016 年实施飞机人工增雨 6 个架次，影响面积达 33.12 万 km^2，由式(7.1)计算得 6 次飞机作业共增雨近 0.6 亿 t。

(3)总效益

江西省人工影响天气办公室通过 26 次地面作业和 6 次飞机人工增雨作业，共增雨 1 亿 t。根据 2016 年江西省水资源公报，居民生活用水占总水量 9.1%，工业用水占 24.7%，农业用水占 62.8%，公共用水占 2.5%，生态用水占 0.9%。根据 2016 年江西省政府用水价格，居民生活用水 2.80 元/m^3，公共行政事业用水 3.90 元/m^3，工商业用水 4.10 元/m^3，农业和生态用水 0.23 元/m^3。

按照用途将新增雨水分类，2016 年江西省全省人工影响天气作业增雨共创造价值 1.51 亿元，其中工业价值 1.01 亿元，居民生活价值 0.25 亿元，公共行政价值 0.10 亿元，农业和生态价值 0.15 亿元。

从成本-效益分析角度看，江西省人工影响天气成本为 0.14 亿元，创造了 1.51 亿元直接经济效益，产出投入比达 10.8。此外，人工增雨增加的水资源还有巨大的生态效益，属于间接效益，比如降低森林火险等级、增加森林水源涵养量和净化空气等巨大的间接效益，但由于人工增雨受益区域难以精确定位、参数化和价值化，本案例对这些效益未做评估，后续有待于加强相关研究，核算人工影响天气作业的生态效益价值，改进价值评估模型。

7.2 气候资源分析与评估

气候资源主要包括风能资源、太阳能资源、热量资源、云水资源等多个方面。1991 年以来，江西省内开展了大量的气候资源开发利用前期观测和研究工作，在一些实际开发利用项目中发挥了重要作用。全省风能资源主要分布在鄱阳湖区和高山地区。全省太阳能相对丰富的区域主要有三个：一是赣南及赣中南部偏东区域；二是赣北中部；三是赣东北的铅山、上饶县、广丰一带。全省热量资源南部高北部低，平原和盆地高，丘陵和山地低。热量资源丰富区位于赣南中部。全省云水资源南部多北部少，年平均大气可降水量赣州比南昌约多 11%。

7.2.1 风能

7.2.1.1 风能储量

全省风能资源主要分布在鄱阳湖区和高山地区。鄱阳湖区是受地形影响形成的孤岛式分布的风能资源丰富区；高山地区是以沿山脉走向的线状式分布或孤立山峰的点状式分布的风能资源丰富区。以 70 m 高度处风功率密度≥300 W/m^2 为划分标准(图 7.2)，全省风能资源技术可开发量约为 310 万 kW，技术可开发面积约为 876 km^2。其中，山地风能资源技术可开发量约为 100 万 kW，技术可开发面积约为 136 km^2，鄱阳湖区风能资源技术可开发量约为 210 万 kW。

7.2.1.2 风能分布

受地形和气候的共同影响，江西省风能资源主要集中在海拔较高的山地和鄱阳湖湖体周围,年平均风速超过 5.5 m/s;而远离鄱阳湖的湖道、地势低洼的区域,年平均风速一般在 2.5～4.0 m/s,风能资源较少。赣北鄱阳湖地区为全省风能资源最密集的区域,风能资源较为丰富的山地遍布于全省各地。

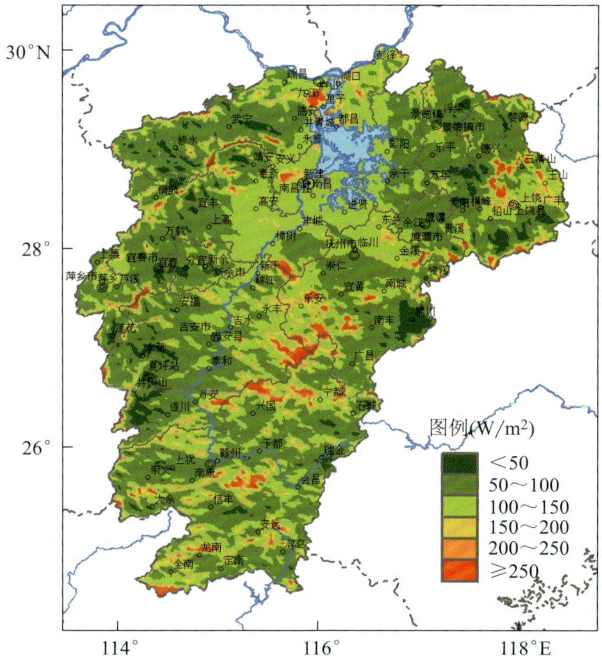

图 7.2　江西陆地 70 m 高度年平均(1981—2010 年)风功率密度分布

(1)鄱阳湖区

鄱阳湖湖体周围 70 m 高度处,年平均风速 5.0～6.0 m/s,风功率密度 200～300 W/m^2。鄱阳湖北部从狮子山到沙岭的水道两侧,一直延伸到鄱阳县的莲湖附近,存在一个连续的大风区域,其分布和水面有相似性。鄱阳湖区风能资源丰富的区域主要是鄱阳湖北部从湖口到永修的松门山、吉山约 60 km 长的两侧湖道和浅滩,以及湖中一些岛屿,其风功率密度为 200～400 W/m^2,年平均风速为 5.0～7.0 m/s,年平均有效时数为 5000～7000 h。鄱阳湖北部狭长湖道的南部部分浅滩及屏峰、老爷庙、沙岭、松门山至吉山、长岭、矶山湖等地的鄱阳湖北部湖道部分区域,风能资源等级达 2～3 级及以上。白沙洲、小鸣咀、青岚湖、军山湖等地的鄱阳湖南部湖体部分区域风能资源等级为 2 级。鄱阳湖狭管入口处的狮子山地区风能资源等级为 1～2 级。

根据地理位置、地形、地貌和已经掌握的风力资源情况,鄱阳湖区风能开发最佳区域可分为 7 个风场,即皂湖风场、老爷庙风场、长岭风场、青山风场、沙岭风场、松门山至吉山风场、大岭风场。

(2)高山山地

高山山地地势高,接近于自由大气,风能资源丰富。庐山山地、玉山、雩山山脉、罗霄山脉等海拔较高的山地地区 70 m 高度处年平均风速超过 5.5 m/s,风功率密度大于 350 W/m^2,但高山山体存在很强的风速梯度,沿山体到平地或湖面风速迅速减小。赣南山地风功率密度为 200～500 W/m^2,年平均风速为 5.3～7.8 m/s,年平均有效时数占全年时数的 85%以上。其中，上犹风打坳风场 50 m 高度风速为 6.1 m/s，风功率密度为 230 W/m^2，达到 2 级标准；于都屏坑山风场 70 m 高度风速为 7.8 m/s，风功率密度为 481.0 W/m^2，达到 4 级标准。根据实地调研、气候调查及短期测风资料，并结合地形、地貌进行整体分析和评估后，初步规划江西主要山地风场 17 座：大德山风场，装机容量 13.1 万 kW；幕阜山风场，装机容量 10.5 万 kW；九岭山风场，装机容量 18 万 kW；泥阳山风场，装机容量 11.25 万 kW；玉华山风场，装机容量 4.7 万 kW；武功山风场，装机容量 11.8 万 kW；麻姑山风场，装机容量 13.1 万 kW；十八排风场，装机容量 4.2 万 kW；陈山风场，装机容量 11.7 万 kW；高龙山风场，装机容量 5.5 万 kW；鱼牙嶂风场，装机容量 8.7 万 kW；万洋山风场，装机容量 9.4 万 kW；灵华山风场，装机容量 6.8 万 kW；水槎风场，装机容量 14 万 kW；双溪风场，装机容量 5.5 万 kW；屏山风场，装机容量 2.4 万 kW；九龙山风场，装机容量 7 万 kW。

7.2.1.3　风能变化

鄱阳湖区和赣南山地春、冬季风速和风功率密度较大，夏、秋季较小。省内春、冬季冷空气活跃，寒潮天气频繁发生，风力强劲，是一年中风速的高峰期。夏、秋季多受副热带高压控制，天气稳定，风力较弱。

鄱阳湖区正午前后风速最小，傍晚以后到凌晨风速较大，风速最小值出现在 11—12 时，风速最大值出现在 20 时至次日 01 时左右，最大风速与最小风速相差约 0.3～0.7 m/s。鄱阳湖地区各风场风速日变化趋势存在一定差异，即湖滩风速日变化呈现较明显 U 型分布，而狭管入口处、北部狭管大风区风速日变化相对不明显。山地风速日变化明显呈 U 型分布，午后风速最小，凌晨至清晨风速较大，风速最小值出现在 14 时左右，风速最大值出现在 02 时至 07 时左右，最大风速与最小风速相差约 2.5 m/s。风机轮毂高度处风能资源日变化与当地电网负荷不太一致。

7.2.1.4　风能利用

风能在风力提水、风力发电、风帆助航、风力制热四个方面得到了广泛利用。利用风力发电已越来越成为风能利用的主要形式。省内能源资源短缺，能源工业的进一步发展面临成本增高、交通运输和环境污染压力大的问题。利用省内丰富的自然资源，大力发展风力发电是保证全省能源安全和可持续发展的重要举措。全省风电场规划技术可开发量为 310 万 kW，每年可为电网提供 6.89×10^9 kW·h 的电，每年可节约标准煤 212.5 万 t，同时每年可减少排放 CO_2 672.6 万 t、SO_2 3.83 万 t、烟尘 13.92 万 t、氮氧化物 4.46 万 t。按风力发电具有减排的环境价值估算，鄱阳湖区风电场每年的环境价值为 1.93×10^5 万元。

风能资源评价是风电场开发的重要前期基础工作。1991—2010 年，省气象科学研究所受省电力公司、省发改委、有关地方政府的委托，先后在老爷庙、沙岭、灰山、矶山、白沙洲、矶山湖、小鸣咀、长岭、狮子山、风打坳、凤山等地设立测风观测塔 29 座。之后，陆续开展了《鄱阳湖区风能资源及风电应用技术研究》《鄱阳湖风电场选址研究》《鄱阳湖区风电资源评估初步研究》《江西省风能资源详查与评估》《鄱阳湖区风能资源储量及分布规律研究》等课题研究。还编制完成了《江西省风电规划》《江西省风能资源评价报告》《江西省老爷庙风电场微观选址铁塔测风及风力资源评估》《白沙洲风场风资源评价报告》《小鸣咀风场风资源评价报告》《白沙洲风场风资源评价报告》《庐山区长岭风场风资源评价报告》《狮子山风场风资源评价报告》《江西省四县(区)重点风场风资源评价报告》《赣南风场风资源评价报告》等，为江西省风能资源开发提供了前期技术支撑。

7.2.2 太阳能

7.2.2.1 太阳能储量

根据多年观测资料测算，全省年太阳能储量约为 18.20×10^5 亿 kW·h，折合 223.84 亿 t 标准煤，储量巨大。各设区市以赣州市的储量最为丰富，达 4.25×10^5 亿 kW·h，其次为吉安和上饶市。按单位面积功率计算，赣州市功率最大，达 0.131 kW/m^2，其次为南昌市和上饶市，为 0.129 kW/m^2，全省平均为 0.126 kW/m^2，各地差异较小。

7.2.2.2 太阳能分布

(1)太阳能资源分布

江西省内绝大部分地区年太阳总辐射量高于 3780 MJ/m^2，为太阳能资源丰富区。仅在西部、中东部、中部山区少部分地区年总辐射量低于 3780 MJ/m^2，属于太阳能资源一般区域。全省太阳能相对丰富的区域主要有三个：一是赣南及赣中南部偏东区域；二是赣北中部；三是赣东北的铅山、上饶县、广丰一带。这三个区域年总辐射量均在 4000 MJ/m^2 以上，为太阳能资源Ⅲ级以上区域。赣南的赣县、兴国、宁都、石城、寻乌以及赣北的德安县附近为最丰富区域，年总辐射量普遍在 4200 MJ/m^2 以上，为太阳能资源Ⅳ级区，可作为太阳能开发利用的优先选择区域(图 7.3)。

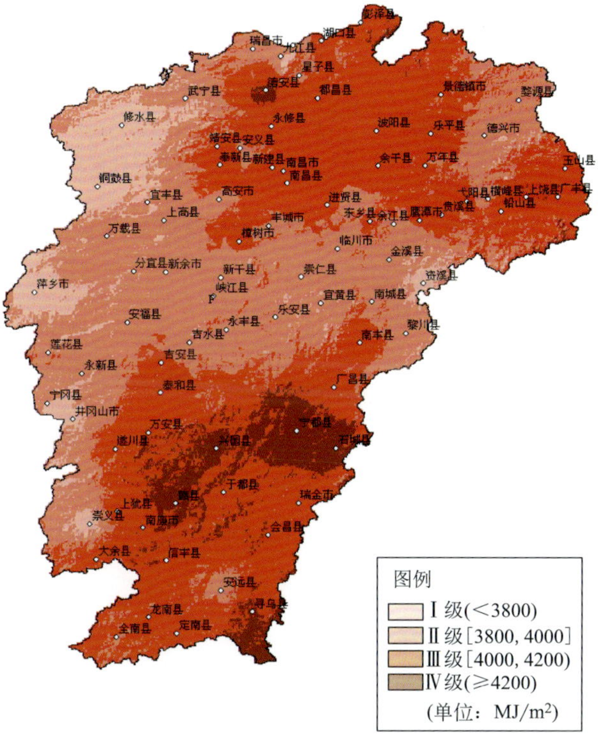

图 7.3　江西省太阳能区划

（2）太阳能储量场区划

赣南最优太阳能储量场分布于赣县、兴国、宁都、石城、寻乌等地；赣北最优太阳能储量场主要分布于德安县附近的小块区域；较优太阳能储量场则在赣北、赣南、赣东北等地，具有较为广泛的分布，其中赣北环鄱阳湖地区的太阳能资源本来非常丰富，但由于该地区多属平原，耕地、水域、草洲等不适合开发的土地面积占比较大，导致适合开发的太阳能储量场面积比较小（图 7.4）。

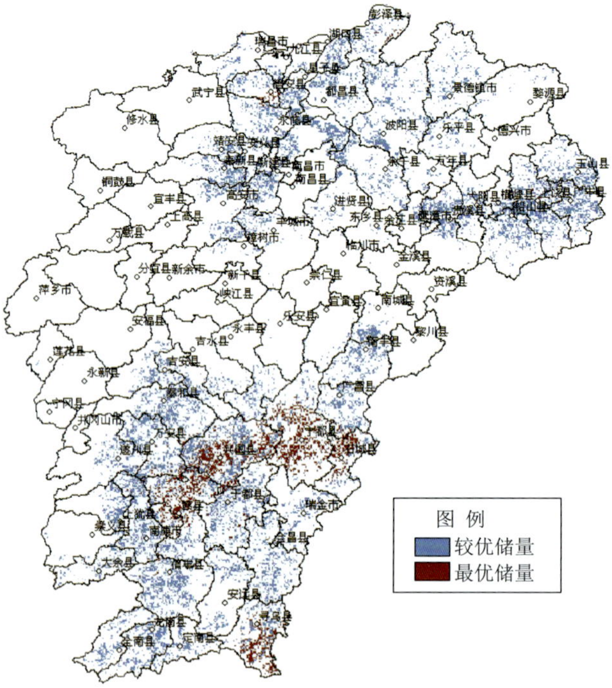

图 7.4 江西省太阳能储量分布

7.2.2.3 太阳能变化

（1）年太阳辐射总量

1978—2020 年，全省年太阳总辐射量为 3714.8～4487.2 MJ/m^2，共青城最大，井冈山最小，各地平均为 4147.5 MJ/m^2。纬向分布变化不明显，但受地形影响较大。环鄱阳湖地区和赣南大部分地区为高值区，抚州、吉安东南部及赣东北等地为次高值区，赣西年总辐射量相对较少，其中井冈山、铜鼓、崇义为全省年总辐射量最少的 3 个地区。

（2）季太阳辐射总量

1978—2020 年，春、夏、秋、冬四季全省平均总辐射量分别为 988.6 MJ/m^2、1155.3 MJ/m^2、1122.6 MJ/m^2、877.4 MJ/m^2，夏季最多，秋、春季次之，冬季最少。

（3）月太阳总辐射量

全省各月平均太阳总辐射量的年变化是 1 月为最少，8 月为最多。一般年份 8 月比 1 月多 100 MJ/m^2 以上。从 1 月开始至 8 月太阳总辐射量呈递增趋势，8—12 月逐渐递减。1978—2020 年，全省各地 1 月辐射量为 234.4～342.2 MJ/m^2，赣东北和赣南多，赣中和赣西北少，寻乌最多，萍乡最少，相差107.8 MJ/m^2；全省各地8月辐射量为350.0～476.9 MJ/m^2，赣中及赣东北部多，赣西地区少，进贤最多，井冈山最少，相差126.9 MJ/m^2。

7.2.2.4 太阳能利用

太阳能的开发利用是新能源和可再生能源开发的重要内容。太阳能利用的基本方式可分为光-热利用、光-电利用、光-化学利用、光-生物利用，其中光-热利用和光-电利用是目前太阳能资源利用的主要方式。省内的太阳能资源属可开发利用区，有较大的开发利用潜力。省内气象部门在太阳能观测和研究方面已开展了一系列工作。

2007年4月，江西省气象局制定了《江西省太阳能资源监测网建设方案》；2007年7月，全省新建成了上饶市、宜丰县和永丰县3个太阳辐射观测站；2008年9月，庐山气象台为开展太阳能冬季采暖相关服务工作，恢复了太阳辐射观测项目；2010年12月，全省又新增加了都昌、分宜、南城、宁都4个太阳辐射观测站，并增加了南昌、赣县两个太阳能辐射观测站的观测项目。至2010年，全省太阳能监测点由原来的2个增加到10个，完善了全省太阳能资源监测网。

2007年8月，江西省气象局配合省政协开展了太阳能资源开发利用专题调研活动，在初步掌握了国内外太阳能开发利用现状和发展前景的基础上，调研组先后到甘肃、西藏、福建3个不同类型的省、区以及省内的新余市、泰和县进行了专题调研。之后，省气象局向省政协提交了《关于我省太阳能资源开发利用情况的调研报告》(简称《报告》)，该《报告》于同年12月13日由省政协转省政府，分管副省长对《报告》作出批示，指出光伏产业是本省的新兴产业之一，需要相关部门重视并深入开展研究。

2008年8月，由江西省气候中心主持编写的《太阳能资源评估方法》(QX/T 89—2008)成为全国气象部门的行业标准，并由中国气象局气象出版社正式出版发行。

2008年11月，省气候中心申报省科技厅重点项目《基于GIS技术的江西省太阳能资源评估研究》，2009年完成了对本省太阳能资源的初步评估(精度10 km×10 km)。截至2009年4月，省发展改革委员会批复上饶、南昌、新余3地太阳能发电项目，总共建设29个光伏发电工程，装机容量约5万kW。

2009年7月28日，江西赛维LDK太阳能高科技有限公司在新余投资兴建本省首个平地太阳能电站项目，总投资约50亿元，建设规模为200 MW。

2009年8月26日，江西赛维LDK“100 kW并网光伏发电研究示范系统”一期工程在新余建成，成为本省首个屋顶光伏并网电站，填补了省内光伏发电系统应用领域的研究空白。100 kWp并网光伏发电系统年发电量为10万kW·h，按照电站30年运营期计算，可累计发电300万kW·h。

2010年11月16日，省内第一个兆瓦级光伏电站成功并网发电。该电站年均发电量200余万kW·h，平均每天发电达7560 kW·h，光照充足时日最高发电量可达12000 kW·h。

2013年以来，江西省气象局依次建成瑞金、新余、彭泽3个太阳能光伏发电及监测示范基地，完成1 km分辨率太阳能精细化评估和普查，建立太阳能光伏发电预报系统，实现光伏电站逐小时发电量和功率精细化预报。

7.2.3 热量资源

热量资源是指人类生产活动和生活可利用的热量条件。

对农业生产来说，热量是农业生物生存和生长发育所需的外界环境因子和能量，是决定作物熟制类型的基础。不同的热量、光能、水分资源的组合，可构成不同的农业气候类型，从而产生不同的作物布局。因此，热量资源的分析是农业气候区划的重要依据之一。在进行农业气候资源分析时，常用的衡量热量资源的多寡和可利用程度的指标有：年平均温度、稳定通过一定界限的日平均温度（0 ℃、5 ℃、10 ℃、15 ℃、20 ℃）的初终日期与持续日数和积温，以及最热月平均温度、最冷月平均温度、气温年（日）较差、极端最（高）低温度、无霜期等。

此外，热量资源在其他产业和专业的应用也很广泛。例如，对建筑物的结构和布局，取暖、空调的设计和实施，疗养地址和旅游季节的选择，能源、交通运输的调控，以及各种设备设施的利用等都需考虑热量资源状况。

7.2.3.1　热量资源分布

（1）平均气温

平均气温是指某一段时间内，各次观测的气温的算术平均值。根据计算时间长短不同，可有某日平均气温、某月平均气温和某年平均气温等。

① 年平均气温

江西省年平均气温的分布受纬度、地形地势分布的影响，自北向南递增，平原高于山区。全省年平均气温为 18.3 ℃，各地的年平均气温为 16.8（铜鼓）～20.2 ℃（于都）（庐山、井冈山除外），赣西北、赣北北部和局部山区年平均气温较低，为 17～18 ℃；吉泰盆地和赣南大部年平均气温较高，为 19～20 ℃；其余地区多为 17～19 ℃（图 7.5）。

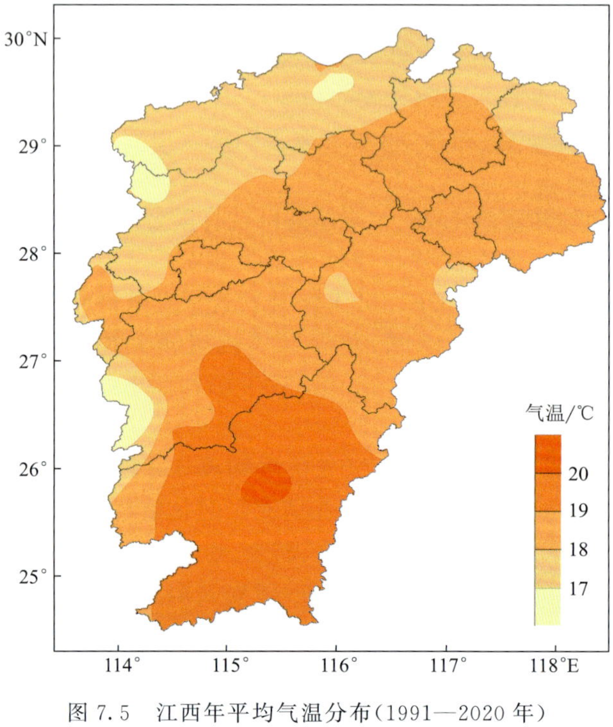

图 7.5　江西年平均气温分布（1991—2020 年）

② 月平均气温

江西一年中气温的月变化呈单峰型，1—7 月气温逐月递增，8—12 月气温逐月递减，全年 7 月为最热月，全省平均气温为 28.9 ℃；1 月为最冷月，全省平均气温为 6.3 ℃（图 7.6）。

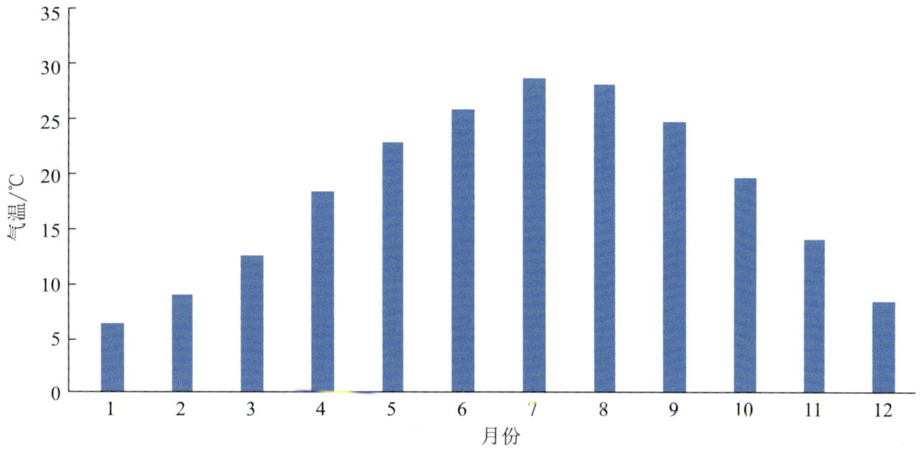

图 7.6　江西各月平均气温变化

③ 四季平均气温空间分布

春季（3—5 月）全省平均气温 18.0 ℃，南北温差 3～4 ℃，其中赣西北 16～17 ℃，赣南大部 19～20 ℃，其余地区 17～19 ℃；夏季（6—8 月）全省平均气温 27.8 ℃，南北温差不大，除赣南南部和局部山区外，其余地区 27～29 ℃；秋季（9—11 月）全省平均气温 19.6 ℃，南北温差 2～3 ℃，其中赣西北 18～19 ℃，吉泰盆地、赣东北局部以及赣南大部 20～21 ℃，其余地区 19～20 ℃；冬季（12 月—次年 2 月）全省平均气温 7.8 ℃，南北温差 4～5 ℃，其中赣北北部 6～7 ℃，赣南大部 9～11 ℃，其余地区 7～9 ℃（图 7.7）。

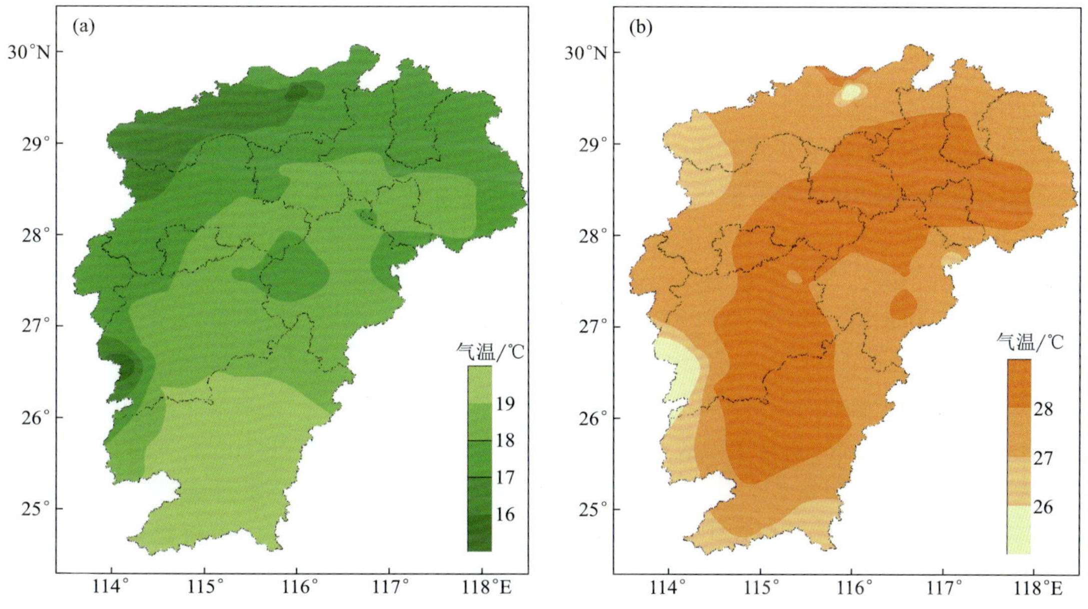

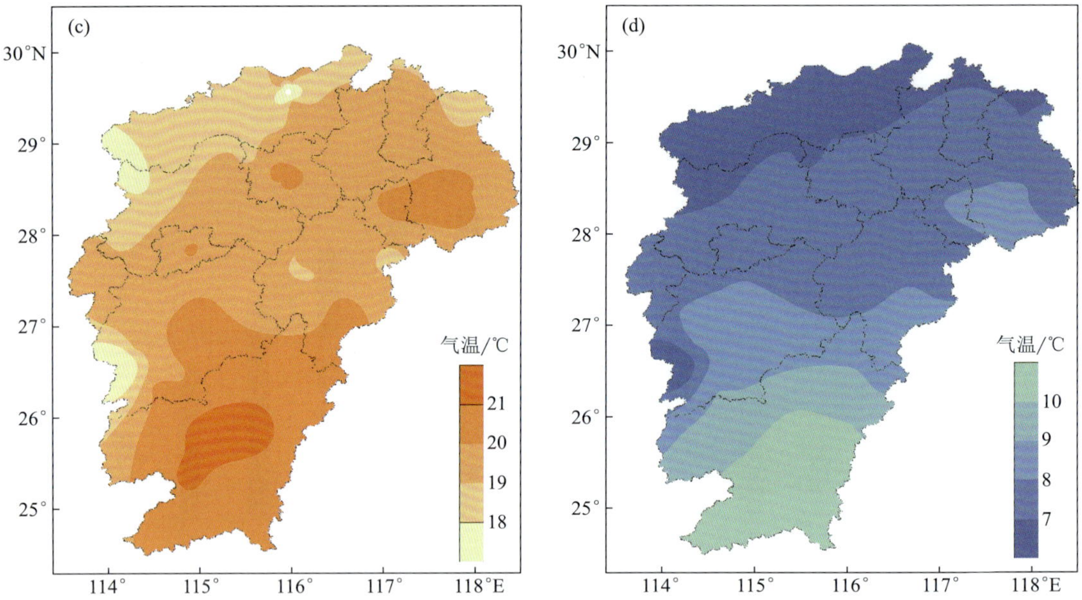

图 7.7　春(a)、夏(b)、秋(c)、冬(d)四季平均气温分布(1991—2020 年)

(2)气温较差

① 气温年较差

江西省气候冬冷夏热,而且南北地区的温度差异夏季远大于冬季,气温年较差随着纬度的增加而增大。

江西省气温年较差大多在 19～25 ℃,呈明显的纬向分布特征,从北到南递减,其中赣北大部和赣中北部 23～25 ℃,赣中南部和西部 22～23 ℃,赣南大部 19～22 ℃(图 7.8)。

② 气温日较差

江西省年气温日较差在 6～10 ℃,呈明显的地理分布特征,其中环鄱阳湖一带地区 6～8 ℃,边远山区 9～10 ℃,其余大部分地区为 8～9 ℃,全年日较差最大的是婺源,为 10 ℃,最小的是庐山,为 6.7 ℃(图 7.9)。

气温日较差对作物生长发育和产量形成有很大影响,更重要的是在一定日平均气温水平上的气温日较差的影响。在日温周期振幅有效的范围内,即日最高温度不超过作物的上限温度、最低温度不低于作物的下限温度时,作物的生长发育速度和灌浆速度会随着温度的升高和日较差的增大而加快;但如果超出作物适宜的最高、最低界限温度时,则会成为无效温度,不仅对作物不利,反而会造成伤害,严重时会导致作物死亡。

(3)无霜期

初、终霜期及无霜期与作物的生长季节关系密切。无霜期的长短,是鉴定某地热量资源的重要指标。全省大部地区的初霜期一般在 11 月下旬至 12 月上旬,终霜期一般在 2 月中旬至 3 月上旬,大部分地区无霜期在 260～310 d,分布趋势大体是南部长,东北、西北部短(图 7.10)。各地平均无霜期 289 d,赣南无霜期较长,为 300～310 d,初霜在 12 月上旬—中旬,终霜在 2 月上旬—中旬。赣西北、赣东北的无霜期较短,为 260～280 d,初霜在 11 月下旬,终霜在 3 月上旬。山区无霜期普遍较短,并随高度增加而减少,井冈山仅 272 d,庐山只有 234 d。由于地形影响和各年冷空气入侵时间和强度不同,有些年份山区 10 月可现初霜,次年 4 月才为终霜。

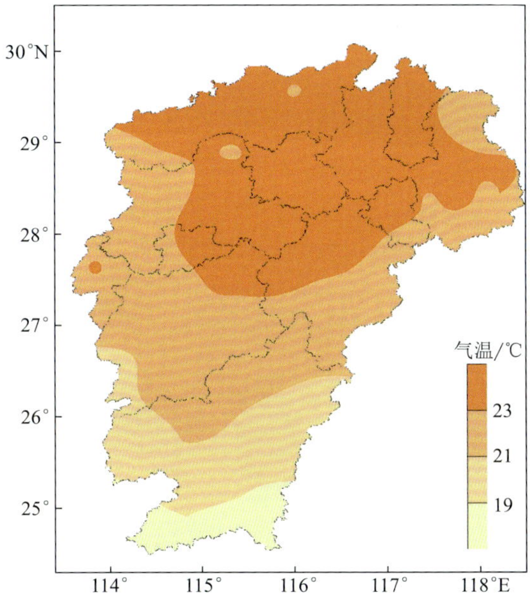

图 7.8 江西气温年较差分布(1991—2020 年)

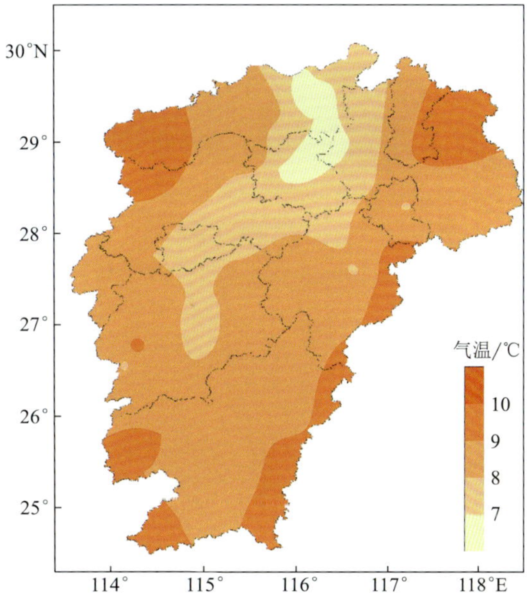

图 7.9 江西年气温日较差分布(1991—2020 年)

(4)积温

积温是衡量农业热量资源的重要指标。日平均气温≥5 ℃初日,表示大多数越冬作物春天开始生长的日期;终日表示其冬天停止生长的日期;间隔期为其持续生长的时间(天数)。日平均气温≥10 ℃的初日,为水稻开始浸种、育秧的日期,也是冬作物小麦开始拔节、油菜抽薹开花的时间。日平均气温≥20 ℃的终日,是晚稻抽穗扬花的最迟日期,晚于这个日期,晚稻谷粒就不能正常成熟。

全省气温≥10 ℃的初日平均出现在 3 月中旬—下旬,终止于 11 月下旬—12 月上旬,间隔 8~9 个月。由图 7.11 可知,除庐山、井冈山外,≥10 ℃的活动积温大多为 5500~6300 ℃・d,其分布为东南向西北递减。低值区出现在庐山北侧、九岭山区和井冈山山区,活动积温为 5300~5500 ℃・d;海拔 843 m 的井冈山从 4 月上旬—11 月中旬,间隔 227 d,活动积温 4514.6 ℃・d;海拔 1165 m 的庐山从 4 月中旬—10 月下旬,间隔 194 d,活动积温 3615.8 ℃・d。高值区出现在赣南的于都、赣县和信丰,活动积温超过 6300 ℃・d,间隔超过 270 d。初日的出现,南北可相差 1 个月,其 80%的保证率全省大部始于 3 月下旬,赣南南部始于 3 月中旬末,春播育秧,南部可比北部早半个月左右;其间各地的活动积温相差 500~1000 ℃・d。全省各地除山区外,种植双季稻所需的热量条件是完全可以满足的。

7.2.3.2 热量资源变化

(1)年平均气温变化

随着全球变暖,全省气温呈现出显著的上升趋势,1961—2022 年平均气温增速达 0.22 ℃/(10 a),尤其是进入 21 世纪以来,增温有加快的趋势,2000 年以来升温率达 0.40 ℃/(10 a)。1991—2020 年全省年平均气温较 1981—2010 年平均气温升高了 0.3 ℃。

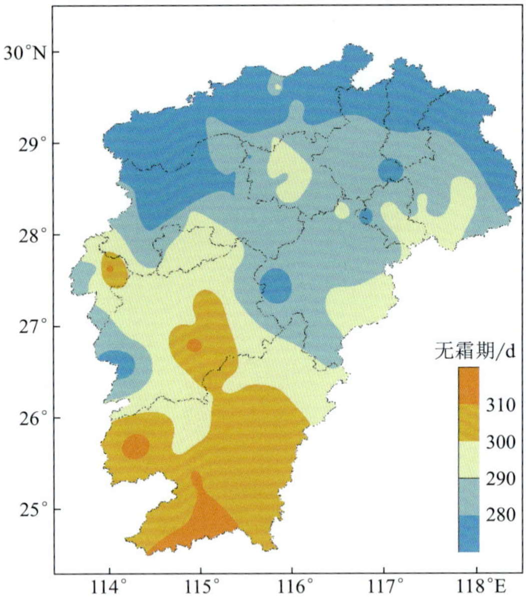

图 7.10　江西年无霜期分布
（1991—2020 年）

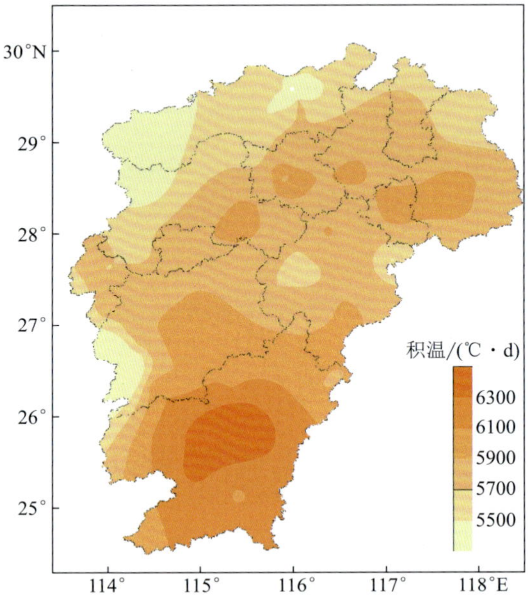

图 7.11　江西日平均气温稳定通过
10 ℃的积温分布

（2）10 ℃积温变化

10 ℃积温是指日平均气温稳定通过 10 ℃的初日到终日期间的积温。1961—2000 年，全省年平均 10 ℃积温为 5590.7 ℃ · d，2001—2022 年，全省年平均为 5965.2 ℃ · d，进入 21 世纪以后，存在明显的增温趋势。

（3）20 ℃积温变化

20 ℃积温是指日平均气温稳定通过 20 ℃的初日到终日期间的积温。1961—2000 年，全省年平均 20 ℃积温为 3837.6 ℃ · d，2001—2022 年，全省年平均为 4156.3 ℃ · d，21 世纪开始呈明显增温趋势。

（4）日平均气温稳定通过 10 ℃初日变化

全省日平均气温稳定通过 10 ℃的初日平均是 3 月 14 日，较之前的 1981—2010 年平均初日提前了 3 d，但进入 21 世纪后，有明显提前趋势，2001—2022 年平均初日提前到了 3 月 10 日。

（5）日平均气温稳定通过 20 ℃终日的变化

全省日平均气温稳定通过 20 ℃的终日平均是 10 月 10 日，较之前的 1981—2010 年平均终日推迟了 1 d，而进入 21 世纪后的 2001—2022 年推迟到了 10 月 12 日。

7.2.3.3　热量资源利用

热量资源与农、林、牧、副、渔业的生产密切相关，这些部门是对热量资源最敏感的部门。热量资源在其他行业和产业中的应用也很广泛。在各种大小建设项目中，在考虑建筑物的结构和布局中，在疗养和旅游活动中，在能源、交通运输的调控中等，都需要认真考虑当地的热量资源。针对这些情况，全省各地气象部门通过对全省热量资源的监测、分析和研究，及时以不同的形式和内容，为各行各业提供服务，如：为各地的农业生产编制周年气象服务方案、制作农业气候区划图和农业气象灾害风险区划图；评价各地气候条件对主要农作物生产的影响；为较大规模的建设项目进行开工前的气候可行性论证；为环境保护、交通运输、水电生产等提供实时跟踪气象服务等。

7.2.4 云水资源

7.2.4.1 大气可降水量

省内大气可降水量总体上呈现南多北少分布，年平均大气可降水量南昌为33.72 kg/m^2，赣州为37.22 kg/m^2，赣州比南昌约多11%。省内南部地区在华南向北突出的高湿度覆盖区域内，全年大部分时期都有湿润气流从中国南海向大陆输送。

7.2.4.2 云水资源变化

(1)大气可降水量季节变化

全省平均大气可降水量：春季为33.96 mm，夏季为54.72 mm，秋季为34.53 mm，冬季为18.67 mm；夏季最为丰富，冬季相对匮乏，春季和秋季一般。大气可降水量随季节南北梯度变化以春季最大(5.8 mm)，秋、冬季次之(冬季为3.99 mm，秋季为3.89 mm)，夏季最小(0.31 mm)。即：春、秋、冬三个季节全省大气可降水量南北差异大，夏季差异小。

(2)大气可降水量年际变化

2000—2010年的10 a中，南昌年平均大气可降水量为31.78(2008年)～36.96 mm(1999年)，赣州年平均大气可降水量为34.60(2007年)～38.43 mm(1999年)，全省年平均大气可降水量总体呈下降趋势，其中：2002—2004年为急剧下降，2004—2005年略有增加，随后又持续下降。

(3)各地各月大气可降水量的变化

逐月大气可降水量变化率可以反映大气可降水量月增减趋势。省内各月平均大气可降水量的变化总体上呈单峰型分布：2—6月是主要增长期，变化率为(6.1%～36.2%)，其中4月的水汽绝对增长最快；9月开始下降(变化率为−33.1%～−16.1%)，11月水汽递减最快；最大值出现在8月(56.48 mm)，最小值出现在12月(16.98 mm)。

(4)大气可降水量的垂直变化

各高度层大气可降水量皆以夏季相对丰富(164.39 mm)，春、秋季次之(春季为102.08 mm，秋季为103.6 mm)，冬季最少(56.1 mm)。各月各层大气可降水量所占比重随高度的增加而迅速减少，夏季水汽伸展高度最高，冬季最低。绝大部分的大气可降水量集中在400 hPa高度以下，约占97.7%；地面至700 hPa高度占71.9%；700～500 hPa高度占21.5%；500～400 hPa高度占4.3%。在相同的位势高度差，地面层至925 hPa高度层的大气可降水量最为丰富，水汽的贡献主要来自于大气低层，特别是近地面层。

7.2.4.3 人工增雨潜力

根据统计，仅2010年一年内，全省云水资源人工增雨开发潜力为1189382.467万t，其中：各县(市)分别在1219.905万～34035.675万t；潜力最丰富的地区位于赣北的鄱阳、修水，达到33356.817万～34035.675万t；景德镇、上饶一带次之，县(市)为20262.255万～29340.075万t；吉安、宜春一带也比较丰富，为16814.234万～19619.613万t；赣南以及赣北九江、庐山地区相对较少，在17053.614万t以下。全省有27个县(市)云水资源人工增雨潜力低于 10000 万 t，有 9 个县(市)低于 5000 万 t。

7.2.4.4　云水资源利用

江西省气象部门一直致力于空中水资源的开发和利用研究，其中人工增雨是重要内容，也是人工影响天气的主要工作之一。1991—2010 年，全省人工影响天气工作发展迅猛，已形成高炮、新型火箭、飞机、地面碘化银发生器等多种作业方式。根据 1991—2003 年人工增雨抗旱作业统计，全省累计有 226 个县(市、区)先后设立了近 400 个高炮作业点，调用“37 高炮”(火箭)251 门，参加人员约 4300 人，消耗人工增雨炮弹 8.8 万发，进行人工增雨抗旱作业 2276 次，增加降水 59.25 亿 m^3，缓解农田旱情 254.1 万 hm^2，产生直接经济效益 6.9 亿元。另外，2009 年全省因为抗旱共实施人工增雨作业 200 多次，为减轻城市高温危害实施人工增雨作业 300 多次，受益总面积达 15 万 km^2(约占全省国土面积的 88.8%)，增加降水 4.5 亿 m^3，产生直接经济效益 1.8 亿元。

说明：本省的气候资源资料，大部分来源于实地观测和科学实验，与气象台、站的日常观测资料存在一些小的差异，但并不影响资料的准确性和真实性。

7.3　重大工程气候可行性论证

7.3.1　法律法规和文件

为了加强对气候可行性论证的管理，规范气候可行性论证活动，合理开发利用气候资源，避免或者减轻规划和建设项目实施后可能受气象灾害、气候变化的影响，或者可能对局地气候产生的影响，根据《中华人民共和国气象法》等有关法律、法规的规定，中国气象局制定了《气候可行性论证管理办法》(中国气象局第 18 号令，2009 年 1 月 1 日起施行)。《中华人民共和国气象法》(2016 年 11 月 7 日修订版)明确指出“各级气象主管机构应当组织对城市规划、国家重点建设工程、重大区域经济开发项目和大型太阳能、风能等气候资源开发利用项目进行气候可行性论证”。《气象灾害防御条例》(中华人民共和国国务院令第 570 号)再次强调县级及以上人民政府有关部门在国家重大建设工程、重大区域性经济开发项目和大型太阳能、风能等气候资源开发利用项目以及城乡规划编制中，应当统筹考虑气候可行性和气象灾害的风险性，避免、减轻气象灾害的影响。

近年来，围绕建立气候可行性论证监管法规、气候资源开发利用与保护法制化建设，江西省气象局推动出台了《江西省气象灾害防御条例》(2014 年 12 月 1 日实施)、《江西省气候资源保护和利用条例》(于 2018 年 10 月 1 日实施)、《江西省气象灾害防御重点单位气象安全管理办法》(江西省人民省政府令 第 260 号)、《江西省人民政府办公厅关于印发江西省全面开展工程建设项目审批制度改革实施方案的通知》(赣府厅字〔2019〕42 号)、《江西省人民政府办公厅关于印发进一步深化全省工程建设项目“六多合一”审批制度改革工作方案的通知》(赣府厅字〔2020〕58 号)，以及南昌市人民政府《关于印发南昌市推行“六多合一”审批服务模式实施方案及各实施细则的通知》(洪府发〔2019〕13 号)；江西省气象局制定了《区域性气候可行性论证管理办法(试行)》，印发了《江西省重点发展区域区域性气候可行性论证工作管理办法(暂行)》(赣气发〔2019〕73 号)、《江西省重点发展区域区域性气候可行性论证工作管理办法》(赣气规发〔2022〕1号），南昌市气象局印发的《南昌市建设项目气候可行性区域论证操作办法（试行）》等相关文件。此外，江西省人民代表大会于2022年7月26日对《江西省气象灾害防御条例》和《江西省气候资源保护和利用条例》中的有关国家重点工程建设、重大区域性经济开发、气候资源开发利用等相关条款进行了修订和完善，明确了气象主管机构应当组织开展重大工程气候可行性论证。

7.3.2 技术支撑

为支撑、规范气候可行性论证工作，江西省气象局组织开发了"重大工程气候可行性论证服务支持系统"，制定了江西省地方标准《区域性气候可行性论证技术规范》(DB36/T 1830—2023)，建立了本省的气候可行性论证专家库，完善省、市、县三级气候可行性论证工作的政策、技术、案例等资料库，完善气候可行性论证审批相关流程。编制"江西省气候可行性论证综合知识培训手册"，对市、县相关技术人员进行了基础培训。制定了"用地清单制"气候可行性评估的管理流程、技术规范、报告模板等。收集整理全省气象灾害风险普查的成果、研发区域气象站的气象数据和多源融合数据进行精细化气象评估技术、加快推进升级业务支持系统功能等加强技术支撑能力建设。此外，2021年江西省气象局引进了湖北省气象服务中心研发的"区域性气候可行性论证系统"，为开展区域气候可行性论证提供了较好的科技支撑。

7.3.3 气候可行性论证开展情况

2020—2022年，江西省气象部门完成气候可行性论证项目100多项，服务社会经济发展，为全省重大工程建设项目，核电厂、风电场选址规划，区域产业园，开发区等的规划设计提供了专业气象支撑。尤其是2020年以来，全省各地都启动了区域气候可行性论证工作，省级相关业务单位与市、县气象部门上下联动，与多个工业园区、经济开发区、高新技术产业区等管理部门接洽，努力推动区域气候可行性论证工作的顺利开展。

(1)核电项目气候可行性论证

开展了彭泽、抚州、鹰潭、峡江等地7个核电项目的气候可行性论证报告编制。

(2)电力工程气候可行性论证

开展了莲花山输电线路的覆冰、萍乡五陂下～莲花(Ⅱ回)110 kV输电线路设计、新余-赣州500 kV输电线路(吉安至赣州段)工程设计、华能瑞金发电有限责任公司二期2×1000 MW超临界机组扩建、赣浙国华信丰电厂新建工程、江西丰城电厂三期扩建等工程项目的气候可行性论证。

(3)交通、旅游、农业气候可行性论证

完成了抚州市机场选址、昌北机场第三期扩建工程、上饶市机场、瑞金机场、江西新干通用机场选址、江西万年通用机场选址、景德镇飞虹大桥、吉安市高铁新区等的气候可行性论证工作，九江市国家大型基地建设项目彭泽县芙蓉项目区(油菜项目)初步可行性研究阶段气象调查报告、德安县隆福矿区重大气象灾害易发区气候可行性论证报告等。

其中，2020年完成的"昌北机场三期扩建工程气候可行性论证"项目金额89万元，作为江西省内首个机场改扩建工程的气候可行性论证项目，为省内机场的气候可行性论证工作树立了标杆，为机场论证服务的开展进一步奠定了坚实的基础。

(4)重点发展区域气候可行性论证

开展重点发展区域,包括国家级、省级、市级开发区、工业园区、产业集聚区、新区、特色小镇等区域性气候可行性论证工作,自 2020 年开始,全省 11 个设区市先后开展并完成了安福县高新技术产业园区、兴国工业园区、鹰潭市月湖新城、崇义县产业园、江西鹰潭(贵溪)铜业循环经济基地、龙南经济技术开发区、南康工业园区、分宜工业园区、信丰高新区、上高县大观天地开发、新建望城新区、乐平工业园区、南昌向塘国际陆港新城、南城工业园区等 82 个区域性气候可行性论证报告的编制。

7.4 区域气候承载力评估与服务

基于气象数据和社会经济数据,应用内梅罗指数和基于熵权的综合评判法,确定城市气候资源指数、气候压力指数和气候可持续发展能力指数,构建城市气候承载力评价指标体系(於琍 等,2015;闫胜军 等,2016)。

7.4.1 基于内梅罗指数的气候资源指数计算方法

$$\mathrm{CR}=\sqrt{\frac{\overline{P}^{2}+P_{\max}^{2}}{2}} \tag{7.2}$$

式中:CR 为气候资源指数;$P_{\max}$ 为气候要素最大值;$\overline{P}$ 为气候要素平均值。

7.4.2 基于熵权的综合评判法

$$E=\sum_{i=1}^{m} f_i W_i \tag{7.3}$$

$$W_i=d_i / \sum_{i=1}^{m} d_i \tag{7.4}$$

$$d_i=1+c\sum_{j=1}^{n} p_{ij}\ln p_{ij} \tag{7.5}$$

$$p_{ij}=f_{ij} / \sum_{j=1}^{n} f_{ij} \tag{7.6}$$

$$c=\frac{1}{\ln n} \tag{7.7}$$

式中:E 为综合评判指数;f_i 为指标的归一化值;W_i 为第 i 项指标的权重;d_i 为计算第 i 项指标的信息效用值;p_{ij} 为第 j 年第 i 项指标的比重;c 为常数项,与样本数 n 有关。

7.4.3 城市气候承载力指标法

$$\mathrm{CC}=f(\mathrm{CR},\mathrm{CS},\mathrm{CD}) \tag{7.8}$$

$$\mathrm{CC}=\frac{\mathrm{CD}}{\mathrm{CR}\cdot\mathrm{CS}} \tag{7.9}$$

式中:CC 为城市气候承载力指数;CR 为气候资源指数;CS 为城市气候压力指数;CD 为城市可持续发展能力指数。其中,CR 和 CS 为逆向指标,CD 为正向指标。CC 是正向指数,即数值越大越好，其物理意义即目标年气候承载力与基准年气候承载力的比值。气候资源参考标准即气候基准值，CR越小，越靠近气候基准值，其相应气候承载力越大，城市气候压力越小，CD越大，则区域气候承载力越大。若CC>1，表示优于目标值；若CC<1，表示还未达到目标值。

7.5 案例分析

7.5.1 生态文明绩效考核气象条件贡献率评估

通过统计方法结合模式分析，对江西省生态文明绩效考核指标进行了气象条件贡献率的评估，撰写《我省大气污染防治成效显著 霾日数和酸雨频率均为近10 a来最低》报告决策服务材料，获得时任省长易炼红和分管副省长吴晓军的批示肯定。

7.5.1.1 摘要

江西省大气污染防治成效显著，2018年霾日数为2008年以来最少；酸雨污染也得到明显改善，酸雨发生频率为2008年以来最低。特别是2013年以来，霾日数和酸雨频率均呈持续明显下降趋势。综合评估结果表明：①2018年$PM_{2.5}$浓度较2017年下降17.4%，其中气象条件贡献率占4.3%，人为减排措施贡献率占13.1%，表明减排成效为主要因素；②春节期间各级政府对烟花爆竹燃放的管控措施减排效果尤为突出。

7.5.1.2 2018年江西省城市环境空气质量大幅好转，大范围霾天过程次数明显减少，霾日数为(2008—2018年)最少

据省环境监测中心站数据显示，2018年全省各设区市空气质量优良（达标）天数比例均值为87.3%；细颗粒物($PM_{2.5}$)、可吸入颗粒物(PM_{10})年平均浓度分别为38 $\mu g/m^3$、64 $\mu g/m^3$，比2017年分别降低8 $\mu g/m^3$(17.4%)、9 $\mu g/m^3$(12.3%)，颗粒物浓度的下降，有利于城市空气质量和霾天气的明显改善。

从图7.12可以看出，2008年以来，江西省霾天气过程和霾日数均呈先增后减的变化趋势，在2013年达到最高峰值后开始迅速下降。其中，2018年全省平均霾日数下降至2008年以来最低，为5.6 d；出现大范围霾天气过程4次，较2017年(8次)和近5 a(2013—2017年)平均(10.6次)大幅度减少。

7.5.1.3 酸雨发生频率呈下降趋势，酸雨的酸性变弱

气象部门12个酸雨观测站的连续观测资料表明，2008—2018年江西省酸雨发生频率逐年递减(图7.13)，其中2018年酸雨发生频率最低，比2017年下降12%，比2008—2017年平均下降21%，表明全省酸雨的污染状况得到持续改善。特别是2012年以来，酸雨频率呈持续下降趋势。

从酸雨pH值的变化曲线看，2008—2018年，江西省酸雨平均pH值呈上升的变化趋势，表明酸雨的酸性在减弱；其中2018年酸雨的pH值最大，达5.36，也即酸性最弱。

酸雨的减弱与大气中SO_2的浓度密切相关。与2017年相比，2018年SO_2浓度下降26.1%；相应的，酸雨频率也由76.7%降低至60%。

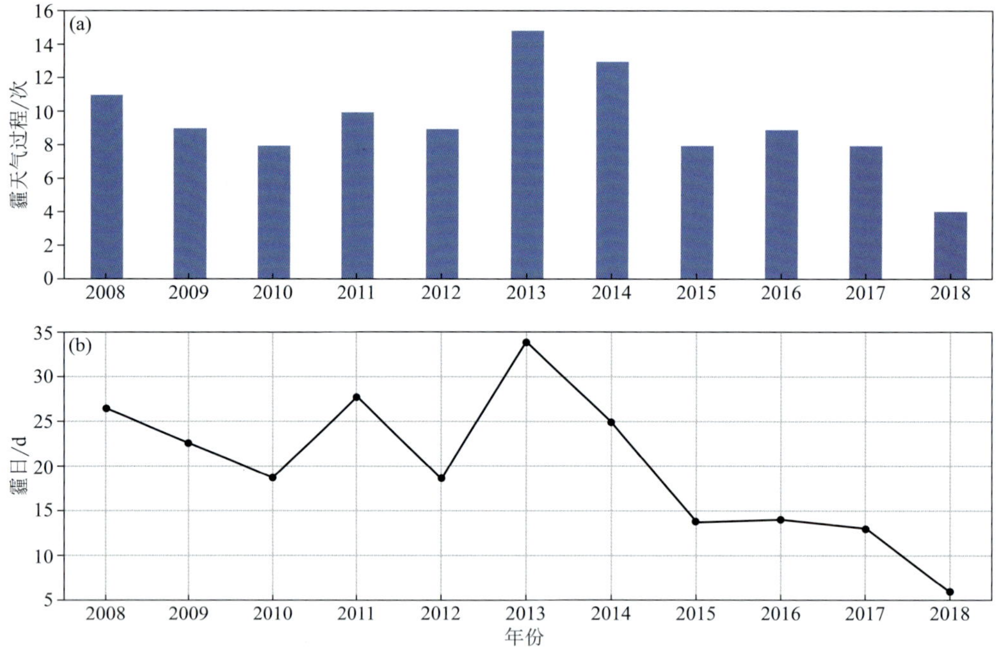

图 7.12　2008 年以来江西省年平均霾天气过程(a)和霾日数(b)变化

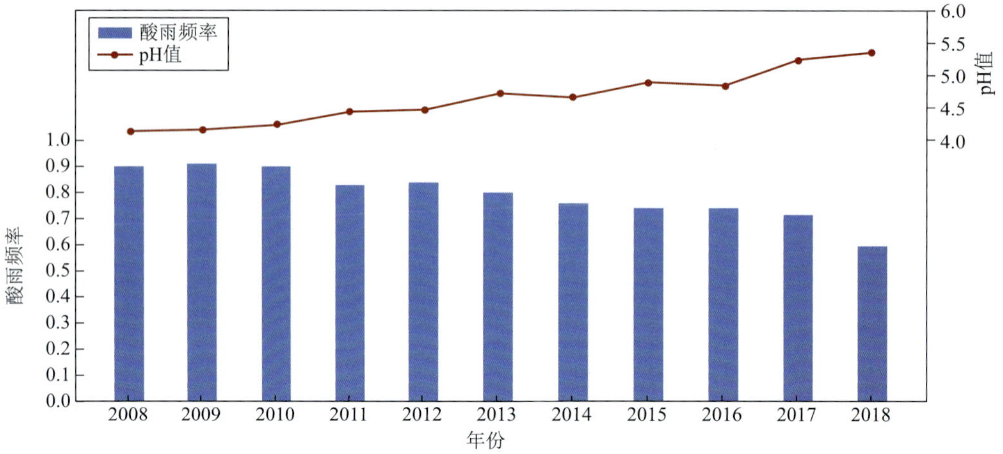

图 7.13　2008—2018 年江西省降水 pH 值和酸雨频率变化

7.5.1.4　人为减排措施对空气质量改善的贡献率远大于气象条件的贡献率

污染物的排放是造成霾和重污染天气的内因，而气象条件是外因；二者都是影响大气环境变化的重要因素。

(1)2018 年全省冬季有效降水日数偏多，风速偏大，静稳天气指数偏低，气象条件有利于大气环境的改善。

与 2017 年以及 2013—2017 年平均值相比，2018 年江西省小风日数偏少，风速偏大，平均相对湿度基本持平；特别是冬季全省平均有效降水日数明显偏多，小风日数明显偏少，静稳天气偏少;气象条件总体有利于大气环境的改善。

(2)2018 年气象条件与人为减排措施对空气质量改善的贡献率分析

为更加客观评估气象条件与人为减排措施对空气质量改进的影响,采用统计分析和数值模拟相结合的方法进行了综合计算得到如下分析结果(图 7.14)。

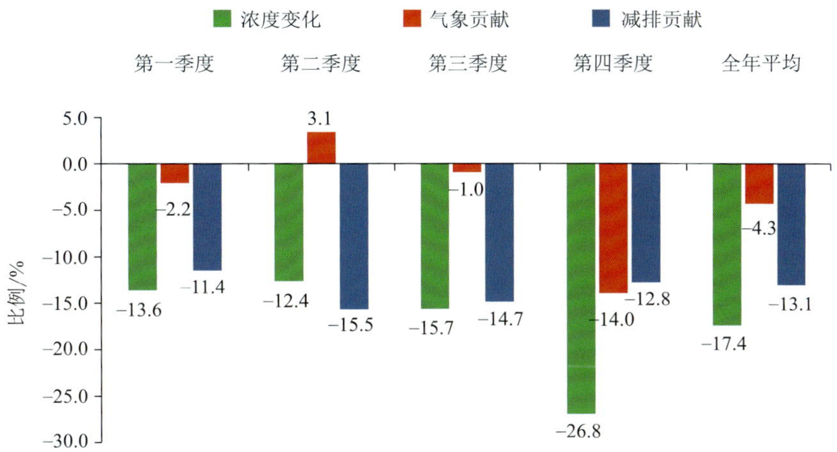

图 7.14 2018 年江西省气象条件和减排贡献比例

2018 年全省 $PM_{2.5}$ 平均浓度较 2017 年下降 17.4%,其中气象条件的贡献率占 4.3 个百分点,而人为减排措施的贡献率占 13.1 个百分点,表明人为减排措施成效显著。

(3)2018—2019 年春节期间各级政府采取的燃放管控措施,减排成效显著

以 2016 年为基准,利用 CAM_X 大气污染源解析方法评估了 2017—2019 年春节期间(除夕和正月初一)气象条件、政府精准减排和管控措施在 $PM_{2.5}$ 浓度下降中的贡献情况。结果表明:与 2016 年春节同期相比,2017 年春节 $PM_{2.5}$ 浓度变化不明显,这是因为当时江西省燃放管控和减排措施还未全面铺开,而 2018 年和 2019 年春节实施烟花爆竹的燃放管控和减排措施后,$PM_{2.5}$ 浓度明显下降。从表 7.3 可以看到,2018 年和 2019 年春节期间,尽管气象条件有利于 $PM_{2.5}$ 浓度上升 17.8 μg/m³ 和 16.8 μg/m³,但人为减排和管控措施使全省 $PM_{2.5}$ 日平均浓度下降幅度更明显,分别下降 53.4 μg/m³ 和 89.0 μg/m³。

表 7.3 2017—2019 年新年期间 $PM_{2.5}$ 浓度变化贡献

年份	$PM_{2.5}$ 浓度与 2016 年同期比较/(μg/m³)	气象条件对 $PM_{2.5}$ 浓度变化的贡献/(μg/m³)	管控和减排措施对 $PM_{2.5}$ 浓度变化的贡献/(μg/m³)
2017	↑5.6	↑7.3	↓1.7
2018	↓35.6	↑17.8	↓53.4
2019	↓72.2	↑16.8	↓89.0

注:"↑"号表示 $PM_{2.5}$ 浓度升高;"↓"号表示 $PM_{2.5}$ 浓度下降。

7.5.1.5 关注与建议

综上分析,近几年江西省空气质量持续得到改善,重污染天气过程、霾日数以及酸雨发生频率明显减少,是省委省政府坚决贯彻习近平总书记对江西工作的重要要求,落实党中央污染

防治攻坚战部署的结果。为此建议：

（1）继续加强重要时间节点和重点区域大气污染的精准防控

强有力的减排措施是降低大气污染强度、防控重污染的最有效途径。应在春节、清明等重大节假日、重要农事季节（秸秆燃烧）以及持续静稳天气期间，坚持对烟花爆竹燃放以及野外用火进行严格管控；同时对重点化工企业、建筑工地、汽车尾气等加强动态监控，最大限度地减少本地污染的排放。

（2）加强重污染天气的研判和预报预警，强化应急联动

在重污染天气季节和过程发生前，加强分析研判和预报预警，采取有效联动措施，强化减排防控和精准防控，提高大气环境承载力。

（3）规划建立城市绿色通风廊道

建议在城市建设规划中，合理构建城市通风廊道，将新鲜空气引入城市内部，促进城市空气流通，提高城市环境承载力，改善空气质量。

（4）大力开展生态型人工影响天气作业，增强大气自净能力

降水的湿清除作用有利于净化空气。各地可抓住有利天气条件，适时开展人工增雨作业，改善空气质量，增强森林、湿地等主要生态系统水涵养量；当出现持续性静稳天气时，可针对工地、企业厂区和城市街道等加密雾炮车的出动频率，降尘除霾。

7.5.2 南昌气候承载力分析

7.5.2.1 气候资源条件

采用气候资源指数（Climate Resource，CR）来表征南昌市2006—2015年这10 a间的气候状况，气候资源条件指标用来表征气候的各要素偏离气候基准值的程度，评价对象的某一气候要素偏离基准值越远，其气候承载能力必会受到该气候要素的制约，从而降低对社会经济发展的支撑能力（吴翔 等，2018）。通过该指标可以清晰地看出某地区气候发展现状与理想值或目标值的差距，从而评价目前气候条件相对于基准值的状态。

基于气候资源给人类活动与社会经济发展带来的影响，根据其带来影响的重要程度，选取了年均降水量、平均风速、极端最高气温、平均气温、极端最低气温以及日照时数6个基本气候要素，将它们分别跟南昌市30 a气候基准值进行比较，本节南昌市的气候基准值采用时段是1981—2010年，依此来评价分析该地区气候各要素指标的变化情况。表7.4是南昌市2006—2015年主要气候要素指标值及基准年（1981—2010年）主要气候指标值。

表7.4 南昌市2006—2015年及基准年（1981—2010年）主要气候指标值

气候要素	2006年	2007年	2008年	2009年	2010年	2011年	2012年	2013年	2014年	2015年	基准值
平均气温/℃	18.6	19.2	18.5	18.8	18.5	18.4	18.0	19.0	18.8	18.7	18.0
极端最高气温/℃	37.3	38.5	38.1	38.0	39.6	37.6	36.9	39.4	37.2	36.7	38.0
极端最低气温/℃	−1.6	0.5	−4.2	−2.7	−2.1	−2.1	−2.9	−3.4	−2.6	0.2	−2.9
平均降水量/mm	1567.5	1118.5	1356.1	1277.8	2211.1	1108.6	2059.8	1431.8	1890.5	2204.7	1613.5
平均风速/(m/s)	2.0	2.0	2.0	2.0	1.9	1.9	1.9	1.9	1.7	1.7	2.1
日照时数/h	1800.3	2102.0	2118.2	1970.5	1783.9	1901.6	1622.0	2034.1	1810.5	1651.4	1832.9

依据内梅罗指数法对气候资源指数(CR)的计算方法,对南昌市2006—2015年气候资源指数进行数值计算,得出结果如图7.15所示。

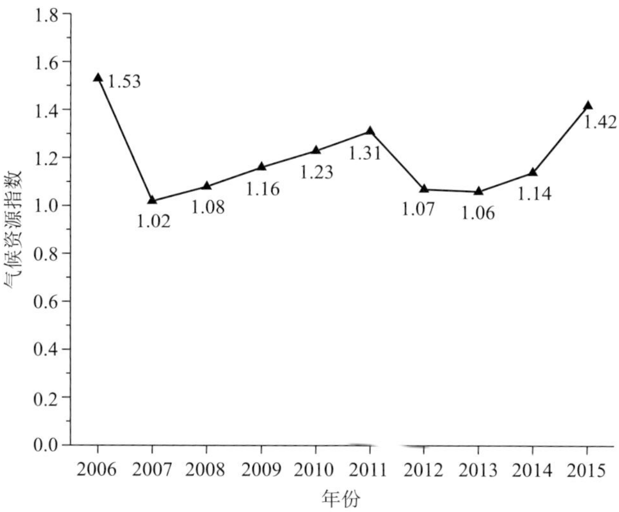

图7.15 南昌市2006—2015年气候资源指数(CR)变化

从南昌市气候资源指数(CR)变化中能够清晰地看出,南昌市气候资源指数(CR)在数值1.02～1.53上下波动,整体变化程度不大,趋势呈现较为稳定的状态。最大值出现在2006年,为1.53;气候资源指数(CR)最小值出现在2007年,为1.02。在2006—2007年,出现了2006—2015年10 a间最大幅度的变化。之后又在2007—2011年出现了持续上升的反弹势头,并于2011年气候资源指数(CR)达到峰值次巅峰(1.31)。之后的2011—2013年气候资源指数(CR)又下降至1.06,最后的2013—2015年又是呈上升趋势。从总体上来看,2006—2015年南昌市气候状况较为平稳,且围绕气候基准值一直处于波动状态。

从指标层面来看,影响2007年气候资源指数(CR)出现10 a间最小值并偏离气候基准值程度较大的原因主要是因为2007极端最低气温指标值是参考气候基准值的6倍,从而导致该年气候资源指数处于最小。而2011年出现这种情况主要原因是该年平均降水量是近10 a的最小值,同时跟气候基准值相比也相差甚远,从而导致该年的气候资源指数出现偏差现象。

从表征气候资源条件的这几个主要要素来说,与气候基准值相比较以极端最低气温变化幅度最大,2015年更是达到了15倍的差距;其他各项要素指标并未出现如此明显的差距,基本上是围绕气候基准值上下波动,偏离程度不大,其中又以年平均风速指标浮动范围最小。总体来说,南昌市气候资源状况处于不断波动过程当中,局部波动剧烈,表明南昌市气候系统具有明显的脆弱性。而极端最低气温等极端天气气候事件已成为影响南昌市气候的主要制约因素。

7.5.2.2 气候压力状况

城市气候压力主要来自于生活在城市的人类带来的各种人类活动,以及各种社会经济生产活动等,在这个过程中,人类扮演着重要的角色,他们的各种社会经济生产活动和城市建设活动一定程度上改变了城市下垫面的性质,比如因此带来的汽车尾气的排放将加强城市气候的增温效应。因此，在气候压力状况层面的指标选取上，主要考虑那些会给城市环境质量带来影响的指标和会给社会经济发展产生不利影响的指标。社会经济生产活动主要从工农业生产、污染物排放、生活水平等方面进行指标的选取，对城市下垫面性质的改变主要从城市人口密度分布、生活方式等方面进行指标的选取。

因此，本节选取了极具代表性的南昌市 2006—2015 年 10 a 间的城市人口密度、民用汽车拥有量、人均 GDP、工业总产值、工业废气排放总量、废水排放总量和工业固废产生量 7 个指标采用基于熵权法的综合评判法作综合性分析，以计算得出南昌市 2006—2015 年 10 a 的气候压力指数(Climate stress,CS)。后文对气候可持续发展能力指数(Climate & Develop,CD)也同样采用基于熵权法的综合评判法进行计算。

根据熵权法对指标权重的计算方法，气候压力状况对城市气候的影响属于逆向指标，因此对 2006—2015 年气候压力状况各指标要素数据进行数据标准化处理，再依照步骤依次计算各指标要素的权重。南昌市气候压力状况各指标所占权重和气候压力状况各指标权重占比如表 7.5 所示。

从表 7.5 可以清楚地看出气候压力状况各要素城市人口密度指标、民用汽车拥有量指标、人均 GDP 指标、工业总产值指标、工业废气排放总量指标、废水排放总量指标和工业固废产生量指标所占权重分别为 0.17、0.13、0.14、0.11、0.14、0.15、0.16。

表 7.5 气候压力状况各指标所占权重

指标	指标说明	指标权重
城市人口密度	表征城市的人口分布情况	0.17
民用汽车拥有量	表征汽车尾气对气候的压力	0.13
人均 GDP	表征城市人均生产能力	0.14
工业总产值	表征工业发展水平	0.11
工业废气排放总量	表征空气污染情况	0.14
废水排放总量	表征污水排放强度	0.15
工业固废产生量	表征固废排放强度	0.16

根据计算得出的气候压力状况各指标权重的大小，再计算南昌市 2006—2015 年 10 a 间气候压力指数(CS)，南昌市 2006—2015 年气候压力指数(CS)变化如图 7.16 所示。

从南昌市 2006—2015 年气候压力指数(CS)动态变化中能够清晰地看出，南昌市气候压力指数(CS)从 2006—2015 年呈逐年持续上升的趋势，且上升趋势较为平缓。研究结果表明，随着经济社会发展，南昌市从 2006 年开始一直到 2015 年城市所承受的气候压力逐年增强，2015 年气候压力指数更是达到了 5.94。

7.5.2.3 南昌市气候可持续发展能力

气候可持续发展能力表示能够提供城市气候协调可持续发展能力的指标要素，气候可持续发展能力要素以提高城市承载力，降低人类活动给城市气候带来的压力为前提，基于社会经济发展水平和产业结构布局，旨在提高城市生态环境和人民生活水平。因此，在气候可持续发展能力指标的选取上，主要考虑社会经济发展水平、产业结构和环境保护等因素。本节同样选

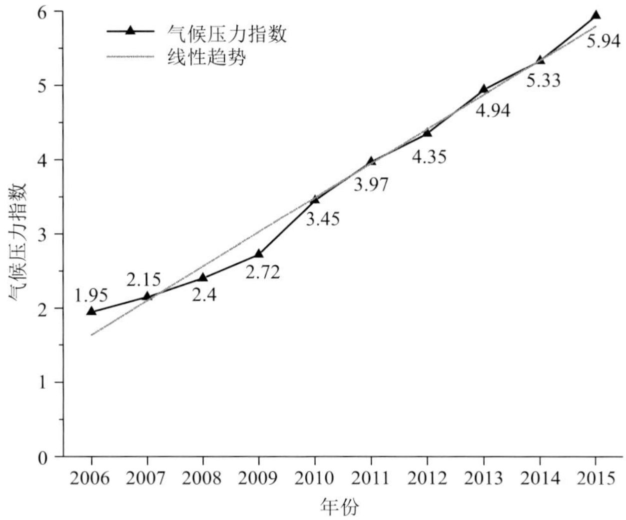

图 7.16　南昌市 2006—2015 年气候压力指数(CS)变化

取具有代表性的南昌市 2006—2015 年 GDP 增长率指标、生态环境与环境治理投资指标、人均绿地面积指标和第三产业比重指标作为气候可持续发展能力要素层面的参考指标，同样采用与气候压力指数(CS)的计算相同的基于熵权法的综合评判法作为研究方法，最后得出南昌市气候可持续发展能力指数(CD)。

根据基于熵权法的综合评判法的算法步骤，首先对南昌市 2006—2015 年 GDP 增长率、生态环境与环境治理投资、人均绿地面积、第三产业比重数据进行标准化处理，而气候可持续发展能力指数(CD)表征的是提高城市气候承载力的一个指数，是一个正向指标，因此首先对各指标每年的数据进行标准处理，再依照步骤依次计算各指标要素的权重。经过计算，得出南昌市 2006—2015 年气候可持续发展能力各指标权重如表 7.6 所示。

从表 7.6 可以清楚地看出气候可持续发展能力要素中城市 GDP 增长率指标、生态保护和环境治理投资指标、人均绿地面积指标和第三产业比重指标权重分别为 0.32、0.31、0.33、0.04。

表 7.6　气候可持续发展能力各指标所占权重表

指标	指标说明	指标权重
GDP 增长率	表征城市的经济发展水平	0.32
生态保护与环境治理投资	表征城市环境保护力度	0.31
人均绿地面积	表征气候对人均绿地的供给	0.33
第三产业比重	表征城市服务业所占比重	0.04

根据计算得出的气候可持续发展能力各指标权重的大小，再计算南昌市 2006—2015 年 10 a 气候可持续发展能力指数(CD)，南昌市 2006—2015 年气候可持续发展能力指数(CD)变化如图 7.17 所示。

由南昌市 2006—2015 年气候可持续发展能力指数(CD)变化可以直观地看出，南昌市气候可持续发展能力指数(CD)从 2006—2015 年总体呈上升趋势，于 2015 年达到最大值 5.13。

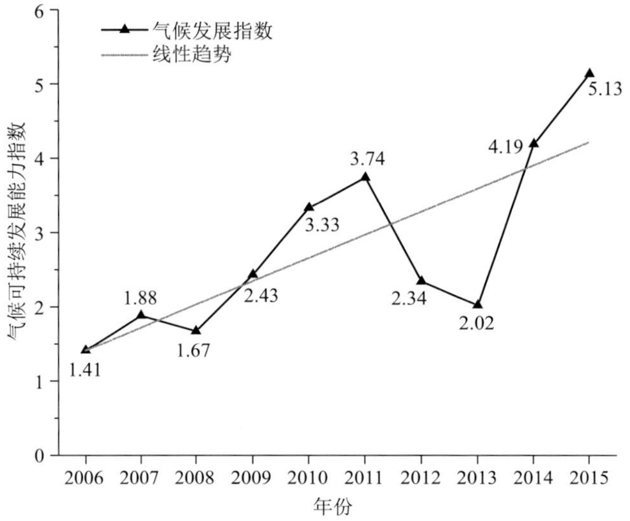

图 7.17　南昌市 2006—2015 年气候可持续发展能力指数(CD)变化

南昌市经济常年保持稳定增长,人均绿地面积逐年增加,产业结构不断优化,并增加在环境保护与治理方面的支出,造就了南昌市气候可持续发展能力指数(CD)从 2006—2015 年呈持续上升的良好势头。但 2011—2013 年却出现了连续 2 a 大幅下降的情况,从指标层面来分析,主要原因是在生态保护和环境治理投资方面财政支出的减少,2011 年生态保护和环境治理投资为 63197 万元,而 2012 年为 21940 万元,2013 年为 14957 万元,连年在生态保护和环境治理投资方面减少了支出,造成 2011—2013 年气候可持续发展能力指数(CD)出现了连续 2 a 大幅下降的情况。

7.5.2.4　南昌市气候承载力

根据前文内梅罗指数法计算得出的气候资源指数(CR)和基于熵权法的综合评判法得出的气候压力指数(CS)和气候可持续发展能力指数(CD),应用式(7.8)、式(7.9)来求得南昌市 2006—2015 年气候承载力指数(Climatic Capacity,CC)表 7.7。

表 7.7　南昌市 2006—2015 年气候承载力指数(CC)

年份	CR	CS	CD	CC
2006	1.53	1.95	1.41	0.47
2007	1.02	2.15	1.88	0.86
2008	1.08	2.40	1.67	0.64
2009	1.16	2.72	2.43	0.77
2010	1.23	3.45	3.33	0.79
2011	1.31	3.97	3.74	0.72
2012	1.07	4.35	2.34	0.50
2013	1.06	4.94	2.02	0.39
2014	1.14	5.33	4.19	0.69
2015	1.42	5.94	5.13	0.61

从表7.7可以看出，南昌市2006—2015年气候承载力指数呈现出较大波动的趋势，气候承载力指数(CC)数值均小于1，反映出南昌市气候承载力不够稳定且气候承载力状况均未达到目标值，气候承载力超过了能够承受的阈值。气候承载力指数(CC)最小值出现在2013年(0.39)，反映出该年南昌市的气候状况极不容乐观。气候承载力指数(CC)动态变化趋势与气候资源指数(CR)相比差距最大，说明南昌市气候承载力的年际变化与当地气候资源的关联程度最小，南昌市气候压力状况和气候可持续发展能力要素层面在气候承载力的变化过程中发挥了更重要的作用。

7.5.3 高温对南昌市夏季电力消耗贡献评估

7.5.3.1 高温对电力消耗的影响

在全球变暖的背景下，世界各地平均气温屡创新高，1880—2012年气温升高了0.85 ℃(0.65～1.06 ℃)，在北半球，1983—2012年可能是过去1400年中最暖的30 a(IPCC，2013)。自1950年以来，人类观测到了许多极端天气和气候事件的变化，在全球尺度上冷昼和冷夜的天数在减少，而暖昼和暖夜的天数在增加。在澳大利亚、欧洲和亚洲，高温强度、频率和日数可能都在增加(Perkins et al.，2012；IPCC，2013)。全球模式模拟的结果表明，随着全球平均温度上升，在日和季节尺度上，大部分区域的高温将增多和增强(Diffenbaugh et al.，2011；Lau et al.，2012；IPCC，2013；Lewis et al.，2013)。高温更具有突发性和不可预估性，对人类社会经济的发展、人类健康和生态环境造成更为深远的影响(Easterling et al.，2000)。

夏季高温事件加大了社会对水、电等能源的消耗，影响工业生产和能源安全，直接或间接地影响人们的社会生活，并造成严重的社会经济损失(Coumou et al.，2012)。随着社会经济的进步和人民物质生活水平的提高，大量制冷设备(空调、电风扇、冰箱和冰柜等)进入居民的生产和生活中，大量制冷设备的耗电使得高温成为影响夏季电力供应的主要气象因子。基于美国能源消费最为集中的8个州的电力消耗数据，Sailor(2016)指出夏季气温与居民电力消费量高度相关，Yan(2014)分析了不同气象因子对香港居民电力消费的影响，指出气温与居民电力消费量高度相关。陈正洪等(2000)通过对华中4省电力和气象观测数据的分析指出，日用电量与日平均气温在夏半年呈显著正相关，相关系数达到0.85，高温事件电力峰值与最高气温峰值基本重合。基于武汉市2002—2004年逐日电力负荷、气温、最高气温和最低气温等数据研究发现，气温与用电量在夏季和冬季存在较高的相关性，在春季、初夏和秋季关系不大，在夏季存在一个高温临界值，在冬季存在一个低温临界值，当气温高于高温临界值或低于低温临界值时，电力负荷随气温变化而变化，当气温在高温和低温临界值之间时，电力负荷不随气温变化而变化，同时算出武汉高温临界值在35～36 ℃(洪国平 等，2006)。李兰等(2008)在洪国平等(2006)工作基础上对武汉电力负荷和气温的关系进行进一步研究发现，电力指标对气温是一个非线性的响应，而非简单的线性关系，但是该研究并没有区分高温和低温对电力负荷影响，使得温度临界值的计算比洪国平等(2006)偏小。

7.5.3.2 数据与方法

(1)气象观测数据

气象观测数据包括1961—2018年南昌站逐日最高气温观测数据。资料通过了气候界限值检查、台站极值检查和内部一致性检查3种质量检验和控制方法的检验(任芝花 等，2012)。

(2)社会经济数据

经济数据为1986—2018年南昌市的GDP和人口数(江西省统计局,2019)。

电力数据为2014—2017年南昌市夏季逐日用电负荷,包括逐日的日负荷、1 h最大负荷和1 h最小负荷等,数据来自国家电网实时监控信息。

(3)高温临界值的确定方法

国内外对高温事件的研究中,各种定义标准存在一定的差异,但一个共同的特征是指气温变化中的高于某个临界值(threshold)的小概率事件。根据高温事件对能源消耗的影响不同,存在一个高温事件的临界值:在夏季存在一个确定值,当最高气温高于它时,电力负荷随气温增加而快速增加,当气温低于它时,电力负荷不随气温变化而变化。这个值为高温导致电力激增的临界值,简称电力高温临界值,对应的高温事件为电力高温(洪国平 等,2006)。

(4)电力高温临界值的确定

2014—2017年南昌市夏季平均逐日耗电量48523(27017,78924)MW·h,逐日平均最高气温32.0(20.9～38.8)℃,由图7.18可以看出夏季逐日电力消耗量与日最高气温呈现良好的正相关。

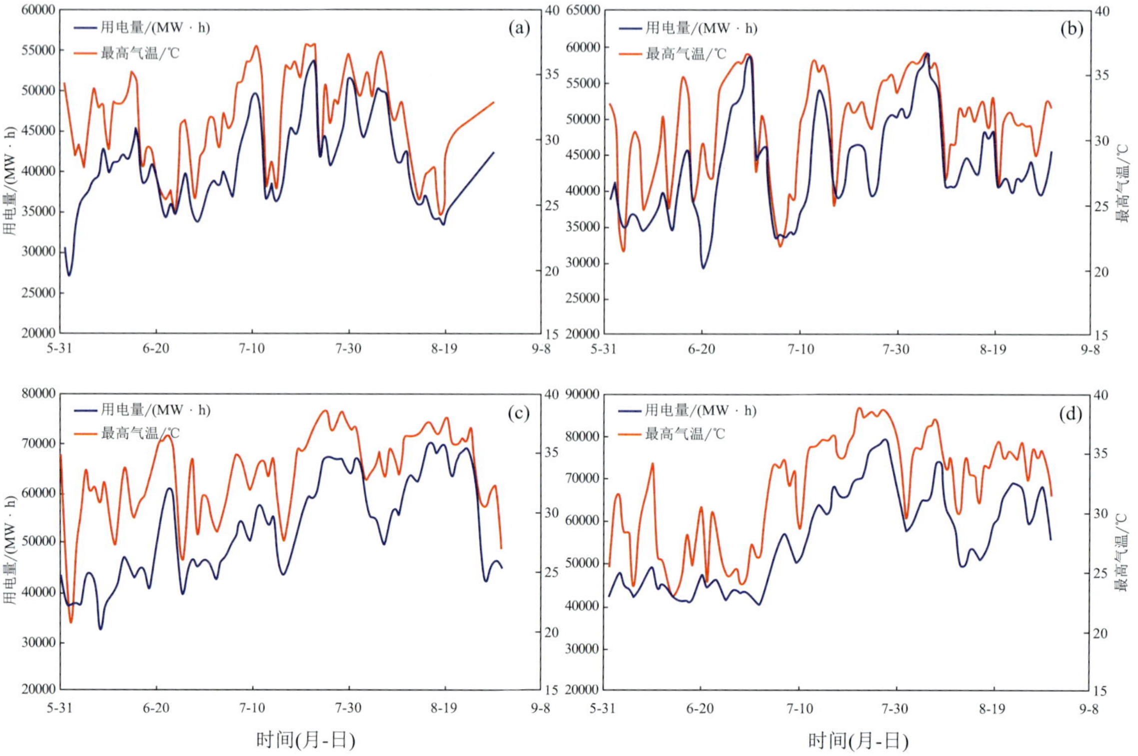

图7.18 2014—2017年南昌市夏季逐日用电量和最高气温

(a)2014年,(b)2015年,(c)2016年,(d)2017年

考虑GDP和人口对电力消耗都有一定影响,采用归一化方法将每日用电量除以GDP和人口总量的乘积,获得单位GDP(亿元)和单位人口(百万人)的每日耗电量(MW·h)([用电量(MW·h)]/[GDP(亿元)×人口(百万)]),简称单位耗电量。再将单位耗电量与南昌市逐

日最高气温画出散点图，找出一个温度，这个温度所分割的两组资料，各拟合一条耗电量随最高温度变化的最佳回归线，两条回归线的总离差平方和的合计值最小（朱瑞兆，2005）。达到这个要求的温度，是耗电量随温度变化的最佳分割点，分割点右侧曲线就是高温电力消耗和高温强度的关系曲线。研究发现，当南昌市日最高气温达到 34.2 ℃时（图 7.19），左右两侧回归直线的总离差平方和最小，即当日最高气温大于 34.2 ℃时，耗电量将随着温度变化而变化，34.2 ℃（1986—2005 年南昌市夏季最高气温 70％分位数）是南昌市电力高温临界值，即当夏季日最高气温高于 34.2 ℃时，日耗电量随着日最高气温的增加而快速增加；当夏季日最高气温低于 34.2 ℃时，日耗电量基本为一个常量，不随日最高气温变化而变化，这一现象与洪国平等（2006）在武汉的发现基本相似，洪国平理论上预言了临界值的存在并给出了 2 ℃的范围，但是并没有给出确定的临界值，本研究能够给出确切的电力高温临界值。

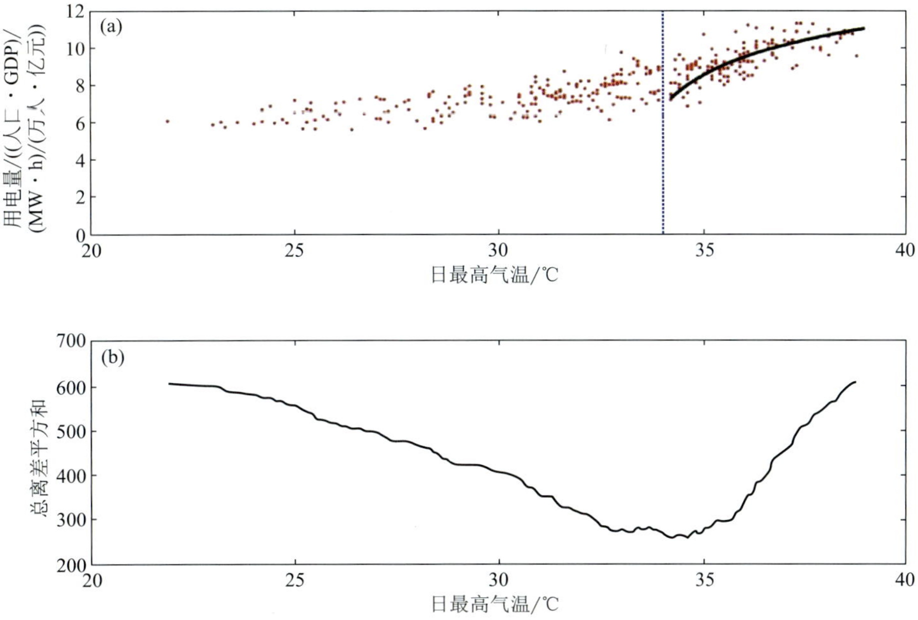

图 7.19　南昌市电力高温临界值计算

（5）脆弱性曲线的建立

根据分析，可获得南昌市电力高温临界值为 34.2 ℃（1986—2005 年夏季最高气温 70％分位数），考虑到电力高温临界值的特性（当温度高于临界值时，电力消耗随着温度增加而增加；当温度低于临界值时，电力消耗为常数），电力消耗和高温强度脆弱性曲线为：

$$\begin{cases} y = a \times \ln(x - 33.2) + b, x \geqslant 34.2 \\ y = b, 18.8 \leqslant x \leqslant 34.2 \end{cases} \tag{7.10}$$

式中：y 为逐日单位耗电量（MW・h）；x 为逐日最高气温（℃），18.8 ℃是南昌市夏季历史最低日最高气温。

基于最小二乘法曲线拟合，$a=2.15$，$b=7.16$，拟合效果见图 7.20 和表 7.8。模拟曲线与实际耗电量数据相关系数高达 0.81，平均绝对误差仅为 8.4％，确定系数达到 0.70，说明曲线模拟效果良好，能够切实反映南昌市最高气温与单位耗电量的实际情况。

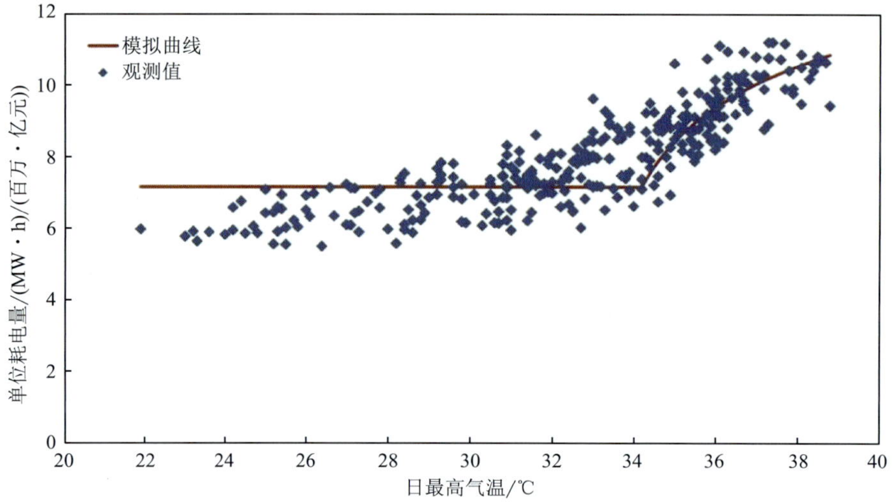

图 7.20　夏季耗电量与日最高气温关系

表 7.8　模拟效果检验

相关系数	平均绝对误差	绝对误差 75%分位数	绝对误差 25%分位数	确定系数(R^2)
0.81	8.4%	11.8%	3.0%	0.70

假设当日最高气温超过 34.2 ℃,它的单位耗电量为 c,当日最高气温低于 34.2 ℃时,它的单位耗电量为 b,b 值是人们为了维持正常生产和生活所必须的电量,$c-b$ 则是人们为了应对高温事件,而在生产生活中使用降温设备导致用电量的增加,简称为高温耗电量。

7.5.3.3　高温对南昌市夏季耗电量增加的贡献率

1990—2018 年,南昌市高温日数(≥34.2 ℃)呈明显增加趋势,增速达到 4.9 d/(10 a);高温强度也呈增加趋势,增速为 0.06 ℃/(10 a)。1990—2018 年平均高温日数 54.9 d,强度为 2.1 ℃(图 7.21)。总体而言,在全球变暖的背景下,南昌市高温日数和高温强度在持续增加。

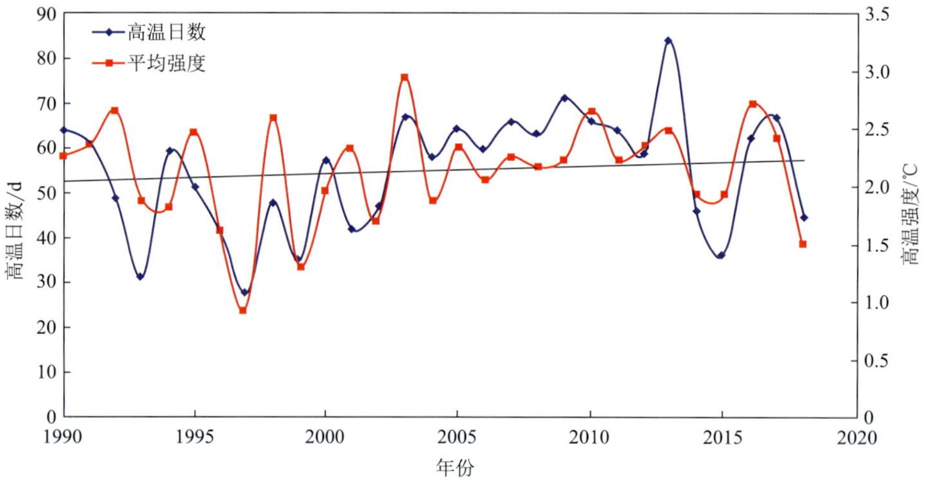

图 7.21　1990—2018 年南昌市夏季高温日数和高温强度变化

当日最高气温超过 34.2 ℃时，居民耗电量随着温度的增加而显著增加，这些耗能增加的部分可以认为是高温导致的能源消耗的增加，温度每升高 1 ℃，用电量将增加 0.56(MW·h)/(亿元·万人)。1990—2018 年，南昌市高温对电力消耗贡献率平均为 4.8%，且高温对电力消耗贡献率持续升高，每 10 a 会增加 0.7%左右，2013 年最高约为 8.2%，2015 年最低为 2.3%(图 7.22)。

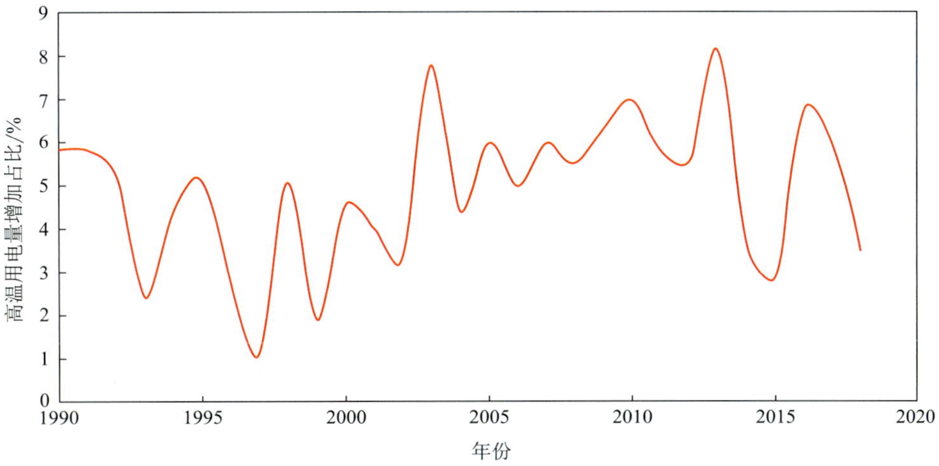

图 7.22　1990—2018 年南昌市夏季高温对电力消耗贡献率

7.5.4　高温对南昌市城市居民耗水贡献率评估

城市供水作为城市重要的基础设施之一，是城市功能的重要组成部分，与城市环境、居民生活和工农业生产息息相关，直接影响到城市的稳定发展。南昌市地处亚热带，夏季高温酷热，供水对于城市工业生产、居民生活等方面影响极其突出，特别是近年来，社会经济迅速发展，城市规模不断扩张，城市“热岛”效应逐渐加强，气象条件的变化必然与城市供水有着直接或间接的关系。通过分析城市供水量与气象因子的相关关系，掌握气象要素对城市供水的影响程度，并做出科学预判，能给城市决策层提供城市运行调控的有力支撑，并在公共气象服务中发挥更好的服务功能。

7.5.4.1　数据与方法

(1)气象观测数据

气象观测数据包括南昌站 1961—2015 年逐日平均气温、降水量等观测数据，来源于江西省气象数据中心。资料通过了气候界限值检查、台站极值检查和内部一致性检查 3 种质量检验和控制方法的检验(任芝花 等,2012)。

(2)社会经济数据

耗水数据包括南昌市 2014—2017 年夏季逐日用水量数据，来源于南昌水业集团有限责任公司。

7.5.4.2　结论与分析

(1)气候因素对城市(生活)用水量影响的分析

挑选主要观测要素与 6—8 月的逐日用水量进行相关分析，从表 7.9 可以看到气温与日用水量的正相关较好，其中又以平均气温的相关系数为最大，降水量和日用水量的负相关最好。

表 7.9 各气象要素与日生活用水量的相关系数

气象要素	最高气温	最低气温	平均气温	降水量	日照时数	平均气压	绝对湿度
相关系数	0.72	0.68	0.90	−0.4	0.54	0.19	0.5

(2)对气温敏感的增水量的获取

基于日用水量与气温的良好相关性，且与平均气温的正相关系数为最高，故以南昌地区7—8月的常年平均气温值28.5 ℃为基准，标准差取±1.0 ℃，即平均气温 $27.5\leqslant T(℃)\leqslant 29.5$ 作为盛夏期正常日平均气温值，对日用水量进行分类统计。以正常气温值的日均用水量乘上92 d作为当年盛夏期的正常用水量，再将6月、7月和8月的实际用水量与正常用水量的差值看作因气温影响的纯增水量；那么，其与平均气温的对应关系就更明显了，日用水量可以利用以下公式进行模拟：

$$\begin{cases} Y=a,x_1\leqslant 29.5\ ℃ \\ Y=a+(x_1-29.5)\times b,x_1>29.5\ ℃ \\ Y=a+(x_1-29.5)\times b+c,x_1>29.5\ ℃且\ x_2>0 \\ Y=a+c,x_1\leqslant 29.5\ ℃且\ x_2>0 \end{cases} \tag{7.11}$$

式中：Y 为城市日用水量，单位为t；x_1 为城市日平均气温，单位为℃；x_2 为城市降水量，单位为mm；a、b、c 为方程系数。

利用2014—2017年逐日用水量数据可计算得到 $a=48.0,b=0.57,c=-7.5$。

(3)高温对南昌市夏季耗水量增加贡献率

1990—2017年平均高温日数(≥29.5 ℃)为30.6 d，平均降水日数为37.2 d，累积高温强度为47.6 ℃。从趋势上看1990—2017年高温日数呈现明显增加趋势，增速达到5.7 d/(10 a)；夏季降水日数呈现略微降低的趋势，为−0.9 d/a；同时高温的累积强度也呈现增加趋势，增速为16.8 ℃/(10 a)(图7.23、图7.24)。总体而言，全球变暖背景下，南昌市夏季高温日数、累积强度在持续增加，降水日数在持续减少，必然导致夏季南昌市耗水量的持续增加。

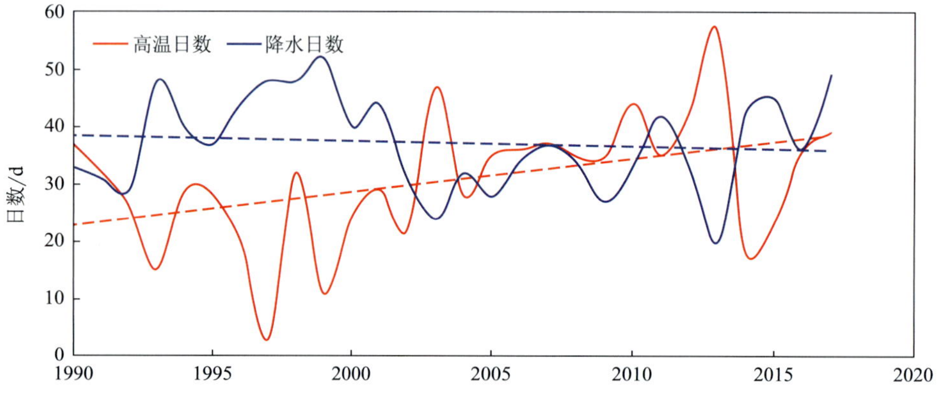

图7.23 1990—2017年南昌市夏季高温日数(≥29.5 ℃)和降水日数的变化

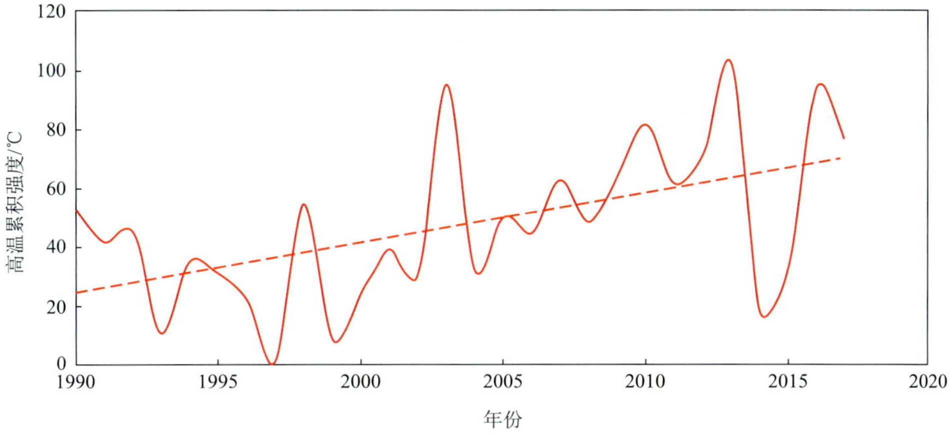

图 7.24 1990—2017 年南昌市夏季高温(≥29.5 ℃)累积强度

当日平均气温超过 29.5 ℃时，居民耗水量随着温度的增加而显著增加，这些耗水量增加的部分可以认为是高温导致的耗水量的增加，平均气温每升高 1 ℃，耗水量将增加 0.57 亿 m^3。1990—2017 年，南昌市高温对城市耗水量的贡献率平均为 1.2%，2013 年最高约为 2.3%，1997 年最低为 0.1%，且高温对耗水量贡献率持续升高，每 10 a 会增加 0.3%左右(图 7.25)。

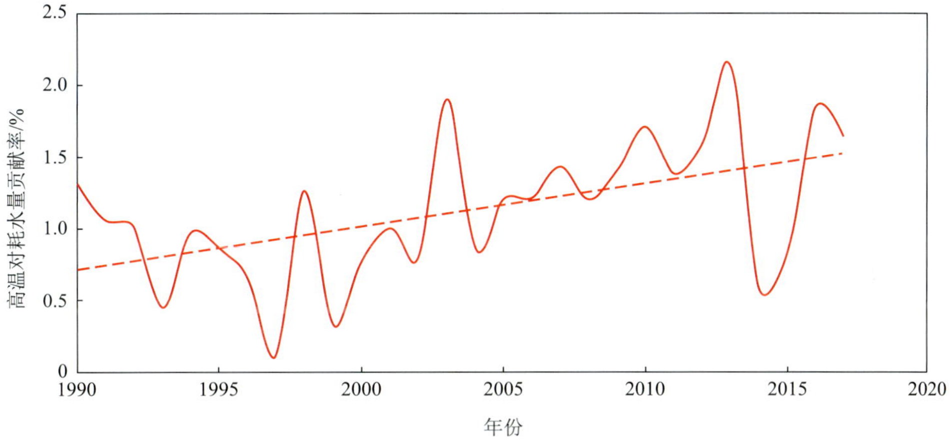

图 7.25 1990—2017 年南昌市夏季高温对城市耗水量贡献率

7.6 本章小结

本章介绍了生态修复性人工影响天气作业和成本效益评估、气候资源分析与评估、重大工程气候可行性论证以及区域气候承载力评估等典型生态文明气象支撑保障技术研究评估方法，并开展了相关评估研究，主要结论如下。

(1)针对 2016 年江西省人工增雨活动，开展成本-效益分析评估，结果表明，2016 年江西省人工影响天气作业成本为 1356.42 万元，但创造了 1.51 亿元的直接效益，产出投入比达 10.8。

(2)江西省气候资源丰富，风能资源主要分布在鄱阳湖区和高山地区；太阳能相对丰富的区域主要分布在赣南及赣中南部偏东区域、赣北中部以及赣东北的铅山、上饶县、广丰一带；热量资源南部高北部低，平原和盆地高，丘陵和山地低；云水资源南部多北部少，年平均大气可降水量赣州比南昌约多 11%。

(3)基于内梅罗指数和基于熵权的综合评判法，确定城市气候资源指数、气候压力指数和气候可持续发展能力指数，构建城市气候承载力评价指标体系。

(4)列举了生态文明绩效考核气象条件贡献率评估、南昌气候承载力分析、高温对南昌市夏季电力消耗及城市居民耗水贡献率评估 4 个典型研究案例。

第 8 章 市县生态文明建设气象保障服务建设

8.1 省市县一体化生态气象综合业务平台

从 2021 年开始，江西省气象局开始按照新的思路打造省、市、县一体化生态气象综合业务平台。依托现有离散化的业务平台和集约化基础设施资源池，基于“模块化设计、插件式管理”的原则，采用 B/S 与 C/S 模式相结合的方式，模块功能省、市、县差异化布局，凸显市县特色生态气象服务功能。坚持开放统筹、集约高效，整合优化已有的生态气象相关系统和模式，建设基于需求、基于影响的精准化、智慧化的省、市、县一体化生态气象综合业务平台，实现操作、发布、服务“三统一”的平台系统功能，用以提升省、市、县三级生态文明气象保障业务和服务能力，支撑生态要素预报预测、生态系统气象监测评估、生态安全气象风险预警、气候资源开发利用、环境气象监测预报评估、气候变化生态影响评估、生态文明绩效气象评估、重点生态领域功能价值评估等生态气象业务及决策服务开展。

8.1.1 数据处理模块

整合生态气象、环境气象、农业气象和部门共享数据等多元、异构数据，按照标准化数据格式，研发数据采集、格式转换和统一汇交资源池的业务化程序，开发生态气象数据处理模块，实现数据资料上传、实时监控、显示、查询、加工处理、存储分发等功能，满足生态气象业务和服务的主要需求。具备全省生态气象数据的收集功能，以及接收国家级下发数据、产品的相关功能。

8.1.2 环境气象模块

包括环境气象分析、灰霾实况监测、灰霾日数统计、大气扩散能力、气象条件产品、生态指导预报、大气成分监测、气象数值预报等子模块，实现空气质量、灰霾、温室气体、气象要素等实况数据的统计、显示、分析及出图；预报类产品的制作与发布，数值预报类产品的显示与查询；评估类产品的制作与共享；服务效益的上传、贡献与评估。

省级产品主要包括监测、预报、评估三类：①监测类：空气质量实况监测；温室气体、负离子、酸雨、紫外线等其他环境气象因子实况监测；灰霾实况监测。②预报类：空气质量预报、空气污染气象条件预报、重污染天气专报、霾预报。③评估类：大气环境气象公报（月、季、年）、温室气体监测报（月、季、年）、重污染天气评估报告、大气污染源解析评估等。

市、县级产品主要包括预报与评估类：为市、县提供独立账号，对省级业务产品进行菜单式选择并进行本地化产品开发。市、县应充分调研本地需求，根据需求选择必要的省级业务产品进行本地化。

8.1.3 气候变化模块

基于全省气象观测数据、气候预估数据、社会经济统计数据、行业数据等资料，开发省市县三级气候变化统计及未来预估产品；研制气候变化突变检验产品，进行在线展示；实现气候变化对重点领域影响评估；展示气候变化时间和空间上的业务产品，为气候业务提供支撑，提高省、市、县三级应对气候变化和极端气候事件气象保障服务能力。主要实现气候变化数据统计分析、未来气候预估分析、气候变化突变检验，气候变化对重点领域(包括农业、森林、湿地等生态系统、电力行业)影响评估等方面一键式产品制作功能。

省、市、县产品：省、市级气候变化监测公报，省、市、县级气候变化影响评估决策服务。

8.1.4 生态遥感模块

基于采集接入的气象卫星风云系列、MODIS、NPP、雷达、高分卫星等多源遥感数据，实现辐射定标、几何校正、大气校正等处理，并结合气象数据、土地利用/分类数据、数字高程数据、地面调查数据等，建立火情、植被生态、湿地生态、农作物长势与面积、气象灾害等遥感监测子模块，一键式实现遥感监测产品制作和展示功能。

省级产品包括火情遥感监测产品，NDVI、NPP、植被覆盖度、植被综合生态质量指数等植被生态遥感监测产品；湿地生态变化、水体面积、水质等湿地生态遥感监测产品，重点生态功能区和脆弱区的双季水稻、油菜等大宗作物长势、种植面积等农作物遥感监测产品，洪涝、高温干旱、城市热岛、大雾、积雪等气象灾害遥感实时监测产品。

市级产品主要包括本市行政区域范围内的火情、归一化植被指数 NDVI、植被覆盖度、植被净初级生产力 NPP、植被生态质量指数、陆表温度、水域面积等遥感监测产品。

县级产品主要是将省、市卫星遥感监测产品进行本地化，结合本地生态文明建设气象保障服务需求，开展决策服务。

8.1.5 特色服务模块

为市级县级地方特色生态、环境问题和绿色低碳与生态文明建设需求开展的监测、预警、评估等服务功能模块，拥有一键制作与发布产品、报告浏览等功能。

8.2 设区市气象局生态气象服务

设区市气象局生态气象服务技术参考第 5、6、7 章有关技术，研发本地化的适用技术。同时积极推进生态气象服务机构、人才和创新团队建设，深化与林业、农业农村、水利、生态环境、文旅等部门的合作交流。在省级或国家级单位指导下，以服务需求为导向，因地制宜建设市级生态气象服务体系。

8.2.1 明确基本业务服务职责与任务

开展市级本地生态文明建设气象保障需求分析。

依托智慧人工影响天气平台和智能物联网，在省级的指导下，组织和指挥县级开展生态型人工影响天气作业保障服务和效果评估。

负责粮食安全和特色农业发展气象保障服务，负责本地生态气象、农业气象观测仪器的日常维护。开展大气扩散气象条件预报工作，配合生态环境部门开展空气质量预报、重污染天气预警与评估工作。

建立完善本地生态气候与农业气象服务业务制度。

指导县级开展相关服务。

在省级业务指导下：

（1）推进卫星遥感综合应用体系建设。发展生态遥感业务，重点发展火情、城市热岛、植被生态质量遥感监测、水体面积遥感监测、卫星遥感地面真实性观测校验等服务。因地制宜拓展水稻种植面积、洪涝、干旱、高温等气象灾害遥感监测和影响评估业务，开展决策服务。

（2）推进环境气象服务体系建设。重点开展污染气象潜势预报、大气污染源解析、大气污染气象条件贡献率评估等服务。

（3）发展生态气候业务。重点开展国家气候标志、农产品气候品质评价、生态文明建设绩效考核指标气象条件评估等气候资源分析评估服务。

（4）开展关键农事、农时、农用天气预报，开展重大农业气象灾害警报预警、影响预报、灾情调查与评估。配合省级业务单位开展农业气候区划与评价，推广农产品气候适宜性评价与气候品质评价。其中九江、上饶、宜春、景德镇、赣州市局按照特色中心运行管理办法，制作面向全省的特色农业气象服务产品。

（5）面向需求建设生态型人工影响天气作业示范区。

8.2.2 发展地方特色生态气象业务服务

九江、萍乡、吉安市气象局按照江西省气象局重点业务技术体制改革统一部署，扎实推进改革试点，并据此发展建立地方特色生态业务服务任务，其他 8 个设区市根据地方需求，因地制宜地建立生态文明建设气象保障服务体系。其中，九江市气象局主要围绕建设“最美长江岸线”、气候适应型城市、“两圈两带”旅游产业升级、“两茶一水”特色农业发展等九江市委市政府重大发展战略，着力加强面向需求的生态文明建设气象保障业务；萍乡市气象局主要围绕“海绵城市”开发特色生态文明建设气象保障服务产品，打造生态文明建设气象保障服务品牌；吉安市气象局重点发挥生态气象重点实验室、开放式研究基金的支撑作用，聚焦森林防火、特色农业产业发展等领域，打造生态文明建设气象保障服务品牌，助推吉安市绿色经济发展。

市级组建生态气候与农业气象相关业务机构，可作为非常设机构，原则上可挂靠组建，有条件的积极争取成立地方机构，机构名称和挂靠形式自定。市级业务服务机构承担本市生态文明建设气象保障业务服务工作，原则上配备专职人员。鼓励成立重点实验室、开放式研究基金、组建创新团队等方式，多渠道开展科研协同创新，以解决制约市县级生态气象业务发展的人才和技术问题。目前江西省九江、赣州、上饶 3 市增设生态与农业气象中心，新余市增设仙女湖生态气象服务中心，其他 7 个设区市在市气象台增挂生态与农业气象中心牌子，承担生态与农业气象服务业务和生态文明建设气象保障服务，为发展地方特色生态业务服务提供了支撑保障。

8.3 县级气象局生态气象服务建设

县级加强与本地政府及相关部门的联系与沟通，充分了解当地生态文明建设气象服务需求，及时向上级反馈，并在上级的指导下开展相关服务。县级明确岗位职责，确定专职人员。

8.3.1 明确业务服务职责与任务

了解并反馈生态文明建设气象保障服务需求；建立和实施生态修复型人工影响天气业务，配合上级完成生态型人工影响天气作业效果和效益评估；订正上级业务产品，开展本地春播春种、秋收秋种等专题气象服务。负责本地生态气象观测仪器的日常维护，配合开展卫星数据的真实性校验；应用上级业务产品，适时开展其他生态文明建设气象保障业务服务，因地制宜发展地方特色业务服务。完成上级交办的其他业务服务。

8.3.2 明确专职人员

县局设立专岗，明确专职人员，负责完成本县业务服务任务，调研了解当地政府及相关部门对生态文明建设气象保障业务服务的需求，并及时向上级反馈。

8.4 案例分析

8.4.1 抚州市生态气象服务案例

基于气象和卫星遥感监测资料，2020 年抚州市率先开展植被生态质量监测评估服务，气象呈阅件《近十年来抚州地区“绿度”显著提升 植被生态质量明显改善》决策服务材料获抚州市党政领导批示肯定。

根据气象和卫星遥感监测，2000 年以来，抚州市植被“绿度”明显提升，植被覆盖度总体增加、植被生态质量持续向好，近 10 a(2010—2019 年)来表现尤为明显。2018 年 NDVI、NPP 为 2000—2019 年最高，2020 年 1—9 月 NPP 为 2000—2020 年同期第 2 位，较 2000 年提高了 13.5%。全市超过 95%地区的植被生态质量持续改善，其中广昌县效果最为明显。

(1)全市植被覆盖度总体增加，植被“绿度”明显提高

植被覆盖度指某一地域植物垂直投影面积与该地域面积之比，用于反映植被的茂密程度和植物进行光合作用面积的大小。根据卫星遥感监测资料分析(图 8.1)，2000 年以来抚州市植被覆盖度显著增加，全市有 96.2%的地区植被覆盖度呈增长趋势，其中 56.0%的地区年增长超过 0.5%，2019 年较 2000 年全市植被覆盖度提高了 14.8%。全市仅 3.8%地区植被覆盖度下降，主要分布在城区，这是城区发展较快、建筑用地增加所致。

NDVI 是反映土地覆盖植被状况的一种遥感指标，NDVI 值越大，则表明区域内植被越茂盛、绿化程度越高。根据 2000—2019 年的 NDVI 卫星遥感监测结果(图 8.2)，2000—2019 年全市年平均 NDVI 在 0.57～0.62，植被质量较好。2000—2019 年全市年平均 NDVI 呈显著增长趋势，尤其是 2010—2019 年增加最为明显，2013 年以来屡创新高，2018 年达到 2000—2019 年最高值(0.67)，说明党的十八大以来，全市政府部门立足生态优先，构建起生态环境保护大

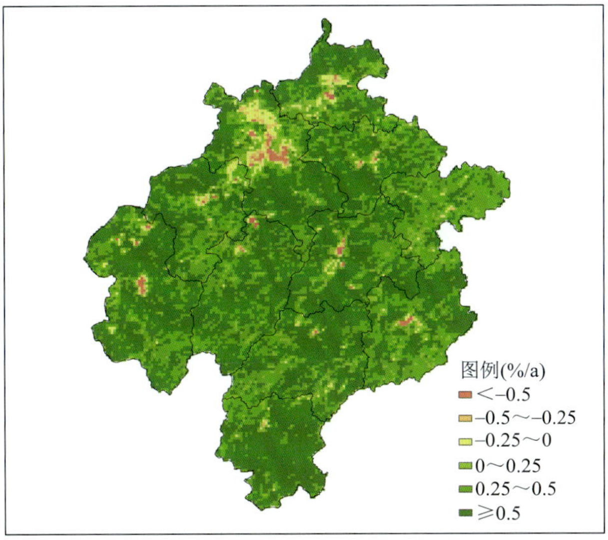

图 8.1 2000—2019 年抚州市植被覆盖度年变化趋势率分布

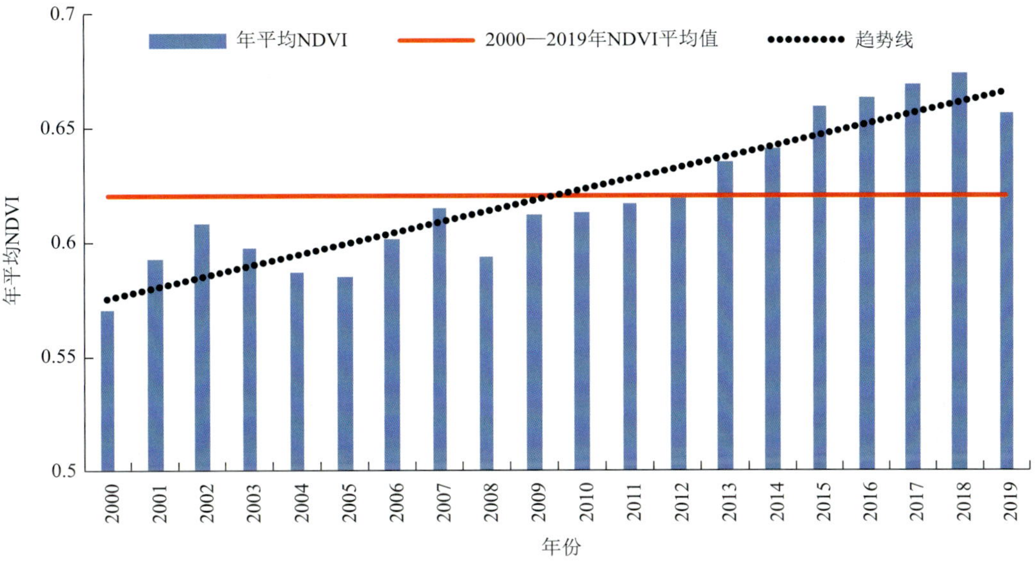

图 8.2 2000—2019 年抚州市平均 NDVI 变化

格局，始终坚持以生态文明建设统领经济社会发展，努力建设全省生态文明先行示范市，成效显著。2019 年 NDVI 值同比有所下降(仍处于较高水平，较 2000 年提高 15%)，主要因为 2019 年抚州市受到汛期多次暴雨洪涝及夏、秋连旱等不利气象条件影响，导致植被生长的水热条件欠佳，植被生长受到抑制。

(2)2010 年以来植被质量明显改善，抚河流域尤为显著

NPP 是指植被所固定的有机碳中扣除本身呼吸消耗的部分，可以直接反映植被群落在自然环境条件下的生产能力，表征陆地生态系统的质量状况。根据 2000—2019 年全市植被 NPP 监测结果(图 8.3)，2000 年以来全市植被 NPP 呈逐渐增长趋势，尤其是 2010—2019 年植被 NPP 较前 10 a(2000—2009 年)有明显提高，以每年约 4.6 gC/m^2 的增速增加，植被长势

持续向好，其中 2018 年最大，较 2000 年提高 17.8%，2010—2019 年 NPP 高于 2000—2019 年平均值的年份占比达 70%。2019 年 NPP 有所下降的主要原因是汛期连续暴雨洪涝以及盛夏持续高温干旱严重影响植被光合作用，导致 NPP 处于较低水平。

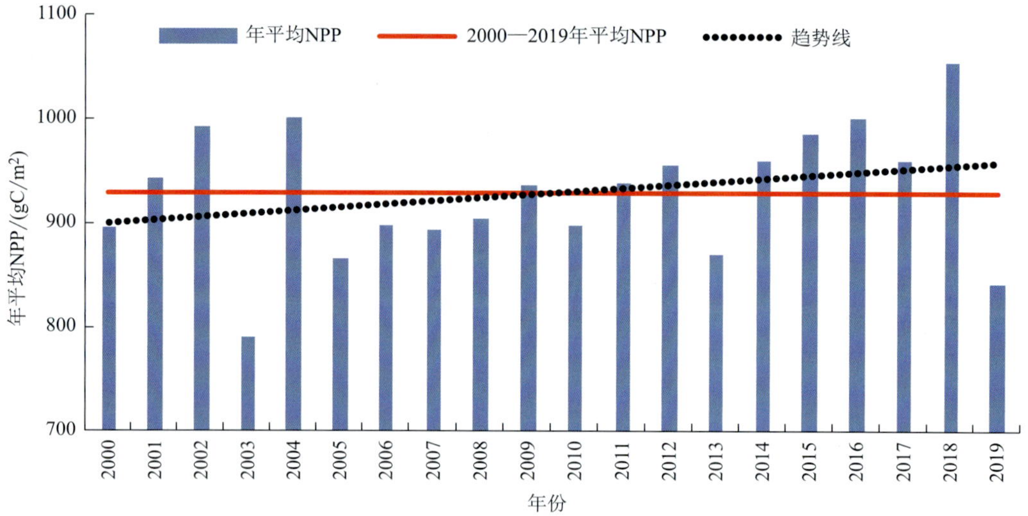

图 8.3　2000—2019 年抚州市植被年平均 NPP 变化

通过 2020 年与 2000 年 1—9 月 NPP 对比分析发现，今年 1—9 月全市 NPP 较 2000 年同期明显增加(图 8.4)，2020 年“绿度”明显高于 2000 年，全市 NPP 平均提升了 13.5%，在主要山区和沿抚河流域增加尤为明显，表明政府在抚河流域生态保护和综合治理方面取得显著成效，植被长势明显改善。

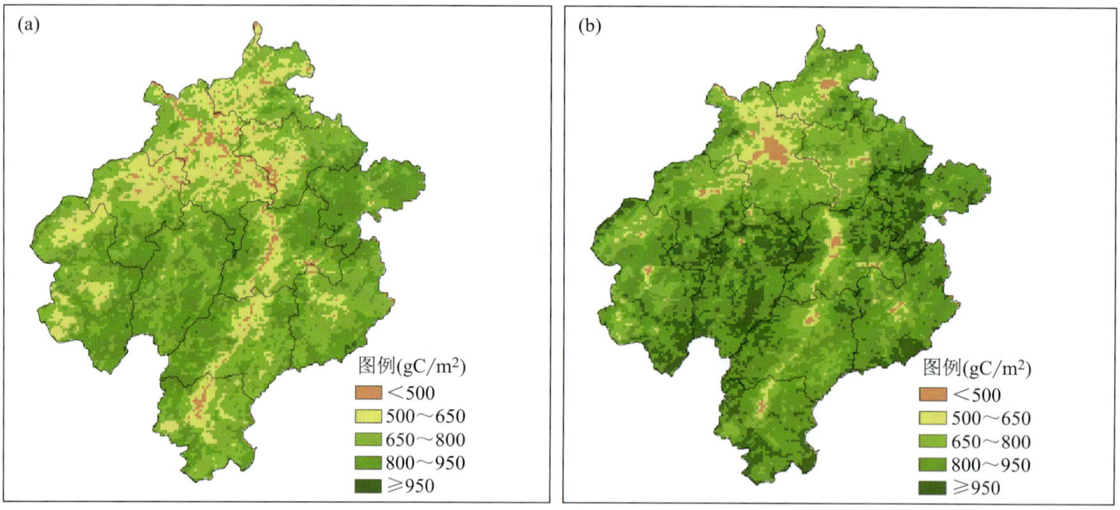

图 8.4　2000 年(a)、2020 年(b)1—9 月抚州市 NPP 空间分布

2000 年以来，全市超过 95%地区植被生态质量持续改善，改善程度居全省第 3 位，仅次于吉安市和赣州市。从全市 11 个县(区)植被生态改善所占比例来看(图 8.5)，广昌县植被改善最为明显，有 98.4%的植被得到改善，临川作为全市中心城区，受城市快速发展限制导致植被

改善比例最低，但相对于 2000 年，也有 83.3%的植被得到改善。

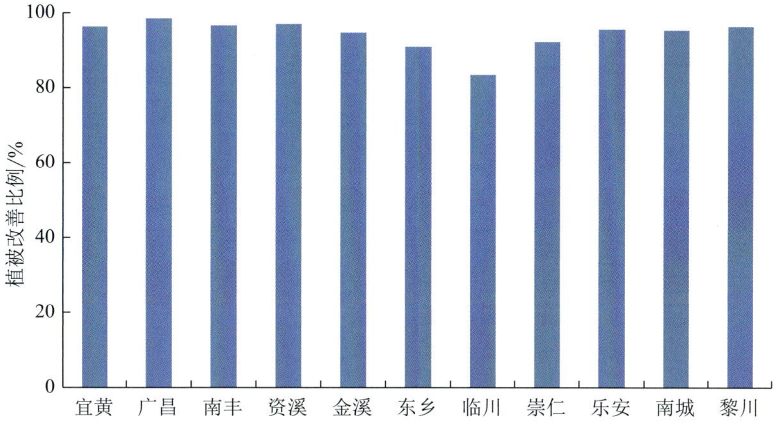

图 8.5　2000 年以来抚州市 11 个县(区)植被生态改善所占比例

(3)森林碳汇资源变化分析

森林生态系统净初级生产力(NPP)的提高，使全市碳汇资源量明显增加。根据抚州市温室气体清单编制结果，2018 年森林(包括乔木林、竹林、乔木经济林和国家有特别规定的灌木经济林)和其他木质生物质(包括不符合森林定义的疏林、散生林和四旁树)吸收温室气体 731.8 万 t 二氧化碳当量，其中乔木林碳汇吸收量最大，占总吸收量的 90%以上，其次为疏林、散生林和四旁树。与 2014 年相比，2018 年森林碳汇较 2014 年增加了 82.3 万 t CO_2 当量(图 8.6)，碳汇吸收量呈上升趋势，其中乔木林碳汇吸收量增幅最大，增幅达 25.1%，这主要受乔木林总蓄积量增加的影响。

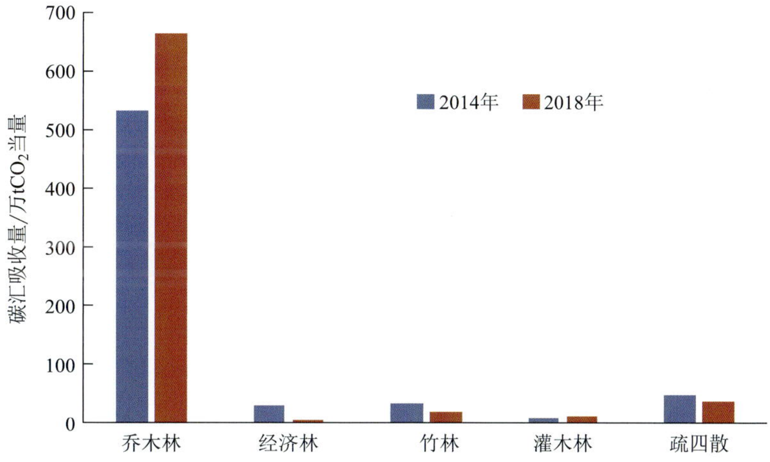

图 8.6　2014 年和 2018 年抚州市森林碳汇对比(数据来源：抚州市生态环境局)

(4)对策与建议

党的十八大以来，抚州市生态文明建设成效显著，全市植被生态总体持续改善，全市自然生态系统蕴含着巨大价值。抚州市作为国家“生态产品价值实现机制”试点城市，正在积极探索生态价值实现途径，打通“绿水青山”与“金山银山”双向转换通道，实现经济发展和生态保护与改善同步。从植被生态保护与经济可持续发展的角度，提出以下几点建议。

① 继续加强植被生态建设，确保植被生态系统价值“保值增值”。继续加强植树造林、退耕还林还草、矿区绿化等工作力度。加强城市生态建设与规划，增加城市植被覆盖度，恢复城市天然湿地，优化城市水系，建设“海绵城市”。科学应对灾害性天气对植被生态系统的影响，加强对干旱、暴雨洪涝、高温等气象灾害以及森林火险等级的监测和预报预警，适时开展生态型人工增雨作业，增强植被生态系统抗灾能力及灾后恢复能力。

② 加大森林碳汇资源统筹管理。进一步明晰国有、集体和个人的山林权益，建立统一的信息资源库。出台、实施地方森林碳汇管理办法，避免碳汇资源无序开发，提升在碳汇市场的整体竞争力。加大碳汇资源保护力度，严格保护天然林，科学实施森林生态工程，保障森林系统碳汇生产力稳步提升。

③ 加强绿色金融体系建设。对接国际国内标准，建立地方绿色金融政策法规体系。吸引多方力量建设绿色金融市场，盘活生态资产，让土地、山林、自然风光等要素活起来，让资源变资产、农民变股东，把绿水青山蕴含的生态价值转化为实实在在的“金山银山”。

8.4.2 南昌市城市热岛服务案例

城市热岛，指一个地区（主要指城区）的环境温度高于周边郊区的现象，通常用城郊温差大小来衡量热岛强度。卫星遥感监测的城市热岛是指城市地表热岛。2020 年气象情况反映——《南昌市 8 月城市热岛评估报告》决策服务材料为全省市级开展服务提供了样板，并获南昌市党政领导批示肯定。

汛期结束后南昌市高温日数逐渐增多，南昌市大于 35 ℃高温日数共计 19 d，主要出现在 7 月 22—24 日、7 月 31 日—8 月 4 日、8 月 8—15 日、8 月 17—18 日、8 月 23—26 日。南昌市气象台共发布高温预警信号 23 个，其中黄色预警（35 ℃以上）12 个，橙色预警（37 ℃以上）11 个。

根据 2020 年 8 月多日 12—14 时 FY-3D 卫星 MERSI 资料对陆地表面温度监测，南昌市 9 区县的统计显示，全市地表温度 40 ℃以上的覆盖面积达 6805.3 km^2，占全市九成以上的国土面积（表 8.1）。中心城区大部分在 50～60 ℃，局部超过 60 ℃（图 8.7）。

表 8.1　2020 年 8 月 18 日南昌各区（县）高温覆盖面积

设县区	40～45 ℃		45～50 ℃		50～55 ℃		40℃以上总面积	
	面积/km^2	百分比/%	面积/km^2	百分比/%	面积/km^2	百分比/%	面积/km^2	百分比/%
新建区	797.56	41	884.96	45	205.01	10	1936.33	99
安义县	378.96	59	235.04	36	16.24	3	635.66	98
南昌县	432.59	24	1029.97	58	221.45	12	1781.72	100
湾里区	193.93	76	39.00	15	9.76	1	242.68	96
青山湖区	5.42	2	53.12	18	133.36	46	289.50	100
进贤县	315.10	17	1351.16	73	167.43	9	1840.22	99
东湖区	0	0	1.08	4	13.01	48	27.11	100
西湖区	0	0	1.08	4	2.17	9	24.95	100
青云谱区	0	0	0	0	2.17	8	27.13	100
合计	2123.56	31	3595.41	52	770.60	11	6805.30	99

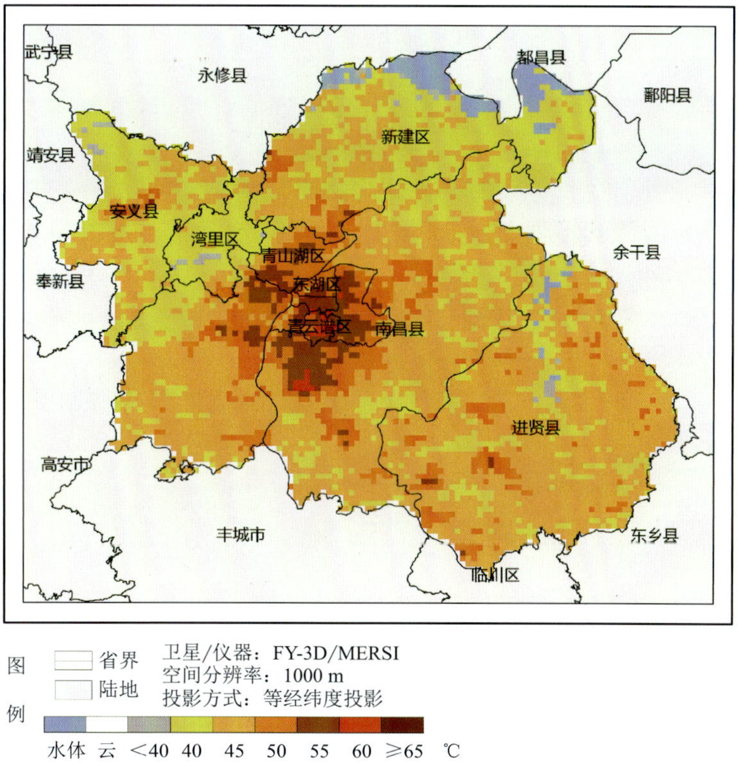

图 8.7 2020 年 8 月南昌各设区县地表高温遥感监测

对南昌市的城市热岛遥感监测显示，强热岛区主要集中在青云谱区、西湖区、东湖区及青山湖区等城市主城区，其中青云谱区的热岛比例指数最高，其次为西湖区和东湖区，热岛效应严重，青山湖区热岛效应较严重，其他地区热岛效应较轻（表 8.2、图 8.8）。

表 8.2 2020 年 8 月南昌市各区(县)热岛比例指数

区县名	热岛比例指数	比例指数含义
新建县	0.13	轻微
安义县	0.02	轻微
南昌县	0.40	较轻
湾里区	0.01	轻微
青山湖区	0.79	较严重
进贤县	0.15	轻微
东湖区	0.90	严重
西湖区	0.95	严重
青云谱区	0.97	严重

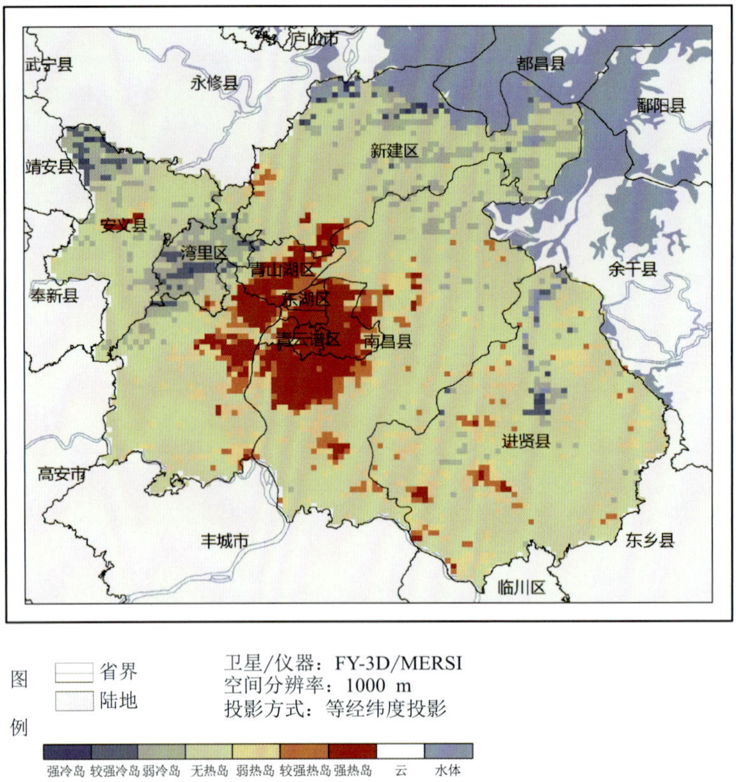

图 8.8　2020 年 8 月 18 日气象卫星监测南昌市城市热岛强度

8.4.3　新建区生态气象服务案例

2020 年 9 月 23 日，针对 2020 年 6 月 29 日—7 月上旬新建区遭受持续强降雨袭击，基于哨兵 1A/1B 对新建区水稻主产县早稻受淹、农田退水、晚稻补种进行遥感监测评估，为抗洪救灾、灾后自救、恢复农业生产等工作提供了典型气象服务。

(1)卫星遥感监测新建区 2020 年晚稻种植面积

6 月 29 日—7 月上旬，赣北遭受持续强降雨袭击，鄱阳湖流域发生超历史大洪水，其中 6 月 29 日—7 月 10 日，新建区平均降水量为 562.0 mm，排历史第一高位(历年平均为 98.1 mm)，降水异常偏多，新建区洪涝灾害严重，耕地大面积被淹。

根据哨兵 1 号卫星数据并叠加土地利用类型资料，对新建区水稻种植区洪水淹没面积进行测算显示，7 月 14 日水稻区被淹面积为 14.2 万亩，7 月 26 日减少为 7.8 万亩，8 月 1 日淹没面积进一步减少，但仍有 5.8 万亩水稻种植区被淹。强降水过程结束后，新建区水稻种植区的洪水缓慢退去。

受淹地区晚稻恢复种植。因晚稻种植时令性很强，加上洪水退水缓慢(图 8.9)，种植面积仍受影响。通过哨兵 1 号卫星遥感监测资料，根据晚稻生育期内不同阶段雷达数据的对比及目视解译分析，得出新建区 2020 年晚稻种植面积约为 62.3 万亩，晚稻种植面积较 2019 年偏少 2.1 万亩。2020 年新建区晚稻种植区遥感监测见图 8.10。

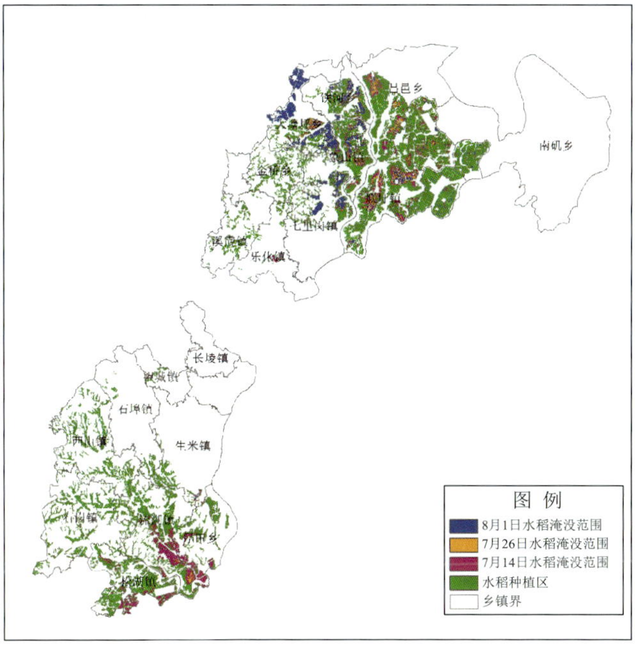

图 8.9　2020 年汛期新建区水稻种植区退水示意

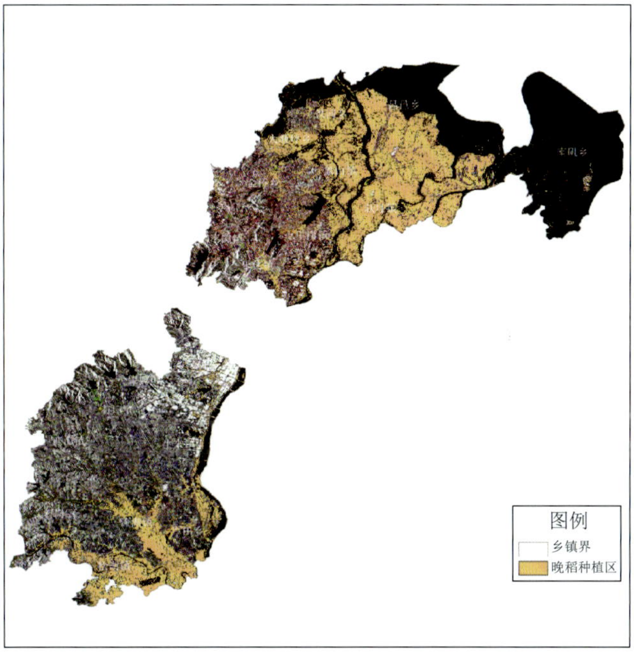

图 8.10　2020 年新建区晚稻种植区遥感监测

(2)晚稻播种以来的气候条件前好后差

8 月，新建区平均气温 31.5 ℃，偏高 2.5 ℃；雨日 5 d，降水量 92.8 mm，偏少 24%。日照时数 204.9 h，偏少 8.4 h。≥35 ℃的高温日数 23 d，排历史第 3 位，极端最高气温 37.6 ℃，出现在8月4日。9月上旬,平均气温28.9 ℃,偏高2.0 ℃;平均最高气温34.7 ℃,平均最低气温22.2 ℃;降水量40.6 mm,偏少2%。8月上旬—9月中旬虽降水偏少,但由于汛期降水充足,水稻生产用水不缺。此期为晚稻分蘖、拔节及孕穗期,农业气象条件对晚稻生长无不利影响。

9月中旬开始,阴雨天气增多,11—22日平均气温22.2 ℃,较常年同期偏低2.6 ℃;降水93.8 mm,偏多3.5倍,雨日12 d,达重度连阴雨灾害标准。受冷空气影响,18日开始气温下降,平均气温持续偏低,18—23日平均气温20.1 ℃,较常年同期低4.5 ℃。17—19日平均气温均低于22 ℃,20—22日平均气温均低于20 ℃。根据寒露风气象等级行业标准,在9月中旬—10月上旬,日均气温≤22 ℃,持续≥3 d或日均气温≤22 ℃,持续2 d,且其中有1 d日极端最低气温≤16 ℃,属轻度;日均气温≤20 ℃,持续≥3 d或日均气温≤20 ℃,持续2 d,且其中有1 d日极端最低气温≤16 ℃,属重度。因此,至20日达到轻度寒露风标准,至22日达到重度寒露风标准。此期为晚稻孕穗末期、抽穗扬花与结实灌浆期,重度连阴雨天气不利晚稻光合作用,有机物积累受影响,灌浆受阻,秕谷率增加;雨日多湿度大,易造成晚稻开花授粉困难,造成空壳率高;低温影响晚稻抽穗,造成抽穗不完全,产生包颈。农业气象条件对晚稻生长有十分不利的影响。受其影响,2020年晚稻产量减产。

(3)关注与建议

受暴雨引起的晚稻种植面积的减少与寒露风天气的叠加影响,2020年新建区晚稻减产已成事实。为了减轻灾害损失,建议强化晚稻后期生产管理,对在田晚稻进行分类指导,采取以下措施以挽回部分损失。

① 24—25日气温有所回升,处孕穗期的晚稻田间可更换新水进行调温。低温过后及时看苗追肥,对长势弱的亩用磷酸二氢钾100～150 g或喷施宝1包,兑水45 kg叶面喷雾,减轻低温危害,提高结实率。

② 处抽穗始期的田块可适当喷施“920”促抽穗,同时兼治穗瘟病、纹枯病和稻曲病。

③ 处灌浆期的晚稻排水露田,降低田间湿度,减轻细菌性病害的发生。

④ 成熟中稻及一季晚稻24—25日降水间歇期及时收割。

8.5 本章小结

本章从江西省实际情况出发,介绍了市级、县级生态文明建设气象保障服务建设思路以及建设现状,搭建了服务于基层气象业务决策服务的省、市、县一体化生态气象综合业务平台,并具体列举了抚州市植被生态监测气象服务、南昌市城市热岛服务、新建区农业生产气象服务等典型案例,获当地领导批示肯定,获得了较高的社会效益,也为基层其他地区生态气象服务提供了样板。

参考文献

毕猛，2014. 基于气象因子的重大森林病虫害发生率空间格局研究[D]. 北京：中国林业科学研究院.
曹玉昆，2019. 坚持和完善生态文明制度体系[N]. 黑龙江日报 12 月 6 日 11 版.
陈书林，温作民，2016. 广西人工林植被固碳释氧服务功能及其价值量评估[J]. 农业经济管理学报，15(5)：557-563.
陈晓玲，吴忠宜，田礼乔，等，2007. 水体悬浮泥沙动态监测的遥感反演模型对比分析——以鄱阳湖为例[J]. 科技导报(6)：19-22.
陈正洪，洪斌，2000. 华中电网四省日用电量与气温关系的评估[J]. 地理学报，55(s1)：34-38.
程功，吕全，冯益明，等，2015. 气候变化背景下松材线虫在中国分布的时空变化预测[J]. 林业科学，51(6)：119-126.
戴圣鹏，2021. 论"两山"理念所蕴涵的经济文明思想[J]. 人文杂志(5)：33-38.
邓喜道，2019. 人与自然和谐共生的三重意蕴[N]. 西安日报 10 月 22 日 7 版.
刁一伟，黄建平，刘诚，等，2015. 长江三角洲地区净生态系统二氧化碳通量及浓度的数值模拟[J]. 大气科学，39(5)：849-860.
丁文广，肖俊豪，汪霞，2010. 气候变化对我国森林自然灾害的影响[J]. 西北林学院学报，25(5)：117-120.
董李勤，章光新，2011. 全球气候变化对湿地生态水文的影响研究综述[J]. 水科学进展，22：429-436.
董瑜，2013. 气候变化对湿地生态系统影响的研究进展[J]. 亚热带水土保持，25(2)：37-40.
樊旭，孟灵芳，刘翠，等，2015. 高邮湖生态服务功能价值评估[J]. 水利经济，33(1)：14-17，73-74.
方精云，王少鹏，岳超，等，2009."八国集团"2009 意大利峰会减排目标下的全球碳排放情景分析[J]. 中国科学 D 辑：地球科学，39(10)，1339-1346.
方世南，2020. 生态文明制度体系优势转化为生态治理效能研究[J]. 南通大学学报(社会科学版)，36(3)：1-7.
方双喜，周凌晞，张芳，等，2010. 双通道气相色谱法观测本底大气的 CH_4、CO、N_2O、SF_6[J]. 环境科学学报，30(1)：52-59.
方双喜，周凌晞，臧鲲鹏，等，2011. 光腔衰荡光谱(CRDS)法观测我国 4 个本底站大气 CO_2[J]，环境科学学报，31(3)：624-629.
冯明春，高闽光，徐亮，等，2011. 反射式 FTIR 监测温室气体浓度及其变化规律[J]. 激光和红外，41(11)：1201-1204.
傅伯杰，1992. 中国各省区生态环境质量评价与排序[J]. 中国人口·资源与环境，2(2)：48-54.
高晨，2018. 鄱阳湖悬浮物与叶绿素 a 浓度的季节性遥感信息反演[D]. 南昌：江西师范大学.
高晨，徐健，高丹，等，2019. 基于 GF-1 与实测光谱数据鄱阳湖丰水期总悬浮物浓度反演[J]. 国土资源遥感，31(1)：101-109.
高苹，吴洪颜，王晶，等，2019. 卫星遥感监测技术导则 水稻长势：QX/7 474—2019[S]. 北京：气象出版社.
高桂青，阮仁增，欧阳球林，2010. 鄱阳湖水质状况及变化趋势分析[J]. 南昌工程学院学报，29(4)：50-53.
高宇，刘鉴毅，张婷婷，等，2016. 滨海河口湿地生态系统对全球气候变化的影响[J]. 环境与可持续发展，41

(4)：16-19.

郭恢财，胡斌华，万松贤，等，2018. 气候变化背景下鄱阳湖南矶湿地子湖泊水位变化对越冬候鸟多样性的影响[J]. 野生动物学报，39(3)：550-558.

何盈利，尤南山，崔耀平，等，2021. 2000 年来中国生态状况时空变化格局[J]. 自然资源学报，36(5)：1176-1185.

贺巧宁，王怀清，孔萍，等，2016. 江西省森林活动的时空变化及其对干旱的响应[J]. 江西农业学报，28(2)：78-84.

洪国平，李银娥，孙新德，等 . 2006. 武汉市电网用电量、电力负荷与气温的关系及预测模型研究 [J]. 华中电力，19(2)：4-7.

胡振鹏，葛刚，刘成林，等，2010. 鄱阳湖湿地植物生态系统结构及湖水位对其影响研究[J]. 长江流域资源与环境，19(6)：597-605.

胡振鹏，葛刚，刘成林，2015. 鄱阳湖湿地植被退化原因分析及其预警[J]. 长江流域资源与环境，24(3)：381-386.

黄国金，刘成林，乐兴华，2010. 鄱阳湖叶绿素 a 浓度遥感反演[J]. 山西建筑，36(34)：357-359.

黄玫，侯晶，唐旭利，等，2016. 中国成熟林植被和土壤固碳速率对气候变化的响应[J]. 植物生态学报，40(4)：416-424.

江波，欧阳志云，苗鸿，等，2011. 流域湿地生态系统服务功能价值评估[J]. 生态学报，31(8)：2236-2244.

江辉，2012. 鄱阳湖叶绿素 a 浓度遥感定量模型研究[J]. 测绘科学，37(6)：49-52.

江辉，刘瑶，2011. 基于 MODIS 数据的鄱阳湖总悬浮物浓度监测分析[J]. 人民长江，42(17)：87-90.

江西省环境保护厅，2016. 江西省环境状况公报(2015)[EB/OL]. [2016-6-3]. http://sthjt. jiangxi. gov. cn/art/2016/6/3/art_42073_2798018. html.

江西省气象局，2018. 双季稻气象灾害指标：DB36T 511-2018 [S]. 南昌：江西省市场监督管理局 .

江西省林业局，2020. 江西省森林有害生物发生面积、防治面积和防治率 3 年数据专题报告 2019 版[M]. 南昌：江西省林业局 .

江西省水利厅，2000—2019. 江西省水资源公报 2000—2018[M]. 南昌：江西省水利厅 .

江西省水利厅，2016. 江西省水土保持公报(2015)[M/OL]. [2017-11-01]. http://www. jxsl. gov. cn/zwgk/tjsj/index. html.

江西省统计局，2016. 江西省统计年鉴(2016)[M/OL]. http://www. jxstj. gov. cn/resource/nj/2016CD/indexch. htm.

江西省统计局，国家统计局江西调查总队，2017. 江西统计年鉴 2017[M]. 北京：中国统计出版社 .

江西省统计局，2019. 江西省统计年鉴 1986—2018[M]. 北京：中国统计出版社 .

李德超，2017. 乘得东风行万里[J]. 中国环境监察，24(11)：2-2.

李登秋，张春华，居为民，等，2016. 江西省森林净初级生产力动态变化特征及其驱动因子分析[J]. 植物生态学报，40(7)：643-657.

李兰，陈正洪，洪国平，2008. 武汉市周年逐日电力指标对气温的非线性响应[J]. 气象，34(5)：26-30.

李士美，谢高地，张彩霞，等，2010. 森林生态系统服务流量过程研究：以江西省千烟洲人工林为例[J]. 资源科学，32(5)：831-837.

李天芳，马志龙，王强，等，2017. 气候变化对水鸟的影响及其应对[J]. 野生动物学报，38(3)：529-534.

李伟，王秋华，沈立新，2014. 气候变化对森林生态系统的影响及应对气候变化的森林可持续发展[J]. 林业调查规划，39(1)：94-97.

李相贤，高闽光，徐亮，等，2011. 基于 OP-FTIR 法监测城市交通排放 CO、CO_2、N_2O 和 CH_4 气体[J]. 红外技术，33(8)：473-482.

李言阔，钱法文，单继红，等，2014. 气候变化对鄱阳湖白鹤越冬种群数量变化的影响[J]. 生态学报，34(10)：

2645-2653.
厉彦玲,朱宝林,王亮,等,2005. 基于综合指数法的生态环境质量综合评价系统的设计与应用[J]. 测绘科学,30(1):89-91.
梁艳萍,郭正福,丁冬荪,等,2016. 江西首次发现大燕蛾(鳞翅目:燕蛾科)并江西新纪录记述[J]. 南方林业科学,44(1):52-53.
梁珍宝,余敦,2021. 基于供需视角的生态安全格局构建与优化研究——以鄱阳湖生态经济区为例[J]. 中国国土资源经济,34(8):79-89.
刘诚,2015. 基于 WRF-VRPM 模式的长江三角洲地区 CO_2 生物通量及浓度模拟研究[D]. 南京:南京信息工程大学.
刘成林,谭胤静,林联盛,等,2011. 鄱阳湖水位变化对候鸟栖息地的影响[J]. 湖泊科学,3(1):129-135.
刘刚,孙睿,肖志强,等,2017. 2001—2014 年中国植被净初级生产力时空变化及其与气象因素的关系[J]. 生态学报,37(15):4936-4945.
刘立新,周凌晞,张晓春,等,2009. 我国 4 个国家级本底站大气 CO_2 浓度变化特征[J]. 中国科学,39(2):222-228.
刘茜,DAVID G Rossiter,2008. 基于高光谱数据和 MODIS 影像的鄱阳湖悬浮泥沙浓度估算[J]. 遥感技术与应用(1):7-11.
刘锐,2017. 气温变化对我国森林病虫害的影响[J]. 乡村科技,13:41-42.
刘胜涛,高鹏,刘潘伟,等,2017. 泰山森林生态系统服务功能及其价值评估[J]. 生态学报,37(10):3302-3310.
刘毅,寇江泽,2021. 奋力书写建设美丽中国的绿色答卷[J]. 中国环境监察,62(5):28-30.
柳艺博,王怀清,居为民,2016. 干旱对江西省森林生产力的影响特征[J]. 自然灾害学报,25(3):67-76.
吕桦,2002. 中国第一大淡水湖:鄱阳湖[J]. 地理教学,2:1-4.
马爱国,潘宏阳,宋玉双,等,2012. 气候变化对林业生物灾害影响及适应对策研究[M]. 北京:中国林业出版社.
马定国,舒晓波,刘影,等,2003. 江西省森林生态系统服务功能价值评估[J]. 江西科学,21(3):211-216.
马荣华,孔繁翔,段洪涛,等,2008. 基于卫星遥感的太湖蓝藻水华时空分布规律认识[J]. 湖泊科学,20(6):687-694.
马泽清,王辉民,王绍强,等,2010. 雨雪冰冻灾害对中亚热带人工林的影响:以江西省千烟洲为例[J]. 植物生态学报,34(2):204-212.
宁攸凉,吴水荣,李智勇,等,2013. 基于区域植被类型评估的气候变化对中国森林生态系统的影响[J]. 生态学杂志,32(8):1967-1972.
彭柳林,余艳锋,李雪莲,等,2014. 鄱阳湖生态经济区环境质量现状、问题及对策分析[J]. 江西农业学报,26(11):127-130.
朴世龙,方精云,郭庆华,2001. 利用 CASA 模型估算我国植被净第一性生产力[J]. 植物生态学报,25(5):603-608.
钱栓,延昊,吴门新,等,2020. 植被综合生态质量时空变化动态监测评价模型. 生态学作,40(18):6573-6583.
全国气候与气候变化标准化技术委员会,2017. 气象干旱等级:GB/T 20481-2017[S]. 北京:中国标准出版社.
任芝花,余予,邹凤玲,等,2012. 部分地面要素历史基础气象资料质量检测 [J]. 应用气象学报,23(6):739-747.
单继红,马建章,李言阔,等,2014. 鄱阳湖区灰鹤越冬种群数量与分布动态及其影响因素[J]. 生态学报,34(8):2050-2060.
沙林伟,刘阁,温志丹,等,2018. 基于 MODIS 数据的太湖蓝藻水华时空变化规律研究[J]. 湿地科学,16(3):432-437.

时明芝,2011. 全球气候变化对中国森林影响的研究进展[J]. 中国人口·资源与环境，21(7)：68-72.

宋长春,宋艳宇,王宪伟,等,2018. 气候变化下湿地生态系统碳、氮循环研究进展[J]. 湿地科学，3(16)：424-431.

孙龙,王千雪,魏书精,等,2014. 气候变化背景下我国森林火灾灾害的响应特征及展望[J]. 灾害学，29(1)：12-17.

孙伟,乌日汗,2012. 长三角核心区碳收支平衡及其空间分异[J]. 地理研究，31(12)，2220-2228.

汪巍,周凌晞,方双喜,等,2012. 北京上甸子站气相色谱法大气 CH_4 和 CO 在线观测方法研究[J]. 环境科学，33(1)：8-12.

王柏林,彭龙慧,2011. 江西森林病虫害发生现状、原因及可持续控制对策探讨[J]. 江西植保，34(4)：154-157.

王兵,李少宁,郭浩,2007. 江西省森林生态系统服务功能及其价值评估研究[J]. 江西科学，25(5)：553-559，587.

王兵,郑秋红,郭浩,2008. 基于 Shannon-Wiener 指数的中国森林物种多样性保育价值评估方法[J]. 林业科学研究，21(2)：268-274.

王芳,汪左,张运,2018. 2000—2015 年安徽省植被净初级生产力时空分布特征及其驱动因素[J]. 生态学报，38(8)：2754-2767.

王庆,2016. 极端气候对三种森林病虫害发生趋势的影响[D]. 北京:中国林业科学研究院.

王松,2013. 气候变迁对森林病虫害的影响研究[J]. 广东科技(3)：110-111.

王婷,黄文江,刘良云,等,2007. 鄱阳湖富营养化高光谱遥感监测模型初探[J]. 测绘科学,32(4):44-46.

王艳,柴发合,王永红,等,2008. 长江三角洲地区大气污染物输送规律研究[J]. 环境科学，29(5)，1430-1435.

王莹莹,2013. 浅析当前中国湿地面临的危机和发展机制[J]. 国家湿地(2)：74-82.

王禹石,阮禄章,黄鹏,等,2010. 鄱阳湖越冬季节东方白鹳栖息地选择及保护现状研究[J]. 安徽农业科学，38(14)：7376-7378.

魏书精,孙龙,魏书威,等,2013. 气候变化对森林灾害的影响及防控策略[J]. 灾害学，28(1)：36-40,64.

魏书精,罗斯生,罗碧珍,等,2020. 气候变化背景下森林火灾发生规律研究[J]. 林业与环境科学，36(2)：133-143.

魏振华,李言阔,单继红,等,2018. 鄱阳湖小天鹅越冬种群数量动态与空间分布格局[J]. 湖泊科学，30(6)：1646-1654.

邬国锋,崔丽娟,2008,基于遥感技术的鄱阳湖采砂对水体透明度的影响[J]. 生态学报,28(12):6113-6120.

吴建国,吕佳佳,艾丽,2009. 气候变化对生物多样性的影响:脆弱性和适应[J]. 生态环境学报,18(2)：693-703.

吴培军,万晓明,徐继铭,等,2019. 鄱阳湖枯水期水位变化及应对措施[J]. 水资源保护，35(6)：104-108.

吴翔,赖格英,王怀清,2018. 南昌市气候承载力评价研究[J]. 江西科学,36(4)：615-618.

武义清,赵亚南,2014. 京津冀能源消费、碳排放与经济增长[J]. 经济与管理，28(2):5-12.

夏玲君,刘立新,周凌晞,等,2013,改进的大气 CO_2、CH_4、N_2O、CO 在线观测 FTIR 系统[J]. 环境科学，34(11)：4159-4164.

夏少霞,于秀波,范娜,2010. 鄱阳湖越冬季候鸟栖息地面积与水位变化的关系[J]. 资源科学，32(11)：2072-2078.

夏尚光,周业勇,2013. 气候变化对黄山区域生物多样性保护的影响与对策[J]. 安徽林业科技，39(4)：16-19.

谢振东,邵长生,陈立德,2018. 鄱阳湖的前世今生[M]. 武汉:中国地质大学出版社.

辛琨,肖笃宁,2002. 盘锦地区湿地生态系统服务功能价值估算[J]. 生态学报，22(8)：1345-1349.

邢曼曼,2016. 气候变化对森林火灾的影响及预防对策的探讨[J]. 科技视界，6：318-319.

徐亮,刘建国,高闽光,等，2007. FTIR 监测北京地区 CO_2 和 CH_4 及其变化分析[J]. 光谱学和光谱分析，27

(5):889-891.

闫胜军,何霄嘉,王烜,等,2016. 城市气候承载力定量化评价方法初探[J]. 气候变化研究进展,12(6):476-483.

姚炳楠,陈报章,车明亮,2016. 鄱阳湖流域植被总初级生产力时空变化特征及其气候驱动因子分析[J]. 植物学报,51(5):639-649.

叶亚平,刘鲁君,2000. 中国省域生态环境质量评价指标体系研究[J]. 环境科学研究,13(3):33-36.

殷剑敏,苏布达,陈晓玲,等,2011. 鄱阳湖流域气候变化影响评估报告[M]. 北京:气象出版社.

於琍,卢燕宇,黄玮,等,2015. 气候承载力评估的意义及基本方法[R]. 北京:中国社会科学文献出版社.

臧鲲鹏,周凌晞,方双喜,等,2011. 新型 CO_2 和 CH_4 混合标气标校流程及方法[J],环境化学,30(2):511-516.

张东彦,尹勋,佘宝,等,2019. 多源卫星遥感数据监测巢湖蓝藻水华爆发研究[J]. 红外与激光工程,48(7):1-12.

张芳,2011. 大气 CO_2、CH_4 和 CO 浓度资料再分析及源汇研究[D]. 北京:中国科学院大学.

张凤英,张增信,田佳西,等,2020. 长江流域森林 NPP 模拟及其对气候变化响应[J]. 南京林业大学学报(自然科学版),45(1):175-181.

张国庆,2011. 气候变化对生物灾害发生的影响及对策[J]. 现代农业科技,1:318-321.

张娇,陈莉琼,陈晓玲,2016. 基于 FAI 方法的洱海蓝藻水华遥感监测[J]. 湖泊科学,28(4):718-725.

张娜,李言阔,单继红,等,2019. 鄱阳湖枯水期延长背景下越冬水鸟群落结构、丰富度及其空间分布格局[J]. 湖泊科学,31(1):183-194.

张强,邹旭恺,肖风劲,等,2006. 气象干旱等级:GB/T 20481-2006[S]. 北京:中华人民共和国国家质量监督检验检疫总局和中国国家标准化管理委员会.

张思玉,2008. 2008 年中国南方冰雪灾害对夏季森林火灾的影响[J]. 防灾科技学院学报,10(2):11-14.

张万明,2010. 江西及鄱阳湖生态经济区碳源与碳汇区域均衡分析[D]. 广州:中山大学.

张伟,陈晓玲,田礼乔,等,2010. 鄱阳湖 HJ-1-A/B 卫星 CCD 传感器悬浮泥沙遥感监测[J]. 武汉大学学报(信息科学版),35(12):1466-1469.

张晓春,蔡永祥,温玉璞,等,2005. 大气 CO_2 标准气浓度标定及采样瓶 CO_2 浓度分析系统[J]. 气象科技,33(6):538-542.

张修峰,刘正文,谢贻发,等,2007. 城市湖泊退化过程中水生态系统服务功能价值演变评估——以肇庆仙女湖为例[J]. 生态学报(6):2349-2354.

张延兵,2015. 基于时间序列 MODIS 数据的长江流域森林物候时空分异[D]. 武汉:华中师范大学.

张增信,王瑞珺,叶镜中,等,2013. 南京城区植物物候对气候变化的响应研究[J]. 现代农业科技(23):169-171.

章光新,尹雄锐,冯夏清,2008. 湿地水文研究的若干热点问题[J]. 湿地科学,6(2):106-115.

赵丽娜,王艳楠,金琦,等,2015. 基于 GOCI 影像的湖泊悬浮物浓度分类反演[J]. 生态学报,35(16):5528-5536.

周凌晞,汤洁,张晓春,等,1998. 气相色谱法观测本底大气中的甲烷和二氧化碳[J]. 环境科学学报,18(4),356-361.

周广胜,张新时,1995. 自然植被净第一性生产力模型初探[J]. 植物生态学报,19(3):8.

朱瑞兆,谭冠日,王石立,2005. 应用气候学概论[M]. 北京:气象出版社.

ANDREAE M O, MERLET P, 2001. Emission of trace gases and aerosols from biomass burning[J]. Global Biogeochemical Cycles, 15:955-966.

ANDRES R J, BODEN T A, BRÉON F M, 2012. A synthesis of carbon dioxide emissions from fossil-fuel combustion[J]. Biogeoscience, 9:1845-1871.

AYRES M P, LOMBARDERO M J, 2000. Assessing the consequences of global change for forest disturbance from herbivores and pathogens[J]. Science of the Total Environment, 262:263-286.

BAKWIN P S, HURST D F, TANS P P, et al, 1997. Anthropogenic sources of halocarbons, sulfur hexafluoride, carbon monoxide, and methane in the southeastern united states[J]. Journal of Geophysical Research, 102:15915-15925.

BAKWIN P S, TANS P P, 1995. Measurements of carbon dioxide on a very tall tower[J]. Tellus, 47(5):535-549.

BAKWIN P S, TANS P P, WHITE J W C, et al, 1998. Determination of the isotopic (C-13/C-12) discriminationby terrestrial biology from a global networkof observations[J]. Global Biogeochemical Cycles, 12:555-562.

BALLANTYNE A P, MILLER J B, BAKER I T, et al, 2011. Novel applications of carbon isotopes in atmospheric CO_2: what can atmospheric measurements teach us about processes in the biosphere? [J]. Biogeoscience, 8:3093-3106.

BALZANILOOV J M,HENNE S,LEGREID G,et al,2008. Estimation of background concentrations of trace gases at the Swiss Alpine site Jungfraujoch(3580 m asl)[J]. Journal of Geophysical Research,113(D22305).

BEGUM B A, KIM E, JEONG C H, et al, 2005. Evaluation of the potential source contribution function using the 2002 Quebec forest fire episode[J]. Atmospheric Environment, 39:3719-3724.

BISHOP G A, MCLAREN S E, STEDMAN D H, et al, 1996. Method comparisons of vehicle emissions measurements in the Fort McHenry and Tuscarora Mountain Tunnels[J]. Atmospheric Environment, 30(12): 2307-2316.

BISHOP G A, STEDMAN D H, 2008. A decade of on-road emissions measurements[J]. Environmental Science and Technology, 42:1651-1656.

BOON A, BROQUET G, CLIFFORD D J, et al, 2015. Analysis of the potential of near ground measurements of CO_2 and CH_4 in London, UK for the monitoring of city-scale emissions using an atmospheric transport model[J]. Atmospheric Chemistry and Physics, 15(22):33003-33048.

BORDEN T A, MARLAND G, ANDRESS R J, 2011. Global, regional, and national fossil-fuel CO_2 emissions[R]. Carbon Dioxide Information Analysis Center, Oak Ridge National laboratory, US Department of Energy, Oak Ridge, Tenn.

BUCHMANN N, GUEHL J M, BARIGAH T S, et al, 1997. Interseasonal comparison of CO_2 concentrations, isotopic composition, and carbon dynamics in an Amazonian rainforest (French Guiana)[J]. Oecologia, 110:120-131.

CHEN H, WINDERLICH J, GERBIG C, et al, 2010. High-accuracy continuous airborne measurements of greenhouse gases (CO_2 and CH_4) using the cavity ring down spectroscopy (CRDS) technique[J]. Atmospheric Measurement Techniques, 3:375-386.

CHEN J M, MO G, DENG F, 2013. Atmospheric inversion of the surface CO_2 flux with $13CO_2$ constraint [J]. Atmospheric Chemistry and Physics, 13(10):26529-26578.

CHENG M D, LIN C J, 2001. Receptor modeling for smoke of 1998 biomass burning in Central America[J]. Journal of Geophysical Research, 106:22871-22886.

CHENG S Y, ZHOU L X, TANS P P, et al, 2018. Comparison of atmospheric CO_2 mole fraction and source-sink characteristics at four WMO/GAW stations in China[J]. Atmospheric Environment, 180:216-225.

CIAIS P, PARIS J D, MARLAND G, et al, 2010. The European carbon balance. Part1: Fossil fuel emissions [J]. Global Change Biology, 16(5):1395-1408.

CIAIS P, TANS P P, WHITE J W C, et al, 1995. Participation of ocean and land uptake of CO_2 as inferred by δ13C measurements from the NOAA Climate Monitoring and Diagnostics Laboratory Global Air Sampling Network[J]. Journal of Geophysical Research, 100(D3):5051-5070.

COUMOU D, RAHMSTORF S A, 2012. A decade of weather extreme[J]. Nature Climate Change, 2: 491-496.

CROSSON E R, 2008. A cavity ring-down analyzer for measuring atmospheric levels of methane, carbon dioxide, and water vapor[J]. Journal of Applied Physics, 92:403-408.

CRUTZEN P J, Andreae M O, 1990. Biomass burning in the tropics: Impact on atmospheric chemistry and biogeochemical cycles[J]. Sciences, 250:1669-1678.

DIFFENBAUGH N S, SCHERER M, 2011. Observational and model evidence of global emergence of permanent, unprecedented heat in the 20th and 21st centuries[J]. Climatic Change, 107: 615-624.

DRAXLER R R, HESS G D, 1998. An overview of the HYSPLIT 4 modeling system for trajectories, dispersion, and deposition[J]. Australian Meteorological Magazine, 47: 295-308.

EASTERLING D R, EVANA J L, GROSMAN P Y, et al, 2000. Observed variability and trends in extreme climate events: A brief review[J]. Bulletin of the American Meteorological Society, 81(3): 417-425.

FANG J Y, CHEN A P, PENG C H, et al, 2001. Changes in forest biomass carbon storage in China between 1949 and 1998[J]. Science, 292(5525): 2320-2322.

FLANNIGAN M D, CANTIN A S, DE GROOT W J, et al, 2013. Global wildland fire season severity in the 21st century[J]. Forest Ecology and Management, 294: 54-61.

FRANCEY R J, TANS P P, ALLISON C E, et al, 1995. Changes in oceanic and terrestrial carbon uptake since 1982[J]. Letters to Nature, 373(26):326-330.

GRIFFITHS P R, SHAO L, LEYTEM A B, 2009. Completely automated open-path FT-IR spectrometry[J]. Analytical and Bioanalytical Chemistry, 393(1): 45-50.

GILLINGS S, BALMER D E, FULLER R J, 2015. Directionality of recent bird distribution shifts and climate change in Great Britain[J]. Global Change Biology, 21(6): 2155-2168.

GÓRKA M, LEWICKA-SZCZEBAK D, 2013. One year spatial and temporal monitoring of concentration and carbon isotopic composition od atmospheric CO_2 in a Wroclaw (SW Poland) city area[J]. Applied Geochemistry, 35: 7-13.

GRIFFITH D W T, DEUTSCHER N M, CALDOW C, et al, 2012. A Fourier transform infrared trace gas and isotope analyser for atmospheric applications[J]. Atmospheric Measurement Techniques, 5: 2481-2498.

HALLIDAY H S, DIGANGI J P, CHOI Y, et al, 2019. Using short-term CO/CO_2 ratios to assess air mass differences over the Korean Peninsula during KORUS-AQ[J]. Journal of Geophysical Research, 124(20): 10951-10972.

HAMMER S, GRIFFITH D W T, KONRAD G, et al, 2012. Assessment of a multi-species in-situ FTIR for precise atmospheric greenhouse gas observations [J]. Atmospheric Mearsurement Techniques, 5(3): 3645-3692.

HANNES B T, WERNER A K, ANNETTE F, 2008. Accounting of forest carbon sinks and sources under a future climate protocol-factoring out past disturbance and management effects on age-class structure[J]. Environmental Science & Policy, 11(8): 669-686.

HOH E, HITES R A, 2004. Sources of toxaphene and other organochlorine pesticides in north America as determined by air measurements and potential source contribution function analyses[J]. Environmental Science and Technology, 38(15): 4187-4194.

HOPKE P K, 2003. Recent developments in receptor modeling[J]. Journal of Chemometrics, 17(5): 255-265.

HSU Y K, HOLSEN T M, HOPKE P K, 2003. Locating and quantifying PCB sources in Chicago: Receptor modeling and field sampling[J]. Environmental Science and Technology, 37(24): 681-690.

HUANG X X, WANG T J, TALBOT R, et al, 2015. Temporal characteristics of atmospheric CO_2 in urban Nanjing, China[J]. Atmospheric Research, 153: 437-450.

IPCC,2013. Climate change 2013: The physical science basis. Contribution of Working Group Ⅰ to the Fifth Assessment Report of IPCC the Intergovernmental Panel on Climate Change[M]. United Kingdom and New York, NY, USA: Cambridge University Press.

IPCC, 2014. Climate Change Working Group Ⅲ: Mitigation of Climate Change, Contribution of the Fifth Assessment Report of the Intergovernmental Panel on Climate Change[M]. Cambridge: Cambridge University Press.

JANSSENS-MAENHOUT G,CRIPPA M,GUIZZARDI D,et al,2019. EDGAR v4.3.2 Global Atlas of the three major Greenhouse Gas Emissions for the period 1970-2012[J]. Earth System Science Data Discussions,11(3): 957-1002.

KEELING C D, WHORF T P, WAHLEN M, et al, 1995. Interannual extremes in the rate of rise of atmospheric carbon dioxide since 1980[J]. Letters to Nature, 375(22): 666-670.

KEELING C D,1961. The concentration and isotopic abundance of carbon dioxide in rural and marine air[J]. Geochimica Et Cosmochimica Acta,24: 277-298.

KORT E A, ANGEVINE W M, DUREN R, et al,2013. Surface observations for monitoring urban fossil fuel CO2 emissions: Minimum site location requirements for the Los Angeles megacity[J]. Journal of Geophysical Research, 118(3): 1577-1584.

LA S F A, FINK D, 2017. Migration distance, ecological barriers and en-route variation in the migratory behaviour of terrestrial bird populations[J]. Global Ecology and Biogeography, 26(2): 216-227.

LAAN-LUIJKX D V T I,VELDE D V R I,VEEN D V E,et al,2017. The CarbonTracker Data Assimilation Shell (CTDAS) v1.0: implementation and global carbon balance 2001-2015[J]. Geoscientific Model Development,10(7): 2785-2800.

LAU N C, NATH M J, 2012. A model study of heat waves over North America: meteorological aspects and projections for the twenty-first century[J]. Journal of Climate, 25(14): 4761-4784.

LEWIS S C, KAROLY D J, 2013. Anthropogenic contributions to Australia's record summer temperatures of 2013[J]. Geophysical Research Letters, 40(14): 3705-3709.

LIU L X, ZHOU L X, VAUGHN B, et al, 2014. Background variations of atmospheric CO_2 and carbon stable isotopes at Waliguan (WLG) and Shangdianzi (SDZ) stations in China[J]. Journal of Geophysical Research, 119(9): 5602-5612.

LIU M,WANG H,ODA T,et al,2013. Refined estimate of China's CO_2 emissions in spatiotemporal distributions[J]. Atmospheric Chemistry and Physics,13(21): 10873-10882.

MCKAIN K, STEPHENS B B, 2012. Assessment of ground-based atmospheric observations for verification of greenhouse gas emissions from an urban region[J]. Proceedings of the National Academy of Sciences, 109 (22): 8423-8428.

MILLER J B,TANS P P,2003a. Calculating isotopic fractionation from atmospheric measurements at various scales[J]. Tellus Series B-chemical And Physical Meteorology, 55(2): 207-214

MILLER J B,TANS P P,WHITE J W C, et al, 2003b. The atmospheric signal of terrestrial carbon isotopic discrimination and its implication for partitioning carbon fluxes[J]. Tellus Series B-chemical And Physical Meteorology, 55(2): 197-206.

NEVISON C D,MAHOWALD N M,DONEY S C, et al,2008. Contribution of ocean,fossil fuel,land biosphere,and biomass burning carbon fluxes to seasonal and interannual variability in atmospheric CO_2[J].

Journal of Geophysical Research, 113(G1).

NORBY R J, DELUCIA E H, GIELEN B, et al, 2005. Forest response to elevated CO_2 is conserved across a broad range of productivity[J]. Proceedings of the National Academy of Sciences of the United States of America, 102(50): 18052-18056.

NOVELLI P C, ELKIN J W, STEELE P, 1991. The development and evaluation of a gravimetric reference scale for measurements of atmospheric CO[J]. Journal of Geophysical Research, 96(7): 13109-13121.

ODA T, MAKSYUTOV S, ANDRES R J, 2018. The Open-source Data Inventory for Anthropogenic Carbon dioxide (CO_2), version 2016 (ODIAC2016): A global, monthly fossil-fuel CO_2 gridded emission data product for tracer transport simulations and surface flux inversions[J]. Earth System Science Data, 10(1): 87-107.

PATAKI D E, EHLERINGE J R, FLANAGAN L B, et al, 2003. The application and interpretation of Keeling plots in terrestrial carbon cycle research[J]. Global Biogeochemical Cycles, 17(1): 1022.

PECHONY O, SHINDELL D T, 2010. Driving forces of global wildfires over the past millennium and the forthcoming century. Proceedings of the National Academy of Sciences of the United States of America, 107 (45): 19167-19170.

PERKINS S E, ALEXANDER L V, NAIRN J R, 2012. Increasing frequency, intensity and duration of observed global heatwaves and warm spells[J]. Geophysical Research Letters, 39(20): 20714.

PHILIPPE B, PHILIPPE P, PHILIPPE C, et al, 2000. Regional changes in carbon dioxide fluxes of land and oceans since 1980[J]. Science, 290(5495): 1342-1347.

POLISSAR A V, HOPKE P K, PAATERO P, et al, 1999. The aerosol at Barrow, Alaska: Long-term trends and source locations[J]. Atmospheric Environment, 33: 2441-2458.

PU J J, XU H H, HE J, et al, 2014. Estimation of regional background concentration of CO_2 at Lin'an Station in Yangtze River Delta, China. Atmospheric Environment, 94: 402-408.

RANDERSON J T, STILL C J, BALLĖ J J, et al, 2002. Carbon isotope is crimination of arctic and boreal biomes inferred from remote atmospheric measurements and a biosphere-atmosphere model[J]. Global Biogeochemical Cycles, 16(3): 1-7.

SAILOR D J, 2016. Relating residential and commercial sector electricity loads to climate-evaluating state level sensitivities and vulnerabilities[J]. Energy, 26(7): 645-657.

SHAN Y, GUAN D, ZHENG H, et al, 2018. China CO_2 emission accounts 1997-2015[J]. Scientific Data, 5: 170201.

SIROIS A, BOTTENHEIM J W, 1995. Use of backward trajectories to interpret the 5-year record of PAN and O_3 ambient air concentrations at Kejimkujik National Park, Nova Scotia[J]. Journal of Geophysical Research, 100: 2867-2881.

STAUFER J, BROQUET G, BREON F M, et al, 2016. The first 1-year-long estimate of the Paris region fossil fuel CO_2 emissions based on atmospheric inversion[J]. Atmospheric Chemistry and Physics, 16(22): 1-34.

STEPHENS P A, MASON L R, GREEN R E, et al, 2016. Consistent response of bird populations to climate change on two continents[J]. Science, 352(6281): 84-87.

TANG W F, ARELLANO A F, DIGANGI J P, et al, 2018. Evaluating high-resolution forecasts of atmospheric CO and CO_2 from a global prediction system during KORUS-AQ field campaign[J]. Atmospheric Chemistry and Physics, 18: 11007-11030.

TANS P P, 1980. On calculating the transfer of carbon-13 in resevoir models of the carbon cycle[J]. Tellus, 32: 464-469.

THONING K W, TANS P P, KOMHYR W D, 1989. Atmospheric carbon dioxide at Mauna Loa observatory 2:Analysis of the NOAA GMCC data, 1974-1985[J]. Journal of Geophysical Research, 94: 8549-5865.

TOHJIMA Y, KUBO M, MINEJIMA C, et al, 2014. Temporal changes in the emissions of CH_4 and CO from China estimated from CH_4/CO_2 and CO/CO_2 correlations observed at Hateruma Island[J]. Atmospheric Chemistry and Physics, 14(3): 1663-1677.

TSUTSUMI Y, MORI K, IKEGAMI M, et al,2006. Long-term trends of greenhouse gases in regional and background events observed during 1998-2004 at Yonagunijima located to the east of the Asian continent [J]. Atmospheric Environment, 40(30): 5868-5879.

TURNBULL J C, MILLER J B, LEHMAN S J, et al, 2006. Comparison of (CO_2)-C14, CO, and SF_6 as tracers for recently added fossil fuel CO_2 in the atmosphere and implications for biological CO_2 exchange[J]. Geophysical Research Letters, 33:L01817.

TURNBULL J C, TANS P P, LEHMAN S J, et al, 2011. Atmospheric observations of carbon monoxide and fossil fuel CO_2 emissions from East Asia[J]. Journal of Geophysical Research, 116(24):D24306.

VEBLEN T T, KITZBERGER T, DONNEGAN J, 2000. Climatic and human influences on fire reimes in Ponderosa pine forest in the Colorada Front Range[J]. Ecological Applications, 10(4): 1178-1195.

VISSER M E, PERDECK A C, VAN BALEN J H, et al, 2009. Climate change leads to decreasing bird migration distances[J]. Global Change Biology, 15(8): 1859-1865.

WANG J, FENG L, PALMER P I, et al, 2020. Large Chinese land carbon sink estimated from atmospheric carbon dioxide data [J]. Nature, 586(7831): 720-723.

WANG Y Q, ZHANG X Y, ARIMOTO R, et al, 2004. The transport pathways and sources of PM_{10} pollution in Beijing during spring 2001, 2002 and 2003[J]. Geophysical Research Letters, 31(L14110).

WANG Y, MUNGER J W, XU S, et al, 2010. CO_2 and its correlation with CO at a rural site near Beijing implications for combustion efficiency in China[J]. Atmospheric Chemistry and Physics, 10: 8881-8897.

WINDERLICH J, CHEN H, HOEFER A, et al, 2010. Continuous low maintenance $CO_2/CH_4/H_2O$ measurements at the Zotino Tall Tower Observatory (ZOTTO) in Central Siberia[J]. Atmospheric Measurement Techniques, 3: 1399-1437.

WMO, 2014a. GHGs Bulletin: The State of Greenhouse Gases in the Atmosphere Using Global Observations through 2013[R]. [2014-11].

WMO, 2014b. 17th WMO/IAEA meeting of experts on carbon dioxide, other greenhouses and related tracers measurement techniques (GGMT-2013)[R]. GAW Report No. 213, Beijing, China, 10-13 Jun 2013.

XIA L J, ZHANG G, LIU L X, et al, 2020. Atmospheric CO_2 and CO at Jingdezhen station in Central China: understanding the regional transport and combustion efficiency [J]. Atmospheric Environment, 222, 117104.

XIA L J, ZHANG G,LIU L X, et al,2022. Observation of atmospheric CO_2 and CO in a low-carbon pilot city: insight into CO_2 sources and regional transport[J]. Atmospheric Pollution Research,13(101585).

XING G, ZHU Z,1997. Preliminary studies on N_2O emissions fluxes from upland soils and paddy soils in China[J]. Nutrient Cycling in Agroecosystems, 49(1-3): 17-22.

YAN H, WANG S Q, BILLESBACH D, et al, 2015. Improved global simulations of gross primary product based on a new definition of water stress factor and a separate treatment of C3 and C4 plants[J]. Ecological Modelling, 297: 42-59.

YAN Y Y, 2014. Climate and residential electricity consumption in Hong Kong[J]. Energy, 23(1): 17-20.

ZENG Y, HOPKE P K, 1989. A study on the sources of acid precipitation in Ontario, Canada[J]. Atmospheric Environment,23: 1499-1509.

ZHANG M, DUAN H T, SHI X L, et al, 2012. Contribution of meteorology to the phenology of cyanobacterial blooms: Implication for future climate change[J]. Water Research, 46: 442-252.

ZHANG X, LEE X, GRIFFIS T J, et al, 2014a. Estimating regional greenhouse gas fluxes: An uncertainty analysis of planetary boundary layer techniques and bottom-up inventories[J]. Atmospheric Chemistry and Physics, 14(19): 10705-10719.

ZHANG Y, SONG C, ZHANG K, et al, 2014b. Spatial-temporal variability of terrestrial vegetation productivity in the Yangtze River Basin during 2000-2009[J]. Journal of Plant Ecology, 7(1): 10-23.

ZHAO Y, NIELSEN C P, MCELROY M B, et al, 2012. CO emissions in China: Uncertainties and implications of improved energy efficiency and emission control[J]. Atmospheric Environment, 49: 103-113.

ZHOU L X, WHITE J W C, CONWAY T J, et al, 2006. Long-term record of atmospheric CO_2 and stable isotopic ratios at Waliguan Observatory: Seasonally averaged 1991-2002 source/sink signal, and a comparison of 1998-2002 record to the 11 selected sites in the Northern Hemisphere[J]. Global Biogeochemical Cycles,20.

ZHU K, WOODALL C W, CLARK J S, 2012. Failure to migrate: Lack of tree range expansion in response to climate change[J]. Global Change Biology, 18(3):1042-1052.

附录
常见国产卫星参数介绍

1. 遥感卫星的分类

通常，根据遥感观测的对象，从大的方面可以分为对地遥感卫星、月球遥感卫星以及行星遥感卫星。这里只讨论对地遥感卫星。

根据对地观测的领域，可以将遥感卫星分为陆地、大气和海洋三大系列。也就是说，通过采用不同的传感器针对地球体系中的陆地、大气和海洋三大领域分别建立独立的遥感卫星对地观测体系。这三大系列的简单介绍如下：(1)陆地资源卫星。陆地资源卫星是指用于探测地球资源与环境的人造地球卫星，主要用于地球陆地资源调查、监测与评价。陆地资源卫星应用极为广泛，是对地遥感卫星中的主要成员。(2)气象卫星。气象卫星是指从太空对地球及大气层进行气象观测的人造地球卫星，主要用天气预报、气候预测、台风监测、洪涝灾害监测等。(3)海洋卫星。海洋卫星是指针对地球海洋表面进行观测的人造地球卫星，主要用于海洋温度场，海流、海浪、海盐等方面的动态监测。

根据遥感卫星所载传感器工作的波段不同，又可以分为光学遥感卫星和微波遥感卫星。(1)光学遥感卫星。光学遥感卫星是指采用从可见光到红外区的光学领域的传感器采集遥感信息的卫星。(2)微波遥感卫星。微波遥感卫星是指通过微波设备来探测、接收被测物体在微波波段(波长为 1 mm 至 1 m)的电磁辐射和散射特性的卫星。微波遥感技术具有全天候昼夜工作能力，能穿透云层，不易受气象条件和日照的影响。

另外，根据遥感卫星的运行轨道不同，又可以分为太阳同步轨道卫星和地球同步轨道卫星。根据通过返回或直接传输的方式获取遥感数据，又可分为返回型(返回式)和传输型卫星。

2. 国内主要遥感卫星系列

(1)高分卫星系列(GF)

高分卫星系列是“高分专项”所规划的高分辨率对地观测系列卫星。它是《国家中长期科学和技术发展规划纲要(2006—2020 年)》所确定的 16 个重大专项之一。该专项系统于 2010 年经过国务院批准启动实施。高分系列卫星覆盖了从全色、多光谱到高光谱，从光学到雷达，从太阳同步轨道到地球同步轨道等多种类型，构成了一个具有高空间分辨率、高时间分辨率和高光谱分辨率能力的对地观测系统。

(2)风云气象卫星系列(FY)

风云气象卫星系列是中国于 1977 年开始研制的气象卫星，1988 年发射了风云系列第一颗风云一号A卫星。目前风云系列卫星已经发展出了两类四个系列。其中地球静止轨道气象卫星包括“风云二号”和“风云四号”两个系列，极地轨道气象卫星包括“风云一号”和“风云三号”两个系列。风云一号系列气象卫星是我国第一代极地轨道气象卫星，成功发射4颗卫星；风云二号系列气象卫星是我国第一代地球静止轨道气象卫星，成功发射8颗卫星；风云三号系列气象卫星是我国第二代极地轨道气象卫星，截至2023年已经成功发射7颗卫星，可实现全球、全天候、多光谱、三维定量气象探测；风云四号系列气象卫星是我国第二代地球静止轨道气象卫星，可实现多光谱、高精度定量化测量，可获取高质量多通道地球表面和云的图像，实现大气温、湿度三维结构探测、闪电探测，进行云图等遥感产品的广播。截至2021年已经成功发射2颗卫星。

(3)资源系列卫星(ZY)

资源卫星是专门用于探测和研究地球资源的卫星，可分陆地资源卫星和海洋资源卫星，一般都采用太阳同步轨道。我国已陆续发射了资源一号、资源二号和资源三号卫星。需要注意的是，此处所描述的类似高分一号、资源一号卫星都不是指具体的单颗卫星，而是指一个星座。所谓星座，就是由一些卫星按一定的方式配置组成的一个卫星网。

资源一号卫星，又称为中巴地球资源卫星，代号(ZY-01或者CBERS)，于1999年10月14日成功发射。资源一号卫星是由中国和巴西联合研制，包括中巴地球资源卫星01星、02星、02B星、02C星和04星。资源一号02C卫星和02B卫星实现组网观测，分辨率达到2.36 m。

资源二号主要用于城市规划、农作物估产和空间科学试验等领域。于2000年9月首次发射，2002年10月27日第二次发射成功。资源二号空间分辨率可以达到3 m。

资源三号卫星是中国第一颗自主的民用高分辨率立体测绘卫星，通过立体观测，可以测制1∶5万比例尺地形图，为国土资源、农业、林业等领域提供服务。

(4)海洋系列卫星(HY)

1997年中国第一颗海洋卫星——海洋一号卫星正式立项，拉开了中国海洋系列卫星发展的帷幕。经过20多年发展，中国已成功发射海洋一号A星(退役)、海洋一号B星(退役)、高分三号卫星、海洋一号C星、海洋二号A星、海洋二号B星、中法海洋卫星、海洋二号C星、海洋二号D星、海洋三号01星、海洋四号01星11颗海洋卫星，海洋四号01星是2024年11月14日发射的海洋盐度探测卫星。目前已形成海洋水色(海洋一号卫星)、海洋动力环境(海洋二号卫星、中法海洋卫星)以及海洋监视监测(高分三号卫星)这3个海洋卫星系列。

(5)环境一号(HJ)

环境一号是专门用于环境和灾害监测的对地观测系统，由两颗光学卫星(HJ-1A卫星和HJ-1B卫星)和一颗雷达卫星(HJ-1C)组成，拥有光学、红外、超光谱多种探测手段，具有大范围、全天候、全天时、动态环境和灾害监测能力。

HJ-1A和HJ-1B于2008年9月在太原卫星发射中心“一箭双星”成功发射。HJ-1C于2012年11月在太原卫星发射中心发射。HJ-1具有监测PM_{10}的能力，空间分辨率为300 m。HJ-1C星配置的S波段合成孔径雷达，可获取地物S波段影像信息，空间分辨率为5 m。

(6)环境减灾卫星

环境减灾卫星于2003年由国务院批准立项，是中国专用于环境与灾害监测预报的卫星。

它由2008年9月发射的A、B两颗中分辨率光学小卫星和2009年发射升空的一颗合成孔径雷达小卫星C星组成，主要用于对生态环境和灾害进行大范围、全天候动态监测，及时反映生态环境和灾害发生、发展过程，对生态环境和灾害发展变化趋势进行预测。

环境减灾卫星A、B星均是一颗光学星，同一轨道面内，呈180°相位，可见光探测将共同完成对地重复观测2 d的观测能力。红外探测可形成4 d的重复观测。

(7)天绘一号

天绘一号属于地形地貌测绘类光学基础测绘卫星，其主要功能是为了满足中国国民经济建设对地理影像数据的需要。天绘一号包含三颗卫星：01星、02星、03星分别于2010年8月24日、2012年5月6日和2015年10月26日发射成功并组网运行。

(8)“遥感”系列卫星

“遥感”系列卫星专指冠以“遥感XX号卫星”的系列卫星，不包含国内的其他系列卫星，如资源环境等。“遥感”系列卫星自2006年4月27日发射“遥感一号”以来，从“遥感一号”已发展到“遥感三十号”，最新的“遥感三十号”卫星于2018年1月25日在西昌发射成功。

3. 国内其他商业遥感卫星资源

(1)高景一号卫星(SuperView)

高景一号总共包含4颗星，01/02卫星于2016年12月28日在太原卫星发射中心以一箭双星的方式成功发射。高景一号01/02卫星全色分辨率0.5 m，多光谱分辨率2 m。2018年1月9日，高景一号03/04星在太原卫星发射成功。高景一号03/04星与同轨道的高景一号01/02星组网运行，4颗0.5 m高分辨率光学遥感卫星可实现每轨10 min成像并快速下传，每天可采集300万km^2影像，采集效率更高，具备全球范围内任意目标一天内重访的能力。

(2)吉林一号

吉林一号卫星是我国第一颗商用遥感卫星，开创了我国商业卫星应用的先河。“吉林一号”卫星星座是长光卫星技术股份有限公司在建的核心工程，一期工程由138颗涵盖高分辨、大幅宽、视频、多光谱等多系列的高性能光学遥感卫星组成。目前公司成功通过20次发射，实现了72颗“吉林一号”卫星在轨运行，主要包括1颗光学A星，2颗多光谱卫星，4颗高分02系列卫星，3颗宽幅系列卫星，以及36颗高分03D系列卫星等光学遥感卫星，其中光学A星于2015年10月7日以“一箭四星”的方式在酒泉卫星发射基地发射入轨，多光谱卫星于2019年1月21日发射入轨，高分02系列以及宽幅系列卫星于2019年至2022年陆续发射入轨，高分03D系列卫星于2021年开始以“一箭十星”“一箭十六星”等多种形式发射入轨。“吉林一号”卫星星座为国土安全、地理测绘、土地规划、农林生产、生态环保、智慧城市等各领域提供了高质量的遥感信息和产品服务。

(3)珞珈一号

珞珈一号是国内首颗夜光遥感卫星，由武汉大学团队与相关机构共同研发制作，2018年6月2日成功发射升空。夜光卫星可提供我国及全球GDP指数、碳排放指数、城市住房空置率指数等专题产品，动态监测中国和全球宏观经济运行情况，为政府决策提供客观依据。

(4)碳卫星

碳卫星是二氧化碳监测科学实验卫星，它于2016年12月22日在酒泉卫星发射中心成功发射入轨。中国的碳卫星是继日本和美国之后的第三颗全球“嗅碳”卫星。碳卫星是一颗高空间分辨率和高光谱分辨率的全球二氧化碳监测科学试验卫星，以高光谱二氧化碳探测仪、多谱段云与气溶胶探测仪为主要载荷，监测精度为 1～4 ppm，具备对全球、中国及其他重点地区大气二氧化碳浓度的监测能力。